AUTOMOTIVE REPAIR PAINTING AND DRESS UP TUNING

자동차 보수도장 및 드레스업 튜닝

저자 약력 | 김현열

- 오산대학교 자동차튜닝과 교수

자동차 보수도장 및 드레스업 튜닝

초판 인쇄 | 2024년 8월 25일
초판 발행 | 2024년 8월 31일

저 자 | 김현열
발 행 인 | **조규백**
발 행 처 | 도서출판 **구민사**
(07293) 서울특별시 영등포구 문래북로 116, 604호(문래동 3가 46, 트리플렉스)
전 화 | (02) 701-7421
팩 스 | (02) 3273-9642
홈페이지 | www.kuhminsa.co.kr

신고번호 | 제2012-000055호 (1980년 2월 4일)
I S B N | 979-11-6875-414-0 (93550)

값 | **30,000원**

Preface

머리말

최근 국내에서도 점점 자신의 차량에 스타일을 손쉽게 표현할 수 있는 자동차 튜닝에 대한 관심이 높아지고 있다. 자동차의 튜닝은 제작차의 성능 향상에 대한 욕구에서 시작되었다. 특히 남보다 안전하고 빠르고 돋보이는 차를 만들고 싶은 욕구가 반영되어 자동차 튜닝이 시작되었다고 해도 과언이 아니다.

자동차의 튜닝 중에서도 드레스업 튜닝(Dress Up Tuning)은 차량 소유주 개인 취향에 맞게 차량의 외관을 변경 또는 색을 바꾸거나 부착물 등을 추가하는 튜닝으로, 자동차 안전 기준을 위반하지 않는 범위에서 튜닝이 가능하고, 별도의 승인이나 검사가 필요하지 않아 가장 대중적인 튜닝이라고 알려져 있다.

최근 드레스업 튜닝에서 각광받는 분야로는 자동차유리에 자외선 차단, 열 차단 및 개인 프라이버시 보호 등을 목적으로 특수하게 제작된 필름을 유리에 시공하는 작업인 윈도우 틴팅(Window Tinting), 자동차 외관 표면을 도색하는 대신 차량 전용 시트지(필름)를 이용하여 차량의 색상을 바꿔주거나 꾸미는 작업인 자동차 랩핑(Car Skin) 등이 있다. 그래서 본 교재는 자동차 보수도장과 자동차 랩핑에 대해서 기술하였다.

보수도장은 제품의 내구성을 향상시키고, 소재를 보호하며, 미관을 아름답게 하고, 제품의 상품가치를 높인다. 따라서 보수도장은 고객의 요구나 컬러를 맞추기 위한 현장 조색과 신차 도장 공정에 부합되는 표준 도장 공정을 거쳐 내구성과 자동차 외관의 광택화로 품질을 향상시키는 공정으로 이루어진다.

좀 더 멋지고 예쁘게 꾸며주고 싶을 때 혹은 연식이 오래된 차량은 외관뿐만 아니라 자동차 실내 인테리어에도 분위기를 바꾸거나 스크래치 및 변색된 부분을 가림으로써 좀 더 깨끗한 느낌을 주기 위해 랩핑을 하는 경우가 많다.

랩핑은 도장에 비해 언제든 원래 차량 색상으로 돌아가거나 색상을 변경할 수 있기 때문에 부담이 적고, PPF 필름과 같이 차량의 원래 도색을 보호하는 역할도 하고, 복잡하고 다양한 모양의 차량 디자인이 나오는 요즘 차량의 모양에 맞게 맞춤형 시공을 할 수가 있다. 하지만 랩핑 시 필름의 종류에 따라 특성에 맞게 작업을 해야 한다.

앞으로 자동차 보수도장과 자동차 랩핑 기술력을 한 층 더 향상시키는데 있어 일조할 것을 다짐하며, 잘못된 점과 미비한 점은 독자 여러분의 많은 지도와 조언을 해주시면 수정 보완할 것을 약속드린다.

끝으로 이 한 권의 교재가 완성되도록 도와주신 모든 주위 분들에게 감사드리며, 교재가 완성될 때까지 성심성의로 본 원고를 다듬어준 도서출판 구민사 조규백 대표님과 편집부 여러분들에게 깊은 감사를 드린다.

CHAPTER 01

보수도장 및 드레스 업 튜닝 공구

1.1 구도막 제거 재료 및 공구 _ 2

1.2 퍼티 연마 재료 및 공구 _ 13

1.3 서페이서 연마 재료 및 공구 _ 14

1.4 마스킹 재료 _ 15

1.5 조색장비 _ 20

1.6 광택 재료 및 작업 공구 _ 25

1.7 드레스 업 랩핑 재료 및 공구 _ 28

CHAPTER 02

보수도장 장비

2.1 보수도장 장비 관리 _ 40

2.2 보수도장 장비 점검 _ 43

2.3 보수도장 관련 장비 종류 _ 50

2.4 보수도장 장비 유지보수 _ 78

Contents

CHAPTER 03 보수도장 안전 관리

3.1 도장 안전 기준 _ 88

3.2 산업안전 표지 _ 94

3.3 화재예방 _ 96

3.4 도장장비·설비 안전 _ 99

3.5 도장 작업 공구 안전 _ 101

3.6 유해물질 중독 _ 102

3.7 위험물 취급 _ 106

3.8 폐기물 처리 _ 108

3.9 안전보호구 _ 111

CHAPTER 04 색채 이론

4.1 색의 기본원리 _ 118

4.2 색의 혼합 _ 126

4.3 색의 표시 _ 130

4.4 색의 효과 _ 137

4.5 색채응용 _ 152

CHAPTER 05

보수도장

5.1 구도막 제거 작업 _ 159

5.2 프라이머 작업 _ 173

5.3 퍼티 작업 _ 184

5.4 서페이서 작업 _ 199

5.5 마스킹 작업 _ 220

5.6 일반 조색 작업 _ 230

5.7 우레탄 도장 작업 _ 245

5.8 베이스·클리어도장 작업 _ 258

5.9 블렌딩도장 작업 _ 279

5.10 플라스틱 부품도장 작업 _ 283

5.11 도장 검사 작업 _ 302

5.12 광택 작업 _ 341

Contents

CHAPTER 06

드레스업 튜닝

6.1 자동차 튜닝 _ 358

6.2 드레스업 튜닝 _ 366

6.3 랩핑 작업 _ 396

보수도장 및
드레스 업 튜닝 공구

01

CHAPTER 01

보수도장 및 드레스 업 튜닝 공구

1.1 구도막 제거 재료 및 공구

[1] 구도막 제거 재료

(1) 연마지(Sandpaper)

연마지는 다른 말로 마연지, 연마포, 사지, 에머리페이퍼, 빼빠라는 명칭으로 한다. 금강사나 유리가루, 규석 등을 입자를 고르게 갈아내어 천이나 종이에 붙인 것을 의미한다. 경도가 높은 재료이므로 쇠붙이의 녹을 없애거나 표면을 매끄럽게 하는 작업인 자동차 수리, 자동차 광택, 산업현장 등에서 주로 사용된다. 좋은 연마지란 연마 입도가 균일하고, 연마지의 수명이 길며, 연마입자의 탈락이나 끼임 현상이 적은 연마지라 할 수 있다.

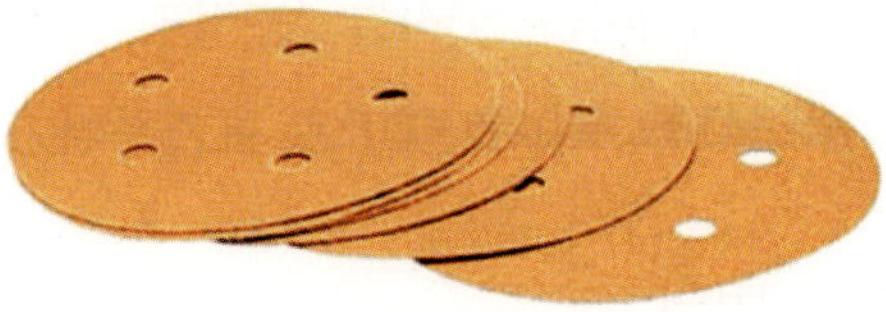

그림 1-1 **연마지**

① 백킹(Backing)의 종류

종이형, 필름형, 직물, 스펀지 등이 있으며 작업자의 스타일에 따라 선호하는 타입이 다르지만, 보편적으로 원형의 필름연마지는 내구성보다는 연마력에, 종이연마지는 연마력보다는 내구성에 초점을 맞추는 경향이 있다.

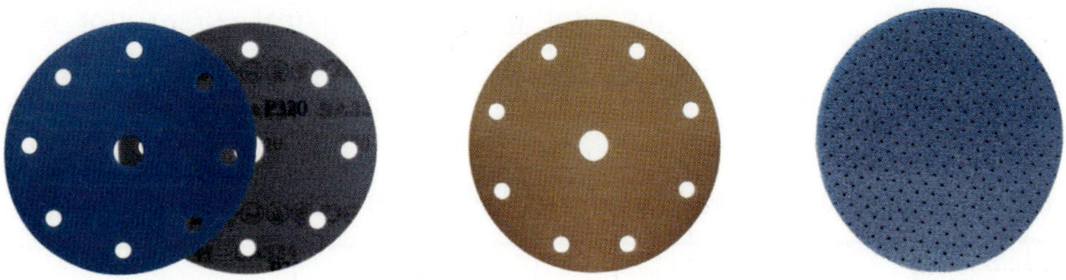

(a) 필름형 (b) 종이형 (c) 스펀지형

그림 1-2 **백킹의 종류**

② 부착방식

연마지 두 폭을 한데 떼었다 붙였다 하는 벨크로 방식과 합성수지 등이 있다.

③ 연마지 공정별 규격

㉠ 입방수

입방수(입도)란 단위면적당 가루의 수를 말하는 것이며, 가로×세로 1센티미터 안에 들어가는 산 입자의 수를 나타내는 것이다. 그러므로 숫자가 클수록 면적에 많은 입자가 들어가야 하므로 입자의 크기는 작아지는 것이다. 입자가 작아지면 그만큼 곱다는 의미가 되는 것이다.

연마지 뒷부분에는 일정 숫자가 적혀있다(예 : 120G. 220G, 320G 등). 그 숫자의 의미는 등급으로 입방수를 의미하는 숫자를 말하며, 기본적으로 연마입자(입도 : Grain Size)의 크기에 따라 P000 또는 #000으로 표기하며 000방(Grit)이라고도 한다.

㉡ 연마지에 따른 작업범위

입방수	사용용도
40~80방	금속 표면의 녹을 제거하는 등의 초기 연마
80~100방	육송이나 아주 거친 목재를 연마
100~180방	집성목, 미송 따위의 목재와 금속의 중간 작업 또는 곱게 다듬는 연마
220방	MDF, 원목, 집성목 등을 연마하거나 기존 제품을 리폼할 때 연마
220~400방	초벌 페인팅 후 면을 곱게 연마하거나 마무리할 때
600~2,000방	아주 고운 면이 요구되거나 워싱 또는 스테인 작업 후 부드러운 면을 요구할 때

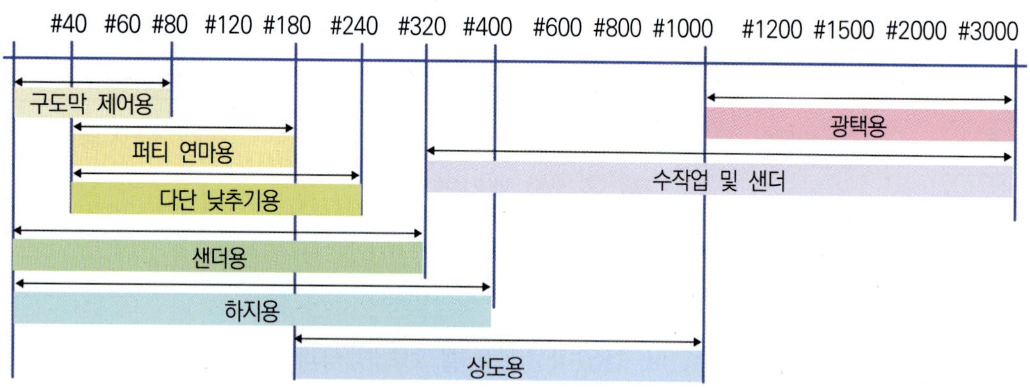

그림 1-3 연마지에 따른 작업범위

④ 연마지 종류

연마지의 종류는 연마방법에 따라서 건식연마지와 습식연마지로 나뉘는데, 이것은 연마지의 백킹에 연마입자가 부착되는 형태에 따라서 나뉜다. 오픈 코트는 연마력이 뛰어나기 때문에 퍼티 연마 등에 유리하고, 클로즈 코트는 금속면 수정작업에 유리하다.

건식연마지는 연삭재의 입자를 기재 표면의 면적비 대비 50~70%의 밀도로 도포한 것으로, 연마입자가 비교적 듬성듬성 붙어있게 되는데 연마입자 사이가 넓어야 연마된 가루들이 잘 흘러내리게 된다. 이런 연마지는 주로 거친 번호의 샌더 연마지의 형태로 제공되며, 이를 오픈 코트(Open Coat)라고 한다.

습식연마지는 연마입자가 비교적 조밀하게 붙어있게 되는데, 이를 클로즈 코트(Cose Coat)라고 한다. 연마입자 사이는 좁지만 물이 흘러내림으로 인하여 연마된 가루를 강제로 흘러내리게 한다.

오픈 코트 연마지는 습식 연마 시에 수명이 굉장히 짧고, 클로즈 코트 연마지는 건식 연마 시에 수명이 굉장히 짧다. 통상 연마지의 수명이 다한다는 것은 다음과 같다.

① 연마지의 탈락

② 연마지의 마모

③ 연마입자의 끼임

(2) 연마재(Abrasives)

연마재는 물체 및 물질의 표면과 마찰을 일으켜 표면이 마멸되거나 고르게 되도록 연마시키는 도구 또는 광물의 총칭이다. 연마재에는 천연품과 인조품으로 구별하며 다음과 같다.

연마재	
천연품	인조품
다이아몬드, 에머리, 스피넬, 석유석, 규사	알루미나, 탄화규소, 탄화붕소, CBN, 인조 다이아몬드

보수도장 시 가장 많이 사용되는 연마재는 산화알루미늄인데, 연마지는 베이크라는 밑 종이를 베이스로 접착성 물질(본드)을 도포하고, 종이 위에 연마 입자를 부착하는 형태이다.

① 산화알루미늄(Aluminum Oxide) : 시중 콤파운드에 주로 함유하며, 목재, 플라스틱, 금속, 벽체에 사용된다.

② 규산화질코늄(Zirconium Silicate) : 광택 작업에서 주로 사용

③ 세라믹 알루미나(Alumina Ceramic) : 파워 툴용 벨트나 디스크용으로 목재 연마에 적합하다. 특수용품으로 취급되며, 산화알루미늄보다 내구성이 좋다.

④ 실리콘 카바이트(Silicon Carbide, 탄화규소) : 내마모성이 우수하여 연마재로 적합하다. 열 충격과 부식에도 우수한 특성을 보이며, 거친 연마, 페인트, 녹 제거 및 마감 시 사용한다.

⑤ 큐빅 보론 질화물(Cubic Boron Nitride) : 다이아몬드 다음으로 경도가 높고 절삭공구, 연삭 휠의 연마재로 사용된다.

[2] 구도막 제거 공구

(1) 샌더기(Sander, 샌딩기)

① 샌더기 역할

도장용 샌더란 칠을 함에 있어서 차체에 미세한 상처가 있으면 그 부분을 제거하여 평활성을 확보한 후 도장의 접착성과 흡착성을 증진시키고, 도장 후 매끄러운 표면을 얻기 위한 공구이다. 자동차 보수도장의 단계별 공정에서 중요한 부분 중 하나이며 대표적인 사용 공구로 작업 및 좁은 도장면의 구도막 제거 작업에 적합하다.

그림 1-4 샌더기

② 도장용 샌더기의 종류

㉠ 싱글 액션 샌더(Single Action Sander)

단순 원운동하는 가장 원초적인 샌더로 모터의 회전이 패드에 그대로 전달되며, 연마력이 강하므로 도막 제거, 녹 제거, 금속면의 미세한 수정 등에 사용된다. 표준 회전속도는 매분 8,000~15,000회전이지만 도막제거 전용으로 사용되는 1,500~3,000회전의 저속형도 있다. 패드 형상은 원형이며 딱딱한 패드를 사용하고, 5~15° 정도 기울여서 패드의 바깥 부분으로 연마한다.

(a) 싱글 액션 샌더 (b) 싱글 액션 샌더 연마 모양

그림 1-5 싱글 액션 샌더 및 싱글 액션 샌더 연마 모양

㉡ 더블 액션 샌더(Double Action Sander, (듀얼 액션 샌더, Dual Action Sander))

편심 원운동을 하는 샌더로서 퍼티 연마, 단 낮추기, 전면 연마 등 기초 도막 작업에 가장 광범위하게 사용된다. 패드의 회전축은 본체의 중심축으로부터 어긋나 있어서 패드가 자전하면 본체 중심축의 주위를 공전하는 복잡한 운동을 한다. 기종에 따라 편심축 반경(본체의 중심축에서 엇갈림의 크기)이 3~10mm 사이로 여러 종류가 설정되어 있다. 편심축 반경이 크면 클수록 연마력은 높으나 연마자국이 거칠기 때문에 거친 번호의 연마지 사용에는 편심축 반경이 큰 연마기를 선택하고, 고운 번호의 연마지 사용에는 편심축 반경이 적은 연마기를 선택해 사용하는 것이 바람직하다.

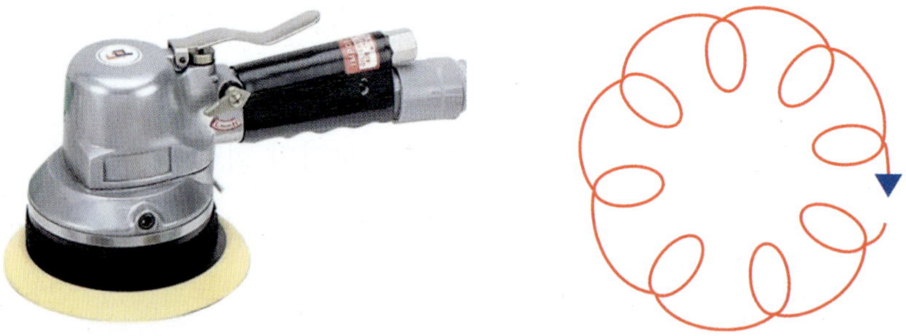

(a) 더블 액션 샌더 (b) 더블 액션 샌더 연마 모양

그림 1-6 **더블 액션 샌더 및 더블액션 샌더 연마 모양**

㉢ 기어 액션 샌더(Gear Action Sander)

기본적으로 더블 액션 샌더와 사용방법 및 용도가 비슷하며, 기어 형상의 원운동을 하는 샌더로서 운동이 기어에 의해 이루어지기 때문에 연마력과 접지성이 우수하며 작업속도가 빠르고, 접지성이 우수하여 작업 능률은 높으나 오랜 숙련 기간을 필요로 한다. 퍼티연마 작업에 적당하다.

그림 1-7 **기어 액션 샌더**

㉣ 오비탈 샌더(Orbital Sander)

오비탈 샌더는 사각형인 것이 특징으로 패드의 운동은 압축 공기 또는 전기로 편심 타원형과 궤적을 이루며 도막 표면을 문지르는 형식이다.

패드의 형상은 사각으로 연마력은 약하지만, 연마면에 대하는 패드의 크기가 크고, 평면인 까닭에 퍼티 연마 등 기초 도막 작업에 적당하다. 종류는 패드의 사이즈에 따라 더욱 세분된다.

(a) 사각 샌더기

(b) 원형 샌더기

그림 1-8 **오비탈 샌더**

㉤ 스트레이트 샌더(Straight Sander)

전후 직선으로 움직이는 샌더로 연마하고자 하는 형태에 따라 여러 가지 패드가 있으며, 굴곡이 일정하게 흐르는 면 등에 연마하기 좋다.

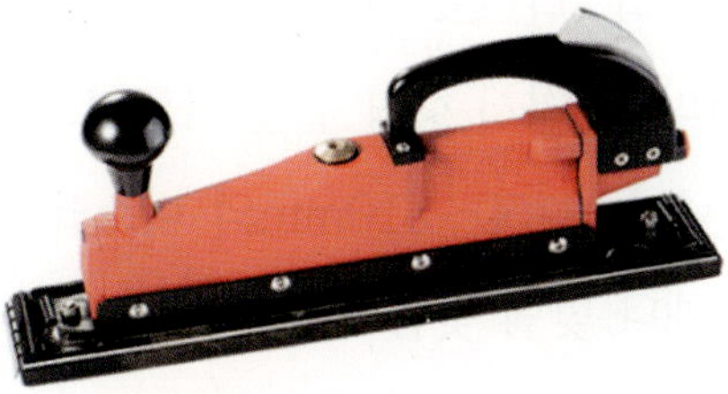

그림 1-9 **스트레이트 샌더**

㉥ 벨트 샌더(Belt Sander)

두 개의 축에 결합된 구동 풀리와 아이들 풀리의 회전력을 이용한 샌더로서 풀리에 벨트 형태의 샌드페이퍼를 걸어 사용한다. 축간 거리와 풀리의 폭에 따라 여러 종류의 샌더가 있다. 손으로 잡고 사용하는 벨트 샌더는 연속 벨트 형태의 교환식 연마지를 사용한다. 가장 일반적으로 사용하는 것이 3인치, 4인치 정도이고, 둘레가 20인치 혹은 24인치이다. 벨트는 주로 넓은 면을 연마할 때 유용하다. 두 개의 축에 고속으로 벨트가 돌아가면서 면을 빠르고 강하게 연마하므로, 벨트 샌더는 표면을 빠르게 마모시키기 때문에 조절하기가 어려워 골이 지거나 패이기 쉽다. 고정식 벨트 샌더는 벨트가 큰 것이 많으며, 작은 표면을 판판하게 만들 때 그리고 볼록한 면을 곡면으로 혹은 매끈하게 다듬을 때 사용한다.

그림 1-10 **벨트 샌더**

㉦ 디스크 샌더(Disk Sander)

손에 들고 사용하는 디스크 샌더를 핸드 그라인더라고도 한다. 지름 100~230mm의 원형 연마지를 사용한다. 기본적으로 금속가공 장비지만, 도막 제거용으로 싱글 회전의 샌더로서 파이버 디스크를 사용하는 일반적인 그라인딩 작업을 위한 그라인더이다. 디스크 샌더는 원형으로 돌기 때문에 결 방향으로 작업하는 것은 불가능하다. 따라서 항상 결을 가로지르는 방향으로 자국이 남는다. 고정식 디스크 샌더는 지름 150~510mm의 디스크를 사용하며, 테이블에 붙여서 사용한다. 작은 부재나 맞댐 맞춤의 마구리를 편평하게 다듬을 때, 볼록한 곡면을 다듬거나 매끈하게 만들 때, 자질구레한 금속가공작업에 유용하다. 디스크 옆면을 사용하여 연삭하며 회전할 때 테이블 방향으로 내려오고 있는 면을 사용해야 한다.

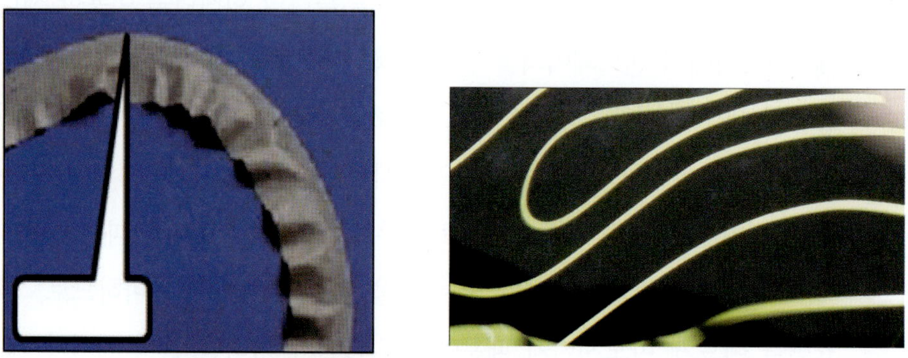

그림 1-11 **디스크 샌더**

③ 샌딩 작업순서

㉠ 에어 샌더기에 60#~80#~120#~180# 샌드 페이퍼를 선택하여 작업한다.

㉡ 샌더기를 보수면에 살며시 대어 누르면서 전후좌우로 이동하여 구도막과 녹을 제거한다. 샌더기의 밀착 시 손의 힘보다는 어깨, 가슴, 허리, 무릎 등을 이용하여 체중을 샌더기에 실어 전신의 힘으로 보수면을 이동하면서 작업하면 힘이 덜 들고 정확히 할 수 있다.

㉢ 샌더기는 표면에 15~20도의 각도를 이루게 하여 밀착시켜서 작업한다. 지나치게 각도를 주어서 작업할 경우는 작업면이 불균일하고 연마 자국이 남게 된다.

㉣ 구도막이 제거되는 상태를 확인하면서 샌더기를 운행하며, 보수면의 중심 부위에 나타난 금속면과 보수면 가장지리 구도막과의 경계는 경사가 완만히 되도록 갈아낸다.

㉤ 샌더기의 작업은 육안검사와 손바닥의 촉감검사를 병행하면서 시행한다.

㉥ 구도막 제거 작업이 완료되면 면에 붙어있는 도막 가루를 에어호스로서 불어낸다.

㉦ 솔벤트를 종이타월에 묻혀 퍼티 작업 시 부착성이 좋도록 면을 깨끗이 닦아낸다.

㉧ 샌딩 작업 후 육안으로 확인하면서 손으로 문질러 보아 특별히 튀어나온 돌출부가 발견되어 퍼티 작업에 영향이 있다고 판단되는 경우 망치로 조금씩 두드려서 평활하게 만든다.

(2) 샌딩용 흡진기

연마기와 일체로 사용하며 연마기의 연마용 공기 공급과 연마 작업 중 발생된 연마 가루를 진공으로 흡입하여 모으는 장비이다.

샌딩 작업 시 발생되는 분진을 포집하는 방식에는 샌더에 포집 호스를 연결하여 사용하는 이동형 흡진기와 여러 개의 샌더에서 발생하는 분진을 한곳으로 모아 중앙에서 포집하는 흡진기가 있다. 이동식 흡진기는 카트리지 필터와 원심 송풍기가 사용되며, 중앙 흡진 장치에는 필터와 함께 고압의 링 블로워가 주로 사용된다.

① 이동식 흡진기 : 분진을 포집하기 위한 이동식 흡진기로서 전원과 호스를 통해

압축 공기가 공급된다.

② 중앙 집중식 흡진기 : 다수의 샌딩 작업장을 운용할 때에는 동시에 여러 개의 샌더를 사용하게 되는데, 이때 발생하는 분진을 대용량의 흡진 장치를 통해 포집하게 된다. 샌딩 작업 공간에 이동식 흡진기처럼 끌고 다니는 번거로움이 없어서 작업 효율은 물론 공간 활용면에서도 효율적이다.

그림 1-12 이동식 흡진기

(3) 샌딩 룸

연마 작업 중 발생되는 연마 분진을 공기 중으로 날아가지 않도록 필터를 통해 포집하고 깨끗한 공기를 배출하는 시설이다. 샌딩 룸이 설치되어 있지 않을 경우 대기 중에 떠돌던 연마 분진이 차량 표면에 다시 들러붙어 2차 오염을 발생시켜 매끈한 차량 표면을 연출하는 것이 힘들다.

그림 1-13 샌딩 룸

1.2 퍼티 연마 재료 및 공구

[1] 퍼티 연마 재료

① 연마지

② 핸드블록(아데방) : 핸드블록은 연마 시 수연마 작업을 도와주는 제품으로 수샌딩 작업은 전기 샌딩기나 에어 샌딩기를 사용 후 하는 것이 일반적이다. 우레탄 벨크로 아데방은 벨크로가 있어 편하게 연마지를 붙여 수연마 작업을 진행할 수 있는 제품이다.

(a) 우레탄 핸드블록

(b) 핸드블록 작업

그림 1-14 **핸드블록**

③ 대패 : 초벌 퍼티 작업 후 대략적인 평활성을 확보하고 퍼티도포 산을 제거할 때 효과적이며, 완전히 건조되지 않았을 때 작업해야 쉽게 연마가 가능하다.

[2] 퍼티 연마 공구

① 더블 액션 샌더

② 기어 액션 샌더

③ 오비탈 샌더

④ 가이드 샌더

⑤ 집진기

1.3 서페이서 연마 재료 및 공구

[1] 서페이서 연마 재료

① 연마지 : 샌더용 연마지(P400, P600, P800, P1000), 스펀지 연마지

② 가이드 코트 : 오렌지 필, 스크래치, 굴곡 부위나 수평상태를 눈으로 확인 가능하며, 드라이 타입(흑연 분말의 연마 보조재) 또는 스프레이 타입(검정의 안료가 연마면이 커버될 때까지 2~3회 날림(Dry) 도장)으로 건식 및 습식 연마 모두 사용 가능하다.

(a) 드라이 가이드 코트

(b) 스프레이 가이드 코트

그림 1-15 가이드 코드

[2] 서페이서 연마 공구

① 더블 액션 샌더

② 핸드블록

1.4 마스킹 재료

[1] 마스킹 재료의 요구조건

① 용제에 녹지 않을 것

② 건조 후 도료가 벗겨지지 않을 것

③ 먼지가 발생하지 않을 것

④ 붙인 자국이 남지 않을 것

[2] 비닐 시트 및 전용 커버

① 비닐 시트 : 일반적으로 마스킹 페이퍼에 비해 넓은 사이즈로 보수부 주위를 씌우는 비닐 시트는 두께 0.02mm 정도의 얇은 비닐을 사용한다.

② 전용 커버 : 바디 전체를 씌우고 필요한 부분만 열어 도장할 수 있는 커버로 바디용 외에 타이어용 커버도 있다.

[3] 마스킹 편리기(마스킹 종이 거치대)

그림 1-16 마스킹 편리기

(1) 고정식

① 마스킹 페이퍼의 너비가 큰 100~200cm의 것은 고정식을 사용한다.

② 마스킹 페이퍼를 당기거나 끊을 때 흔들림이 없어 정확하고 쉽게 자를 수 있다.

③ 패널의 부분 도장에서 마스킹 페이퍼가 많이 필요할 때 사용하는 것이 좋다.

(2) 이동식

① 너비가 작은 3~4종류의 마스킹 페이퍼를 설치하여 사용한다.

② 작업자의 이동 거리가 단축되어 작업의 효율성을 높일 수 있다.

③ 마스킹 페이퍼의 너비가 넓은 것은 편리기의 흔들림으로 사용이 불편하다.

[4] 마스킹 테이프

(1) 내열온도에 따른 분류

마스킹 테이프의 내열온도가 건조온도에 맞더라도 덧댄 도막의 용제가 약해져 마스킹 테이프의 접착제에 함유된 용제에 침투해 테이프 자국을 남길 수도 있다.

① 자연 건조용 : 래커 계열의 도료에 사용한다. 가열하면 테이프를 떼어낼 때 접착 성분이 남게 된다.

② 가열 건조용 : 우레탄계의 도장 작업에 쓰인다. 60~80℃의 내열성을 가지고 있다.

③ 소부 건조용 : 소부 도장에 쓰인다. 130~140℃의 내열성을 가지고 있다.

(2) 테이프 구조

① 이형제(Release) : 점착 테이프는 롤 상태로 말려있는 것이 보통이며, 롤에서부터 테이프 상태로 감는 것을 손쉽게 하기 위해 기재의 점착제와는 반대의 면에 이형제를 칠한다. 이것은 말린 상태에서 테이프가 눌러붙는 것을 방지한다.

② 기재(Backing) : 점착제를 도포할 수 있는 유연하고 얇은 재료를 말한다. 종이, 플라스틱 필름, 천, 발포 Foam, 부직포, 복합기재 등이 있다.

③ 프라이머(Primer) : 소재와 접착제의 밀착을 증가하고 벗긴 후 접착제가 남아

있지 않게 한다.

④ 점착제(Adhesive) : 점착제는 점착테이프의 본질이며, 종류로는 천연고무 또는 합성 고무계 점착제, 아크릴계 점착제, 수지 변성 아크릴계 점착제, 수계 아크릴 점착제(무용제성), 실리콘 점착제, 열융착 점착제 등이 있다.

(3) 소재에 의한 분류

① 종이테이프

마스킹 접착테이프는 마스킹 페이퍼의 고정용으로서 일반적으로 널리 사용되고 있다. 자동차 보수용 종이로 열과 내용제성(시너에 녹지 않는)이 있고, 떼어낸 후에 점착제가 패널에 남지 않도록 설계되어 있다.

② 천 테이프

퍼티, 프라이머 서페이서, 구도막의 표면 등의 연마 작업 시 경계부위의 패널과 부품 등에 스크래치가 생기지 않도록 샌딩 작업 전에 사용된다.

③ 플라스틱 테이프

비닐 테이프나 에지 테이프, 라인 테이프라고 하며, 테이프 경계라인이 깔끔하고 보풀이 생기지 않으며, 색이 구분되어 도장하는 2톤 컬러나 3톤 컬러에 적합하고, 커스텀도장과 같은 도안도장에 사용된다.

그림 1-17 **공정별 마스킹 테이프**

④ 양면테이프

테이프의 양쪽으로 접착할 수 있는 테이프로서 손이 들어가기 어려운 좁은 부분 등에 사용하면 효율적으로 마스킹을 할 수 있다.

⑤ 틈새 막음 테이프(우레탄 테이프)

전문 틈새를 막는 데 사용한다.

(4) 마스킹 테이프의 요구조건

① 페인트의 침투를 막을 수 있어야 한다.

마스킹 테이프는 마스킹 한 부분과 도료가 도포되는 경계부위에 시너에 의한 용재가 침투하여 테이프 아래의 구도막에 용재로 침해된다. 도막결함의 원인과 경계라인이 불규칙하게 변형될 경우 도장품질에 영향을 주기 때문에 용재의 침투를 방지하는 성질을 가지고 있어야 한다.

또한 마스킹 테이프를 작업한 부분에 도장 시 한 번에 많은 양의 도료를 도장할 경우 시너의 양이 많아 마스킹 경계부위에 시너가 침투할 우려가 있으므로 1회 도장 시 얇게 도장하는 것이 중요하다.

(a) (b)

그림 1-18 시너 침투에 의한 마스킹 자국

② 마스킹 테이프는 유연성이 있어야 한다.

마스킹 테이프가 필요 이상 두꺼운 경우에는 뻣뻣하기 때문에 접착하기에 불편하며, 패널 형상에 따라 붙이는 곡면 마스킹할 때에는 테이프가 유연하여 작업성이 우수해야 한다. 스카치 비닐 테이프와 같이 테이프 강도가 크고 딱딱한 경우 곡면 테이핑이 어려우며 접착 유지력이 떨어져 도장결함으로 이어진다.

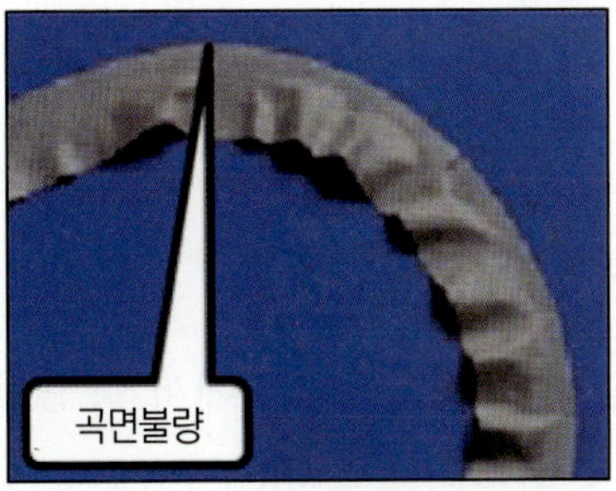

(a)

(b)

그림 1-19 곡면 마스킹 작업

③ **마스킹 테이프의 용도에 따라 선택하여 작업해야 한다.**

마스킹 테이프의 경계부위는 라인(경계) 마스킹 테이프를 사용하고, 도어와 도어 사이의 공간이 큰 경우(스펀지 마스킹 테이프)와 테일 게이트 부위는 두꺼운 마스킹 테이프를 사용해야 한다.

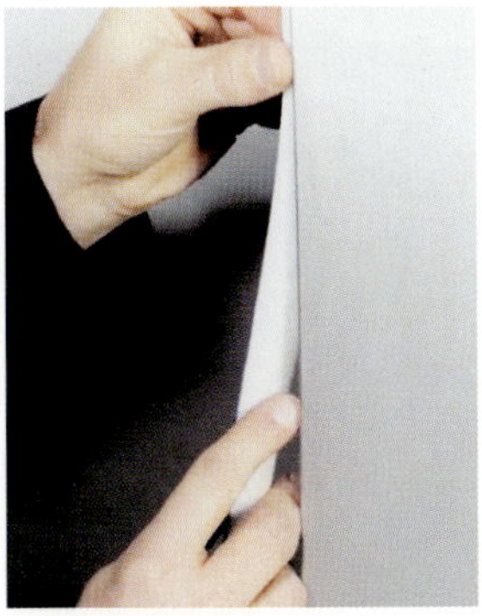

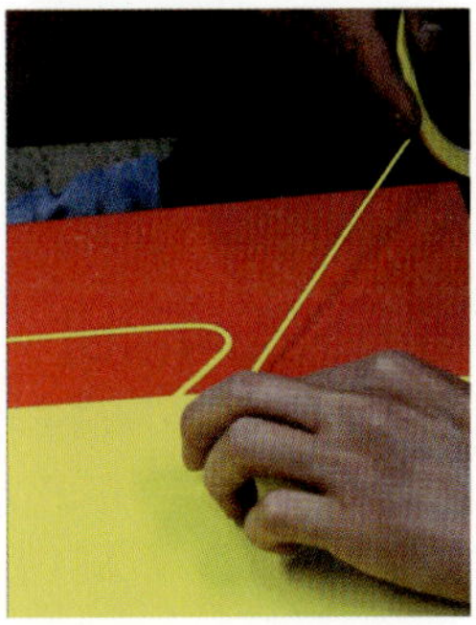

그림 1-20 작업공정별 마스킹(스펀지, 비닐 커버링, 라인) 테이프

(5) 마스킹 테이프 선택

① 손으로 테이프 커트 가능할 것(테이프 폭 18mm 미만)

② 테이프가 세로로 찢어지거나 비스듬히 찢어지지 않을 것

③ 내용제성이 강할 것

④ 내열성이 좋을 것

⑤ 떼어내기가 쉽고 접착제가 남아있지 않을 것

[5] 마스킹 페이퍼

마스킹 페이퍼는 신문지 등에 비해 먼지가 나지 않고, 뒷면에 용제가 침투되지 않도록 폴리에스테르가 코팅되어 있으며, 내열성이 좋아 200℃에서 약 30분 정도 견딘다. 두께를 주어 용제 침투가 힘든 것이나 알루미늄 금박이 덧대진 단열형 마스킹 테이퍼도 있어 도료의 종류나 용도에 따라 쓸 수 있다. 마스킹 페이퍼 선택은 다음과 같다.

① 마스킹 페이퍼의 너비는 보통 15cm, 20cm, 30cm, 45cm, 50cm, 55cm, 90cm, 100cm, 150cm, 200cm 등 여러 종류가 있다.

② 마스킹 편리기에 많이 사용되는 크기의 페이퍼를 순차적으로 설치한다.

③ 마스킹 페이퍼는 도료 및 용제가 침투되지 않는 제품이어야 한다.

④ 마스킹 재료를 절약할 수 있도록 선택한다.

1.5 조색장비

[1] 도료 교반기

① 안료분이 많고 침전되기 쉬운 도료와 균일한 분산을 필요로 하는 도료를 임펠러로 회전시켜 도료를 교반시키는 장치

② 조색재는 도료 교반기 장착용 뚜껑을 장착하여 아주 적은 양도 원하는 양만큼 따라 쓰기가 편리하다.

③ 교반시간 및 보관 조건 등은 제작사 기술자료집을 참고한다.

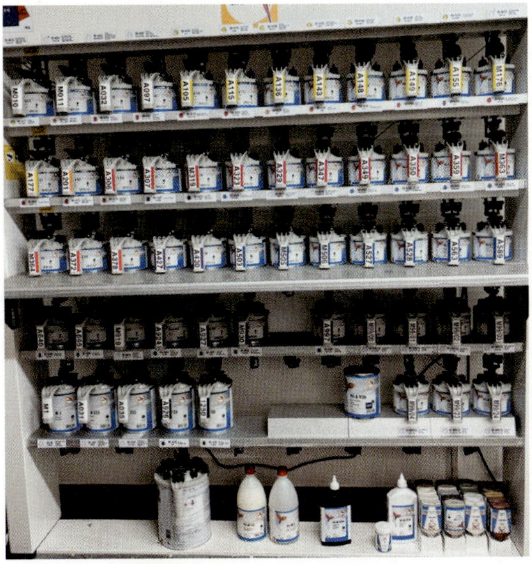

그림 1-21 도료 교반기

그림 1-22 교반기 날개부분과 장착용 뚜껑(Lid)

[2] 전자저울

① 조색제를 배합비에 맞게 도료량을 계량한다.

② 최소 무게 단위 : 0.01g

③ 최대 계량 무게 : 3.2kg

그림 1-23 전자저울

[3] 컬러 측색기

도료사별 전용 측색기로 자동차와 조색시편을 측정하고 유사컬러를 찾아 주거나 색의 차이를 값으로 표시한다.

(1) 색차계(Colorimeter)

색차계는 크게 광원부, 측정부, 데이터 처리부로 구분된다. 먼저 광원부는 빛을 발생시키는 부분으로, 가시광선 영역의 백색광을 생성하며 반사율과 투과율을 측정하도록 한다. 다음으로 측정부는 각 파장별 값을 측정하는 부분으로, CIE 표준 표색계인 X, Y, Z 좌표값을 구한다. 마지막으로 데이터 처리부는 측정된 결과값을 컴퓨터 화면상에 표시하거나 프린터로 출력하는 등의 작업을 수행한다.

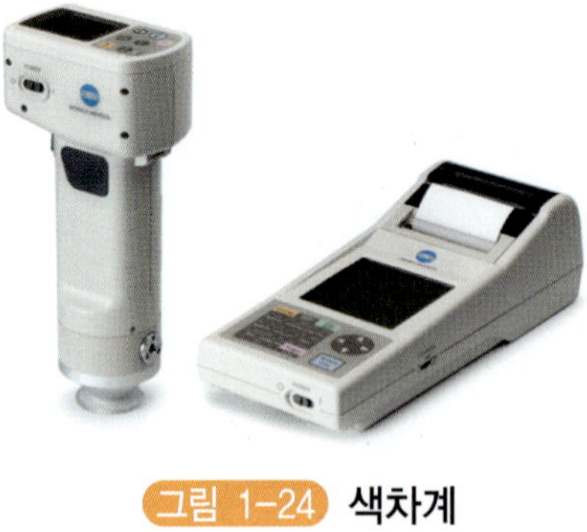

그림 1-24 색차계

(2) 분광광도계(Spectrometer)

분광광도계는 크게 광원, 단색화 장치, 검출기로 구성되어 있다. 광원에는 텅스텐 램프(320~2500nm 영역의 복사선), 중수소 아크 램프(200~400nm 영역의 자외선), 글로바(4000–200cm^{-1}의 적외선 복사선), 헬륨–네온 레이저(638nm), 레이저 다이오드(680~1550nm의 근적외선) 등이 있다. 단색화 장치는 빛을 각성분 파장으로 분산시키고 좁은 띠의 파장을 선택하여 시료 또는 검출기로 보낸다. 검출기는 광자가 검출기에 도달할 때의 전기 신호가 발생하는 원리를 이용하여 전류의 세기와 복사 세기가 비례한다는 사실을 이용하여 흡광도를 측정한다. 색차측정과 배합 작성이 가능하다.

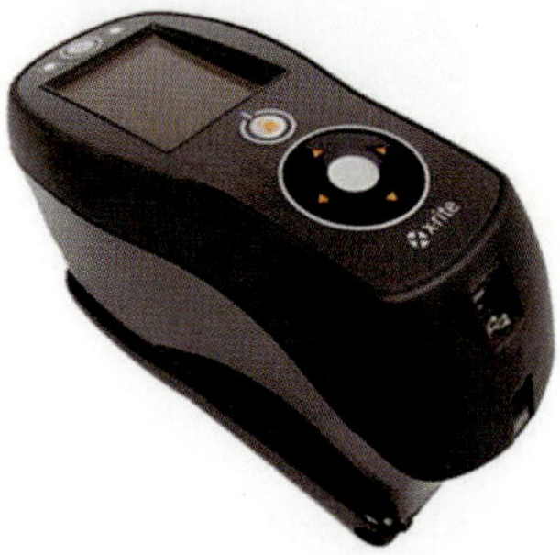

그림 1-25 분광광도계

[4] 색상 확인 조명

자연광에서 색상을 확인하지 못할 때 사용한다. 자연광이란 정오를 기점으로 약 5000K~5800K의 밝기를 말하며, 과거 형광등 중심의 조명에서 최근에는 LED 위주의 조명으로 변하고 있다.

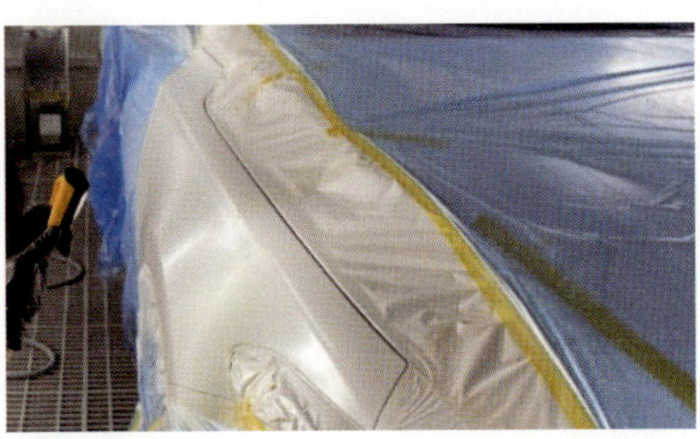

그림 1-26 색상 확인 조명

[5] 시편 도장 부스

시편도색을 위한 간이 부스

그림 1-27 **시편 도장 부스**

[6] 시편 건조기

연마 및 에칭 후 얼룩 발생을 최소화하는 급속 건조가 가능

그림 1-28 **시편 건조기**

1.6 광택 재료 및 작업 공구

그림 1-29 **광택 재료 및 작업 공구**

[1] 마스킹

도장작업 및 광택작업 시 마스킹할 때 사용한다.

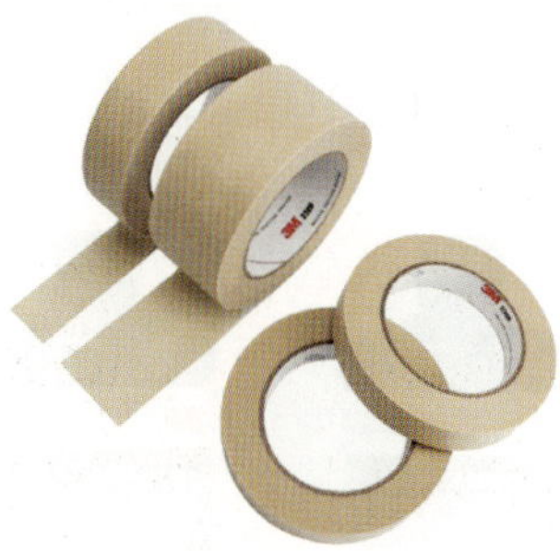

그림 1-30 **마스킹**

[2] 연마지

연마지는 쉽게 말해 사포를 의미한다. 금강사나 유리가루, 규석 등을 입자를 고르게 갈아내어 천이나 종이에 붙인 것을 의미한다. 경도가 높은 재료이므로 쇠붙이의 녹을 없애거나 표면을 매끄럽게 필요한 작업인 자동차 수리, 자동차 광택 등에 주로 사용되고, 작업 시 대부분 습식 연마를 한다.

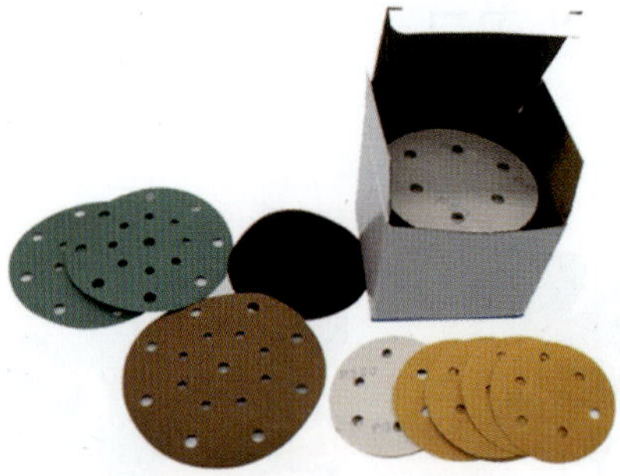

그림 1-31 연마지

[3] 컴파운드, 버프

(1) 컴파운드

컴파운드는 굵은 스크래치, 가벼운 스크래치 제거부터 광택까지 단계별로 적용한다. 사용방법은 다음과 같다.

① 서늘한 곳에서 깨끗한 도장면에 작업한다.

② 용기를 충분히 흔들어 준 후 스펀지 패드를 사용하여 도장면에 균일하게 도포한다.

③ 스크래치가 제거될 때까지 스펀지로 충분히 작업한다.

그림 1-32 컴파운드

(2) 버프

버프 연마는 금속 표면을 연마하는 기술의 일종으로 면이나 울 등의 소재로 만들어진 휠 모양의 연마도구를 가리킨다. 버프는 연마제를 붙이고 고속으로 회전시켜 워크에 접촉시키면 연마할 수 있다. 버프의 종류는 다음과 같다.

① 마 버프 : 주로 거친 연마에 사용하는 버프

② 양모 버프 : 대마 버프에 비해 타격이 부드럽고 중간 연마와 마무리 연마에 사용하는 버프

③ 타월 버프 : 소재의 살결이 세세하고, 두께가 있는 버프로 연마력이 높고 작업이 빠르지만, 도막면의 버프 상처가 깊어지기 쉽다.

④ 스펀지 버프 : 울 버프보다 연마력이 작고, 연마 상처가 나기 어려운 버프로 도장한 개소의 마무리나 왁스용으로 사용한다.

그림 1-33 버프

[4] 크림 왁스

차체에 광택을 낼 때 사용하기 좋은 크림 왁스로 깨끗한 도장면에 펴 바른 후 닦아 내 사용한다.

그림 1-34 크림 왁스

[5] 광택기

일반적으로 자동차 외관의 흠집, 이물질, 페인트 등을 제거하고 광택을 내는 공구이다. 종류에는 유선방식, 무선방식, 에어방식 등이 있다.

① 유선방식 : 전기선을 연결해야 하기 때문에 장소의 제약이 있지만 성능은 뛰어나다.

② 무선방식 : 무선이라 작업이 편리하지만 배터리가 방전되면 작업을 할 수 없다.

③ 에어방식 : 에어를 공급해줄 별도의 장비가 필요하고 장소의 제약도 있지만, 가격이 저렴하고 성능도 뛰어나다.

그림 1-35 광택기

1.7 드레스 업 랩핑 재료 및 공구

① 공구가방(Tool Belt) : 랩핑 작업 도구들을 좀 더 편하고 안전하게 소지할 수 있게 해주는 수납하는 가방이다.

그림 1-36 **공구가방**

② 랩핑용 헤라(Squeegee) : 스퀴시는 차량의 굴곡진 면의 작업에 사용되는데, 스퀴지는 질감의 휘어지는 정도에 따라 Soft, Medium & Hard로 나누어진다. 주로 Soft & Medium 스퀴지를 사용한다. 주걱 헤라는 자동차 루프 고무 몰딩이나 작은 틈새로 랩핑지를 밀어 넣는 용도로 많이 사용되는 필수품이다. 주걱 헤라를 처음 사용하는 경우에는 헤라의 거친 날이 필름을 상하게 할 수 있으니 꼭 사포로 갈아서 사용하는 것이 좋다.

그림 1-37 **랩핑용 헤라**

③ 플라스틱 헤라(시트지 양날) : 좁은 틈에 마감할 때나 좁은 곳에 틈을 만들 때 사용한다.

그림 1-38 **플라스틱 헤라(시트지 양날)**

④ 틈새 헤라 셋 : 랩핑 PPF 작업 시 필요한 부분에 사용하면 된다.

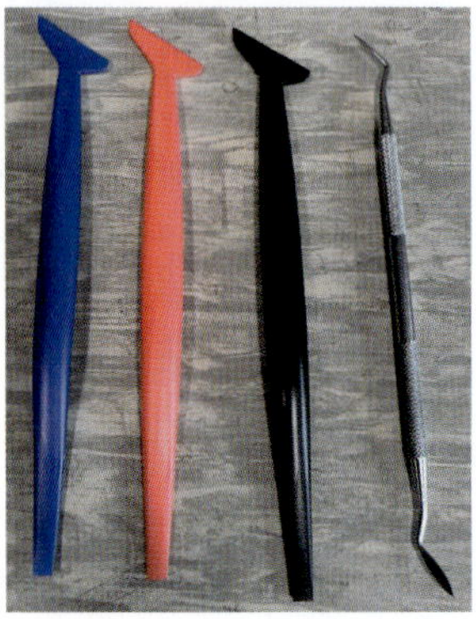

그림 1-39 **틈새 헤라 셋(4종)**

⑤ PPF 스퀴지 헤라 : PPF필름 전용 고무헤라

그림 1-40 **PPF 스퀴지 헤라**

⑥ NT 커터칼 : 커터칼은 일반적으로 시중에서 판매되는 커터칼보다는 칼날의 끝이 가늘고 긴 커터칼이 더 유용하다. 큰 구멍부터 나사 구멍 같이 작은 구멍을 도려내기 위해 주로 사용되기 때문이다.

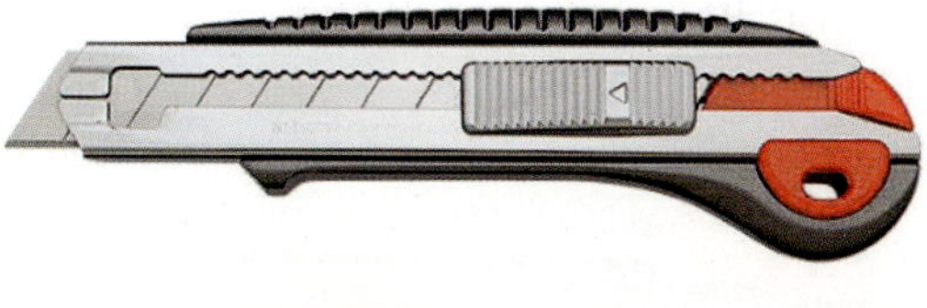

그림 1-41 NT 커터칼

⑦ 칼날(도루코 S) : 이물질 제거 및 썬팅 보조용 제품이다.

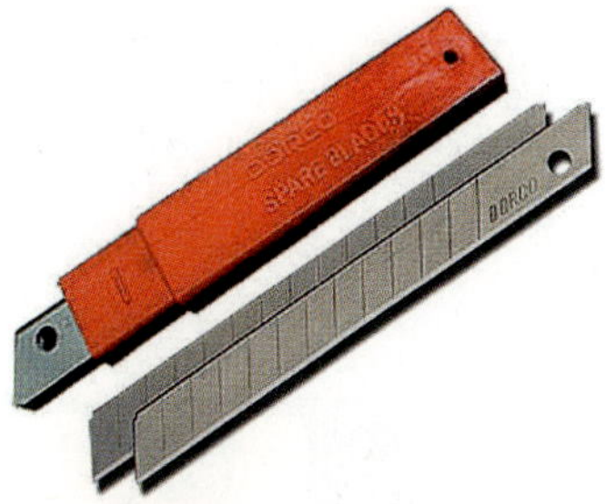

그림 1-42 도루코 S 칼날

⑧ 필름 재단칼(마토) : 차량에 필름 재단 시 차량에 상처(흠)나는 것을 방지한다.

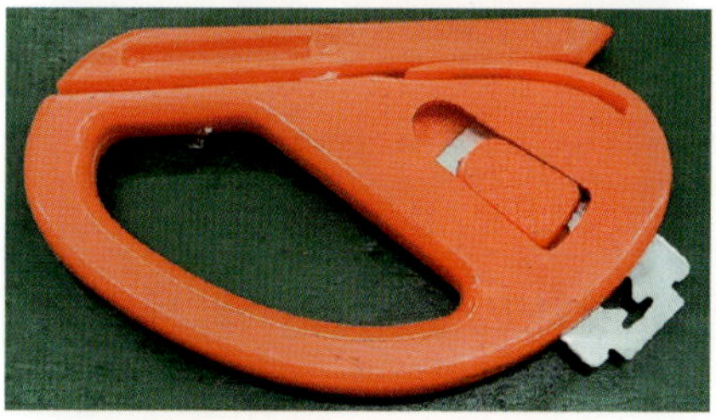

그림 1-43 필름 재단칼

⑨ 핀셋(Tweezers, 미용러버 족집게) : 좁은 부분을 마무리하거나 커팅된 필름을 뺄 때 사용한다. 일반 핀셋은 끝이 무뎌서 얇은 필름을 잡기에는 부적합하므로 정밀한 핀셋을 사용해야 한다.

그림 1-44 핀셋

⑩ 핀제거용 공구(클립리무버) : 자동차를 펴거나 그립을 제거하는 리무버 공구이다.

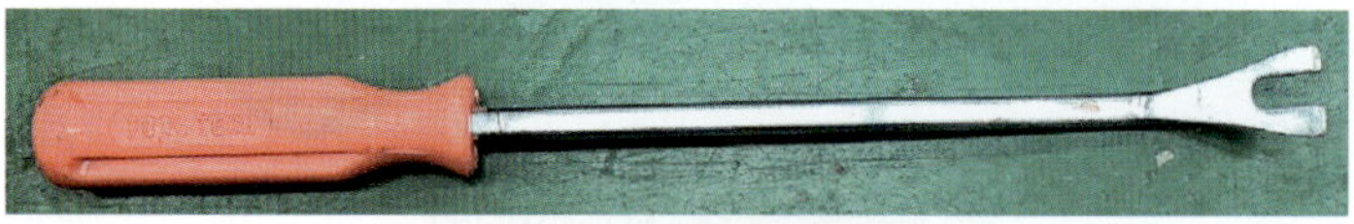

그림 1-45 핀제거용 공구

⑪ 히팅건(Heating Gun, 열풍기) : 열풍기는 주로 자동차 썬팅지 시공에 많이 사용되는 필수품인데, 랩핑지에 열을 가하여 필름을 늘리거나 수축시킬 때 사용할 수 있는 도구이다. 주의할 점은 무리하게 열을 가할 경우 필름이 녹거나 구멍이 날 수 있다.

그림 1-46 히팅건

⑫ 전선 릴 : 케이블을 보관하고 운반하는 데 사용한다.

그림 1-47 전선 릴

⑬ 전압, 저항 테스터기(멀티 테스터, Multimeter) : 전압, 전류, 저항 등 여러 가지의 측정 기능을 하나로 모아놓은 계측기이다.

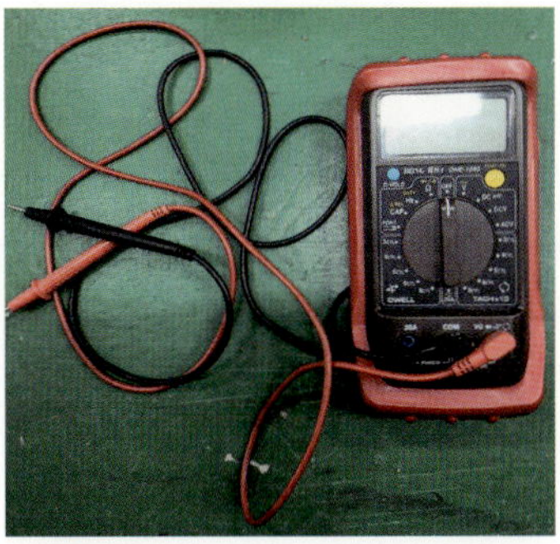

그림 1-48 전압, 저항 테스터기

⑭ 필름 고정용 자석(Magnetics) : 혼자 작업 시 차체에 필름을 잡아주기 위해 사용한다.

그림 1-49 필름 고정용 자석

⑮ 랩핑 시공 장갑(Gloves) : 일반 장갑은 랩핑지의 접착제가 장갑에 남으면 온갖 먼지가 묻어 깔끔한 시공이 힘들어진다. 랩핑 시공 장갑은 접착제가 잘 묻지 않으며 지문방지 및 기스를 방지한다.

그림 1-50 랩핑 시공 장갑

⑯ 압축 분무기 : 내용물이 들어 있는 분무기에 헤드부분의 펌프를 눌러 압력을 가한 뒤 손잡이에 부착된 버튼을 누르면 자동으로 분사되는 압축식 분무기이다.

그림 1-51 압축 분무기

⑰ 캐니언 분무기 : 분무기란 물이나 살충제 같은 액체 물질을 펌핑하여 노즐을 통해 용액을 분사하거나 안개처럼 뿜어내는 기구이다.

그림 1-52 캐니언 분무기

⑱ 캠핑 매트

⑲ 코스트코 막타월 : 틈새 및 엔진룸 등 세차 후 물기 제거용으로 말 그대로 막 쓰는 타월이다.

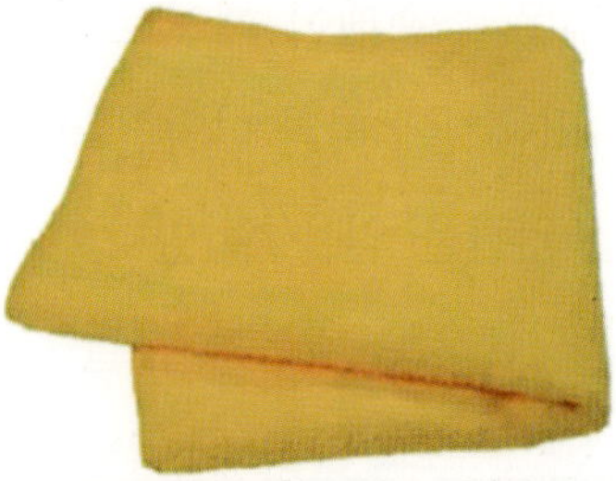

그림 1-53 **코스트코 막타월**

⑳ 마스킹 테이프 : 마스킹 테이프는 본래 페인트 작업을 할 때 다른 부분에 묻지 말라고 잠깐 붙여두는 테이프이다. 보통 종이나 비닐 재질이고, 뒤에 접착면이 있다. 이 테이프는 손으로 찢거나, 그 위에 글씨를 쓸 수 있다.

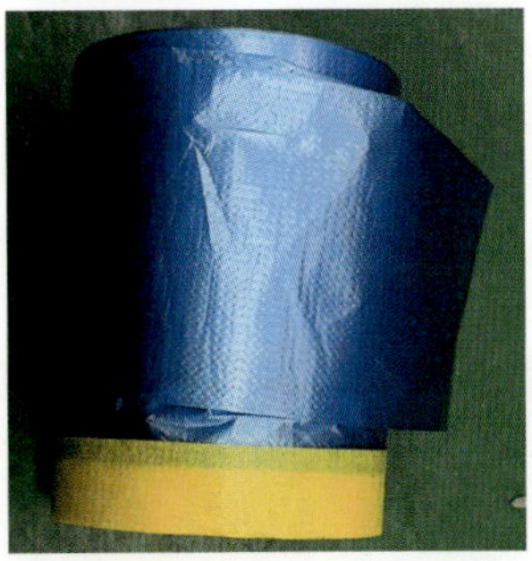

그림 1-54 **마스킹 테이프**

㉑ 글로스브로 물왁스 : 스프레이 타입의 발수 코팅제로 세차 후 물기 제거 전 사용하여 각종 유해한 오염물로부터 도장면의 산화 및 손상을 방지한다.

그림 1-55 **글로스브로 물왁스**

㉒ 랩핑 필름 : 자동차 랩핑은 스프레이 페인트 작업으로는 할 수 없는 독창적인 외관을 얻을 수 있으며, 필름지에 따라 다양한 색상, 광택, 세틴, 매트 등 다양한 질감도 존재하여 원하는 외관을 얻을 수 있다. 자동차 외장에 미세한 스크래치가 있으면 자동차 랩핑 필름으로 대부분 숨길 수 있다.

그림 1-56 랩핑 필름

㉓ PPF 필름(Paint Protection Film) : 차량 도장면을 보호하는 필름이다.

그림 1-57 PPF 필름

㉔ 기포제거 펜(Air Release Pen) : 랩핑 시 기포가 들어가 헤라로 아무리 밀어내도 빠지지 않는 기포를 옆에 튀어나온 터치부를 누르면 핀은 안으로 들어가 기포를 제거한다.

그림 1-58 기포제거 펜

보수도장 장비

02

CHAPTER 02

보수도장 장비

2.1 보수도장 장비 관리

도장장비의 관리는 장비의 작동 정지 또는 도구의 사용 정지 시간을 줄이고 비용 절감과 작업 효율 개선 및 작업 품질을 높이며, 생산성을 높일 수 있어 장비의 관리는 중요하다.

[1] 보수도장 장비 관리 기본

① 도장장비 청소 : 청소는 도장장비를 깨끗하게 유지하면서 필터 등 오염된 소모품을 교체 시기에 제때 교환하는 것이다.

② 도장장비 조이기 : 도장장비 부품을 조합하고 있는 볼트와 너트가 이완될 수 있으므로 항상 점검 및 관리하여 이완 시에는 이완된 볼트 또는 너트를 조인다.

③ 도장장비 기름 치기 : 회전운동, 왕복운동하는 장비나 도구는 모든 작동하는 부위에 윤활이 필요하다. 윤활 여부에 따라 장비나 도구의 정상적인 사용시간이 달라진다.

④ 유틸리티(Utilities) : 장비의 가동에 필요한 에너지원이 되는 전원 및 가스, 압축공기 및 물 등이 정상적으로 공급되고 있는지 점검하는 일이다.

⑤ 도장장비 관리 대장을 작성하여 장비를 효율적으로 운영한다. 장비 관리 대장

작성 방법은 다음과 같다.

㉠ 장비명을 적는다.

㉡ 장비 일련번호를 기입한다.

㉢ 제조회사와 공급회사를 기입한다.

㉣ 제조 및 구입 설치 일을 기입한다.

㉤ 모델, 고유번호 및 규격을 기입한다.

㉥ 장비의 주요 기능 및 특징을 기입한다.

㉦ 중요 부품을 기입한다.

㉧ 장비 사진을 붙여넣는다.

㉨ 담당자를 정한다.

㉩ 점검 진단 고장 수리 기록란을 작성한다.

[2] 보수도장 장비 관리 방법

(1) 장비 사용설명서의 중요성

장비 사용설명서는 장비를 효율적으로 관리할 수 있도록 하여 정상적으로 작동하고 사용하게 한다.

(2) 장비의 사양 확인

① 공기 압축기 선정 시 사양을 확인한다.

㉠ 공기 압축기의 사양에는 어떤 것이 있으며 대표적인 사양은 어떠한 것이 있는지 확인한다.

㉡ 공기 압축기의 용량은 어떻게 정해져 있는지 확인한다.

㉢ 공기 압축기의 종류별로 사양의 차이를 확인한다.

㉣ 공기 압축기의 용량은 사용하고 있는 에어공구 기기들의 공기 소모 총량을 계산하여 산정한다.

㉤ 공기 압축기의 압축 공기 생산량의 여유율을 확인하여 공기 압축기를 선정한다.

㉥ 압축 공기가 배관을 지나올 때의 압력 손실을 확인한다.

② 스프레이 부스 선정 시 사양을 확인한다.

㉠ 부스의 사양은 유성 페인트와 수용성 페인트의 특성에 따라 어떻게 달라져야 하는지 확인하고, 작업 효율의 관계를 확인한다.

㉡ 부스 내에서의 풍속과 페인트 스프레이와의 관계를 확인한다.

㉢ 페인트의 종류와 도막 건조 조건에 따라 부스 내에서의 필요한 온도를 확인한다.

㉣ 송풍기의 사양을 정하기 위한 풍량 계산은 어떻게 되는지 확인한다.

㉤ 급기 및 배기 필터의 사양과 부스 내의 조명은 어떻게 결정되는지 확인한다.

(3) 장비의 구성부품 파악

각각의 구성품의 기능이 무엇인지 확인하고, 동일한 목적에 사용되는 장비의 기능과 작업 품질의 차이를 확인하다.

(4) 설치와 조립 순서 습득

설치와 조립을 어떻게 하느냐에 따라 동일한 장비일지라도 성능이 달라질 수 있다. 조립순서를 알면 수리를 위해서 분해도 가능하므로 사용 설명서에 따라 설치하고, 조립하고 순서를 숙지한다.

(5) 작동 원리와 순서 터득

장비를 제작한 제조회사의 설계 개념을 파악하여 작동 원리와 순서를 터득해서 작동 순서를 준수하고, 장비의 수명을 연장시키고 품질을 유지시킨다.

(6) 유지 관리 조건 확인

① 온도와 습도 조건

② 직사광선 노출 여부

③ 수평 유지의 중요성

④ 소음과 진동 상태

⑤ 인입 전원에 대한 조건

(7) 고장의 원인 파악

고장이 발생했을 때 어느 부분을 잘못 관리하여 고장이 발생했는지 파악한다.

(8) 안전 및 환경면 파악

장비를 사용하면서 안전 및 건강과 환경적인 면에서 주의해야 할 점을 확인하고, 안전과 환경에 대한 법적 의무 사항에 대하여 파악한다.

(9) 사용 설명서 보관

일반 서류와 구분된 별도의 공간에 보관하며 사용자가 바뀌어도 사용법을 전수할 수 있도록 한다.

2.2 보수도장 장비 점검

도장 장비는 작업 특성상 분진과 페인트에 의해 오염이 발생하기 때문에 설비나 장비는 물론 작업 도구의 품질 유지와 수명 연장을 위하여 주기적인 점검을 하여야 한다.

[1] 압축 공기 공급 설비의 점검

(1) 공기 압축기(Air Compressor) 점검

① 모터 냉각팬의 오염과 모터의 발열 상태를 점검한다.

② 에어 압력계의 토출 압력과 온도를 점검한다.

③ 에어 탱크, 밸브와 연결부의 기밀 상태와 풀리 및 벨트의 이완 여부를 점검한다.

④ 윤활유의 충진 상태와 오염도 및 오일 필터의 오염 상태를 점검한다.

⑤ 공기 흡입부의 에어 필터의 체결 상태와 오염 상태를 점검한다.

⑥ 인입 전선과 피복 상태, 체결 상태, 접지 및 누전 여부를 점검한다.

⑦ 안전밸브의 작동 상태를 확인한다.

(2) 에어 드라이어(Air Dryer)와 에어 쿨러(Air Cooler) 점검

① 에어 입구 압력과 온도를 점검한다.

② 응축수 드레인 밸브와 배관상의 각종 밸브와 연결부의 기밀 상태를 점검한다.

③ 인입 전선의 피복 상태, 체결 상태, 접지 및 누전 여부를 점검한다.

(3) 에어 필터(Air Filter) 점검

① 에어 입구 압력과 출구 압력을 점검한다.

② 응축수 드레인 밸브와 배관상의 각종 밸브와 연결부의 기밀 상태를 점검한다.

③ 필터 하우징을 열어 유수 분리기의 사이클론 분리기와 황동 소결 필터, 미세입자 필터와 활성탄 필터의 오염상태를 점검한다.

(4) 에어 보조 탱크(Air Receive Tank) 점검

① 탱크의 에어 압력을 점검한다.

② 안전밸브의 작동 상태를 점검한다.

③ 배관상의 각종 밸브와 연결부의 기밀 상태를 점검한다.

④ 배관 내 응축수의 유무와 드레인 밸브의 작동 상태를 점검한다.

(5) 에어 공급 배관(Air Pipe) 점검

① 배관상의 각종 밸브와 연결부의 기밀 상태를 점검한다.

② 배관 내 응축수의 유무와 드레인 밸브를 점검한다.

(6) 에어 호스(Air Hose) 점검

① 에어 커플링의 연결부 체결과 기밀 상태를 점검한다.

② 에어 호스의 기밀 상태를 점검한다.

[2] 샌딩 시스템의 점검

① 샌더를 점검한다.

② 흡진 호스와 서비스 스테이션을 점검한다.

③ 샌딩 아암과 슬라이딩 레일을 점검한다.

④ 흡진 시스템을 구성 요소별로 점검한다.

[3] 스프레이건의 점검

(1) 노즐과 에어캡을 점검한다.

니들(Needle), 플루이드 팁(Fluid Tip), 에어캡(Air Cap) 등 페인트를 공급하는 부품으로 에어 분배링과 함께 페인트를 미립화시키는 중요한 구성품을 점검한다.

① 각 부품의 마모 상태를 점검한다.

② 조립 상태에서의 유격 정도를 점검한다.

③ 에어캡의 미세한 구멍의 오염 상태를 점검한다.

④ 니들과 에어캡의 변형 또는 손상 상태를 점검한다.

(2) 페인트 양과 에어 압력 및 패턴(Round and Flat Spray Control) 조절기를 점검한다.

니들과 플루이드 팁, 에어캡과의 간격을 조절하는 페인트 양 조절기는 페인트의 공급량을 조절하며, 에어 공급 계통에 장치된 에어 압력 조절기는 에어 압력을 조절한다. 그리고 패턴 조절기는 타원형으로 형성되는 패턴의 길이와 폭을 조절한다.

① 작동 부위의 그리스 주유 상태와 스프링의 장력을 점검한다.

② 조절기의 조절에 따라 페인트 분무량, 에어 압력과 패턴의 변화를 점검한다.

③ 압력 표시부의 압력과 연결 부위의 오염 여부를 점검한다.

④ 에어 압력 조절기 내부로 세척제가 유입되었는지 확인한다.

⑤ 조절기 체결 나사의 풀림 여부와 유격 여부를 점검한다.

(3) 방아쇠(Trigger)와 건 핸들 및 페인트 컵을 점검한다.

방아쇠는 에어의 공급과 함께 페인트를 노즐로 보내주는데 1단으로 당기면 에어만 공급된다. 건 핸들은 스프레이건 몸체의 일부로 그립(Grip)감이 좋은 형상으로 만들어져 있으며, 하단부의 에어 연결 조인트가 부착되어 내부로 에어 관로가 들어 있다. 중력식은 컵이 스프레이건 상단에 부착되고 흡상식은 하단에 부착된다. 근래에는 수용성 도료의 적용이 늘어남에 따라 세척 시간과 세척용 세척제의 절감을 목적으로 일회용 컵이 사용되기도 한다.

① 건 몸체, 방아쇠와 컵의 세척 상태를 점검한다.

② 방아쇠의 당김에 따라 에어 및 페인트 분사량의 변화를 점검한다.

③ 몸체와 연결 나사의 손상 여부를 점검한다.

④ 페인트가 일정하게 흐르게 하는 숨구멍의 막힘 여부를 점검한다.

[4] 스프레이(도장 및 건조) 부스 점검

(1) 부스 본체(박스) 점검

① 바닥 구조물 점검

㉠ 바닥 그레이팅과 바닥 필터 및 필터 받침판의 오염 상태를 점검한다.

㉡ 바닥 필터 받침판의 배열 상태를 점검한다.

㉢ 수평 프레임과 수직 지지대의 변형 상태를 점검한다.

② 차량 출입문 점검

㉠ 부스 압력 등에 의한 출입문의 변형 상태와 실링 부분을 점검한다.

㉡ 시건 장치가 바르게 장착되어 있는지 점검한다.

㉢ 힌지 부분의 볼트 체결 부위와 그리스 주유 상태를 점검한다.

③ 조명 장치 점검

㉠ 조명등 기구 안으로 분진이 유입되었는지 확인하고 실링 부분을 점검한다.

㉡ 유리 부분의 오염도를 점검한다.

㉢ 램프의 점등 상태와 점등되지 않는 램프가 있는 경우 합선, 단전이나 누전되는 부분이 있는지 점검한다.

④ 천장 필터 프레임과 필터 점검

㉠ 천장 필터 프레임의 변형 여부를 점검한다.

㉡ 천장 필터의 오염 정도를 점검한다.

⑤ 벽체 점검

㉠ 벽체를 이루는 판넬과 판넬 사이로 외부 공기의 유입 흔적이 있는지 점검한다.

㉡ 분진이나 페인트의 오염 정도를 점검한다.

(2) 공조 장치 점검

① 송풍기와 모터 점검

㉠ 송풍기의 날개 부분과 모터 냉각팬의 오염도를 점검한다.

㉡ 모터와 날개의 진동과 모터의 발열 상태를 점검한다.

㉢ 송풍기 토출구 댐퍼의 위치를 확인한다.

㉣ 모터에 연결된 배선 상태와 단자와의 연결 상태를 점검한다.

② 버너와 과열 방지 센서 점검

㉠ 연료의 공급 배관에 유류의 누유나 가스가 누출되는 부분이 있는지 점검한다.

㉡ 연소되는 불꽃의 상태가 정상(파란 불꽃)인지 확인하고 점화 센서의 오염 여부를 점검한다.

㉢ 가스의 공급 압력을 점검한다.

㉣ 건 타입 버너의 공기 공급 댐퍼 작동 상태나 열림 상태를 점검한다.

㉤ 전선(소켓) 체결 상태, 과열 방지 센서와 콘트롤 박스의 부착 상태를 점검한다.

③ 열교환기(Heat Exchanger) 점검

㉠ 열교환기 외부(하우징)로 연소 가스가 누출되는지 점검한다.

㉡ 버너와 열교환기 및 연통의 부착 상태와 연소 가스의 누출 여부를 점검한다.

④ **사이클 댐퍼(Cycle Damper) 점검**

㉠ 작업 공정에 따라 공압 실린더가 작동되는지 확인한다.

㉡ 실린더에 연결된 에어 호스의 체결 부분과 에어 압력(통상 6.0bar)을 점검한다.

㉢ 실린더의 왕복 운동을 전달하는 "U" 클램프의 체결 및 조임 상태와 간섭 없이 원활하게 작동하는지 점검한다.

㉣ 전자 밸브에 연결된 전기 배선 상태를 점검한다.

㉤ 서보 모터에 의해 구동되는 댐퍼의 경우 구동 방향과 공정 변화에 따라 전기 신호를 받고 끊어 주는지 여부를 점검한다.

⑤ **급기 1차 필터 점검**

(3) 배출 공기 오염 방지 장치(활성탄 필터, Activated Charcoal Filter) 점검

① **송풍기 점검**

㉠ 송풍기의 날개 부분과 모터 냉각팬의 오염 상태를 점검한다.

㉡ 모터와 날개로부터 진동과 발열이 있는지 점검한다.

㉢ 송풍기 토출구 댐퍼의 위치와 배출 공기량을 조절하는 댐퍼에 연결된 에어 호스의 연결 상태를 점검한다.

㉣ 모터의 구동 상태와 배선과 단자와의 연결 상태를 점검한다.

② **배기 2차 필터와 활성탄(Activated Charcoal) 필터 점검**

필터의 오염 상태 및 필터 가이드 레일과 받침판의 변형 여부를 점검한다.

(4) 제어 장치(Control Panel) 점검

① **동력 공급 장치 점검**

㉠ 전기 부품들의 오염 상태와 각 부품으로 연결된 전선의 이완 상태를 점검한다.

㉡ 동력 인입 스위치의 유격 여부와 노란색과 녹색으로 조합(또는 녹색)된 접지선의 체결 부분을 점검한다.

② 제어 장치 점검

㉠ 각종 표시등의 점등 상태를 점검한다.

㉡ 온도와 압력 표시창에서 각 작업 공정별 온도와 압력을 점검한다.

㉢ 급기와 배기 계통상에 있는 각각의 필터에 작용하는 압력을 점검한다.

㉣ 제어 장치로 연결된 전선(통상은 소켓)의 이완 상태와 노란색과 녹색으로 조합(또는 녹색)된 접지선의 체결 부분을 점검한다.

③ 온도 센서와 압력 센서 점검

㉠ 부스 내압과 각 필터의 압력을 감지하는 호스의 연결 상태를 점검한다.

㉡ 압력 표시창에서 스프레이 부스의 내압 및 급기와 배기 계통상에 있는 각각의 필터에 작동하는 압력을 점검한다.

㉢ 부스 박스 내부 천장에 부착된 온도 센서의 배선 상태를 점검한다.

[5] 측정장비 점검

(1) 전자저울

전자저울은 도료의 계량에 사용되며 계측단위가 제품에 따라 다를 수 있으나, 최소 0.01g, 0.1g 등의 무게 단위가 있으며, 최대 도료의 계량은 보통 3~7kg 정도가 사용된다.

① 전원 공급이 잘 되는지 점검한다.

② 저울이 표준 작동법에 따라 작동하는지 점검한다.

③ 영점 조정 여부를 점검하고 주기적으로 캘리브레이션(Calibration, 값을 알고 있는 표준을 사용하여 측정 장치의 정밀도를 확인하고 조절하는 행위)한다.

④ 시료를 놓는 위치에 따른 오차가 있는지 점검한다.

⑤ 저울 계량판의 오염 상태를 점검하고 수평 상태 및 진동 상태를 점검한다.

(2) 색차계

① 전원 공급 유무를 점검한다.

② 영점 조절을 주기적으로 한다.

③ 기계의 측정면에 이물질이 없도록 관리한다.

2.3 보수도장 관련 장비 종류

[1] 공기 압축기(Air Compressors)

공기를 일정 압력 이상으로 압축하여 고압 탱크에 저장시키는 장치이며, 고압의 공기를 필요로 하는 에어공구(애드온)와 함께 쓰인다.

(1) 종류

① 피스톤식

대기 중의 공기를 에어 필터를 통해 인렛(Inlet) 밸브로 흡입하여 피스톤이 내장되어 있는 압축 실린더에 전달하면, 모터가 회전하면서 모터의 축과 압축 피스톤을 이어주는 크랭크축이 돌아가면서 크랭크축 위에 연결된 피스톤을 상하로 왕복운동을 시켜서 흡입된 공기를 압축시킨다.

㉠ 가격이 저렴하고 압출효율이 좋다.

㉡ 압축 공기의 맥동이 있을 수 있다.

㉢ 압축 공기 중에 유분이 포함된다.

㉣ 쉽게 높은 압력을 얻을 수 있다.

㉤ 많은 양의 공기가 필요한 곳에서는 사용하기 어렵다.

② 스크류식

대기 중의 공기를 에어 필터를 통해 인렛 밸브로 흡입한 다음 두 개의 스크류가 내장되어 있는 에어엔드에 전달하면 모터가 회전하면서 모터의 축과 에어엔드의 축간에 연결된 커플링을 통해서 에어엔드 내부의 스크류가 서로 맞물려 돌아가며, 흡입된 공기를 압축시킨다. 압력은 피스톤 방식보다 작으나 생산되는 공기 유량은 크다.

③ 다이아프램식

㉠ 내부에 얇은 고무판이 있고 이것이 모터에 연결되어 위아래로 왕복한다.

㉡ 소음이 적으며 주로 작은 차량용 압축기나 오일이 들어가지 않는 압축기에 사용된다.

㉢ 가격이 저렴하고, 구조가 간단하다.

㉣ 압축비가 제한적이다.

그림 2-1 공기 압축기

(2) 주변 기기

① 리시버 탱크 : 공기 압축기에서 압축된 공기를 저장하는 역할을 한다. 용량은 압축기의 용도 및 압력에 의해서 결정된다. 일반적으로 입형(세로)으로 제작되는 것이 표준이지만, 용도나 업체의 요구사항에 따라서 드물게 횡형(가로)으로 제작되기도 한다. 리시버 탱크는 산업안전보건법에 의거 반드시 산업안전공단의 검사를 받아야만 한다.

② 애프터 쿨러 : 공기 압축기에서 토출되는 압축 공기는 고온다습하기 때문에 그대로 현장에 나가게 될 시 제품이나 기기에 품질 저하와 수명이 단축될 수 있다.

애프터 쿨러는 공기 압축기에서 약 40~50℃의 실온보다 10℃ 낮춰 수분을 제거한다.

③ 필터 : 공기 압축기가 흡입하는 대기의 공기가 포함하고 있는 수분, 먼지, 그 외 각종 오염 물질들이 공기가 압축되는 과정에서 고온의 마찰열에 의해 산화 또는 탄화현상으로 고형물이 생성되어, 다량의 오일 미스트가 발생하게 되는데, 이러한 압축 공기를 정화시키기 위한 장치이다.

④ 에어 드라이어 : 에어 드라이어는 흡착식 드라이어와 냉동식 드라이어로 나뉘어진다.

㉠ 냉동식 드라이어 : 압축 공기상에 존재하는 수분을 잡는 역할을 하는 기기이다. 냉동식의 방식은 공기 중에 포함되어 있던 유수분이나 불순물을 수분이 생성되는 온도인 4℃로 노점을 맞추어 내부의 필터를 거쳐 제거시킨 뒤 다음 연동 기기로 보내는 역할을 한다.

㉡ 흡착식 드라이어 : 흡착식 드라이어는 화학적 건조제를 사용하며 냉동식에 비해서 수분을 잡는 능력이 뛰어나다.

(3) 설치장소

① 실내 온도는 5~40℃를 유지한다.

② 직사광선을 피하고 환풍구 시설을 구비해야 한다.

③ 습기나 수분이 없는 장소이어야 한다.

④ 방음이고, 보수점검을 위한 공간을 확보해야 한다.

⑤ 먼지, 오존, 유해가스가 없는 장소이어야 한다.

⑥ 수평이고 바닥이 단단해야 한다.

(4) 공압 배관

① 공압 배관은 공기 흐름 방향으로 1/100 정도의 기울기로 설치한다.

② 주배관의 끝부분은 오염물 배출이 용이한 드레인 밸브를 설치한다.

③ 이음은 적게 하고, 공기 압축기와 배관의 연결은 플렉시블 호스로 연결하여 진동

에 의한 손실을 방지한다.

④ 냉각 효율이 좋아야 한다.

⑤ 배관의 지름을 여유 있게 하여 압력 저하에 대비한다.

(5) 사용 시 주의할 점

① 사용이 끝난 후에는 반드시 압축된 공기를 모두 빼주고 응축수까지 빼준다.

② 수분이 많이 차면 역류하기 때문에 수분은 주기적으로 빼줘야 한다.

③ 밤중에는 가동하지 않는 것이 좋다.

④ 압축기 하부에 충격흡수제나 매트 같은 것을 깔아주는 편이 좋다.

⑤ 필터 상태를 정기적으로 점검한다.

⑥ 컴프레셔를 공기가 최대한 통하는 곳에 두거나 공업용 선풍기나 서큘레이터 팬 같은 공기 공급수단을 이용해야 한다.

[2] 스프레이 부스(도장 및 건조)

도색작업이나 분진이 날리는 작업 시 분사된 도료를 빨아들이고 흡입 및 배출시켜 작업공간을 쾌적하게 만들어준다.

그림 2-2 스프레이 부스(Painting Booth)

(a) 급배기 장치 (b) 급기팬 (c) 배기팬

(d) 부스 조명 장치 (e) 배기 필터 (f) 바닥 배기 시스템

(g) 컨트롤러 (h) 차량 도어 (i) 경유 버너

(j) 가스 버너 (k) 가스 직화 버너

그림 2-3 스프레이 부스 구성품

(1) 스프레이 부스의 목적

① 깨끗한 환경 보장 : 스프레이 부스는 기본적으로 먼지와 기타 오염 물질이 없는 통제된 환경을 제공하여 부드럽고 균일한 페인트 도포를 보장한다.

② 안전 조치 : 가연성 증기의 축적과 농도를 제어함으로써 스프레이 부스는 작업 공간에서 화재 및 폭발 위험을 크게 줄인다.

③ 마감 품질 : 스프레이 부스의 격리된 압력 제어 환경은 자동차산업에서 중요한 고품질의 정밀한 마감을 가능하게 한다.

④ 공기질 유지 : 특수 배기 시스템을 갖춘 스프레이 부스는 유해 입자와 VOC를 필터링하여 보다 건강한 작업 환경을 조성하고 환경 규제를 준수한다.

⑤ 능률 : 스프레이 부스는 건조 시간을 단축하고 페인팅 후 청소에 필요한 시간을 줄여 작업 효율성에도 기여한다.

(2) 스프레이 부스의 구비조건

① 먼지유입 차단 : 먼지유입 원인은 스프레이 부스 자체 구조물의 변형, 부스 내에 작동하는 부압, 급기측의 필터 오염, 부적합한 필터의 사용 등이 있다.

② 균일한 풍속 유지(와류 방지) : 유속이 균일하여야 와류로 인한 페인트 분진의 날림 현상, 열풍의 집중으로 인한 도장 균열 현상을 방지한다.

③ 고른 온도 분포와 일정한 온도 유지(균일한 건조)

④ 적정한 조도의 조명(도막 색상 식별) : 조명은 사각지대가 없어야 하며, 적정한 밝기와 조도, 태양빛에 가까운 색 온도를 유지함으로써 색상 식별이 가능하다.

(3) 작업 관리 공정(Control System)

① 준비(Preparation)

② 페인트 분무(Spray)

③ 환기 및 유기 용제 건조(Flash Off)

④ 페인트 건조(Oven)

⑤ Pre-Cure, Low-Cure, High-Cure

⑥ 냉각(Cooling)

⑦ 수용성 페인트를 적용할 때에는 건조를 촉진시키기 위하여 풍량을 늘리는 기능을 요구

(4) 스프레이 부스를 관리하기 위한 기능

① 시스템의 진단 및 이상 상태를 표시하는 기능

② 부스 과부압/과내압 제어, 자동/수동압력 조절, 필터에 걸리는 압력(오염 상태) 체크 기능

③ 도장 작업에 영향을 미치는 다양한 조건인 작업의 종류, 페인트 종류, 도장 면적, 외부 온도에 따라 프로그래밍이 가능한 기능

④ 페인트 종류 및 작업 종류에 따라 각 공정의 작업 조건 설정, 에너지 비용(연료, 전력) 산출 표시, 에너지 절약 모드

⑤ 설정된 작업 조건과 진행공정, 가동조건, 잔여공정 및 잔여시간 등 가동현황을 볼 수 있는 기능

(5) 스프레이 부스 종류

① 공기 공급 방식에 따른 분류

㉠ 교차 흐름 부스 : 이것은 가장 일반적인 유형의 스프레이 부스이다. 한쪽 끝에서 신선한 공기를 흡입하고 다른 쪽 끝에서 배출하여 칠할 물체 전체에 공기의 '교차 흐름'을 만든다.

㉡ 다운 드래프트 부스 : 부스 상단에서 공기가 흡입되어 하단으로 배출된다. 이러한 유형의 부스는 공기 중 입자를 도장할 표면과 화가의 호흡 영역 밖으로 끌어내기 때문에 대규모 프로젝트에 탁월하다.

㉢ 세미다운 드래프트 부스 : 크로스 플로우와 다운 드래프트 디자인을 혼합한 세미다운 드래프트 부스는 부스 전면과 상단에서 신선한 공기를 흡입하고 후면에서 배기한다. 이 디자인은 우수한 공기 흐름과 페인트 입자 제어를 제공한다.

㉣ 측면 초안 부스 : 공기는 측면에서 흡입되어 부스 뒷면을 통해 배출된다. 이 디자인은 과도한 스프레이를 효과적으로 제어하고 오염 물질이 도장된 표면에 다시 떨어질 가능성을 줄여준다.

㉤ 오픈페이스 부스 : 이 유형의 부스에는 벽이 3개만 있으며, 일반적으로 소규모 프로젝트나 수정 작업에 사용된다. 개방형 디자인은 유연성을 제공하지만, 안전과 품질을 보장하려면 통풍이 잘되는 작업 공간이 필요하다.

② 가열 방식에 따른 분류

㉠ 열풍 간접 가열 부스 : 도막 건조에 있어서 열풍 가열 방식은 자동차 도장면 전체에 고르게 열을 가할 수 있다는 장점이 있는 반면, 도막의 표면으로부터 건조가 시작되므로 급가열 시에는 핀홀 불량이 발생할 수 있다. 건 타입의 버너에 의해 공급된 연료는 열교환기 내부에서 연소되어 열교환기를 데우고, 공급되는 공기는 데워진 열교환기의 외부를 지나면서 열을 가져가는 형태이다. 연료는 경유, LPG 및 도시가스(LNG)를 사용할 수 있다.

㉡ 열풍 직접 가열 부스 : 스프레이 부스로 공급되는 공기 통로에 직접 화염을 생성시키고, 여기에서 연소된 열은 공기 중에 흡수되어 100% 스프레이 부스로 공급되는 형태로서, 연통으로 배기되는 열 손실이 없다. LPG 또는 도시가스가 공급되는 지역에 적용할 수 있다.

㉢ 적외선 건조 부스 : 도막 건조 이론상 적외선 건조 방식은 도막 하단의 철판으로부터 건조가 시작되므로 도막의 부착성이 우수하고 건조 속도가 빠르다는 장점이 있는 반면, 빛의 직진성으로 굴곡면이 많은 자동차 도장면 전체에 고르게 온도를 분포시킬 수 없다는 단점이 있다.

㉣ 열풍과 적외선 복합 사용 부스 : 열풍과 적외선의 장점을 적용한 건조 방식으로 스프레이 작업 시에는 열풍을, 건조작업 시에는 적외선을 이용하는 부스이다. 도막 품질 향상과 연료를 절감할 수 있는 장점이 있다.

(6) 스프레이 부스 보수

① 스프레이 부스의 송풍 모터 베어링 교환

㉠ 스프레이 부스의 전원을 반드시 차단하고 안전 조치를 취한다.

㉡ 직결 송풍기인 경우 풀리 풀러 등을 사용하여 모터로부터 날개차(Impeller)를 탈거한다.

㉢ 벨트 구동식인 경우 모터와 송풍기 측에 걸린 벨트를 제거하고 풀리 풀러를 사용하여 풀리 벨트와 베어링을 탈거한다.

㉣ 탈거한 날개차를 끌 칼과 브러시로 누적된 분진을 긁어낸다.

㉤ 청소한 날개차에 손상이나 변형이 없는지 확인하고 탈거한 역순으로 조립한다.

② 스프레이 부스 송풍기 청소

㉠ 과열 센서를 리셋한다.

㉡ 전원이 인입됨에도 불구하고 점화가 되지 않으면 점화 감지 센서를 닦아 준다.

㉢ 버너 컨트롤러가 제대로 장착되어 있는지 확인한다.

㉣ 공기 인입구가 막혔는지 확인한다.

㉤ 그럼에도 계속 점화가 되지 않으면 버너로부터 전원을 제거하고 버너를 열교환기에서 탈거한다.

㉥ 버너의 화염 토출구에 있는 프레임 디스크(Flame Disk, 회오리바람 불개)가 분진으로 오염되었는지 확인하고 청소한다.

㉦ 전기적인 스파크를 일으켜 점화시키는 전극봉을 샌드페이퍼로 닦아주고 간극을 3mm로 조정한다.

㉧ 노즐이 오염으로 막혔는지 또는 변형이 있는지 확인한다.

㉨ 경유 버너의 경우 불안전 연소로 열교환기 내부가 오염되기 쉬우므로 청소한다.

㉩ 분해한 역순으로 조립하고 다시 버너를 가동한다.

[3] 스프레이건(Spray Gun)

스프레이건은 압축공기를 이용하여 적당한 점도를 가진 도료를 미세한 안개 모양의 입자로 분무하는 핸드용 공구이다.

(1) 스프레이건의 분류

스프레이건은 건 본체와 도료컵으로 구성되며, 컵의 위치에 따라 일반적으로 흡상식과 중력식으로 분류된다.

① 중력식 스프레이건

도료컵이 스프레이건의 위에 설치되어 있으며, 장점으로는 수직과 수평 작업 모두 용이하며, 세척과 도료의 교환이 용이하고 도료의 점도가 변하더라고 토출량의 변화가 적으나, 도료의 보충이나 작업대기 시 보조 스탠드가 필요하다. 또한 컵 용량이 작아 넓은 면적을 도장하는 경우 도료를 보충하면서 도장해야 한다.

② 흡상식 스프레이건

도료컵이 스프레이건의 아래에 설치되어 있는 타입이며, 안정성이 좋으며 도료의 교환이 쉽다. 일반적으로 컵 용량은 1리터 정도이며 넓은 범위의 도장에 편리하나, 중력식에 비해 무거우며, 도료를 흡입하여 분출하기 때문에 도료의 점도에 의해서 토출량이 변화되고 수평 및 곡면 부위 도장이 곤란하다.

③ 압송식 스프레이건

도료컵과 스프레이건이 분리되어 있고, 도료컵과 스프레이건이 호스로 연결되어 있어 도료는 압축공기 탱크 혹은 펌프에 의해 압축된 상태에서 분사하는 타입이다. 점도가 높은 도료의 작업이 용이하며, 넓은 범위의 연속 도장에는 편리하다. 어떤 각도에서도 도장할 수 있으나, 큰 컵(통)을 운반해야 하기 때문에 이동성이 나쁘고, 스프레이건의 세정 시간이 오래 걸린다. 본래는 전체 도장용으로 사용되었으나 현재는 대형차, 선박도장의 방청도료 등의 도장 이외에는 자동차 보수도장용으로는 거의 사용하지 않는다.

(a) 중력식　　(b) 흡상식　　(c) 압송식

그림 2-4 스프레이건

(2) 스프레이건의 구조 및 미립화 원인

① 스프레이건의 구조

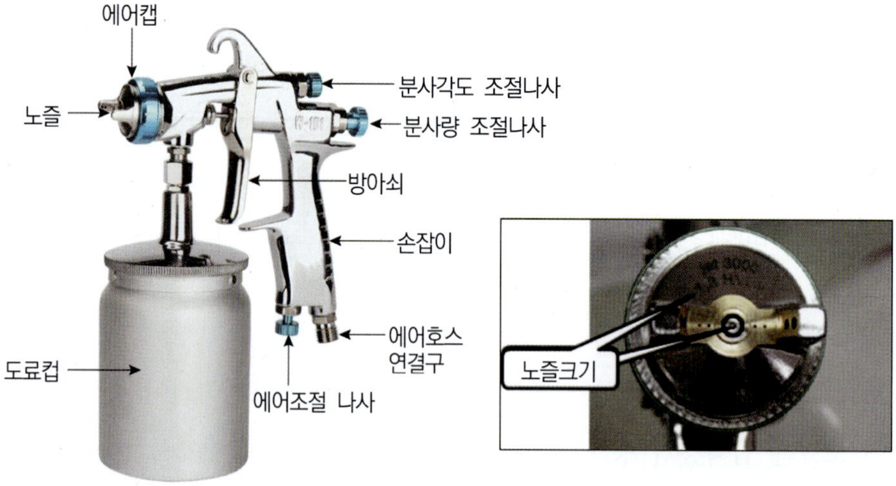

그림 2-5 스프레이건의 구조

공기와 도료를 스프레이건 노즐 밖으로 분출할 때 서로 뒤섞이며, 분출, 팽창하는 것을 이용하고 있다. 트리거(방아쇠)를 조금 당기면 니들(침) 밸브가 후퇴하여 공기만 나오다가 조금 더 당기면 도료가 공기와 더불어 분출되며, 도료 분사량과 최대 분사량은 토출량 조정나사로 조절이 가능하다. 도료의 패턴(타원형 모양에서 원형 모양)과 분출량을 나사의 회전 정도로 조정이 가능하며, 이 나사 주위에 눈금이 표시되어 있는 타입도 있다.

공기량 조절나사로 에어 압력을 조절하여 공기의 양을 제어한다. 또한 실재 도장 시 스프레이건의 운영과 기온, 습도, 도료의 점도, 시너의 양, 건의 거리, 움직이는 방법 등이 도장의 조건에 따라 도장 품질을 크게 좌우된다. 스프레이건 노즐의 구경에는 여러 종류가 있으나 상도는 1.3mm, 프라이머 서페이서는 1.5mm가 기본이 된다. 분무하는 도료나 도색 등 작업내용에 따라 세밀하게 구분하면 다음과 같다

[도장 공정에 따른 스프레이건 노즐크기]

전도장 : 1.3~1.8mm	터치업 : 1.2~1.5mm
솔리드 칼라 : 1.2~1.4mm	메탈릭 칼라 : 1.3~1.5mm
펄 칼라 : 1.0~1.4mm	우레탄계(크리어) : 1.2~1.5mm
래커계 : 1.3~1.8mm	프라이머 서페이서 : 1.3~1.8mm
1액형 스프레이 퍼티 : 1.5~1.8mm	2액형 스프레이 퍼티 : 2.0mm이상

② 미립화의 원인

스프레이건의 공기캡에 있는 공기분사 구멍에 의해 다음 3단계로 미립화 및 스프레이 패턴이 형성된다.

㉠ 1단계에서 노즐로 흡입되는 도료는 토출구 주위에 공기의 구멍에서 분사되는 고압의 공기에 의해 와류된 후에 분출되어 1차 미립화된다.

㉡ 2단계에서 도료는 에어캡의 보조 구멍에서 분사되는 고압 공기에 의해 일차적으로 미립화가 이루어진다.

㉢ 3단계에서 에어캡 양단 측면 보조 구멍에서 분사되는 고압 공기에 의해 타원형으로 분사 모양으로 변화된다.

(3) 스프레이건의 특징

스프레이건 중 가장 많이 보급되고 사용되는 스프레이건은 HVLP(High Volume

Low Pressure)건과 RP(Reduced Pressure)건이다.

① HVLP(High Volume Low Pressure) 스프레이건

HVLP(High Volume Low Pressure) 스프레이건은 일반적으로 분사거리는 10~15cm 정도이며, 도료의 소모량(사용 컵에 따라 다름)은 430cc/min 정도로 되어있으며, 15cm의 거리에서 분사폭은 29.5cm 정도이다.

분사압력은 0.7~0.8bar(에어압력 최소 2.0bar 이상)이며, 스프레이 시 도착률은 65% 정도이다.

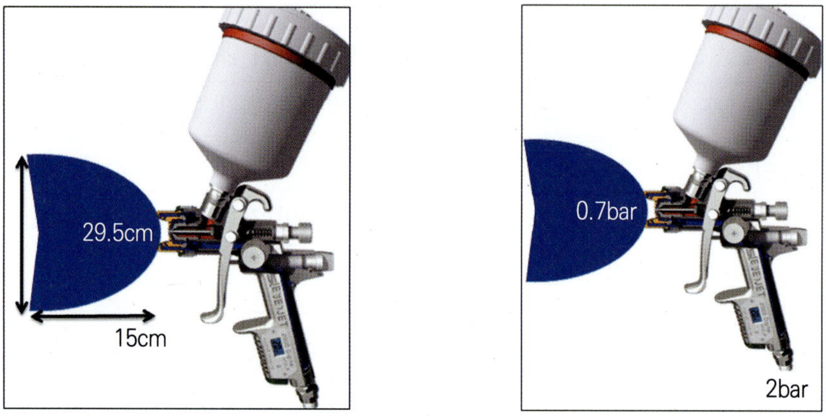

(a) (b)

그림 2-6 HVLP 스프레이건 특징

② RP(Reduced Pressure) 스프레이건

RP(Reduced Pressure) 스프레이건은 일반적으로 분사거리는 18~25cm 정도이며, 도료의 소모량(사용 컵에 따라 다름)은 290cc/min 정도로 되어있으며, 20cm의 거리에서 분사폭은 29.5cm 정도이다.

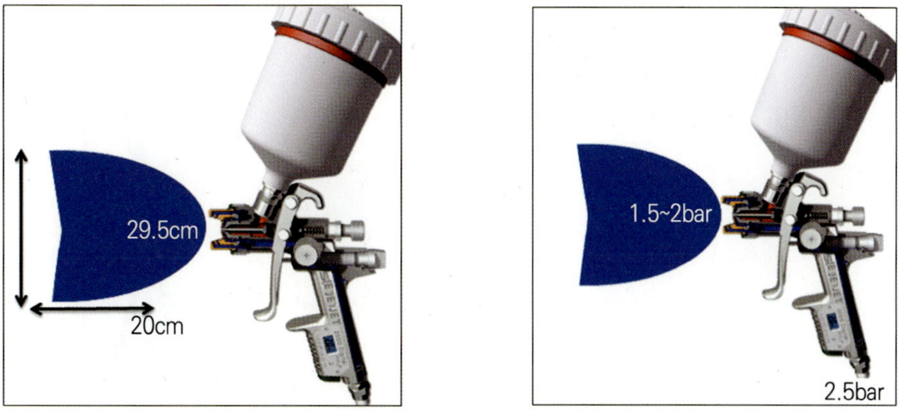

(a) (b)

그림 2-7 RP 스프레이건 특징

분사압력은 1.5~2bar(에어압력 최소 2.5bar 이상)이며, 스프레이 시 도착효율은 예전에는 35% 정도였으나, 근래에 65% 정도를 보이고 있다.

③ 도착효율

도착효율이란 도막을 형성하기 위하여 스프레이건에서 실제 분사하여 소모된 도료량과 제품에 도막을 형성한 도료량의 비율로 나타낸다,

예를 들어, 패널의 도장 전 무게가 1000g이고, 도막을 형성한 후 무게가 1050g이라면 도막을 형성한 도료량은 50g이다. 또한 이때 스프레이건컵에 담긴 도료량이 250g에서 150g으로 소비되었다면(도료소비량 100g) 도착효율의 산술식은 다음과 같다

도착효율 = (도막의 무게) / (도료소비량) × 100%

따라서 도착효율은 = (1050g - 1000g) / (250g - 150g) × 100% = 50%

(4) 스프레이건 사용방법

스프레이건 사용 전 패턴 점검을 해야 하며, 적절한 스프레이 패턴은 패널 전체 표면에서 균일한 도료량으로 형성된 타원형이다.

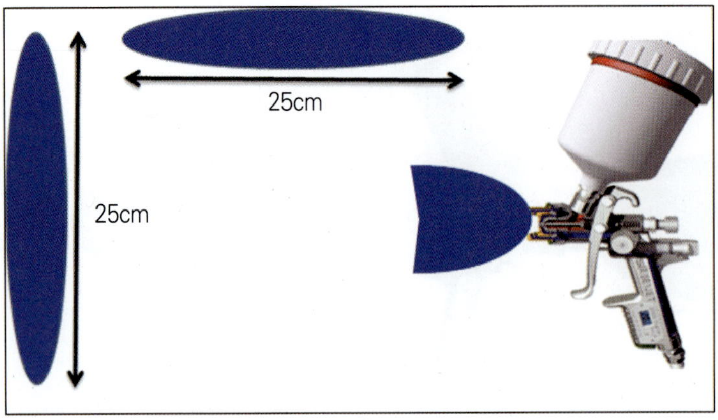

그림 2-8 스프레이건 패턴 점검

그림과 같이 두 가지 방향의 검사는 도포된 도료량이 많은지 혹은 적은지 보여 줄 것이다. 도료량이 너무 많은 경우 중간 부분이 흘러내릴 것이며, 도료량이 너무 적을 경우 외관이 날림으로 지저분해 보이고 건조해질 것이다. 스프레이건에 따라 패턴의 크기가 다양하게 조절이 가능하다. 스프레이건에 부착된 각 밸브를 통해 분사각도 조절, 분사량 조절, 에어 조절이 쉽게 가능하다. 각 레버를 시계방향으로 돌리면 조절하려는 값을 더 크게, 시계 반대 방향으로 돌리면 조절하려는 값을 줄일 수 있다.

① **분사각도 조절** : 분사각도 조절나사를 조정하여 도료의 분사각도를 조정한다.

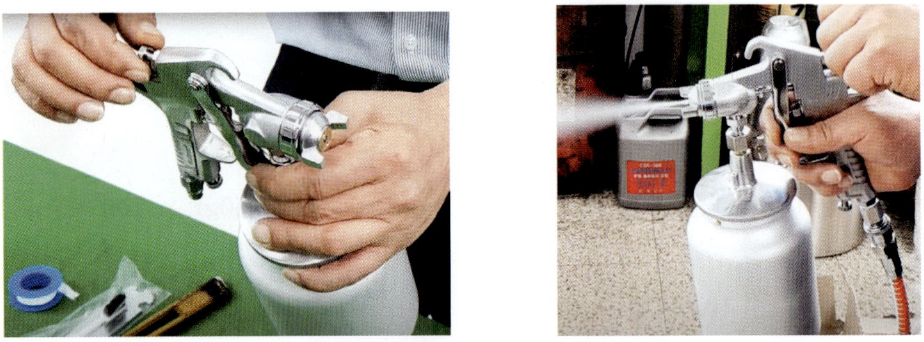

그림 2-9 분사각도 조절

② **분사량 조절** : 분사량 조절나사를 조정하여 도료의 분사량을 조정한다.

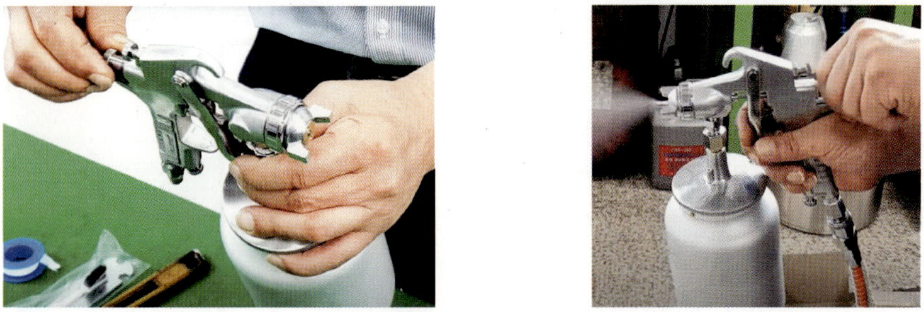

그림 2-10 **분사량 조절**

③ **에어량 조절** : 에어량 조절나사를 조정하여 에어량을 조정한다.

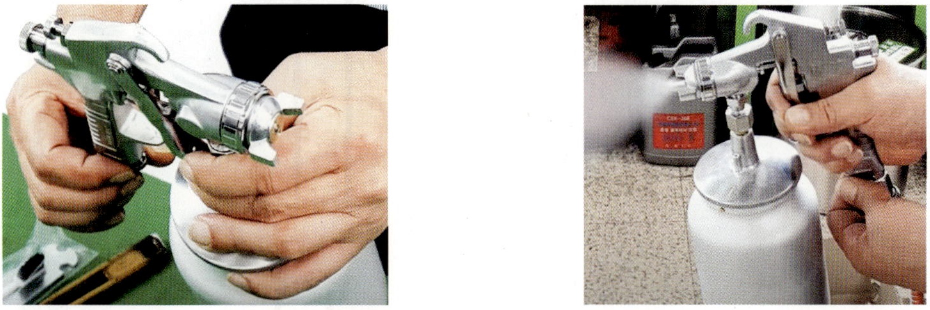

그림 2-11 **에어량 조절**

(5) 스프레이건의 거리

거리	영향	비고
100~140mm	용제가 많은 표면에 적용 도막 형성 불안정 메탈릭 상도의 이색현상 흐름 발생 높음 건과 패널이 너무 가까움	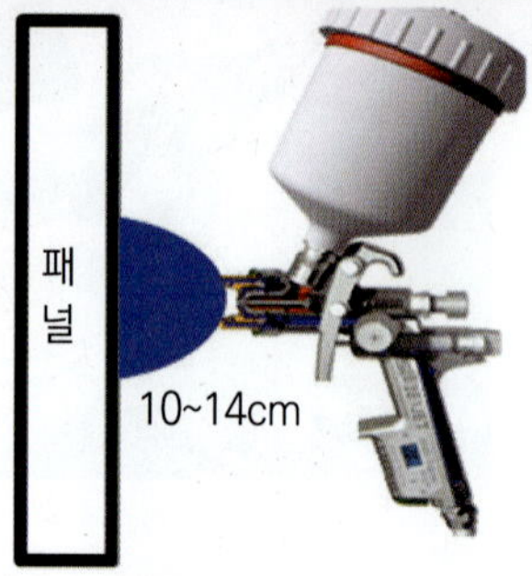 그림 2-12
270~300mm	원료의 손실 발생 날림도장, 먼지 발생 너무 빠른 건조 도장 표면이 거칠어짐 원료의 부적절한 습윤 상태 은폐력, 광택, 불안정	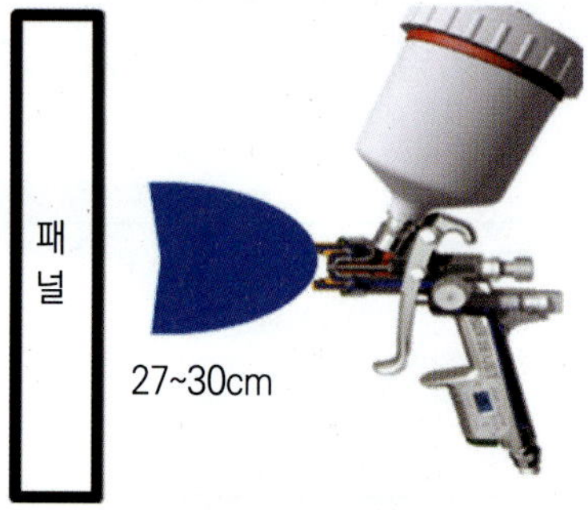 그림 2-13
150~200mm	올바른 건조와 경화 도료의 적절한 습윤 상태 부착성, 용해, 올바른 유동 적절한 도장패널과 거리	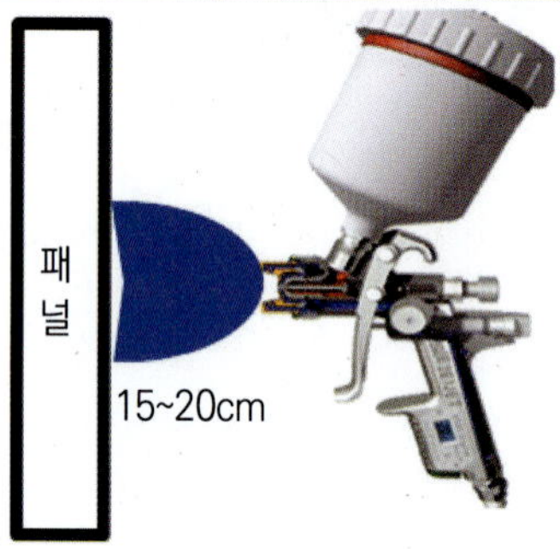 그림 2-14

(6) 스프레이건 도장 순서(전체 도장을 할 경우)

보수도장에서 전체 도장을 할 경우 한 사람이 작업하는 경우가 일반적이다. 패널의 도장 순서가 맞지 않을 경우 도막을 형성하고, 인접패널을 도장할 경우 건 도막이 발생하는 경우가 많으며, 이것을 방지하기 위하여 패널의 도장 순서를 숙지하여 공정순서에 맞게 하는 것이 좋다.

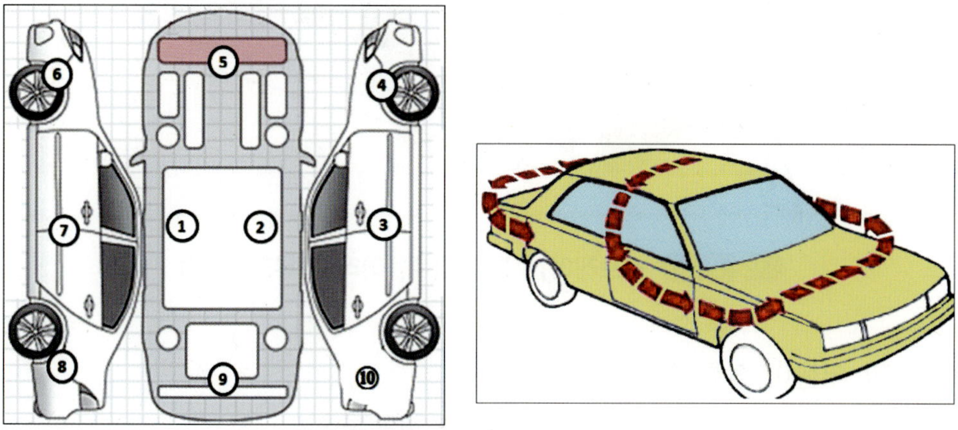

그림 2-15 **패널 도장 순서**

재도장을 위해 추천되는 도장 순서 건도막을 방지하고, 후방부위 패널 작업 시 건도막 형성을 예방하기 위해 필요하다면 숨기도장 시너를 사용하기도 한다.

(7) 스프레이건 관리

스프레이건의 문제가 발생할 경우 작업자의 기술력에 관계없이 도장결함으로 이어지며, 관련된 수공구와 스프레이건, 장비 상태를 점검 방법에 따라 주기적으로 정비를 해야 한다. 특히 스프레이건의 관리가 잘못되었을 경우 여러 가지 문제점을 야기시킬 수 있다.

① 윗부분과 아랫부분이 볼록한 패턴

㉠ 원인은 구경이나 에어캡의 오염 혹은 손상의 경우이다.

㉡ 조치사항은 에어캡을 180° 회전하여 스프레이 패턴을 점검하고 원인을 확인한다.

㉢ 필요하다면 에어캡 등 스프레이건 구경을 깨끗하게 세척하고, 점검 후 부품을 교환한다.

그림 2-16 스프레이건 문제점(위, 아래 볼록형 패턴)

② 중앙 부분이 볼록한 패턴

㉠ 원인은 에어 및 도료량 설정이 불량한 경우 및 기타 점도와 스프레이건 조절

㉡ 조치사항은 점도가 높은 경우는 희석제로 희석할 것

㉢ 유체속도가 높음 - 속도를 감소(도료 패턴, 에어 조절나사)시킨다.

㉣ 공기압이 낮은 경우 압력을 증가시킨다. 또한 노즐 구경이 넓음

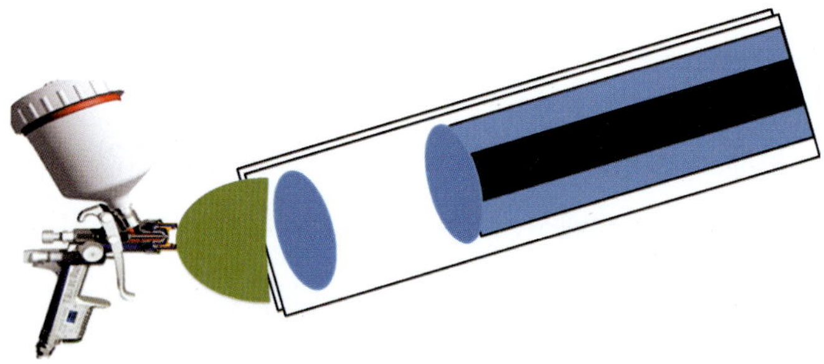

그림 2-17 스프레이건 문제점(볼록형 패턴)

③ 아령 모형의 패턴

㉠ 원인은 사용되는 도료보다 공기량이 많은 경우이다.

㉡ 조치사항은 조절기 압력을 감소한다.

㉢ 패턴 조절나사로 패턴 크기를 바꾸거나 조절나사를 열어서 유체의 흐름을 증진시킨다.

㉣ 공기압력 조절나사로 같이 조절하며 문제를 해결한다.

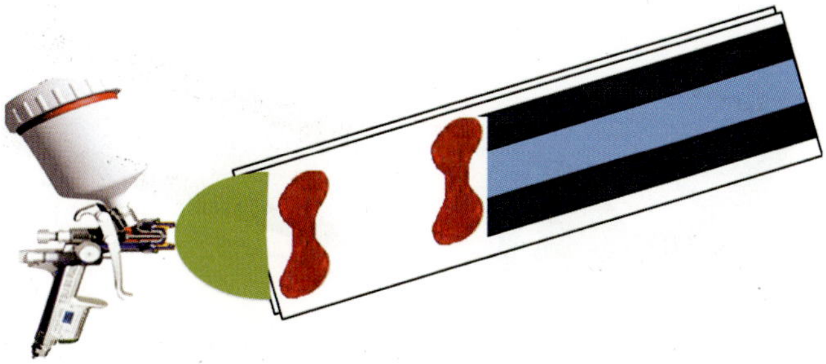

그림 2-18 스프레이건 문제점(아령 패턴)

④ 이중 아령 패턴

㉠ 원인은 사용되는 도료보다 공기량이 많은 경우이다.

㉡ 조치사항은 패턴 조절나사로 크기를 바꾸거나 조절나사를 열어서 유체의 흐름을 증진시킨다.

㉢ 공기압 조절나사로 조절하며 공기압을 낮추며 분무 상태를 확인한다.

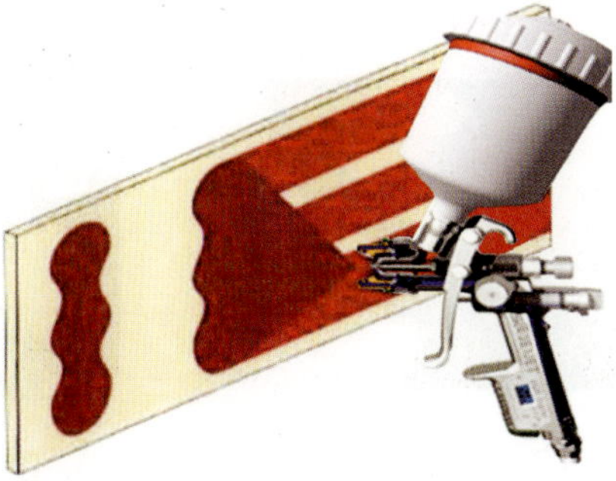

그림 2-19 스프레이건 문제점(이중 아령 패턴)

⑤ 양쪽 끝이 둥근 패턴

㉠ 원인은 도료되는 도료량이 많은 경우이다.

㉡ 조치사항은 구경을 작은 사이즈로 교체한다.

㉢ 손잡이 조절관을 이용하여 도료 흐름량을 감소한다.

㉣ 패턴 조절나사를 이용하여 패턴 사이즈를 줄이면서 동시에 공기량을 같이 조절하며 패턴을 확인한다.

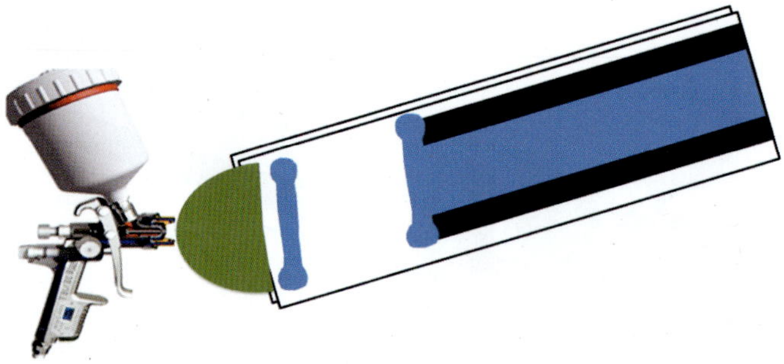

그림 2-20 스프레이건 문제점(양쪽 끝이 둥근 패턴)

(8) 에어 스프레이건 세트 체결방법

① 체결방법

㉠ 커플러를 바로 체결 시 에어가 샐 수 있으므로 테프론 테이프를 체결부위에 5~6바퀴 감은 후 체결한다.

㉡ 스패너를 이용해 체결한다.

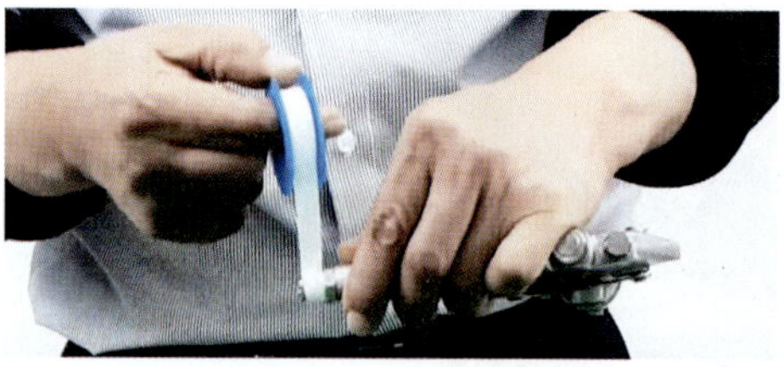

(a) 테프론 테이프 감기

(b) 스패너로 체결

그림 2-21 커플러 체결

㉢ 에어 스프레이건 도료컵은 에어 주입구가 아닌 반드시 손잡이 전면에 위치한 도료컵 체결부에 맞춰 체결한다.

그림 2-22 에어 스프레이건 도료컵 체결

② 체결 시 주의사항

㉠ 에어 스프레이건 도료컵을 에어 체결부에 결합해서는 안된다. 에어 주입 불가로 사용이 불가하다.

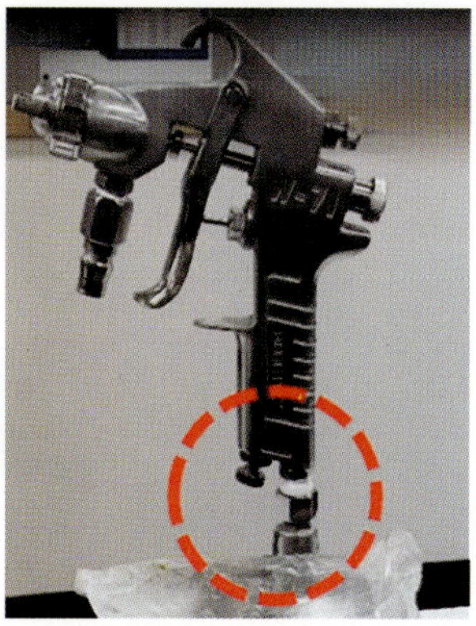

그림 2-23 에어 스프레이건 도료컵 설치 불량

㉡ 커플러를 도료컵 체결부에 결속해서는 안된다. 해당 주입구에 결속 시 에어 사용이 불가하다.

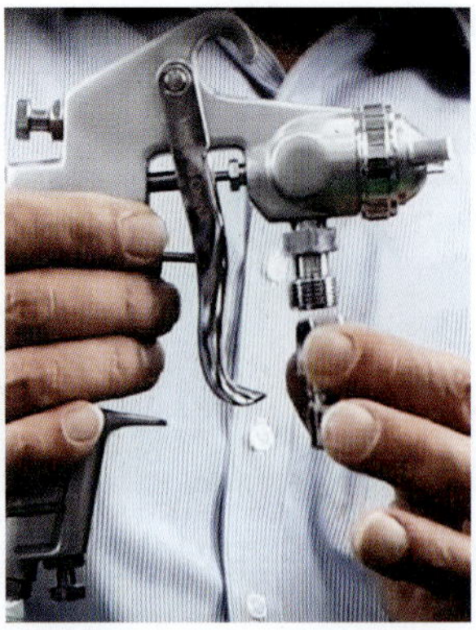

그림 2-24 커플러를 도료컵 체결부에 결속

㉢ 호스를 스프레이건에 바로 결합해 사용해서는 안된다. 도료는 반드시 도료컵에 주입해서 사용해야 한다.

그림 2-25 호스 연결

(9) 스프레이건 세척방법

① 흡상식 스프레이건 세척

㉠ 작업복, 방독마스크, 보안경, 내용제성 장갑(세척용) 등 안전보호구를 착용한다.

㉡ 스프레이건과 도료 용기를 분리한 후 도료 용기 속에 남은 도료를 비운다. 그리고 도료 용기에 세척용 시너를 조금 채우고 스프레이건과 결합한다.

㉢ 면 걸레나 종이 타월로 공기캡 구멍을 막고 방아쇠를 당겨 도료 통로 속의 도료를 역류시키면서 도료 통로 내부를 세척한다.

㉣ 도료 용기를 분리한 후 붓을 사용하여 용기의 내부와 외부 및 스프레이건의 내부와 몸체를 세척한다.

ⓜ 도료 분출량 조절나사를 풀어 니들 스프링과 니들을 분해하여 세척한다.

ⓑ 공기캡을 분해하고 스프레이건 전용 스패너를 사용하여 노즐을 분해한 후 세척용 붓으로 공기캡과 노즐을 세척한다.

ⓢ 세척용 전용핀을 사용하여 공기캡, 노즐, 도료 용기의 공기구멍을 뚫고 세척한다.

ⓞ 조립 전 마찰 부위는 스프레이건 전용 그리스를 바른다.

ⓙ 용기에 깨끗한 세척용 시너를 담아 한 번 더 면 걸레나 종이 타월로 공기캡 구멍을 막고, 방아쇠를 당겨 도료 통로로 시너를 역류시키면서 도료 통로 내부를 세척한다. 세척 후에는 스프레이건의 방아쇠를 당겨 분사시키면서 올바르게 분사되는지 확인한다.

ⓒ 깨끗한 종이 타월로 스프레이건의 내·외부에 묻어 있는 세척용 시너를 닦고, 에어건을 사용하여 세척용 시너를 불어내어 건조한다.

② 중력식 스프레이건 세척

㉠ 스프레이건의 도료 용기 속에 사용 후 남은 도료를 비운다. 그리고 도료 용기에 세척용 시너를 조금 채운다.

㉡ 스프레이건의 방아쇠를 당겨 분사시키면서 도료 통로를 세척한다.

㉢ 도료 용기를 분리하여 용기의 내·외부 및 뚜껑과 스프레이건의 도료 용기 결합 부위와 몸체를 붓을 사용하여 세척한다.

㉣ 도료 분출량 조절나사를 풀어 니들 스프링과 니들을 분해하여 세척한다.

㉤ 공기캡을 분해하여 세척용 붓으로 공기캡을 세척한다.

㉥ 스프레이건 전용 스패너를 사용하여 노즐을 분해하여 세척한다.

㉦ 세척용 전용핀을 사용하여 공기캡, 노즐, 도료 용기의 공기구멍을 뚫고 세척한다.

㉧ 조립 전 마찰 부위는 스프레이건 전용 그리스를 바른다.

㉨ 분해의 역순인 노즐, 공기캡, 니들, 니들 스프링, 도료 분출량 조절나사 순으로 조립한다.

㉩ 도료 용기를 결합한 후 깨끗한 세척용 시너를 담아 스프레이건의 방아쇠를 당겨 분사시키면서 올바르게 분사되는지 확인한다.

㉪ 깨끗한 종이 타월로 스프레이건의 내·외부에 묻어 있는 세척용 시너를 닦고, 에어건을 사용하여 세척용 시너를 불어내어 건조한다.

[4] 스프레이건 세척기

(1) 스프레이건 세척기의 기능과 조건

① 세척 기능 : 사용 후 스프레이건의 세척을 재사용 세척제로 세척하는 기능이다.

② 헹굼 기능 : 1차 세척된 스프레이건을 깨끗한 세척제로 헹굼하는 기능이다.

③ 분사 기능 : 수동으로 세척하거나 컵에 세척제를 받을 수 있는 분사 기능이다.

④ 브러시 기능 : 스프레이건 외부를 세척하기 위한 브러시로 세척제가 공급된다.

⑤ 에어건 : 스프레이건을 세척한 후에 세척제나 물기를 제거하기 위한 에어건이다.

⑥ 악취 배출 : 인체에 유해한 세척제를 사용하게 되므로 악취 배출 덕트 등의 적절한 배기 장치가 있어야 한다.

⑦ 방폭 구조 : 인화성이 강한 세척제를 사용하는 스프레이건 세척기는 근본적으로 에어에 의해 작동되어야 하며, 정전기로 인한 화재를 방지하기 위하여 접지되어야 한다.

그림 2-26 스프레이건 세척기

(2) 페인트 세척기의 종류

① 유성 페인트용 세척기

재사용 세척제로 1차 세척한 후 2차 세척은 깨끗한 세척제로 헹굼 기능을 갖춘 세척기로서, 자동 및 수동이 있다.

② **수용성 페인트용 세척기**

필터에 의해 걸러진 재생수로 세척한 후 깨끗한 세척수로 세척하는 기능을 갖춘 세척기로서, 세척수가 공급되는 브러시가 있다.

③ **복합형 세척기**

프라이머 서페이서와 클리어를 위한 유성 세척기의 기능과 베이스 코트를 위한 수용성 세척기의 기능을 결합한 세척기이다.

④ **간이형 세척기**

에어캡을 제거하고 간단히 세척할 수 있는 세척기로서, 주로 스프레이 부스 내에 설치하여 사용한다.

[5] 샌더기

(1) 원형 샌더기

① **사용방법**

우선 샌딩할 곳의 위치에 샌더기를 올려놓고 샌더기 앞쪽에 있는 전원 ON/OFF 스위치를 ON으로 위치하면 샌더기의 패드가 돌기 시작한다. 이후 샌딩할 곳의 표면을 원형으로 돌리면서 샌딩하면 된다.

그림 2-27 **샌더기 전원 ON/OFF 스위치**

다만 주의해야 할 부분은 원형 샌더기에는 속도 조절 다이얼이 대부분 다 있다. 숫자가 커질수록 작업 속도가 빨라진다. 속도가 너무 빠르다 보면 한 곳에 머무르게 될 경우 샌딩한 곳이 너무 갈려서 푹 파이게 된다. 그리고 샌더기를 위에서 너무 누르면 안 된다. 만약 샌딩할 면을 모두 고른 힘으로 누르지 못하면 한쪽이 패이거나 하여 매끄럽지 못하기 때문이다.

가볍게 쥐고 사용하면 되는데 거친 사포를 장착하고 누르게 되면 이 또한 역시 샌딩한 곳이 파이게 되는 경우가 발생하고 또 사포도 빨리 마모된다.

그림 2-28 속도 조절 다이얼

② 원형 샌더기, 샌딩 페이퍼 교체 방법

샌드 페이퍼는 샌딩할 쓰임에 따라 선택하여 붙였다 떼었다 하기 좋게 되어 있다.

그림 2-29 샌드 페이퍼 탈·부착

(2) 오비탈 샌더기(사각 샌더기) 샌딩 페이퍼 교체방법

① 기기 측면의 샌딩 페이퍼 고정핀을 안쪽으로 밀어 잠금을 해제한 후, 교체할 샌

딩 페이퍼를 빼낸다.

② 샌더기의 패드 넓이보다 여유 있고, 고정핀으로 고정하기에 적당한 크기로 샌딩 페이퍼를 재단한다.

③ 새로 사용할 샌딩 페이퍼를 패드에 부착한 후, 고정핀으로 고정해 체결을 완료한다.

(3) 오비탈 샌더기(원형 샌더기) 샌딩 페이퍼 교체방법

① 원형 샌더기의 경우 전용 샌더패드를 드라이버와 볼트로 체결하여 사용한다.

② 기기가 사용하는 패드의 규격(약 5~6인치)과 볼트체결 구멍의 개수를 확인한 후 교체할 패드를 구입하여야 한다.

③ 5인치 오비탈 샌더에 볼트 구멍이 8개라면 5in 8홀 샌더패드를 구입해야 하며, 그라인더용 샌더패드와는 다름을 주의해야 한다.

(4) 벨트 샌더기(레버 조절형) 샌딩 페이퍼 교체방법

① 레버를 당겨 장치를 느슨하게 한 후 교체할 벨트를 빼낸다.

② 새로 사용할 벨트를 중앙에 맞춰 장착한 후 레버를 다시 잠근다.

③ 전원을 켜서 벨트의 위치를 확인한 후 조절볼트를 활용해 벨트 페이퍼의 위치를 미세 조정한다. 오른쪽, 왼쪽으로 돌리면 벨트형 사포가 우측과 좌측으로 이동한다.

그림 2-30 벨트형 사포 조정용 나사

[6] 드라이젯(Dry Jet)건

수용성 도료의 지촉 건조를 촉진하기 위한 도구로서, 도막 표면에 피사체 위의 공기 흐름이 느리면 느릴수록 더 많은 습기가 도장 표면에서 제거된다. 특히 수용성 도료의 건조 시간을 현저히 줄여 주는 도구로 사용된다.

2.4 보수도장 장비 유지보수

[1] 소모품의 주기적인 교환

(1) 소모품 확보 유지

장비별 필요한 소모 자재와 내구성이 정해져 있는 부품의 리스트를 작성하고, 필요할 때 바로 교체할 수 있도록 적정량을 확보한다.

(2) 소모품 교체 일정표

장비별로 소모품의 교체 일정표를 작성하여 소모 자재이든 마모성 부품이든 수명을 초과하여 손상되거나 정상적인 부품까지 손상이 가지 않도록 교체 주기에 교체해야 한다.

[2] 에어 필터의 종류 및 교체 주기

(1) 압축 공기 공급 라인

장비	종류(기능)	주기	비고(특성)
공기 압축기	흡입 필터(에어 크리너)	1500시간	사용 위치에 따라
압축기 후단	Pre-Filter	6개월	
	Line Filter	8개월	
	Coalescent Filter	10개월	
사용처	유수 분리 필터	6개월	에어 룸
	Fine Filter	6개월	유성 도료, 샌딩룸
	Charcoal Filter	3개월	수용성 도료

(2) 스프레이 부스와 샌딩룸

장비	종류(기능)	주기	비고(특성)
스프레이 부스	Pre-Filter(포켓 or 판넬)	300시간	급기 1차
	Ceiling Filter(천장)	500시간	급기 2차, 품질에 따라
	Glass Filter(바닥)	100시간	배기 1차
	Post Filter(포켓 or 판넬)	200시간	배기 2차
	Activated Charcoal(활성탄)	200시간	배기 3차
샌딩룸	Pre-Filter(포켓 or 판넬)	500시간	급기 1차
	Ceiling Filter(천장)	700시간	급기 2차, 품질에 따라
	Glass Filter(바닥)	200시간	배기 1차
	Post Filter(포켓 or 판넬)	300시간	배기 2차
흡진기	Bag Filter(백 필터)	200시간	1차 필터
	Cartridge Filter(카트리지)	500시간	2차 필터
원적외선 건조기	냉각팬 후단 필터	200시간	청소 또는 교환

(3) 장비별로 사용되는 윤활유의 종류 및 교환

장비	종류(기능)	교환 또는 주입	비고(특성)
공기 압축기	엔진 오일(스크루/피스톤)	1년/3000시간	
에어 샌더	기어 오일	매일	
교반기	선반 벨트 윤활유	3개월	소음 감소
	구동축, 선반 롤러 윤활유	1년	
스프레이건	니들 스프링 부위, 전용 그리스	3개월	
원적외선 건조기	힌지 부위, 그리스	6개월	
폐 솔벤트 재생기	가열용 열유체, 사용시간에 따라	보충	
페이트 쉐이크	기어 오일	매일	
샌딩용 리프트	힌지 부위, 그리스	6개월	

(4) 장비별로 구비해야 할 소모품과 교환

장비	종류(기능)	교환 또는 주입	비고(특성)
공기 압축기	구동 벨트	2년	
에어 샌더	패드	매일	
교반기	선반 구동 벨트	3개월	소음 저감
	구동축 벨트	1년	
스프레이건	노즐 세트	3년	
	디지털 게이지용 배터리	3년	
스프레이 부스	형광등, 사용 전기 환경에 따라	4년	샌딩룸
	안정기, 사용 환경에 따라	4년	샌딩룸
	휀 구동 벨트	2년	샌딩룸
	모터 베어링	2년	샌딩룸
	버너 컨트롤러, 사용 환경에 따라	4년	
	도어 가이드 부싱, 핸들	5년	
	연료 펌프(경유 버너)	4년	
	댐퍼용 실린더	5년	
건 세척기	에어 스위치	5년	
원적외선 건조기	램프	7년	

[3] 장비별 구동부 윤활

(1) 공기 압축기 구동부에 윤활유 주입

① 공기 압축기의 전원을 차단한다.

② 오일캡을 열고 오일의 충진량과 오염 정도를 점검한다.

③ 오염 정도가 심하면 드레인 코크를 열어서 오일을 받아 폐오일 탱크에 붓는다.

④ 단순히 오일량이 부족한 상태이면 보충하고 오일캡을 닫는다.

⑤ 공기 압축기를 가동시켜 가동상태를 점검한다.

(2) 페인트 교반기 구동부에 윤활유 주입

① 교반기의 전원 플러그를 제거한다.

② 선반에 꽂혀 있는 페인트 캔을 제거한다.

③ 선반 좌측의 구동축 커버를 제거하고 상단의 덮개를 제거한다.

④ 구동축과 각각의 롤러에 주유한다.

⑤ 덮개를 덮고 역순으로 조립한다.

⑥ 선반 위에 캔을 꽂고 전원 플러그를 꽂아 가동하고 소음 정도를 점검한다.

[4] 장비별 소모품 교환

(1) 페인트 교반기 벨트 교환

① 교반기의 전원 플러그를 제거한다.

② 선반에 꽂혀 있는 페인트 캔을 제거한다.

③ 선반 좌측의 구동축 커버를 제거한다.

④ 상단의 덮개를 제거한다.

⑤ 장력 롤러를 고정하고 있는 볼트를 풀고 벨트의 장력을 해제한다.

⑥ 이완된 벨트를 제거하고 각각의 리드를 구동하는 휠과 휠 사이로 벨트를 끼운다.

⑦ 덮개를 덮고 역순으로 조립한다.

(2) 스프레이 부스의 형광등 교환

① 부스의 가동을 중지하고 형광등만 켜둔다.

② 안전유리 프레임을 고정하고 있는 볼트를 아래로부터 느슨하게 풀고 난 후 하단의 중간 볼트를 마지막에 풀면서 프레임이 상단의 걸고리에 걸리도록 한다.

③ 점등되지 않는 형광등을 제거하고 새 형광등을 끼운다.

④ 안전유리 프레임을 역순으로 조립한다.

[5] 장비별 필터 교환

(1) 공기 압축기 에어 필터(크리너) 교환

① 메인 스위치를 내리고 안전장치를 한다.

② 레버 또는 체결 볼트나 나사를 풀고 에어 필터의 커버를 연다.
③ 에어 필터의 오염 상태를 확인하고 표면이 50% 이상 분진으로 덮여 있으면 새 필터로 교환한다.
④ 필터 커버를 덮고 볼트 또는 나사를 체결한다.

(2) 스프레이용 에어 필터(크리너) 교환

① 필터 전단에 있는 공기 공급 밸브를 잠근다.
② 첫 번째 단의 상단에 있는 압력 조절기를 잠가서 배관 내부와 필터에 남아 있는 압축 공기를 빼거나 에어건으로 빼낸다.
③ 전용 레버로 각 단의 필터 하우징을 시계 반대 방향으로 돌려서 탈거한다.
④ 첫 단의 유수 분리기를 위한 사이클론 슬리브를 시계 반대 방향으로 돌려서 오염된 필터를 탈거하고 황동 소결 필터를 교환하고 역순으로 조립한다.
⑤ 두 번째 단의 파인(Fine) 필터와 세 번째 단의 활성탄 필터의 하단 조임 나사를 풀어 오염된 필터를 탈거하고, 새 필터로 교환한 후 역순으로 조립한다.
⑥ 전용 레버로 필터 하우징을 시계 방향으로 돌려서 조립한다.
⑦ 필터 내부에 에어 압력이 차 있는 상태에서 필터 하우징을 풀면 부품의 손상뿐 아니라 작업자가 다칠 수 있으므로 분해하기 전에 반드시 필터 내부의 압력을 제거한다.

(3) 스프레이 부스와 샌딩룸의 바닥 필터 교환

① 부스를 가동하는 상태라도 상관없지만 바닥 필터를 제거했을 때 부스 내부 압력이 부압이 형성되므로 반드시 부스의 문을 열어둬야 한다.
② 부스 바닥에 깔려 있는 그레이팅을 브러시로 청소하고, 한 줄씩 뜯어내면서 옆줄로 나란히 옮긴다.
③ 오염된 필터를 앞에서 뒤로 말아 제거하여 특정 폐기물 자루에 담는다.
④ 필터 받침판을 탈거하여 청소하고 다시 배열한다. 이때 공기 분배를 고려하여 배열한 필터 받침대 위의 위치가 바뀌지 않도록 한다.

⑤ 새 필터를 앞에서 뒤로 펴 가며 깐다.

⑥ 그레이팅을 다시 배열한다.

⑦ 같은 방식으로 나머지 열에 배열된 필터를 교환한다.

⑧ 필터를 교환한 후에 스프레이 부스를 가동시켜 부스 내압을 맞춘다.

(4) 스프레이 부스와 샌딩룸의 천장 필터 교환

① 반드시 부스의 매인 스위치를 끈다.

② 안전한 발판을 준비하고 각각의 천장 필터를 고정하고 있는 볼트를 풀고 필터와 함께 필터 프레임을 탈거한다.

③ 탈거한 프레임에서 오염된 필터를 제거하고 프레임의 오염된 부위를 세척한다.

④ 오염된 필터를 제거한 프레임에 새 필터를 끼우거나 고정한다.

⑤ 프레임을 탈거한 역순으로 볼트를 체결하고 부스를 가동시켜 부스의 내압을 맞춘다.

(5) 스프레이 부스와 샌딩룸의 급기 필터와 배기 2차 필터 교환

① 반드시 부스의 매인 스위치를 끈다.

② 필터 도어나 커버를 고정하고 있는 볼트를 푼다.

③ 슬라이딩 레일에 꽂혀 있는 필터를 제거하고 레일 부위를 청소한다.

④ 새 필터를 끼우고 커버를 체결한 후 부스를 가동시켜 부스의 내압을 맞춘다.

(6) 스프레이 부스의 활성탄 필터 교환

① 반드시 부스의 매인 스위치를 끈다.

② 필터 도어나 커버를 고정하고 있는 볼트를 푼다.

③ 슬라이딩 레일에 꽂혀 있거나 배기구에 배열되어 있는 활성탄 카트리지를 탈거하고 레일 부위를 청소한다.

④ 탈거한 카트리지 상단 등에 스크루나 볼트로 고정된 캡을 열고 오염된 활성탄을 특정 폐기물 자루에 부어 담는다.

⑤ 카트리지를 브러시로 청소하고 새 활성탄을 붓는다.

⑥ 탈거한 역순으로 캡을 다시 체결하고 카트리지를 레일에 끼우거나 배열한 다음 커버를 체결한다. 이후 부스를 가동시켜 부스의 내압을 맞춘다.

(7) 샌딩 흡진기의 백 필터 교환

① 흡진기의 전원 플러그를 콘센트로부터 분리한다.

② 흡진기 헤드를 고정하고 있는 잠금 장치를 풀고 헤드를 연다.

③ 흡진구의 백 필터캡을 제거한다.

④ 포집된 분진이 쏟아지지 않도록 백 필터 흡진 구멍을 캡으로 닫는다.

⑤ 분진통으로부터 백 필터를 들어내고 흡진 구멍을 닦는다.

⑥ 새 필터를 넣고 필터캡을 채우고 헤드를 닫고 잠근다.

(8) 샌딩 흡진기의 카트리지 필터 교환

① 흡진기의 전원 플러그를 콘센트로부터 분리하여 헤드를 연다.

② 카트리지를 고정하고 있는 카세트의 잠금장치나 볼트를 풀고 카트리지를 제거한다.

③ 흡진구 등 챔버 내부를 닦고 새 필터를 넣는다.

④ 카세트 잠금 장치를 잠그고 헤드를 닫은 후 잠근다.

MEMO

보수도장 안전 관리

03

CHAPTER 03

3장 보수도장 안전 관리

3.1 도장 안전 기준

[1] 도장 안전 작업 수칙

① 도료와 용제에 의한 화재 · 폭발 위험방지를 위하여 폭발범위 내에서 작업해서는 안된다.

② 상품 표시는 적절하고 정확히 붙어있어야 한다.

③ 작업의 마감 재료는 화기로부터 보호받을 수 있는 공간에 보관한다.

④ 적절한 덮개 없이 저장실에 마감 재료를 저장해서는 안된다.

⑤ 작업은 항상 안전하게 실시한다.

⑥ 무릎을 들어 올리거나 구부리게 되는 경우 가해지는 무거운 하중에 신경을 써야 한다.

⑦ 안전하지 못하다고 생각되는 것은 안전하게 수정하고 보고한다.

⑧ 도장 작업 시 비산하는 용제 증기가 허용농도를 넘지 않도록 국소박이 장치 또는 전체 환기 장치를 가동하여 환기시킨다.

⑨ 국소박이 장치는 적정하게 설치 · 작동되고 있는가를 점검한다.

⑩ 국소박이 장치 및 전체 환기 장치는 가동 중 작업자가 임의로 가동을 중지시켜서는 안된다.

⑪ 도장기기 및 설비에 대해서는 정전기 축적을 방지하기 위하여 접지를 한다.
⑫ 인체의 대전 방지를 위하여 정전 안전화 및 정전 작업복을 착용하여 작업한다.
⑬ 도장설비에 사용되는 전기설비는 방폭구역 내에서는 방폭형으로 한다.
⑭ 작업장 내에서는 흡연 및 음식물을 취식하지 않는다.
⑮ 보관 창고에는 방폭 전등 및 밀폐 스위치를 사용해야 한다.
⑯ 도장 작업 중 유기용제의 비부접촉, 흡입 등의 경우는 즉시 응급조치를 취한다.
⑰ 사고의 발생 시는 응급조치를 하고 즉시 보고한다.
⑱ 보호 장비를 준비하여 양호한 상태로 유지시켜야 한다.
⑲ 비상시 사용한 호흡용 보호구는 1개월 또는 매 사용 후마다 소독하여 보관한다.
⑳ 도장작업장에는 소화기를 비치한다.
㉑ 현장은 정기적으로 청소해야 한다.
㉒ 작업자는 출 · 퇴근 시 탈의실, 샤워실 등 부대시설을 활용하여 개인위생관리를 철저히 하도록 한다.

[2] 손실예방 및 피해경감대책

(1) 건물 및 장치 구조

① 벽, 천장 및 바닥

㉠ 도장 작업장을 구획하는 벽, 천장 및 바닥은 불연재료나 준불연재료로 안전하고 견고하게 설치해야 하며, 바닥이 가연재일 경우 불연재료로 덮을 것.

㉡ 도장부스의 내면은 매끄러워야 하고, 잔류물의 침적을 방지할 수 있도록 설계해야 하며, 환기, 청소, 세척에 용이할 것.

㉢ 벽 또는 천장이 금속판인 경우 단면의 경우 두께는 1.2mm 이상, 양면의 경우 두께는 각각 0.9mm 이상일 것.

㉣ 도장실은 내화성능이 1시간 이상으로 방화 구획해야 하고, 모든 개구부에는 자동폐쇄식 방화문을 설치할 것.

② 컨베이어

㉠ 컨베이어가 분무도장지역 내 · 외부를 통과하는데 필요한 개구부의 크기는 최소로 할 것.

㉡ 컨베이어 설비가 건물과 건물 사이에 연결되어 있는 경우 연결 부위에 스프링클러 헤드가 설치된 불연성 또는 준불연성 통로를 설치하고, 바닥을 통과하는 경우 바닥판 아래쪽에 46cm 이상의 방연커튼으로 개구부 주위를 둘러싸야 하며, 방화문 설치가 불가능한 방화구획을 위한 벽을 통과하는 경우 개구부 양쪽에 스프링클러 헤드가 설치된 불연성 또는 준불연성 터널을 설치할 것.

③ 기타 작업장과의 이격

㉠ 도장부스는 기타 작업장과 1m 이상 이격하거나 내화성능이 1시간 이상인 벽 또는 바닥/천장으로 구획할 것.

㉡ 도장부스는 사방 1m 이상의 공간을 유지해야 하며, 이 공간에는 저장소나 가연성 구조물이 없을 것.

(2) 전기 및 기타 발화원

① 조명기구

㉠ 조명기구용 투시판은 안전유리, 망입유리여야 하며, 증기, 미스트, 잔류물, 분진 및 침전물이 분무도장 지역으로 유입되지 않도록 밀봉해야 한다. 투시판의 표면온도가 93℃를 초과하지 않도록 조명기구와의 간격을 유지할 것.

㉡ 도장 지역에서 도장 작업 중에는 휴대용 조명등의 사용을 금지할 것.

② 정전기

분무도장실이나 분무도장부스 내에 있는 작업자, 전도성 부품, 배기덕트, 분무 장치, 피도장물 또는 도료용기, 인화성액체, 가연성액체 또는 가연성고체 부유물을 운반하는 배관설비 등은 본딩 및 접지할 것.

(3) 환기설비

① 모든 분무도장 지역에는 기계식 환기설비를 설치하여 증기 및 미스트를 제한하거나 안전한 장소로 제거할 수 있어야 하며, 배기되는 증기나 미스트의 농도는 연소하한계의 25%를 초과하지 말 것.

② 도장 작업이 실시되는 동안 환기설비는 정상 작동 상태에 있어야 하며, 작업이 종료된 이후에도 대규모 공기 건조의 솔벤트 도장의 경우 30분 이상, 솔벤트 도장의 경우 15분 이상, 수성 및 분체도장의 경우 3분 이상 환기설비가 계속 작동할 것.

③ 무인 자동분무도장설비는 배기팬이 작동되지 않으면 도료의 분무를 자동으로 정지시킬 수 있도록 인터록시킬 것

④ 배기덕트의 재질은 스틸이어야 하며, 배출지점까지 가장 짧은 직선 경로로 시공되고, 방화구획 벽을 관통해서는 안 된다. 배출구는 건물의 외벽이나 지붕에서 1.8m 이상 연장하여 설치하고, 다른 건물의 불연성이나 준불연성 외벽의 비방호 개구부로부터 7.5m 이상 및 다른 가연성 구조물로부터 7.5m 이상 이격할 것.

(4) 소방시설

① 도장 작업장에는 자동식 소화설비를 설치해야 하며, 연속식 도장 작업을 하는 경우 소화설비 작동 시 분무도장 작업장 부근에 있는 지구경보 장치의 작동과 분무도장설비에 설치된 경보설비의 작동, 도료 이송설비, 모든 분무도장 작업의 정지 및 분무도장 지역 내 · 외부로 이동하는 컨베이어가 운전 정지되도록 할 것.

② 도장 지역의 급기설비 및 배기설비는 화재경보설비와 연동되지 않고, 화재경보 시에도 계속 작동할 것.

③ 도장 지역 및 배합실에는 습식 스프링클러설비를 설치해야 하고, 도장부스 및 배기덕트 내에 설치된 스프링클러 헤드는 화재 시 가장 낮은 온도에서 그리고 도장부스 외부 천장면의 스프링클러 헤드는 141℃에서 작동하는 것일 것.

④ 스프링클러 헤드는 도장부스, 도장실의 측벽 및 건식 도장집진기로부터 1.2m 이내에 설치할 것.

⑤ 도장 지역 및 배합실의 배기덕트가 분기되어 있는 경우에는 각 부스 배기덕트의 교차 부분에 스프링클러 헤드를 설치할 것.

⑥ 스프링클러설비를 설치할 수 없거나 다른 유형의 소화설비가 분무도장 작업 지역 방호에 더 적합한 경우 분말소화설비, 이산화탄소소화설비 기타 가스계 소화설비 등으로 분무도장 지역 및 배합실을 방호할 것.

⑦ 발화 시 0.5초 이내에 불꽃을 감지하여 도장 지역에 있는 고압 장치로 공급되는 전력을 차단한 후 도장설비의 전원을 차단시키도록 불꽃감지 장치를 설치하여 방호할 것.

(5) 유지 관리

① 화재의 지속시간과 강도를 억제하기 위해서는 가연성물질의 퇴적을 최소화할 것.

② 잔류물의 퇴적을 방지하기 위하여 도장부스의 내부, 배기팬 날개, 배기덕트 등은 정기적으로 청소할 것.

③ 도료에 젖어 있는 천조각이나 쓰레기는 금속 쓰레기통에 넣어 보관해야 하고, 금속 쓰레기통 내용물은 최소 매일 한 번 또는 각 교대 시마다 비울 것.

④ 세척제의 인화점은 37.8℃보다 높은 것을 사용할 것.

[3] 작업자 안전대책

(1) 신체위험

① 필요한 마스크나 인공호흡기를 착용한다.

② 적절한 환기, 조명과 송풍설비가 준비되어야 한다.

③ 손과 몸을 외부로부터 차단해야 한다.

(2) 화재위험

① 기름걸레는 밀폐되는 철제 용기에 보관한다.

② 도장실과 집진실은 깨끗이 청소되어야 한다.

③ 노출된 불꽃이나 전기 스파크를 피해야 한다.

④ 모든 마감 재료는 용제와 함께 밀봉되어야 한다.

⑤ 화재 발생 시에는 소화에 대한 대책이 없으므로 소화용 장비를 비치해야 한다. A급 화재는 목재, 직물, 종이와 고무의 화재이고, B급 화재는 인화성, 액체, 기름과 그리스의 화재이며, C급 화재는 전기 화재이다.

(3) 질식

① 송기마스크 등 적절한 호흡용 보호구와 보안경, 보호장갑, 안전모 등 개인보호구를 착용한다.

② 작업 전 혹은 작업 중 수시로 산소 및 가스 농도를 측정하면서 작업을 진행한다. 산소 농도가 18% 미만인 장소에서는 송기마스크를 착용한다.

③ 비상대피로 등 대피시설을 확인하고, 작업 중 환기설비 작동 상태를 확인한다.

(4) 중독

① 제한된 공간에서는 도막의 건조 및 용제 증발을 폭발 한계 이하로 유지시키기 위하여 공기를 공급하여야 한다.

② 송기마스크 등 적절한 호흡용 보호구와 보안경, 보호장갑, 안전모 등 개인보호구를 착용한다.

③ 작업자는 작업 후 탈의실, 샤워실 등 부대시설을 활용하여 작업복을 세척제로 세탁하고, 몸을 깨끗이 씻어 개인위생관리를 철저히 하도록 한다.

3.2 산업안전 표지

그림 3-1 문자추가 시 예시문

[1] 금지 표지(8종)

바탕은 흰색, 기본 모형은 빨강색, 관련 부호 및 그림은 검은색

출입금지	보행금지	차량통행금지	사용금지	탑승금지

금연	**화기금지**	**물체이동금지**		

[2] 경고 표지(6종)

바탕은 무색, 기본 모형은 빨간색(검은색도 가능), 관련 부호 및 그림은 검은색

인화성물질 경고	산화성물질경고	폭발성물질경고	급성독성물질경고	부식성물질경고

발암성 · 변이원성 · 생식독성 · 전신독성 · 호흡기 과민성 물질 경고			

[3] 경고 표지(9종)

바탕은 노란색, 기본 모형은 검은색, 관련 부호 및 그림은 검은색

방사성물질경고	고압전기경고	매달린물체경고	낙하물경고	고온경고

저온경고	몸균형상실경고	레이저광선경고	위험장소경고	

[4] 지시 표시(9종)

바탕은 파란색, 관련 그림은 흰색

보안경착용	방독마스크착용	방진마스크착용	보안면착용	안전모착용

귀마개착용	안전화착용	안전장갑착용	안전복착용	

[5] 안내 표지(8종)

바탕은 흰색, 기본 모형 및 관련 부호는 녹색(바탕은 녹색, 기본 모형 및 관련 부호는 흰색)

녹십자표지	응급구표지	들것	세안장치	비상용기구
			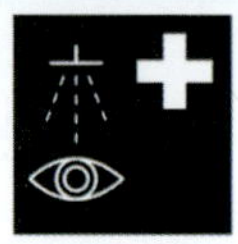	
비상구	**좌측비상구**	**우측비상구**		

3.3 화재예방

[1] 화재의 종류

화재는 연소 특성에 따라 A급 화재, B급 화재, C급 화재, D급 화재 등 4종류로 분류한다.

(1) 일반가연물 화재(A급 화재)

연소 후 재를 남기는 종류의 화재로서 목재, 종이, 섬유, 플라스틱 등으로 만들어진

가재도구, 각종 생활용품 등 타는 화재를 말한다. 소화방법은 주로 물에 의한 냉각 소화 또는 분말 소화약제를 사용한다. 물을 1분에 1리터 정도 쏟으면 일반가연물 $0.7m^3$에 붙은 불을 끌 수 있다. 소화기에 표시된 원형 표식은 백색으로 되어 있다.

(2) 유류 및 가스 화재(B급 화재)

연소 후 아무것도 남기지 않는 종류의 화재로서 휘발유, 경유, 알코올, LPG 등 인화성액체, 기체 등의 화재를 말한다. 소화방법은 공기를 차단시켜 질식 소화하는 방법으로 포소화약제를 이용하거나, 할로겐화합물, 이산화탄소, 분말소화약제 등을 사용한다. 소화기에 표시된 원형 표식은 황색으로 되어 있다.

(3) 전기 화재(C급 화재)

전기기계 · 기구 등에 전기가 공급되는 상태에서 발생된 화재로서 전기적 절연성을 가진 소화약제로 소화해야 하는 화재를 말한다. 소화방법은 이산화탄소, 할로겐화물소화약제, 분말 소화약제를 사용한다. 소화기에 표시된 원형 표식은 청색으로 되어 있다.

(4) 금속 화재(D급 화재)

특별히 금속 화재를 분류할 경우에는 리튬, 나트륨, 마그네슘 같은 금속 화재를 D급 화재로 분류한다. 연소될 때는 무척 빠른 속도로 연소하여 폭발하기도 하는데, 이런 금속 화재의 경우 일반 ABC 분말 소화기로는 소화를 할 수 없으므로 금속 화재 전용 소화기를 사용하여야 한다. 금속가루는 물 등 수분과 결합하면 폭발적인 반응을 하므로 수분이 없는 장소에 보관하여야 한다. 소화방법은 팽창질식, 팽창진주암, 마른 모래 등을 사용한다. 소화기에 표시된 원형 표식은 회색, 은색으로 되어 있다.

[2] 소화원리

소화원리는 연소의 반대개념으로 연소의 4요소를 적정하게 통제 또는 차단함으로써 이루어진다. 실제 상황에서는 다음에 열거하는 소화원리가 하나 또는 둘 이상이 일어나서 소화작업이 이루어진다.

(1) 냉각소화

연소의 3요소 중에서 열이 계속적으로 발생하지 못하도록 차단하는 방법으로, 불이 붙지 않는 온도로 낮춤으로써 불의 삼각형을 파괴하는 것이다. 가장 대표적인 소화작업으로 물을 뿌리는 방법으로 물이 증발하면서 열을 빼앗아 가는 원리를 이용한 것이다.

(2) 질식소화

연소의 3요소 중에서 공기 중의 산소농도를 10~14% 이하로 낮추기 위하여 불타고 있는 가연물을 감싸거나 불연성기체를 화재 공간에 불어넣어 산소비율을 작게 만든다. 가장 대표적인 소화방법으로는 마른 모래를 뿌리거나, 물에 젖은 담요로 연소물을 덮거나 포(거품)소화설비 또는 이산화탄소소화설비를 작동시키는 방법이 있다.

(3) 제거소화

연소의 3요소 중에서 불타고 있는 장소에서 가연물을 다른 안전한 장소로 이동시키는 방법이다. 예를 들면, 주택에서 불이 났을 때 가재도구를 집밖으로 꺼내어 더 이상 타지 않도록 하는 것과 산불이 났을 때 연소 저지선의 나무를 모두 베어 버림으로써 더 이상 확대되지 않도록 하는 것도 제거소화의 한 방법이다.

(4) 부촉매효과

이 방법은 연소과정에서 고체 가연물의 열분해가스, 액체가연물의 증발된 가스, 기체가연물을 소화약제와 반응시켜 더 이상 화학반응이 일어나지 못하도록 연쇄반응 체인을 끊어 화재를 억제하는 방법이다. 실제 생활에서는 물품이 처음부터 불이 잘 붙지 못하도록 하는 방염처리(커튼, 카펫, 벽지 등에 불이 잘 붙지 않도록 약품 처리하는 것)하기도 하며, 이와 같은 원리를 이용하는 소화설비에는 할로겐화합물 할론 또는 분말소화설비가 있다.

3.4 도장장비·설비 안전

[1] 도장부스 안전작업(한국산업안전보건공단 인용)

(1) 주요 위험요인

① 협착위험

㉠ 이동식대차를 이용하여 판금차량 이동 시 차량 이탈에 의한 협착

㉡ 공기정화 장치의 동력전달부(V-belt) 부위에 협착

② 전도위험

㉠ 그레이팅 구조의 배기구에 발이 걸려 넘어지는 등의 전도

③ 폭발위험

㉠ 인화성액체의 증기 또는 가연성가스에 의한 폭발

④ 유기용제 중독

㉠ 페인트의 희석제로 사용하는 유기용제(톨루엔 등) 중독

(2) 안전대책

① 협착위험

㉠ 전용지그가 부착되어 차량 전면의 패널을 받쳐 안전하게 이동할 수 있는 판금차량 운반설비를 사용

㉡ 동력전달부(V-belt) 부위에 충분한 강도의 방호덮개를 설치

② 전도위험

㉠ 도장부스 바닥의 그레이팅 개구부 간격을 작업자의 발이 들어가지 않는 구조로 함

③ **폭발위험**

㉠ 도장부스 내에 설치된 전기설비(스위치, 형광등, 플러그)를 1종 방폭 지역에서 사용하는 방폭 구조용 전기설비를 사용

④ **유기용제 중독**

㉠ 국소박이 장치를 설치하여 유기용제(톨루엔 등)가 도장부스 내에 체류되지 않도록 제거

㉡ 도장부스 내 스프레이 작업자는 방독마스크를 반드시 착용

(3) 안전수칙

① 작업자는 보호구(방독마스크, 안전화, 보안경)를 착용하고 작업을 실시한다.

② 작업장 바닥의 호스 공구 등은 정리 정돈하여 청결한 상태로 유지한다.

③ 도장 대상차량 및 부품은 이탈되거나 움직이지 않도록 견고히 고정한다.

④ 도장부스 내 페인트 희석재 등의 비치를 금지하고 별도의 안전한 장소에 보관 사용한다.

⑤ 배풍기 구동모터 등의 동력전달부에 방호덮개 부착 여부를 확인한다.

⑥ 작업장 바닥에 페인트 또는 물기 등이 도포되어 미끄럽지 않도록 청결한 상태를 유지한다.

⑦ 형광등 등 부스 내 설치된 전기설비는 방폭구조용 전기설비를 사용한다.

⑧ 도장부스 내에서는 라이터 등 화기사용을 금지한다.

⑨ 페인트, 희석제 등 도장 관련 물질의 물질안전보건자료를 비치하고 내용을 숙지한다.

⑩ 국소박이 장치의 정상 작동 상태를 확인하고 충분한 환기 여부를 확인한다(제어풍속 : 포위식 포위형후드, 0.4m/sec).

⑪ 판금차량을 도장부스 내로 이동 시에는 전용지그가 부착된 운반설비를 사용한다.

⑫ 방독마스크 착용 지시표지판을 근로자가 보기 쉬운 장소에 부착한다.

3.5 도장 작업공구 안전

[1] 스프레이건 작업(한국산업안전보건공단 인용)

(1) 주요 위험요인

① 건 방향이 사람 쪽으로 향하여 도료가 얼굴 또는 신체 일부에 분사되는 위험

② 작업 간 이동 시 또는 완료 후 안전핀 미사용으로 인한 도료분사 위험

③ 건에 대한 응급조치 시 도료 호스 내 잔존 압력으로 인한 갑작스러운 도료 분사로 인한 비래

④ 손바닥에 유기용제 침투(에어스프레이건을 잘못 잡아 페인트가 분사되어 손바닥에 침투)

⑤ 고압의 공기에 의해 장 파열(작업 후 에어호스로 작업복 먼지를 불어내다가 항문에 호스 끝단부 가근접하여 장 파열)

(2) 안전대책

① 건 방향이 사람 쪽을 향하지 않도록 조치(상대방 또는 본인 얼굴)

② 블록내부 이동 시, 사다리 승하강 시, 블록 격벽 이동 시 반드시 스프레이건의 안전핀을 잠근 상태에서 이동한다

③ 건 응급조치 시(Tip 막힘, 니들 막힘 시) 반드시 보조자에게 연락하여 Airless Pump 에어밸브를 잠그고, 도료호스 내 잔존 압력을 제거한 후 캡 또는 니들을 분해하여 찌꺼기를 제거한다.

④ 안전핀이 부착되지 않은 스프레이건 사용을 금지한다.

⑤ 작동 중에는 “ON”, 미작동 시에는 “OFF” 상태를 유지한다.

⑥ 에어리스 펌프는 고압장비이므로 취급 시 항상 주의한다.

⑦ 사용 후 스프레이건을 세척 · 정비하여 보관한다.

⑧ 사용하지 않을 때는 공기밸브를 완전 차단 후 도료 호스에 잔류한 공기압력을 제거한다.

⑨ 손에 직접 분사되지 않도록 유의한다.

3.6 유해물질 중독

[1] 주요 급성 중독 물질

물질명	표적장기
DMF	간, 피부, 신장, 눈, 심혈기관
벤젠(A2)	조혈기계, CNS, 간, 신장, 눈, 피부
사염화탄소(A2)	CNS, 간 신장, 눈, 피부
아크릴로니트릴(A2)	눈, 피부, 폐, 심혈관계, 간, CNS
1,1,2,2-테르라클로로에탄	간, 피부, CNS, 신장, 위장
퍼클로로에틸렌	눈, 피부, CNS, 간, 신장
TCE	CNS, 눈, 피부, 간, 심장, 신장
n-헥산	말초신경계, CNS, 눈, 피부

[2] 특별관리물질

(1) 특별관리물질이란

발암성, 생식세포 변이원성, 생식독성 물질(CMR 물질) 등 근로자에게 중대한 건강 장해를 일으킬 우려가 있는 물질

참고 **CMR 물질**

발암성 물질(Carcinogenicity), 생식세포 변이원성 물질(Mutagenicity), 생식독성 물질(Reproductive toxicity)

(2) 특별관리물질 적용규정

① 허용소비량 이하인 경우에도 안전보건규칙 제420조~제451조 적용

② 임시 또는 단시간 작업인 경우에도 밀폐설비나 국소배기 장치 설치

③ 물질명 · 사용량 · 작업내용 등이 포함된 특별관리물질 취급일지 작성 · 비치

④ 특별관리물질이라는 사실과 발암성, 생식세포 변이원성 또는 생식독성 물질 중 어느 것에 해당하는지 취급 근로자에게 고지

[3] 물질안전보건 자료(MSDS : Material Safety Data Sheets)

화학물질의 안전한 취급 · 사용을 위해 유해성 · 위험성 정보를 사업주와 근로자에게 알려주는 설명서를 말한다. 근로자의 알 권리 확보 및 화학물질로 인한 산업재해 예방을 위해 도입된 MSDS 제도에 따라 화학물질을 제조 · 수입 · 사용하는 사업주는 의무주체별로 MSDS 작성 · 제공, MSDS 게시 · 비치, 경고표시 부착 및 취급 근로자에 대한 MSDS 교육을 실시하여야 한다.

[4] 질식

(1) 질식의 원인 및 영향

① 산소 농도 18% 이상 : 안전한계

② 산소 농도 16% : 호흡 및 맥박의 증가, 두통, 메스꺼움

③ 산소 농도 12% : 어지러움, 구토, 근력 저하, 추락

④ 산소 농도 10% : 안면 창백, 의식불명, 기도폐쇄

⑤ 산소 농도 8% : 실신, 혼절(8분 이내 사망)

⑥ 산소 농도 6% : 순간 실신, 호흡정지, 경련(5분 이내 사망)

(2) 적정 공기농도 기준

① 보통공기 : 산소 21%, 질소 78%, 기타 1%

② 적정한 공기(안전보건 규칙 제 618조 규정)

㉠ 산소 농도(O_2)의 범위 : 18% 이상, 23.5% 미만

㉡ 탄산가스(CO_2)의 농도 : 1.5% 미만

㉢ 황화수소(H_2S)의 농도 : 10ppm 미만

③ 유해가스 : 탄산가스, 황화수소, 일산화탄소 등의 가스상 유해물질

(3) 질식재해 예방대책

① 출입사전 조사 : 작업여건 등 도면 및 현장조사

② 작업자 안전보건교육 실시

③ 가스 및 산소농도측정기 등 측정 장비, 개인보호구 준비

④ 관계자 외 출입금지 표지판 설치

⑤ 출입 전 산소 및 유해가스 농도 측정

⑥ 환기 실시

⑦ 밀폐 공간 작업허가서 작성 및 허가자 결재

⑧ 출입인원 점검 및 통신수단 구비

⑨ 감시인 배치 및 감사 모니터링 실시

⑩ 밀폐 공간 작업허가서 작업장 게시

[5] 작업환경 관리

사업장에서 사용하는 원재료, 유해물질, 설비 및 제품 등에 의해 일어날 수 있는 근로자의 건강장해를 예방하기 위하여 작업환경측정, 특수건강진단, 작업장 및 설비점검, 위험성 평가를 통하여 작업환경의 유해성과 위험성을 평가하고, 이에 대한 대책을 수립하여 개선하는 것

(1) 화학물질의 대체 사용

① 유해성 · 위험성이 높은 화학물질을 사용하는 경우 현재 취급하고 있는 물질보다 유해성 · 위험성이 적은 물질로 대체

② 유해화학물질을 대체하는 경우에는 물질안전보건자료(MSDS) 등을 면밀히 조사 · 검토하여 저독성 또는 무독성 물질로 대체

(2) 격리 및 밀폐

① 격리 : 원격조작, 제한된 공간에서의 취급 등으로 유해환경에의 노출을 최소화

② 밀폐 : 유해물질 발생지점 밀폐, 감시창 방식의 도입 등으로 노출을 차단

(3) 반산원의 밀폐 등 조치

유해화학물질의 발생원으로부터 근로자의 노출을 차단하기 위한 방법으로 다음과 같이 발산원을 밀폐하는 방법이 있다.

① 작업상 필요한 개구부를 제외하고는 완전히 밀폐시킨다.

② 유해화학물질의 보관 장소 등 밀폐된 작업 장소의 내부를 음압으로 유지하여 작업장 내부의 공기가 밖으로 나오지 않도록 한다.

③ 작업특성상 밀폐실 내부를 음압으로 유지하는 것이 곤란한 경우 또는 개구부 등을 통하여 유해화학물질이 누출되는 경우에는 해당 부위에 국소박이 장치를 설치하여 유해화학물질의 발산을 최소화한다.

④ 유해화학물질이 들어있는 용기는 밀폐했다가 사용할 때만 열어 놓도록 한다.

⑤ 흔히 사업장에서 유해화학물질이 묻은 휴지나 헝겊을 그냥 버리는 경우가 많은데, 반드시 밀폐된 쓰레기통에 버리도록 하고, 자주 비워 주도록 한다.

(4) 산업환기시설의 조치

① 작업환경 관리를 위하여 실제로 작업장에서 가장 많이 사용되는 방법은 국소 배기와 전체 환기 방법이 있다.

② 발생되는 유해물질을 환기설비에 의해 외부로 배출하는 방법으로 작업환경 관리에 있어 가장 보편적인 방법

③ 유해물질의 노출을 최소화하기 위해서는 국소 환기 방식을 우선 고려

④ 전체 환기 방식은 제한적으로 사용

⑤ 작업 특성상 유해화학물질 발산원을 밀폐하는 설비의 설치가 곤란한 경우에는 작업 특성에 적합한 형식과 성능을 갖춘 국소박이 장치를 설치하고 관리한다.

⑥ 국소박이 장치의 후드는 작업방법, 유해화학물질의 발산 상태 등을 고려하여 유해화학물질을 흡인하기에 충분히 제어할 수 있는 구조와 크기로 하여야 하며, 후드, 덕트, 공기정화장치, 배풍기, 배기구의 순으로 설치한다.

3.7 위험물 취급

인체에 치명적인 영향을 미치는 독극물, 폭발물, 고압의 가스 등이 해당된다.

[1] 제1류 위험물(산화성 고체)

(1) 일반적인 성상

충격, 마찰 또는 열에 의해 쉽게 분해되므로 이때 많은 산소를 방출함으로써 가연물질의 연소를 도와주고 폭발을 일으킬 수 있다. 대부분 백색 분말이나 무색 결정으로 조해성이 있다.

(2) 저장 및 취급 방법

① 가열, 충격, 마찰을 피할 것.

② 화기와 이격시킬 것.

③ 분해를 일으키는 물질과 접촉을 피할 것.

④ 통풍이 양호한 곳에 저장하여야 하며, 용기는 밀봉할 것.

⑤ 산 또는 산화성 물질과 격리시킬 것.

(3) 소화 방법

① 알칼리 금속 등의 과산화물은 물과 반응하여 발열하므로 건조사로 질식 소화한다.

② 분해로 방출되는 산소가 가연물의 연소를 도와주는 형태이므로, 이를 방지하기 위하여 물로 냉각시켜야 한다.

[2] 제2류 위험물(가연성/인화성 고체)

(1) 일반적인 성상

① 낮은 온도에서 착화하기 쉬운 가연성 고체물질로 연소속도가 매우 빠르다.

② 연소 시 유독성가스를 발생한다.

③ 금속 분류는 수분과 산에 접촉 시 발열한다.

(2) 저장 및 취급 방법

① 점화원 및 화기와 이격시킨다.

② 산화제와의 접촉을 피한다.

③ 철분, Mg, 금속분류 등은 수분 또는 산과의 접촉을 피한다.

(3) 소화 방법

① 주수 소화

② 철분, Mg, 금속분류 등은 건조사를 사용한다.

[3] 제3류 위험물(자연발화성 및 금수성 물질)

(1) 일반적인 성상

수분과의 반응 시 발열 또는 가연성 가스(H_2)를 발생시키며 발화한다.

(2) 저장 및 취급 방법

① 황린은 자연발화의 위험성이 있으므로 물속에 저장한다.

② 저장 용기의 부식, 파손에 유의하여야 하며 수분과의 접촉을 피하여야 한다.

③ 산과의 접촉을 금지하여야 한다.

④ 금수성 물질은 화기와의 접촉을 피한다.

(3) 소화 방법

① 초기 화재에는 건조사로 질식소화가 가능

② 팽창질석, 팽창진주암 사용

[4] 제4류 위험물(인화성 액체)

(1) 일반적인 성상

가연성 액체로 인화하기 쉽고 증기는 공기보다 무거우나 액체는 물보다 무겁다(단, 중유는 제외). 그러나 물에는 불용이며 주수 소화 시에는 물의 유동에 의해 화재면의 확대가 될 우려가 있다.

(2) 저장 및 취급 방법

① 인화점 이상이 되지 않도록 할 것.

② 발생된 증기는 폭발 범위 이하로 유지하여야 하며, 통풍에 유의해야 한다.

③ 화기 및 그 밖의 점화원과 접촉을 피해야 한다.

④ 전기 설비는 모두 접지해야 한다.

(3) 소화 방법

① 공기의 공급을 차단하여 질식소화를 한다.

② 수용성 액체인 경우에는 내 알코올포 소화약제를 사용한다.

③ 수용성 액체 이외의 경우에는 포말, 할로겐, 이산화탄소, 분말 등의 소화약제를 사용한다.

3.8 폐기물 처리

[1] 정의

① 폐기물이란 쓰레기, 연소재, 폐수, 오니, 폐산, 폐알칼리 및 동물의 사체 등으로서 사람의 생활이나 사업 활동에 필요하지 않게 된 물질을 말한다.

② 타인에게는 유용하게 이용될 수 있는 경우는 이를 폐기물이라 할 수 없고, 객관적으로 완전히 그 물질이 가치를 상실하였을 때 비로소 폐기물로 봐야 한다.

[2] 폐기물의 분류

(1) 사업장 일반폐기물

사업장 폐기물은 대기환경보전법, 수질환경보전법 또는 소음진동규제법의 규정에 의하여 배출 시설을 설치/운영하는 사업장, 기타 대통령이 정하는 사업장에서 발생하는 폐기물이다.

(2) 건설 폐기물

건설 현장 등에서 발생되는 폐기물로서 자가 처리 또는 건설 폐기물 수집 운반업, 중간 처리업, 최종 처리 업체 등 허가 업체에 위탁처리한다.

(3) 지정 폐기물

지정 폐기물은 사업장 폐기물 중에서 폐산, 폐유 등 주변 환경을 오염시킬 수 있는 유해한 물질로서, 대통령령이 정하는 폐기물을 말하며, 엄격한 처리 증명과 인계서 등으로 처리의 입증을 분명히 해야 한다.

(4) 의료 폐기물

지정 폐기물 중 인체 조직물, 적출물, 탈지면, 실험동물의 사체 등 의료기관이나 시험검사 기관에서 배출되는 인체에 위해를 줄 수 있는 폐기물로서 허가업체에서 처리한다.

(5) 생활 폐기물

사업장 폐기물 외의 우리 생활 주변에서 발생한 폐기물

[3] 자동차 정비 작업장의 폐기물 관리

(1) 폐기물 보관

① 철저한 분리수거

② 발생일로부터 45일 이내에 위탁처리

③ 사업장 폐기물 관리대장에 위탁처리 내역을 기록

(2) 처리 결과 보고

① 지정 폐기물을 공동으로 수집 운반하는 경우 그 대표자가 환경부장관에게 보고한다.

② 폐기물 처리 계획서, 폐기물 분석 전문 기관의 폐기물 분석 결과서, 수탁처리자의 수탁 확인서 등을 제출

(3) 폐기물 관리

① 폐시너 관리 : 뚜껑이 달린 통을 이용하여 분리수거하고 보관

② 폐도료 관리 : 사용 후 남은 도료는 뚜껑을 닫아 보관하고 사용이 가능한 시간이 지나면 폐기 처분

[4] 폐기물 처리

(1) 일반 정비 작업장 폐기물 처리

① 폐윤활유 : 드럼통이나 대형 용기에 밀폐 보관하였다가 재활용 업체에 위탁처리

② 폐유기 용제(부동액) : 밀폐된 용기에 보관하여 수거 위탁 업체에 위탁처리

③ 폐오일 필터 : 잔여 오일을 완전히 제거 후 마대에 포장 위탁처리

④ 폐걸레 및 장갑 : 마대에 넣어 입구를 묶어 보관하였다가 위탁처리

⑤ 폐오일통 : 마대 또는 별도 용기에 포장하거나 끈으로 엮어서 위탁처리

⑥ 폐유 슬러지 : 물기를 완전히 제거 후 마대에 포장하여 위탁처리

⑦ 폐배터리 : 폐배터리는 배출량이 소량이라 하여도 지정 폐기물 수집 운반 업자를 통해 적법하게 위탁처리하고, 폐기물 관리대장에 처리량을 기록

(2) 도장 작업장 폐기물 처리

① 폐페인트(액상) : 밀폐된 용기에 보관하여 폐유기 용제 방법과 동일하게 처리

② 폐페인트(고상) : 스프레이 부스의 폐필터를 분진이 날리지 않도록 반드시 마대 또는 밀폐 포장하여 위탁처리

③ 폐페인트(고상) : 도장 작업 시 발생하는 페인트 묻은 신문지, 비닐, 장갑 등은 지정 폐기물로 위탁처리

3.9 안전보호구

안전보호구는 종업원이 신체 전부 또는 일부에 직접 착용하여 각종 물리적 · 화학적 위험요인 및 감염병으로부터 신체를 보호하기 위한 보호구류를 말한다.

[1] 보호구 구비조건

① 사용 목적에 적합해야 한다.

② 착용이 간편해야 한다.

③ 작업에 방해되지 않아야 한다.

④ 품질이 우수해야 한다.

⑤ 구조, 끝마무리가 양호해야 한다.

⑥ 겉모양, 보기가 좋아야 한다.

⑦ 유해, 위험에 대한 방호가 완전할 것.

⑧ 금속성 재료는 내식성일 것.

[2] 안전보호구의 선택 시 유의사항

① 절연성 : 작업선로의 사용 전압에 견딜 수 있는 충분한 절연내력을 갖추어야 한다.

② 강인성 : 작업 시 보호구에 흠, 균열, 파손이 생기지 않는 강인성을 갖추어야 한다.

③ 유연성 : 작업자가 착용 후 작업 시 불편함을 느끼지 않도록 충분한 유연성을 갖추어야 한다.

④ 내구성 : 오랫동안 사용하여도 위의 성질이 변질되지 않는 내구성을 갖추어야 한다.

⑤ 보호구는 사용목적에 적합하여야 한다.

⑥ 무게가 가볍고 크기가 사용자에게 알맞아야 한다.

[3] 보호구 점검과 관리

보호구는 필요할 때 언제든지 사용할 수 있는 상태로 손질해 놓아야 하며, 그러기 위해서는 다음과 같은 점에 주의해서 정기적으로 점검 · 관리한다.

① 적어도 한 달에 한 번 이상 책임 있는 감독자가 점검을 할 것.

② 광선을 피하고, 청결하고, 습기가 없으며, 통풍이 잘 되는 장소에 보관할 것.

③ 부식성 액체, 유기용제, 기름, 화장품, 산 등과 혼합하여 보관하지 말 것.

④ 보호구는 항상 깨끗하게 보관하고 땀 등으로 오염된 경우에는 세척하고 건조시킨 후 보관할 것.

⑤ 발열성 물질을 보관하는 주변에 가까이 두지 말 것

[4] 안전보호구 종류

① 안전모 : 물체가 떨어지거나 날아올 위험 또는 근로자가 추락할 위험이 있는 작업에 착용하는 보호구.

② 안전대(안전그네) : 높이 또는 깊이 2미터 이상의 추락할 위험이 있는 장소에서 하는 작업에 사용하는 보호구.

③ 안전화 : 물체의 낙하 · 충격, 물체에의 끼임, 감전 또는 정전기의 대전에 의한 위험이 있는 작업에 착용하는 보호구.

④ 보안경 : 이물질을 차단하고 유해광선에 의한 시력장해를 방지하기 위해 눈에 착용하는 보호구.

⑤ 보안면 : 용접 시 불꽃이나 물체가 흩날릴 위험이 있는 작업, 화학약품 등으로부터 보호하기 위해 착용하는 보호구.

⑥ 전연용 보호구 : 감전의 위험이 있는 작업에 착용하는 보호구.

⑦ 방열복 : 고열에 의한 화상 등의 위험이 있는 작업에 착용하는 보호구.

⑧ 방진마스크 : 분진이 심하게 발생하는 작업에 착용하는 보호구.

⑨ 방한도구 : 섭씨 영하 18도 이하인 급냉동 어창에서 하는 작업에 착용하는 보호구.

⑩ 보호복 : 고열, 방사선, 중금속, 유해물질로부터 보호하기 위해 몸에 착용하는 보호구.

⑪ 안전장갑 : 물리적, 화학적 충격으로부터 손을 보호하기 위해 착용하는 보호구.

[5] 안전보호구 사용법

(1) 방진마스크 착용

① 헤드밴드를 밑으로 늘어뜨리고 코 밀착 부분이 앞으로 오도록 가볍게 잡아준다.

② 마스크를 코와 턱을 감싸도록 안면에 맞춘다.

③ 왼손으로 마스크를 잡고 먼저 위 헤드밴드를 뒷머리 상단에 고정한다.

④ 아래 헤드밴드를 당겨 뒷목에 고정한다.

⑤ 노즈클립이 코와 밀착되도록 양손의 손가락으로 클립 부분을 눌러준다.

⑥ 양손으로 마스크 전체를 감싸고 숨을 깊이 내쉬며 공기의 누설 여부를 확인한다.

(2) 단구형 방독 호흡보호구 사용법

① 머리끈의 플라스틱 부분을 정수리 뒷부분에 걸어준다.

② 아래쪽 머리끈 양 끝을 손으로 잡고 살며시 잡아당기면서 면체가 코, 입, 턱 밑까지 충분히 감싸도록 위치시킨다.

③ 면체가 얼굴에 안정되도록 위치시킨 상태에서 잡아당긴 양 끈고리를 양손으로 목 뒤에서 걸어준다. 끈의 양쪽 끝부분을 당겨서 면제가 얼굴에 완전히 밀착되도록 조절한다.

④ 위 끈과 아래 끈이 고르게 조이고 있는지 확인하고 필요한 경우 끈을 다시 한번 조절한다.

⑤ 정화통이나 필터를 부착하는 흡입부를 손바닥으로 막은 다음 숨을 들이마셔 마스크와 안면 사이의 밀착성을 검사한다.

(3) 보호복

① 용도별 보호복 선택

㉠ 완전 밀폐된 보호복 선택 시 레벨 A 적색

㉡ 유해 성분과 농도를 알고 있을 시 레벨 B 녹색

㉢ 치명적이지 않은 오염 물질에 노출되었을 시 레벨 C 황색

㉣ 입자상의 유해 인자에 대한 방호, 자동차 보수도장에 레벨 D 흰색

② **자동차 보수도장 보호복 착용**

㉠ 자동차 보수용 도장 보호복은 레벨 D의 흰색 사용

㉡ 도료의 분진과 유기화합물 및 VOC 등 유해 인자로부터 피부를 보호하여 피부의 건조증, 갈라짐, 피부 자극 등을 방호해야 한다.

㉢ 보호복 착용은 도료가 엎질러져 피부에 직접 노출되는 등의 사고로부터 피부를 보호할 수 있어야 한다.

(4) 보안경 착용

① 산업용보안경, 차광보안경, 용접보안경 및 스포츠보안경으로 구분한다.

② 유해 요인을 파악하고 고열, 화학물질, 비산먼지 등 목적에 맞는 보안경을 선택한다.

③ 다양한 얼굴 모양에 맞게 조절이 가능한 것을 선택한다.

④ 렌즈의 선택은 김서림 방지(Anti-Fog) 기능과 긁힘 방지(Anti-Scratch) 기능, 충격방지(Hard Coating) 기능, UV 차단 기능, 내화학성 및 정전기 방지 기능을 가지고 있는지 작업 조건에 맞게 선택하여야 한다.

⑤ 코 받침이 부드럽고 조절이 가능한 것을 선택한다.

⑥ 시야가 넓고 렌즈 각도 조절이 가능한 것을 선택한다.

⑦ 작업 조건에 따라 렌즈의 색깔을 알맞게 선택하도록 한다.

(5) 고무장갑 착용

용제성, 방유 제품의 장갑으로 페인트를 혼합하거나 스프레이, 페인트 박리제(Remover) 등 유기 용제를 사용할 때에는 반드시 사용해야 하며, 신축성과 밀착성이 좋은 1회용 장갑을 선택한다.

(6) 안전화 착용

안전화는 인체공학적 설계를 통하여 안전 확보는 물론 편안하고 안정적인 착화감으로 작업자가 장시간 사용하여도 피로를 감소시키며, 작업 효율을 극대화할 수 있는 제품이어야 한다.

색채 이론

04

CHAPTER 04

색채 이론

4.1 색의 기본원리

[1] 색의 일반지식

(1) 색(Color)

빛을 받은 물체가 어떤 파장의 빛을 흡수하고 물체의 표면에 파장이 다른 빛이 반사하는 정도에 따라 눈과 뇌에서 느끼는 합성된 감각으로 그 파장에 따라 서로 다른 느낌을 얻게 되는데, 그 신호를 인식하게 되는 것을 색이라고 하며, 색깔, 색채, 빛깔 등으로도 불린다.

그림 4-1 각종 색

(2) 빛(Light)

파장이 4,000~7,000A°(옹스트롬)의 가시광선(사람이 볼 수 있는 광선, 380~780nm)을 나타내며, 시신경을 자극하여 사물을 알아볼 수 있게 한다. 넓은 의미로의 빛은 적외선(빨간색보다 긴 광선, 780~400nm)과 자외선(보라색보다 짧은 광선, 400~10nm) 및 X선, 감마선까지 포함하여 지칭하기도 한다.

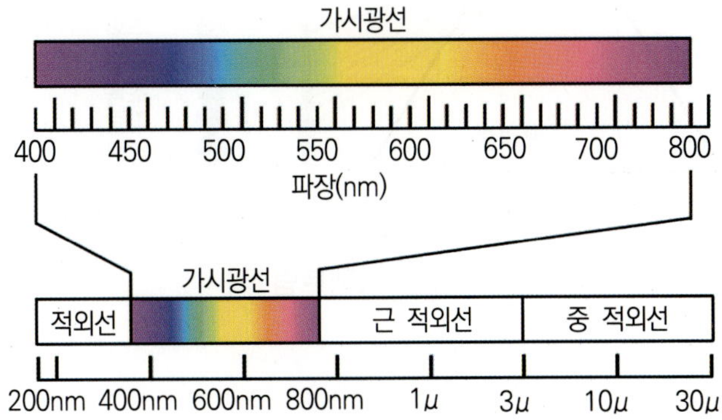

그림 4-2 빛의 파장

사물을 인식하는 것에는 2가지 경우가 있는데, 태양이나 전등 같은 광원에서 나오는 빛을 직접 보는 것과 광원에서 나온 빛이 어떤 물체에서 반사되는 것을 보는 것이다. 매질을 통과하면서 흡수, 반사, 굴절 과정을 거치며 광원과 매질에 대한 정보를 전달하기도 한다.

(3) 가시 스펙트럼(Visible Spectrum)

스펙트럼은 1660년 뉴턴(Newton)이 발견한 것으로, 빛은 전자기 복사의 한 형태로 파동과 입자의 성질을 모두 갖고 있으며, 다양한 진동수의 파동 형태로 복사되는 미세한 에너지 다발로 생각할 수 있다.

빛은 특정한 값의 진동수, 파장 및 이들과 연관 있는 에너지를 갖는다. 빛의 에너지는 빛의 속도로 움직이는 작은 입자가 가진 에너지로 볼 수 있으며, 빛은 파장에 따라 굴절하는 각도가 다르다는 성질을 이용하여 프리즘에 의한 순수한 가시 스펙트럼 색을 얻는다. 빛의 가시 스펙트럼은 400nm의 파장을 가진 보라에서부터 700nm의 파장을 지닌 빨강에 걸쳐 있다. 보라보다 짧은 파장의 빛은 자외선, 빨강보다 긴 파장의 빛은 적외선이라 하며, 사람의 눈으로는 볼 수 없다.

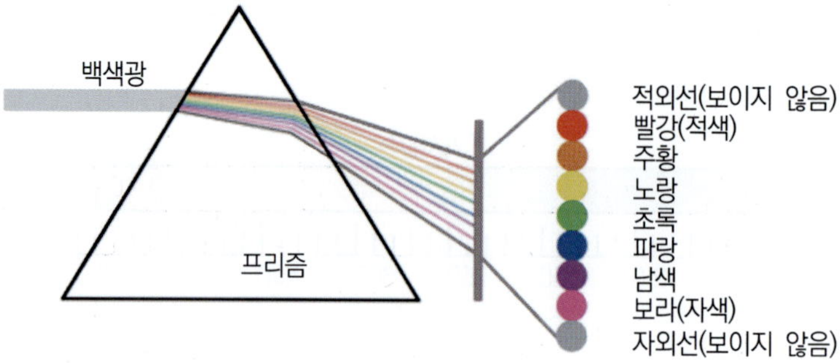

그림 4-3 **스펙트럼 색**

[2] 물체의 색(색체)

모든 사물은 빛의 자극에 의하여 각자의 고유한 색을 가지고 있는 것처럼 보이게 된다. 물체가 각자의 색을 가지고 있는 것으로 보이는 것을 물체색이라 하는데, 빛의 반사, 투과 흡수, 굴절, 편광 등에 의해서 나타난다. 빛을 모두 반사하면 백색으로 보이고, 모두 흡수하면 검정색으로 보인다.

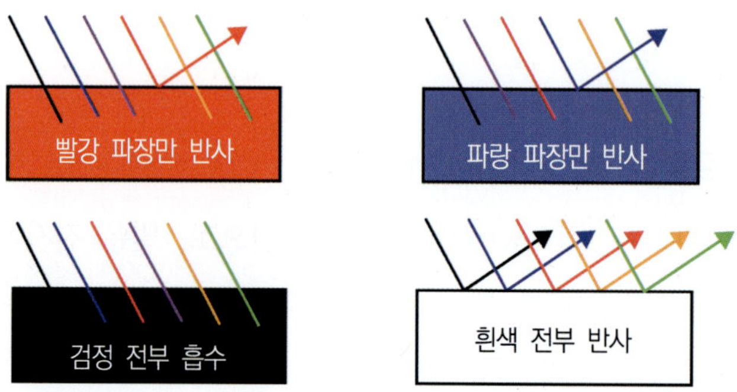

그림 4-4 **물체의 색(빛의 흡수와 반사에 의한 색)**

물체의 색에는 표면색, 투과색, 광원색, 금속색, 공간색, 경영색 등이 있다.

① 표면색 : 물체 표면으로부터 반사되는 빛에 의한 색으로 불투명한 물체를 말한다.

② 투과색 : 유리처럼 빛을 투과시키는 물체를 통해 나오는 빛에 의해 느끼는 색.

③ 광원색 : 빛을 발하는 광원에 색 기운이 느껴지는 것으로 조명기구 등에서 발하는 색.

④ 금속색 : 특정한 파장의 강한 반사로 보이는 색으로 야간도로 표지판/생명선에서 나타나는 색.

⑤ 공간색 : 유리병처럼 투명한 3차원의 공간에 덩어리가 꽉 차 보이는 색.

⑥ 경영색 : 거울처럼 좌우가 바뀌어 보이는 색.

[3] 색의 지각과 인간의 반응

(1) 색의 지각

색의 지각은 가시광선에 의하여 사물의 색에 대한 정보를 받아들이는 것을 말하며, 색 지각은 우리 눈의 감각기관이 받아들이는 것을 말한다. 또한 색 지각은 우리 눈의 감각기관을 통하여 이루어진다. 색 지각 4대 조건은 빛의 밝기, 사물의 크기, 색의 대비, 색의 노출이 있다.

(2) 색의 지각에 따른 현상

① 항상성(항색성) : 주위 조명에 따라 색이 바뀌어도 본래의 색으로 유지하려는 특성.

② 색순응 : 조명이나 물체색을 오래 보면 선명해지고 밝기가 낮아지는 현상으로 색순응을 통해 어두운 곳에서 쉽게 적응한다.

③ 연색성 : 광원의 분광에 따라 다르게 지각되는 현상으로 빨간색일 경우, 열전구 아래에서는 밝게 보이고, 푸른색의 수은등 아래에서는 어둡게 보인다.

④ 명암순응 : 밝은 곳에서 어두운 곳 또는 반대 상황에서 처음에는 잘 보이지 않다가 점차 보이게 되는 현상.

⑤ 조건등색 : 두 가지 다른 색이 특정 광원에서는 하나의 색으로 보이는 것.

⑥ 프르킨예현상 : 어두운 곳에서는 파란 물체가 더 선명하게 보이는 현상.

⑦ 색음현상 : 광원이 비추는 물체의 그림자 부분에 광원의 보색이 혼합되어 보이는 현상.

(3) 색각 이상

① 색각 : 빛의 파장 차이에 의해서 색을 분별하는 감각을 말한다.

② 색맹

㉠ 전색맹 : 전색맹 또는 완전색맹은 인간이 색을 구별할 수 있는 능력이 없는 단색형 색각을 갖는 경우이다. 이것은 색맹의 일부로, 다른 색맹과 달리 색을 전혀 구별할 수 없다. 밝고 어두움을 구별하는 간상체의 기능만이 존재한다.

㉡ 부분색맹 : 특정한 색채만을 식별하지 못하는 색맹으로 적록 색맹이 많다.

③ 색약 : 색조(빛깔의 강하고 약함, 짙고 옅음 따위가 어울리는 정도)는 느낄 수 있지만, 그 감수 능력이 낮아서 색에 대한 감각이 저하되어 특정한 색을 인식하는 데 어려움을 느끼는 상태를 말한다.

[4] 색의 분류 및 색의 3속성

(1) 색의 분류

① 무채색 : 무채색은 채도가 없는 색을 말한다. 0~10까지 11단계이며, 흰색과 검은색까지 들어가는 회색 배열의 색을 무채색이라고 보면 된다. 무채색은 색의 3속성 중 명도만 가지고 있다.

② 유채색 : 무채색을 제외한 모든 색을 말하며, 유채색은 색의 3속성인 색상, 명도, 채도가 다 존재한다.

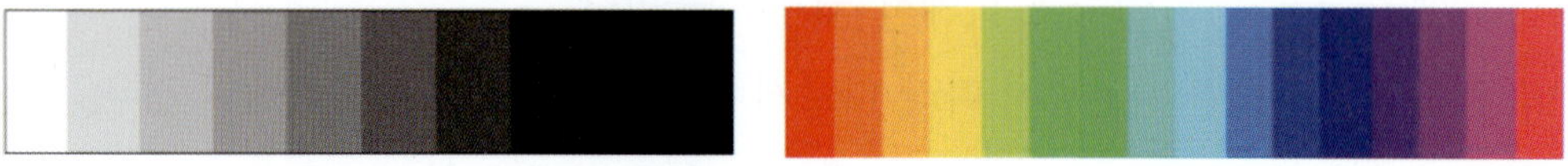

(a) 무채색　　(b) 유채색

그림 4-5 색의 분류

(2) 유채색에서의 색 부분

① 원색 : 더 이상 쪼갤 수 없는 기본색으로 다른 색의 혼합으로 만들어질 수 없는 1착색이다. 빛의 1차색은 빨강, 노랑, 파랑이고, 색의 1차색은 마젠타(보라빛이 도는 빨간색), 옐로우(노란색), 시안(청록색)이다.

② 순색 : 무채색이 섞이지 않은 순수한 색으로, 동일 색상 중에서 채도가 가장 높은 색으로 빨강, 노랑, 녹색, 파랑, 보라 등이다.

(3) 색의 3속성

색을 규정하는 3가지 지각 성질로 색상, 명도, 채도로 색을 느끼는데 중요한 역할을 한다. 지각 순서는 명도–색상–채도 순이다.

① 색상(Hue)

빛의 파장에 따라 다르게 구별되는 것으로 사물을 보았을 때 나타나는 빛깔이나 특징적인 색 자체의 명칭으로 명도와 채도에 관계없이 각 색에 붙인 명칭 또는 기호를 그 색의 색상이라고 하며, 먼셀의 20색상환을 표준으로 사용한다.

② 명도(Value)

색의 밝고 어두운 정도를 나타내는 것으로 명암 단계를 그레이 스케일이라 한다. 색을 모두 흡수하면 완전한 검정으로 N0로 하고, 모든 빛을 반사하면 순수한 백색으로 N10으로 표시한다. 그리고 그 사이를 정수로 표시한다. 명도는 백색에서 검정색까지 11단계로 구분한다.

③ 채도(Chroma)

색 파장의 순수한 정도를 나타내는 것으로 색의 맑고 탁함, 강약, 선명도, 포화도, 순도라고 한다. 빨강과 같은 순색일수록 채도가 높고, 혼합할수록 낮아진다.

참고 **채도에 따른 분류**

① 순색 : 각 색상 중에서 채도가 가장 높은 색(무채색이 전혀 섞이지 않은 색)
② 청색 : 순색에 하얀색이나 검정색을 혼합한 색
  ㉠ 명청색 : 순색+하얀색(명도는 높아지고 채도는 낮아짐)
  ㉡ 암청색 : 순색+검정색(명도·채도가 모두 낮아진다.)
③ 탁색 : 순색+회색을 섞을 때 나오는 색을 말한다.
  ㉠ 명탁색 : 청색+밝은 회색(채도가 낮아진다.)
  ㉡ 암탁색 : 청색+검은 회색(채도가 낮아진다.)

(4) 표준 색상환

색상환이란 색채를 구별하기 위해 비슷한 색상들을 규칙적으로 배열해 놓은 것으로, 같은 계열 색들을 둥글게 배열하여 색상환이라 하며, 색환이라고도 한다.

① 보색(Complementary)

㉠ 색상환에서 가장 먼 거리에 있는 색상이며 정 반대쪽에 위치한 색상.

㉡ 보색 관계에 있는 두 색은 색상의 차이가 가장 많이 난다.

㉢ 빨강과 청록, 노랑과 남색, 연두와 보라 등이 보색 관계이다.

㉣ 보색은 대조적인 따뜻한 색(Warm Color)과 차가운 색(Cool Color)이 대비되는 효과로 디자인 시 강렬하고 극명한 인상을 줄 수 있다.

㉤ 색상환에서 마주보는 보색을 혼합하면 검정에 가까운 무채색이 된다.

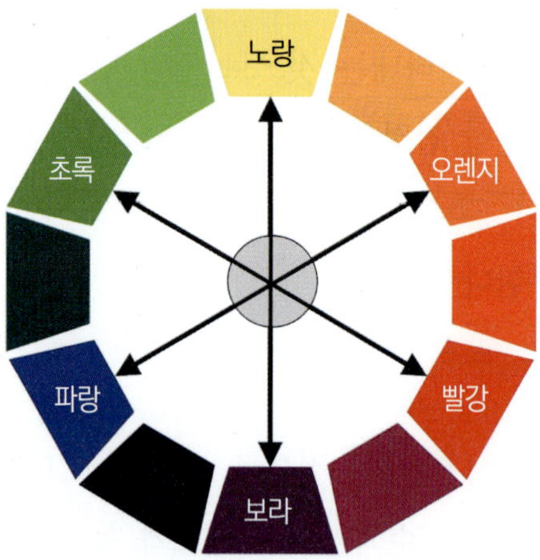

그림 4-6 **보색표**

② 분할 보색(Split Complementary)

㉠ 분할 보색은 색상환에서 선택한 컬러의 맞은편 해당 보색의 양옆에 위치한 두 색을 선택하여 총 세 개의 컬러로 구성하는 배색 방식이다.

㉡ 보색의 장점인 강조성을 살리고, 보색을 잘못 사용하면 촌스러울 수 있는 대비 효과의 위험성을 줄일 수 있는 배색 방법이다.

③ 삼색(Triadic)

㉠ 삼색(Triadic)은 색상환에서 정삼각형의 위치에 배열된 세 가지 색으로 배색하는 방법이다.

㉡ 즉, 같은 120도 간격으로 위치한 세 개의 색을 조합하는 것이다. 삼색 역시 보색과 같이 강조와 역동성을 줄 수 있는 배색이다.

④ 유사색(Analogous)

㉠ 유사색(Analogous)은 색상환에서 서로 인접한 3개의 색으로 구성된 배색이다.

㉡ 대비(Contrast)는 약하지만 차분한(Calm) 느낌을 준다.

㉢ 조화로우면서 안정적이며 친근한 느낌의 효과를 디자인할 수 있다.

㉣ 이 배색은 우리가 자연(Nature)에서 자주 접하는 배색이기도 하다.

㉤ 유사색은 안정적으로 컬러를 배색할 수 있어 단색과 함께 비전공자와 초보자가 실패할 확률이 적은 배색 방법이다.

㉥ 중요한 것은 3개 이하의 색을 사용해야 안전하게 적용할 수 있다는 것이다. 더욱 안전한 방법은 따뜻한 색(Warm Color)과 차가운 색(Cool Color)의 각 계열에 해당하는 색으로만 구성해주는 것이다.

그림 4-7 유사색

⑤ 단색(Monochromatic)

㉠ 단색은 한 가지 색에서 밝고 어두운 정도(명도)와 탁하고 맑은 선명한 정도(채도)를 조절하여 배색하는 방법이다.

㉡ 단색은 깨끗하고(Clean) 심플한(Simple) 느낌을 주며, 통일성(Unity)을 부여

하는 배색이다.

㉢ 단색 역시 유사색과 비슷하게 안정적인 감성을 더욱더 부드럽고 무난하게 표현할 수 있다.

4.2 색의 혼합

[1] 색채혼합의 원리

(1) 색혼합

대부분의 물체들은 어떤 색들이 모여서 하나의 색으로 보이는 경우가 많다. 두 개 이상의 색광이나 색필터 또는 색료(물감, 잉크, 안료, 염료, 페인트) 등을 서로 혼합하여 다른 색감각을 일으키는 것을 혼색 또는 색혼합이라고 한다.

가장 기본적인 혼색은 원색끼리 섞는 것이며, 섞음으로써 색수는 무한하게 된다. 원색은 더 이상 분해할 수 없는 색이며, 혼색에 의해 만들 수 없는 색이다. 혼색에서 원색은 색료에 의한 것과 색광에 의한 것이 크게 다르다.

(2) 삼원색(Three Primary Colors)

원색은 모든 색의 근원이 되는 색이다. 원색 이외의 색을 아무리 합성해도 이 원색을 만들 수 없다. 서로 독립된 삼원색의 빛을 적당한 비율로 배합하면 어떠한 색도 만들 수 있다. 적색(Red) · 녹색(Green) · 청색(Blue)을 색광의 삼원색이라 하고, 이것을 혼합하는 것을 가산혼합이라고 한다. 또 모든 색에 대해서 서로 보색 관계에 있는 자주(Magenta), 노랑(Yellow), 청록색(Cyan)을 색료의 3원색이라 하고, 이것들을 섞는 것을 감산혼합이라고 한다.

[2] 가산혼합과 감산혼합 및 중간혼합

(1) 가산혼합(Additive Color Mixing)

빛은 섞을수록 밝아진다. 색상 조명이 혼합된 경우 그 합은 항상 혼합되기 전 색상들보다 밝다. 이것을 가산혼합이라고 한다. 가산혼합에서 발생하는 현상은 가시광선의 세 가지 기본색인 빨강(Red), 초록(Green), 파랑(Blue)의 혼합을 살펴보면 보다 쉬운 이해가 가능하다. 이 세 가지 색상은 빛의 기본색(RGB)으로 알려져 있다. 그리고 이 세 가지 기본색이 혼합되면 백색광이 된다.

노랑(Yellow), 자주(Magenta), 청록색(Cyan)은 2차색으로 분류되며, 이는 각각 두 가지 기본 색상의 혼합으로 구성된다. 이러한 2차색은 그 자신을 포함하지 않는 다른 기본 색상과 혼합하면 백색광이 된다. 그리고 우리는 이것을 보색(Complementary Colors)이라 한다. 노랑빛은 보색인 파랑빛과 섞이면 백색의 빛이 된다. 자주빛은 보색인 녹색의 빛과 청색의 빛은 보색인 빨강의 빛과 섞이면 백색광이 만들어진다.

(2) 감산혼합(Subtractive Color Mixing)

페인트와 같은 물감을 혼합하는 경우에는 항상 원래의 색보다 어두운 물감이 만들어진다. 이러한 형태의 색혼합을 감산혼합이라 한다. 두세 가지의 원색 페인트를 혼합하면 검은색이 만들어진다.

가산혼합과는 반대로 보색의 감산혼합은 다시 원색을 만들어낸다. 노랑과 자주의 혼합은 빨강이 된다. 노랑과 청록은 초록을 만들며, 자주와 청색은 파랑이 된다. 청색, 자주, 노랑이 모두 함께 섞이면 검은색이 된다.

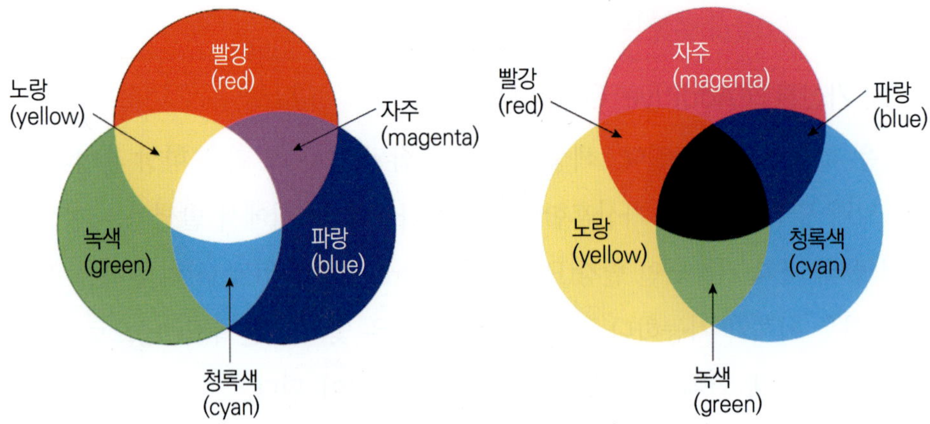

(a) 빛의 삼원색(가산혼합)　　(b) 색의 삼원색(감산혼합)

그림 4-8 가산혼합과 감산혼합

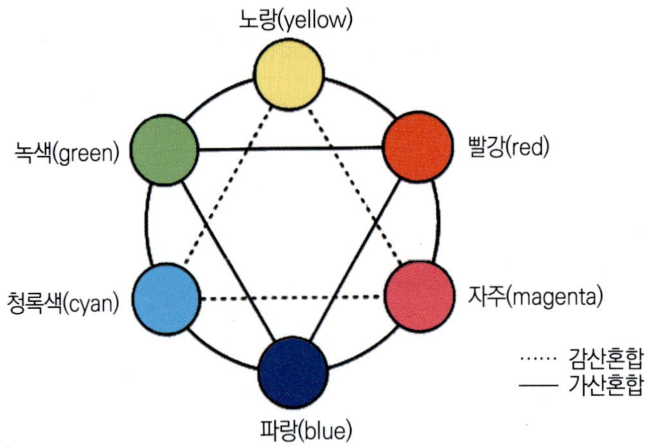

그림 4-9 가산혼합과 감산혼합의 관계

(3) 중간혼합(Intermediate Color Mixture)

평균혼합이라고도 하며 병치혼합과 회전혼합 두 가지가 있다.

① 병치혼합(Juxtapositional Mixture)

실제로 색을 섞는 것이 아니라 서로 조밀하게 가깝게 놓아서 혼색되어 보이게 하는 혼합 방법을 말한다. 이것은 색 면적과 거리에 비례되는 눈의 망막 위에서 혼합되는 생리적 현상이라고 할 수 있다. 서로 색이 다른 종, 횡 실로 짠 직물의 색 등은 병치

혼색의 대표적인 것으로, 혼색된 결과는 대부분 중간색의 명도로 되며 보색의 관계는 회색이 된다.

그림 4-10 병치혼합

② **회전혼합**(Rotation Mixture)

두 개 이상의 색 표를 회전판에 적당한 비례의 넓이로 붙여서 1분에 2,000~3,000번의 속도로 회전하면 원색판이 혼색되어 보이게 하는 혼합 방법을 말한다. 맥스웰 원판이라고도 하며 이렇게 생긴 혼색을 회전원판 혼색이라고 한다. 유채색과 무채색의 혼합은 평균 채도로 보이지만, 유채색과 유채색, 그중에서도 보색이나 반대색은 무채색으로 보인다.

㉠ 명도 : 두 색 중 명도가 높은 색 방향으로 기울어 보인다.

㉡ 채도 : 두 색 중 명도는 같고, 채도만 다를 경우 채도가 높은 색 방향으로 더 기울어 보인다.

㉢ 종류 : 색팽이, 바람개비

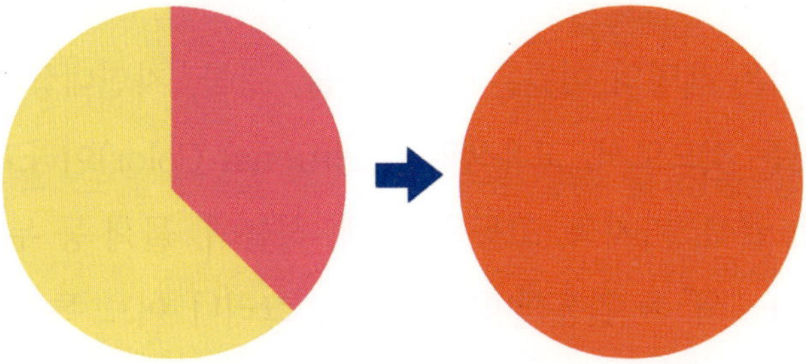

그림 4-11 회전혼합

4.3 색의 표시

일반적으로 색을 표시하는 체계를 표색계(表色系)라고 하며, 표색계에는 심리 물리색을 표시하는 혼색계(Color Mixture System)와 지각색을 표시하는 현색계(Color Appearance System)가 있다. 혼색계란 모든 색을 적절하게 선정된 세 가지의 색을 가법혼색시켜서 등색(等色)시킬 수 있다. 이러한 원리를 이용하여 시료(Sample)에 일치하는 색을 구성하는 3자극값(Tri Stimulus Values)의 양을 측정하면 색 감각이 수량적으로 나타낸다고 하는 원리에 기초를 둔 색 표시 체계이다.

현색계란 색표(Color Book) 같은 것으로 표준을 정하여 여기에 적당한 번호나 기호를 붙여놓고 물체색 시료와 색표를 비교하여 물체의 색채를 표시하는 체계이다. 표준색표의 번호나 기호는 일반적으로 색의 3속성(색상, 명도, 채도)에 따라 표시한 것이다.

[1] 색명에 의한 색의 표시방법(색명법, Color Naming System)

색이름(Name of Non-Luminous Object Colours)에 의하여 색을 표시하는 방법으로서, 색명은 우리들의 색감(色感)과 직결되어 있기 때문에 숫자나 기호보다 색감을 잘 표현하며, 부르기 쉽고, 기억하고, 상상하기 쉬워서 예전부터 가장 일반적인 전달 방법으로 사용되었다. 그러나 표색계에 비하여 다소 감성적이며 부정확성이 있으나 언어를 통한 의사전달로서 가장 빠르고 편리한 방법 중의 하나이다.

(1) 관용색명

관습상 사용되어온 색명의 어원은 동물, 식물, 광물, 자연대상과 지명, 인명 등의 이름을 따서 만든 것으로서, 고유색명(Traditional Color)이라고도 한다. 예를 들면, 살색, 쥐색, 귤색, 가지색, 고동색, 은색, 하늘색, 물색 등 누구나 생각해 낼 수 있는 보통명사 + “색” = 관용색명인 것이다. 그러나 어느 특정한 색을 여러 가지 말로 표현하는 것은 혼동하기 쉬우며, 시대사조나 유행에 따라 좌우되기도 하며, 색채 전달이 불안정하다. 관용색명은 KSA 0011에는 153색이나 세계적으로는 3,000여 개가 알려져 있다.

(2) 계통색명

색채를 색의 삼속성에 따라 분류하고 색상, 명도, 채도의 정도에 따라 적절한 언어로 표현한 호칭으로서 일반색명이라고도 한다. 1939년에 져드와 켈리에 의하여 고안되어 NBS(미국가표준국, National Bureau of Standards)가 발전시켰고, ISCC(전미색채협의회, Inter-Society Color Council)와 공동으로 제작한 ISCC-NBS 색 이름이 오늘날 계통색 이름의 기준이 되고 있다. 예를 들면, 해맑은 노랑 띤 녹색으로 표현하는데, 수식어 + 기본색명 = 계통색명인 것이다.

1964년에 제정된 KSA 0011(물체색의 색 이름)에서는 유채색은 빨강(적, R), 주황(O), 노랑(황, Y), 연두(L), 녹색(G), 청록(C), 파랑(청, B), 남색(V), 보라(자, P), 자주(적자, M)색을 기본색명으로 하고, 무채색은 흰색, 회색, 검정색으로 나타냈다. 색상에 관한 수식어는 빨강띤(reddish, r), 노랑띤(yellowish, y), 녹색띤(greenish, g), 파랑띤(bluish, b) 보라색(purplish, p)이라 하고, 명도 및 채도, 즉 색조(tone)에 관한 수식어는 밝은, 어두운, 연한, 칙칙한, 해맑은 등을 사용한다.

[2] 삼속성에 의한 색의 표시방법(현색계, Color Appearance System)

(1) 먼셀 표색계(Munsell Renotation System)

물체의 색지각을 색의 3속성에 따라 색상을 휴(Hue), 명도를 밸류(Value), 채도를 크로마(Chroma)라고 규정하여 3차원적인 색 입체를 구성하고 있다.

① 먼셀 색체계 속성

㉠ 먼셀의 색상(Hue)

㉮ 먼셀은 빨강, 노랑, 녹색, 파랑, 보라를 주 5색으로 규정하고 있다.

㉯ 주 5색에 간색을 추가하여 주 10색을 만든다.

㉰ 대표 숫자 “5”는 언제나 기본 색상에 붙는다.

㉱ 색을 이어지도록 둥글게 구성한 것을 색상환이라고 한다.

㉲ 우리나라에서는 20색상환을 표준으로 사용하고 있다.

ⓒ 먼셀의 명도(Value)

㉮ 먼셀은 색의 밝고 어두움을 나타내는 명도를 11단계로 구분하고 있다.

㉯ 완전한 흰색과 검정은 존재하지 않으므로 흰색과 검은색을 추가하여 사용하고 있다.

㉰ 실질적으로 검정은 가장 어두운 회색으로 "1"이 되며, 흰색의 명도 단계는 9.5가 된다.

ⓒ 먼셀의 채도(Chroma)

㉮ 먼셀은 무채색을 채도가 없는 "0"으로 보고 채도가 가장 높은 색을 14로 규정하고 있다.

㉯ 보통 0/, 1/, 2/, · · ·, /14와 같이 보통 2단계씩 나누어 표기한다.

② 먼셀의 색입체, 색상환

㉠ 색입체

색채 나무라고도 하며 색의 3속성인 색상(Hue), 명도(Value), 채도(Chroma)를 쉽고, 정확하게 알아볼 수 있도록 3차원적으로 구성한 것을 말한다.

㉮ 먼셀의 색입체는 각 색들의 3속성이 다르게 나타나므로 불규칙 타원 모양을 하고 있다.

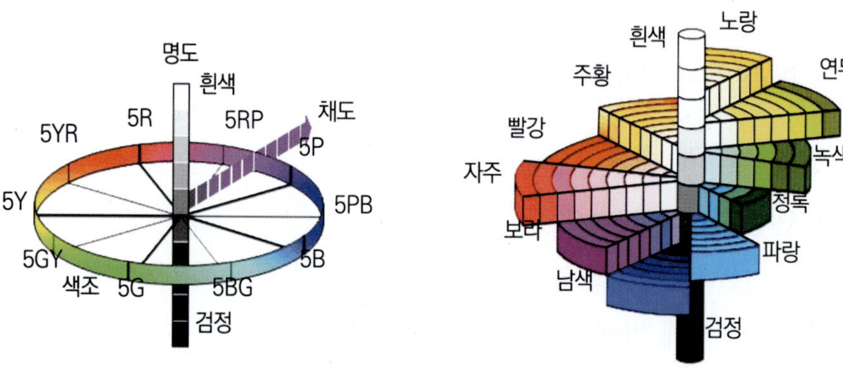

그림 4-12 **먼셀 색입체**

㉯ 색상 : 색입체의 바깥 부분에 각각의 색상이 둥글게 위치하고 있다.

㉰ 명도 : 색입체의 중심을 이루고 있다. 명도 11단계를 나타내며, 위쪽은 명도 10단계의 흰색, 아래쪽은 명도 0단계의 검은색이 위치하고 있다.

㉱ 채도 : 색입체에서 수평으로 위치한다. 중심축을 채도 0으로 하고, 바깥쪽의 순색으로 나올수록 채도가 높아진다.

㉲ 색입체를 수평으로 절단하면 같은 명도면(등명도면)이 나타난다.

㉳ 색입체를 수직으로 절단하면 같은 색상면(등색상면)이 나타난다.

㉡ 색상환

㉮ 색상이 유사한 것끼리 둥글게 배열하여 만든 것.

㉯ 가까운 색들을 유사색, 인접색이라고 하며, 거리가 먼 색을 반대색이라 한다.

㉰ 색상환에서 정반대의 색을 보색이라고 한다. 보색을 혼합하면 어두운 무채색이 된다.

③ 먼셀의 색 표기법

㉠ 기본 10색 : 빨강, 주황, 노랑, 연두, 녹색, 청록, 파랑, 남색, 보라, 자주

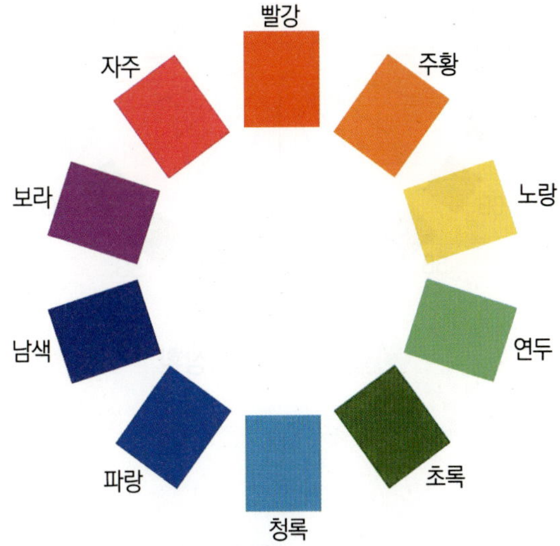

그림 4-13 10색상환

번호	색명	영문 이름	기호	먼셀 기호
1	빨강	Red	R	5R4/14
2	주황	Orange, Yellow Red	YR	5YR6/12
3	노랑	Yellow	Y	5Y9/14
4	연두	Green Yellow, Yellow Green	GY	5GY7/10
5	녹색	Green	G	5G5/8
6	청록	Blue Green, Cyan	BG	5BG5/6
7	파랑	Blue	B	5B4/8
8	남색	Purple Blue, Violet	PB	5PB3/12
9	보라	Purple	P	5P4/12
10	자주	Red Purple, Magenta	RP	5RP4/12

㉡ 기본 20색 : 기본 10색에 중간색 10색 포함

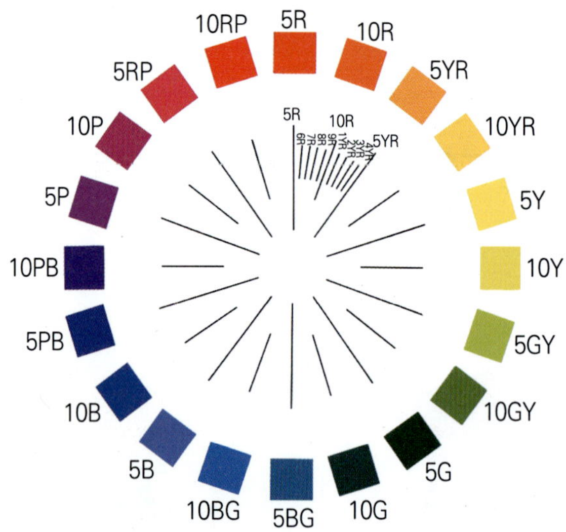

그림 4-14 20색상환

번호	색명	영문 이름	기호	온도감
1	빨강	Red	R	따뜻한색
2	다홍	Yellowish Red	yR	
3	주황	Orange, Yellow Red	YR	
4	귤색	Reddish Yellow	rY	
5	노랑	Yellow	Y	
6	노랑연두	Greenish Yellow	gY	중성색
7	연두	Green yellow, Yellow Green	GY	
8	풀색	Yellowish Green	yG	
9	녹색	Green	G	
10	초록	Pale Blue Green	bG	
11	청록	Blue Green, Cyan	BG	차가운색
12	바다색	Pale Green Blue	gB	
13	파랑	Blue	B	
14	감청	Pale Purple Blue	pB	
15	남색	Purple Blue, Violet	pB	
16	남보라	Pale Blue Purple	bP	
17	보라	Purple	P	
18	붉은보라	Pale Red Purple	rP	중성색
19	자주	Red Purple, Magenta	RP	
20	연지	Pale Purple Red	pR	

(2) NCS 표색계(NCS System)

1979년 스웨덴표준(SIS)으로 공인발간(1750색)되면서 세계인의 주목을 받기 시작한 NCS(Natural Color System)는 오스트발트와 헤링의 순수색채 감지 이론을 근거로 발전한 색표계이다. 이 시스템의 특징은 인간의 눈의 특성을 심리·물리적 원리에 대입하여 현실적으로 사용할 수 있는 현색계 시스템으로 만든 것이다.

구성은 먼저 6개의 기초 컬러, 즉 White W, Black S, Yellow Y, Red R, Blue B, Green G로 이루어져 있고, W(Wei 백색도), S(Schwortz 흑색도), C(Chomaticness 순색도)로 구성되어 있다. 먼저 W~S 사이는 무순색도의 밝기 배열이며 W(S)~C 사이는 순색의 포화도를 나타낸다. 색상환(Color Circle)은 Y, R,

B, G 구간에 10단위씩 나누어 총 40개로 구성되어 있다. 예를 들어, S2030-Y90R 이라면 흑색도(Blackness : Schwartz) 20%, 순색도 C(Chromaticness) 30%로서 인간이 느끼는 뉘앙스(Nuance)를 나타내고, 적색도(Redness) 90%인 황색색상(Hue)을 나타낸다. 맨앞의 S는 재판(Second Edition)을 뜻한다. 무채색은 0500-N, 1500-N, 2000-N으로 배열되어 9000-N은 흑색을 나타낸다.

NCS 시스템은 과학적이면서도 인간의 색채 감지를 중시하는 것으로서 색채 설계를 할 경우 통일성 및 정체성은 우수하게 표현되지만, 세부적인 변화나 작은 색감의 차이를 별도로 기획해야 하기 때문에 먼셀 시스템에 비하여 쉽게 해결되지 않는 면도 있다.

(3) 오스트발트 표색계

① 1923년 독일의 오스트발트가 발표한 색량에 따라 규정한 표색계로, 먼셀 표색계와 함께 대표적인 표색계이다.

② 검정량을 B, 흰색량을 W, 완전한 컬러의 순색량을 C라고 규정하고, 이 세 가지의 혼합 비율에 따른 색채를 규정하였다.

③ 혼합량의 합계는 무채색은 W + B = 100%가 되며, 유채색은 W + B + C = 100%가 되어 언제나 일정하게 된다.

④ 색상환은 헤링의 4원색 설인 노랑, 빨강, 파랑, 청록을 기본으로 하여 24색을 만든다.

⑤ 색입체는 삼각형의 회전체인 원뿔을 위아래로 겹쳐놓은 복원뿔의 형태를 띠고 있다.

4.4 색의 효과

[1] 색의 대비

색의 대비란 두 가지 이상의 색이 서로 영향을 주어 실제의 색과는 다르게 보여 그 색 차이가 강조되는 현상이다.

(1) 색상대비(Contrast of Hue)

일정한 색이 인접한 색의 영향을 받아서 색상이 달라져 보이는 현상으로, 색상이 서로 다른 색끼리 배색되었을 때 각 색상은 그 보색 방향으로 변한다.

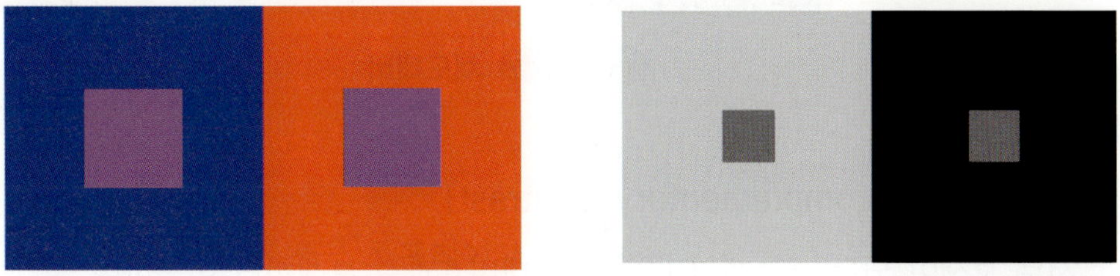

그림 4-15 색상대비

(2) 명도대비(Contrast of Value)

명도가 다른 두 색이 근접하여 서로 영향을 주는 것으로, 밝은 색은 더 밝게, 어두운 색은 더 어둡게 보이는 현상이다. 명도 차가 클수록 대비 현상이 더 강하게 일어나며, 무채색의 명도 대비뿐만 아니라 유채색의 명도들 사이에서도 대비 현상이 일어난다.

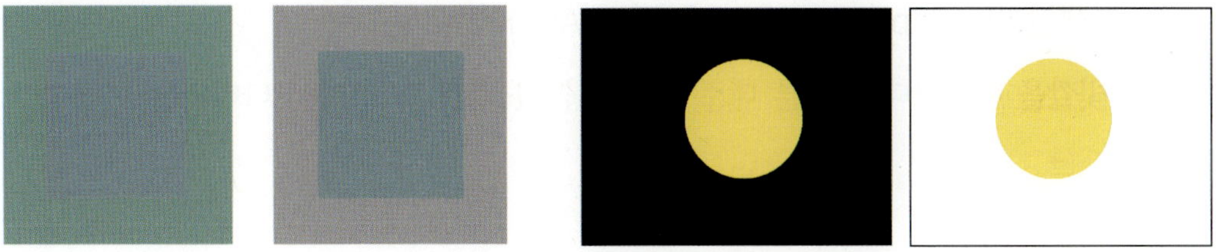

그림 4-16 명도대비

(3) 채도대비(Contrast of Chroma)

채도가 서로 다른 두 색이 배색되어 있으면 채도가 높은 색은 더욱 높게, 채도가 낮은 색은 더욱 낮게 보이는 현상이다. 즉, 채도가 높은 색 가운데에 채도가 낮은 색을 옆에 둘 때 채도가 더 낮은 것으로 보이며, 반대로 낮은 채도 가운데 있는 높은 채도의 색이 더욱 높게 보이는 현상을 말한다. 색상대비가 일어나지 않는 무채색에서는 채도대비가 일어나지 않는다.

그림 4-17 **채도대비**

(4) 보색대비(Complementary Contrast)

서로 보색이 되는 색들끼리 나타나는 대비효과로 보색끼리 이웃하여 놓았을 때 색상이 더 뚜렷해지면서 선명하게 보이는 현상이다.

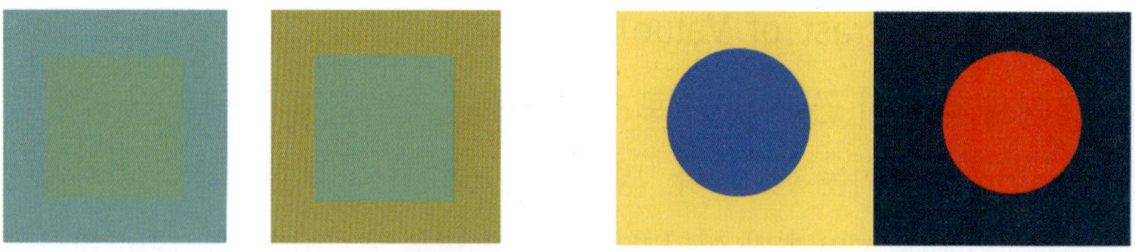

그림 4-18 **보색대비**

(5) 보색잔상(Complementary Colors After Image)

어떤 빛깔을 바라보다가 다른 데로 눈길을 돌렸을 때 그 보색이 나타나는 현상이다.

그림 4-19 보색잔상

(6) 계시대비(Successive of Contrast)

어떤 색을 보고 난 후 다른 색을 본 경우 먼저 본 색의 영향으로 다음에 본 색이 다르게 보이는 현상이다. 즉, 먼저 본 색과 나중에 본 색이 혼색으로 되어 시간적으로 계속해서 생기는 대비현상이다.

그림 4-20 계시대비

(7) 면적대비(Contrast of Area)

면적의 크고 작음에 따라 색채가 서로 다르게 보이는 현상으로, 면적이 커지면 명도 및 채도가 더욱 증대되어 보인다. 따라서 그 색은 실제보다 더욱 밝고 채도가 높아 보이게 되며, 반대로 면적이 작아지면 명도와 채도가 더욱 감소되어 보이는 대비이다. 순색의 면적대비는 큰 면적보다도 작은 면적 쪽이 더욱 효과적이며, 넓은 면적은 몹시 강한 자극을 주어 눈을 쉽게 피로하게 만들고, 좁은 면적의 색이 더 뚜렷하게 보인다. 좋은 대비효과를 목적으로 할 경우 넓은 면적은 채도가 더욱 낮은 색으로, 좁은 면적은 채도가 높은 색으로 하는 것이 좋다.

그림 4-21 **면적대비**

(8) **연변대비**(Area Along Contrast)

어떤 두 색이 맞붙어 있을 때 그 경계 언저리에서 색상, 명도, 채도대비의 현상이 더욱 강하게 일어나는 현상이다. 연변대비는 두 색 간의 거리를 멀리하거나 유채색인 경우에는 두 색 간의 무채색의 테두리를 두거나 또는 그 경계를 애매하게 만들 때 억제된다.

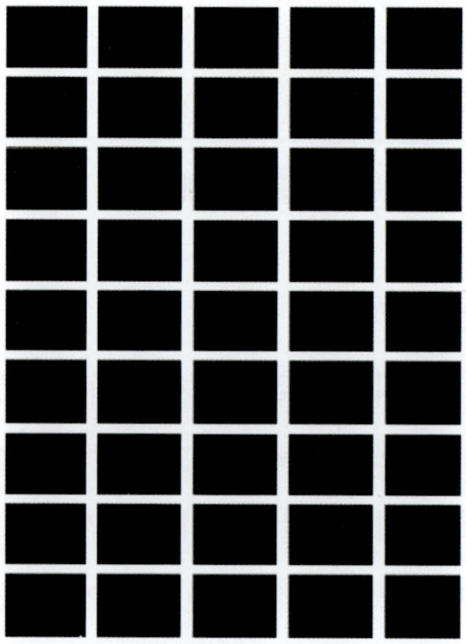

그림 4-22 **연변대비**

(9) **한난대비**(Contrast of Warm and Cool)

따뜻한 색은 더 따뜻하게, 차가운 색은 더 차갑게 보이게 하는 현상이다.

그림 4-23 **한난대비**

[2] 동화효과

대비와는 반대되는 효과로 면적이 작거나 무늬가 가늘 경우에 생기는 효과로서, 배경과 줄무늬의 색이 비슷할수록 그 효과가 커지게 된다. 이때는 배경과 줄무늬가 혼합되어 보이거나 색상, 명도, 채도가 본래의 색보다 다르게 지각된다. 줄무늬의 간격이 크거나 두꺼울 경우에는 동화현상은 사라지고, 대비현상이 일어나게 된다.

① 명도의 동화 : 배경색과 문양이 서로 혼합되어 주로 명도의 변화가 보이는 동화현상.

② 색상의 동화 : 배경색과 문양이 서로 혼합되어 주로 색상의 변화가 보이는 동화현상.

③ 채도의 동화 : 배경색과 문양이 서로 혼합되어 주로 채도의 변화가 보이는 동화현상.

그림 4-24 **동화효과**

[3] 진출과 후퇴, 팽창, 수축

(1) 진출과 후퇴

① 진출색

㉠ 가까이 있는 것처럼 앞으로 튀어나와 보이는 색을 말한다.

㉡ 대체로 유채색이 무채색보다 진출되어 보인다.

(2) 후퇴색

뒤로 물러나 보이거나 멀리 있어 보이는 색을 말한다.

그림 4-25 **진출과 후퇴**

(3) 팽창, 수축

① 팽창색

㉠ 색 중에서 실제보다 더 크게 보이는 색을 말한다.

㉡ 진출색과 비슷한 성향이므로 난색이나 고명도.

㉢ 고채도의 색은 실제보다 확산되어 보이게 된다.

② 수축색

㉠ 한색이나 저명도, 저채도의 색은 실제보다 축소되어 보인다.

㉡ 후퇴색과 비슷한 성향을 가지고 있다.

[4] 색채의 심리

(1) 색채의 정서적 반응

① 색채의 주관성 : 색채의 시각적 효과는 주관적 해석에 따라 결정.

② 기억색 : 무의식적 추론으로 결정된 대상의 표면색.

③ 색채 항상성 : 빛 자극 등의 물리적 특성이 변해도 물체의 색감이 동일하게 유지된 것으로 인식하는 것.

④ 착시 : 색의 대비나 동화 및 잔상 현상 등으로 인해 실제와 다르게 지각하는 것.

(2) 일반적 반응

색의 지각으로 인해 일어나는 일반적 반응.

① 온도감

색의 온도감은 색상이 주는 따뜻함과 차가움의 정도를 말한다. 이것은 주로 색상과 관계가 있으며, 따뜻한 느낌을 주는 색을 난색, 차가운 느낌을 주는 색을 한색, 따뜻하지도 차갑지도 않는 느낌을 주는 색을 중성색이라고 한다. 따라서 빨강 계열은 난색, 파랑 계열은 한색, 초록과 보라 계열은 중성색이다.

온도감은 색상에 의한 효과가 극히 강하지만, 난색이라 하더라도 저채도·저명도인 경우는 차가운 느낌이 강하여 저명도·저채도의 빨강도 차갑게 느껴진다. 그러나 무채색의 경우 명도가 높은 흰색은 차갑게 느껴지고, 명도가 낮은 검은색은 따뜻하게 느껴진다.

② 무게감

색에 의한 무게감은 색상이 주는 가벼움과 무거움의 정도를 말한다. 주로 명도와 관계가 있으며, 명도가 높은 밝은 색은 가벼운 느낌을, 명도가 낮은 어두운 색은 무거운 느낌을 준다. 배색에 있어서도 흔히 명도가 높은 색을 위쪽에, 명도가 낮은 색을 아래쪽에 놓으면 시각적으로나 심리적으로 안정감을 준다. 색상에 있어서도 밝은 색상인 노랑이나 연두는 더 가볍게 느껴지고, 어두운 색상인 파랑이나 빨강은 노랑이나 연두보다 무겁게 느껴진다.

③ 경연감

색의 경연감은 색채가 주는 딱딱하거나 부드러움의 정도를 말한다. 이것은 시각적 경험 등에 의한 것으로 색채를 통하여 딱딱하게 느껴지는 색과 부드럽게 느껴지는 색이 존재하게 된다. 경연감은 명도와 채도에 영향을 받아 명도가 높고 채도가 낮으면 부드러운 느낌을, 중명도 이하로 명도가 낮고 채도가 높으면 딱딱한 느낌을 준다. 따뜻한 색 계열은 부드럽게 느껴지고 평온하고 안정된 기분을 주며, 차가운 색 계열은 딱딱한 느낌을 주고 긴장감을 준다. 또 기본색에 흰색을 섞으면 분홍, 연두와 같이 부드러운 느낌을 주게 된다.

④ 흥분감

색은 사람의 호르몬과 혈압, 체온 등에 영향을 미쳐 감정을 흥분시키거나 진정시키는 효과가 있다. 즉, 색은 감정을 자극하거나 억누르는 힘을 갖고 있다. 그러나 색채에 대한 반응은 즉각적이고 일시적이어서 잠깐동안 감정이 고조되고 상승했다가 가라앉아 버린다. 보통 따뜻한 색 계열이면서 채도가 높은 색은 흥분을 유발하고, 차가운 색 계열이면서 채도가 낮은 색은 진정 효과를 준다.

⑤ 시간감

파버비렌(Faber Birren)에 의하면 장파장(난색) 계통의 색채 실내에서는 시간의 흐름이 길게 느껴지고, 단파장(한색) 계통의 색채 실내에서는 시간의 경과가 짧게 느껴진다고 한다. 이는 빨강 계열의 실내에서의 시간 경과는 실제의 시간 경과보다 길게 착각되고, 파랑 계열의 실내에서의 시간 경과는 실제의 시간 경과보다 짧게 착각되기 쉽다는 것이다.

⑥ 계절감

자연은 계절에 따라 색이 달라지며, 계절의 감정은 색채를 통해 느낄 수 있다. 골드스테인(Goldstein)은 스펙트럼을 이용해서 새싹 트는 봄을 파란 초록과 초록으로 나타내었고, 한창 진행 중인 여름을 초록, 연두, 노랑, 노란 주황으로 나타내었다. 또한 성숙된 가을을 주황, 빨간 주황, 빨강, 자주로 나타내었으며, 활동이 정지된

추운 겨울을 보라, 남색, 파랑으로 나타내었다.

명도와 채도에서 엷은 명색조는 봄과 초여름의 신선함을, 선명한 명색조는 늦여름의 성숙함을, 탁한 암색조는 가을과 겨울의 휴식을 나타낸다. 예술가들은 계절과 생명주기의 여러 단계를 묘사하는 데 색채들을 종종 사용하였으며, 특히 의복에도 이러한 색감각이 많이 사용된다.

⑦ 색과 맛

색채는 식욕을 돋우면서 맛과 긴밀한 관계를 갖는다.

단맛	Red, Pink
짠맛	Blue-Green, Grey, White
신맛	Yellow, Yellow-Green
쓴맛	Brown-Maroon, Olive Green

[5] 색의 연상과 의미

(1) 빨강색(Red) - 역동적이고 강렬함의 상징

① 긍정적 의미 : 정열, 힘, 에너지, 열정, 운동, 젊음, 행복, 기쁨, 일, 피, 사랑, 욕망, 애국심, 환희, 자유, 외향성, 적극성을 의미.

② 부정적 의미 : 죽음, 증오, 분노, 흥분, 공격적, 충동적, 고통, 혁명 등을 의미.

(2) 주황색(Orange) - 창조적 감각을 상징

① 긍정적 의미 : 친근함, 에너지, 따뜻함, 사교적, 온화함을 의미.

② 부정적 의미 : 악담, 변하기 쉬운, 허풍을 의미.

(3) 노랑색(Yellow) - 행복과 희망을 상징

① 긍정적 의미 : 희망, 상상, 빛, 밝음, 즐거움 생동감, 지성, 귀족, 개나리를 의미.

② 부정적 의미 : 배신, 변덕, 경박한, 인색한, 비겁함을 의미.

(4) 초록(Green) - 휴식과 평화를 상징

① 긍정적 의미 : 식물, 평화, 자연, 지구, 녹지, 대지, 건강, 행운, 조화, 안전, 생명력을 의미.

② 부정적 의미 : 질투, 죽음, 재앙, 기괴함을 의미.

(5) 파랑(Blue) - 믿음을 상징

① 긍정적 의미 : 신뢰감, 성공, 희망, 축제, 명상, 바다, 신선한, 순수, 진실, 쿨한, 청결을 의미.

② 부정적 의미 : 독선적, 우울한, 슬픔, 보수적을 의미.

(6) 갈색(Brown) - 중후함을 상징

① 긍정적 의미 : 흙, 대지, 당, 자연, 나무, 토지, 안정, 중후함, 고전미를 의미.

② 부정적 의미 : 가난, 인색한, 완고함, 무거움, 지루한, 엄숙한, 보수적, 늙은 의미.

(7) 회색(Gray) - 지적 미와 안정감을 상징

① 긍정적 의미 : 지성, 미래, 도시적, 지향적, 우아함, 겸손, 성숙, 회상을 의미.

② 부정적 의미 : 비애, 쇠퇴, 무관심, 이기심, 무기력, 애매함을 의미.

(8) 흰색(White) - 순결과 청결을 상징

① 긍정적 의미 : 선, 신, 천국, 천사, 영원성, 순수, 청결, 맑은, 완벽, 정확, 지혜를 의미.

② 부정적 의미 : 공포, 귀신, 유령, 불안, 죽음, 영적, 무관심을 의미.

(9) 검정(Black) - 힘과 고급스러움을 상징

① 긍정적 의미 : 힘, 단호함, 결단력, 왕위, 엄숙, 권위, 규율, 세련됨, 고급을 의미.

② 부정적 의미 : 죽음, 악, 지옥, 악마, 공포, 위협, 불안, 죄, 부정, 절망을 의미.

[6] 색채조화의 원리

(1) 색채의 조화

① 유사조화

서로 공통점이 있는 유사한 색상끼리 이루는 조화로서 공통점을 갖고 있기 때문에 쉽고 조화롭게 배색되며, 부드럽고 온화한 느낌이 있다.

㉠ 명도의 조화 : 같은 색상의 색에 단계적으로 명도에 변화를 주었을 때.

㉡ 색상의 조화 : 비슷한 명도의 색상끼리 배색하였을 때.

㉢ 주조색의 조화 : 여러 색 중에서 한 가지 색이 주조를 이룰 때.

② 대비조화

반대되는 느낌을 주거나 보색관계에 있는 색상들을 대비시켜 유사조화보단 어려운 배색방법이지만, 강력하고 현대적인 감각의 느낌이 있다.

㉠ 명도대비의 조화 : 같은 색상을 명도 차이를 주었을 때.

㉡ 색상대비의 조화 : 색상환에서 등간격 3색끼리 배색하였을 때.

㉢ 보색대비의 조화 : 색상환에서 가장 먼 거리에 있는 보색들끼리 배색하였을 때.

㉣ 근접보색대비의 조화 : 한 색과 그 보색이 근접색을 같이 배색하였을 때.

(2) 색채조화의 공통 원리

색채조화의 공통되는 원리로 질서・명료성・동류 유사・대비의 원리 등이 있다.

① 질서의 원리 : 색채의 조화는 의식할 수 있으며, 효과적인 반응을 일으키는 질서 있는 계획에 따라 선택된 색채들에서 생긴다.

② 명료성의 원리(비모호성의 원리) : 색채조화는 두 색 이상의 배색에 있어서 애매하지 않고 명료한 배색에서만 얻어진다.

③ 동류의 원리(유사성의 원리) : 가장 가까운 색채끼리의 배색은 보는 사람에게 친근감을 주며 조화를 느끼게 한다.

④ 유사의 원리 : 배색된 채색들이 서로 공통되는 상태와 속성을 가질 때, 그 색채군은 조화된다.

⑤ 대비의 원리 : 배색된 색채들의 상태와 속성이 서로 반대되면서도 모호한 점이 없을 때 조화된다.

위의 여러 가지 원리는 각기 색상·명도·채도별로 해당되며, 이들이 적절히 결합되어 조화를 이루는 것이 보통이다. 동색상과 유사색상의 조화는 변화가 작으므로 명도차, 채도차를 둠으로써 대비효과를 가미한다. 반대 색상조화, 즉 대비조화에 있어서 순색끼리의 배색은 너무 강렬하므로 명도를 높이거나 채도를 낮추어서 조화시킨다. 무채색은 거의 모든 색과 조화되므로 그것을 유채색과 적당히 배색하여 조화효과를 높일 수 있다.

(3) 조화 이론

① 저어드의 색채 조화론

㉠ 질서의 원리 : 원칙에 의해 규칙적으로 선택된 색으로 유채색은 거의 모든 무채색과 조화를 이룬다.

㉡ 유사의 원리 : 색의 3속성의 차이가 적으면 배색된 색채들이 서로 공통되는 상태와 속성을 가질 때 색들은 조화를 이룬다.

㉢ 동류의 원리 : 가장 가까운 색끼리의 배색은 보는 사람에게 가장 친근감을 주며, 조화를 느끼게 한다.

㉣ 대비의 원리 : 색들의 속성이 서로 반대되나 조화된 느낌을 준다.

㉤ 비모호성의 원리 : 색의 3속성의 차이가 확실한 색들의 조화로서 명료한 배색에서만 얻어진다.

② 오스트발트의 색채 조화론

㉠ 무채색에 의한 조화 : 3색이나 그 이상의 회색의 경우는 명도 단계의 간격을 잡는 방법에 따라 무채색의 조화색인 회색 조화를 얻을 수 있다.

㉡ 동일 색상의 조화(등색삼각형의 조화) : 동일 색상에서 등백색 계열의 색과 등흑색 계열의 색은 조화한다.

ⓒ 무채색과 유채색과의 조화 : 동일 색상의 등백색 계열의 색과 무채색, 등흑색 계열과 무채색은 조화를 이룬다.

ⓔ 등순 계열의 조화 : 동일 색상 삼각형의 수직축에 평행한 직선상의 색은 오스트발트 순도가 같아서 조화된다.

ⓜ 등가치색 계열의 조화 : 색입체의 중심을 축으로 서로 반대편에 위치한 색은 조화를 이룬다.

ⓑ 색상 간격이 유사한 조화(약한 대비) : 24색상환에서 색상차 2~4 이내의 범위에 있는 색은 조화를 이룬다.

ⓢ 이색 조화(중간 대비) : 24색상환에서 색상차 6~8 이내의 범위에 있는 색은 조화를 이룬다.

ⓞ 반대 조화(강한 대비, 보색 조화) : 24색상환에서 색상차 12 이상인 경우 두 색은 조화를 이룬다.

③ 먼셀의 색채 조화론

ⓐ 회색 단계의 그러데이션은 조화한다.

ⓑ 하나의 색상에 흰색이나 검은색을 섞어 만든 색끼리는 조화한다.

ⓒ 동일 색상에서 채도는 같고 명도가 다른 색채들은 조화한다.

ⓓ 동일 색상에서 명도는 같고 채도가 다른 색채들은 조화한다.

ⓔ 동일 색상에서 순차적으로 변화하는 같은 색채들은 조화한다.

ⓕ 보색 관계의 색상 중 채도가 5인 색끼리 같은 넓이로 배색하면 조화한다.

ⓖ 명도가 같고 채도가 다른 보색 관계에서 채도가 일정하게 변하면 조화한다.

ⓗ 명도와 채도가 같은 색상끼리는 조화한다.

ⓘ 색채의 3속성이 함께 그러데이션을 이루면서 변화하면 조화한다.

ⓙ 동일 명도에서 채도와 색상이 일정하게 변화하면 조화한다.

④ 파버비렌 색채 조화론

파버비렌(Faber Birren : 1900~1988)은 색채에 관한 여러 분야의 지식에 정통하여 1940년대부터 1970년에 걸쳐 활약한 색채이론가일 뿐만 아니라, 제품의 색채,

환경의 색채 등 색채의 응용분야에 뛰어난 실천가이다. 파버비렌은 독자적인 색채 조화를 논하고 있는데, 파버비렌의 색삼각형(Birren Color Triangle)이라는 개념도에서는 색채의 미적 효과를 나타내는데는 최저 7가지의 용어, 즉 톤(Tone), 흰색, 검정, 회색, 순색, Tint, Shade가 필요하다고 한다.

㉠ 바른 연속의 미 : 색 삼각형의 직선상의 연속은 모두 자연스럽게 조화.

㉡ 흰색・회색・검정 : 순색과 전혀 상관없는 무채색의 자연스러운 조화.

㉢ 순색・명색조(Tint)・흰색 : 부조화를 찾기는 불가능하며, 대부분 깨끗하고 신선해 보인다.

㉣ 순색・암색조(Shade)・검정 : 색채의 깊이와 풍부함이 있다.

㉤ 명색조・톤・암색조 : 이 느낌은 색삼각형에서 가장 세련되고 감동적이다.

㉥ 순색・흰색・검정색・명색조・톤・암색조・회색 : 색채의 기본구조는 순색, 흰색, 검정이며, 이 세 가지는 모두 잘 어울린다. 거기에 쓰인 색상과 2차적인 구성과도 잘 융합되며 더욱 세련되고 억제된 것이다.

⑤ 문과 스펜서의 색채 조화론

1944년에 매사추세츠 공과대학(MIT) 문(P, Moon)교수와 그의 조수인 스펜서(D.E.Spencer)교수는 과거의 색채 조화론을 연구하여, 먼셀 시스템을 바탕으로 한 색채 조화론을 미국광학회(Optical Society of America)에 공동으로 발표하였는데, 이것을 문스펜서의 색채 조화론이라 한다.

㉠ 조화, 부조화의 종류 : 조화에는 동일조화(Identity), 유사조화(Similarity), 대비조화(Contrast)가 있고, 부조화에는 제1부조화(First Ambiguity), 제2부조화(Second Ambiguity), 눈부심(Glare)이 있다.

㉡ 면적효과 : 작은 면적의 강한 색과 큰 면적의 약한 색은 조화.

㉢ 미도(Aesthetic Measure) M = O(질서성의 요소 : Element of Order)/C(복잡성의 요소 : Element of Complexity). 이 식에서 C가 최소일 때 M이 최대가 되는 것이다. M이 0.5 이상이 되면 그 배색은 좋다고 한다.

㉣ 균형 있게 선택된 무채색의 배색은 아름다움을 나타낸다.

ⓜ 동일 색상은 조화.

[7] 색체의 배색

(1) 색상에 의한 배색

① 인접색 조화

인접색 조화는 색상환에서 내가 선택한 색의 좌우 양쪽에 있는 색들인 인접색들을 배색하는 것을 말한다. 인접색은 선택한 색의 개성을 깨지 않으며 조화를 이루는 색으로, 여러 가지 색을 사용하면서도 일정한 이미지를 유지하고 싶을 때 사용한다.

② 보색 조화

보색 조화는 색상환의 반대에 있는 색을 반대색 또는 보색이라고 한다. 보색은 색들의 이미지가 대비를 이루어 역동적인 느낌을 준다. 그래서 강조색을 선택할 때 보색을 사용하는 경우가 많다.

③ 근접 보색 조화

근접 보색 조화는 보색의 근접색들과의 배열을 말한다. 보색과의 조화가 강한 인상을 주는 것이 부담스러운 경우에 사용한다. 이 배색 종류도 강조색을 선택할 때 주로 사용된다.

④ 등간격 3색 조화

등간격 3색 조화는 색상환의 간격이 동일한 3가지 색을 선택하여 배열하는 것이다. 활동적인 인상과 이미지를 보인다.

(2) 명도에 의한 배색

① 고명도 배색 : 순색에 흰색을 섞으면 모든 색은 명도가 높아진다. 그렇게 높아진 명도를 가진 색들끼리 배색은 부드러운 이미지를 느끼게 한다.

② 중명도 배색 : 명도가 중간 단계인 색들의 배색을 말한다. 가볍지 않고 차분한 이미지를 보여준다.

③ 저명도 배색 : 순색에 검정을 섞은 색들의 배색을 저명도 배색이라고 한다. 무겁고 중후한 인상을 가진다.

④ 명도차가 큰 배색 : 명도의 차이가 큰 색상들의 배색은 명도 대비를 통해 뚜렷한 인상을 가진다. 명도차가 큰 배색에서 색상을 보색으로 사용하면 대비가 더 극명하게 보인다.

(3) 채도에 의한 배색

① 고채도 배색 : 채도가 높은 원색의 색들끼리의 배색을 의미한다. 고채도 배색은 개성이 강한 색들의 조합이므로 많이 사용하면 산만한 느낌을 줄 수 있다.

② 저채도 배색 : 채도가 낮은 색들이 배색은 부드러운 이미지를 주지만, 저명도에 저채도의 배색은 차분하고 무거운 이미지를 더한다.

③ 채도차가 큰 배색 : 채도의 차이가 큰 배색은 명쾌하고 확실한 이미지를 더해준다. 차이가 클수록 더욱 명확하게 대비된다.

4.5 색채응용

[1] 색채계획

디자인의 용도나 재료를 바탕으로 긍정적인 이미지를 부여하고, 쾌적성, 기능적, 심미적으로 연출되도록 시각적인 편안함과 친화성을 부여하는데 목적이 있다.

[2] 색 배합

색		비율
	황토색	연주황 9.5+검정 0.5
	밝은황토	황토 5+노랑 5
	밤색	주홍 9+검정 1
	갈색	밤색 9+검정 1
	고동색	빨강 4+노랑 4+검정 2
	연회색	흰색 9.8+검정 0.2
	회색	흰색 9.5+검정 0.5
	진회색	흰색 9+검정 1
	연분홍	흰색 9.7+빨강 0.3
	분홍	흰색 9+빨강 1
	진분홍	흰색 7+빨강 3
	연노랑	흰색 9+노랑 1
	진노랑	노랑 9.7+빨강 0.3
	연주황	노랑 9+빨강 1
	주황	노랑 8+빨강 2
	주홍	노랑 6+빨강 4
	연주홍	흰색 9+주홍 1
	연두	노랑 9.5+파랑 0.5
	초록	노랑 7+파랑 3
	진초록	노랑 5+파랑 5
	옥색	흰색 9+진초록 1
	카키색	연두 9+검정 1

색		비율
	청록	노랑 4+파랑 6
	남색	파랑 9+검정 1
	비취색	흰색 9+청록 1
	연하늘	흰색 9.5+파랑 0.5
	진하늘	흰색 7+파랑 3
	연보라	흰색 9+보라 1
	보라	빨강 3+파랑 2+흰색 5
	진보라	보라 9+검정 1
	자주색	빨강 7.5+파랑 2.5

MEMO

보수도장

05

CHAPTER 05

보수도장

도장은 물체의 표면에 도료의 수지, 안료, 용제, 첨가제들을 섞은 도장재료를 칠하여 피막을 형성시키는 것을 말한다. 자동차의 보수도장이란 자동차 제작 회사에서 자동차가 출고된 이후 사고 또는 기타 상황에서 손상된 부분을 공정순서에 맞게 작업하는 것을 말한다.

일반적으로 자동차가 외적인 요인으로 상하좌우의 굽음, 비틀림 등 파손되었을 경우 차체의 판금 수리 후 보수도장이 이루어지게 되는데, 보수도장은 손상 패널의 복원 및 도장, 손상 도막을 도장, 불량 도막을 재생 및 도장, 패널이 부식될 때의 복원, 상품성 향상, 지정된 색상 도장의 특수목적을 둔다. 작업공정으로는 차체의 표면 검사, 차체 표면의 오염물 제거, 구도막 및 녹의 제거, 페더에지(단 낮추기 작업), 퍼티 작업 후 연마, 중도 도장 후 연마, 조색 작업, 상도 도장, 광내기 작업(왁스와 폴리싱)으로 정해져 있다.

보수도장 작업 시 도장 표면의 양부에 알맞은 작업 방법과 공구를 택하여야 한다. 만약 보수도장 작업 중 작업 방법과 공구를 공정에 맞게 사용하지 않았을 경우 도장의 변 · 퇴색, 스프레이 패턴의 이상 발생 등 자동차 외관에 큰 문제가 발생하기 때문에 주의하여야 한다.

5.1 구도막 제거 작업

도막제거방법 결정

[1] 구도막 특성

(1) 개요

도장이 완료된 후 오랜 시간이나 일정 시간이 지난 도막을 구도막이라 한다. 또한 필요에 따라 오래되지 않고 낡지는 않았지만 새롭게 재도장을 해야 하는 경우 기존 도막이 구도막, 즉 상대적으로 오래된 도막의 개념이다. 어떤 때는 상황에 따라 구도막 제거 작업을 하고 재도장하는 경우도 있다.

(2) 손상 부위 확인법

육안으로 확인하기

육안 확인법이란 말 그대로 손상 부위를 눈으로 보고 판단하는 방법으로, 형광등 빛이나 태양빛 등의 패널에 빛이 반사되는 선상에서 손상 위치, 손상 정도, 진행 방향을 확인하고, 수성펜 등을 이용하여 손상 부위를 마킹한다.

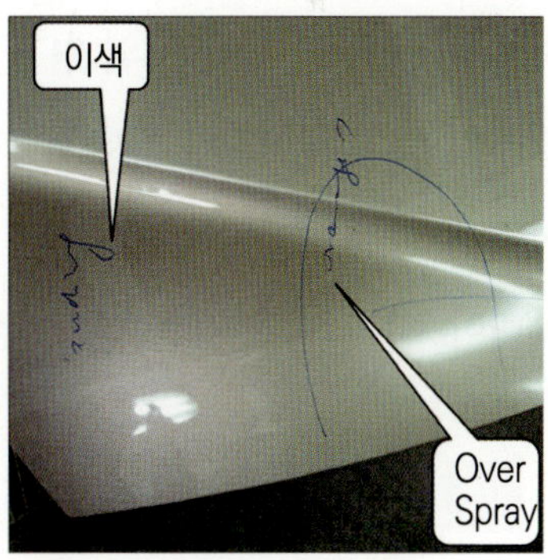

그림 5-1 손상 정도를 육안으로 확인 및 마킹하기

① 탈지 작업을 실시한다. : 패널을 깨끗한 상태로 유지한다. 패널이 오염되어 있을 경우에는 패널에 발생되어 있는 손상 부위를 정확하게 찾아내기 어렵기 때문에 작업에 앞서 세차 및 세정 작업을 한다.

② 빛을 이용하여 패널의 끝단에서부터 스캔한다. : 형광등 빛 등을 이용하여 패널 끝에서 끝으로 빛이 반사되는 선상에서 이동하며, 스캐닝하는 것과 같이 패널에 발생된 손상 부위를 찾아낸다. 손상 부위를 발견할 때에는 색연필 또는 수성펜을 이용하여 마킹해 둔다.

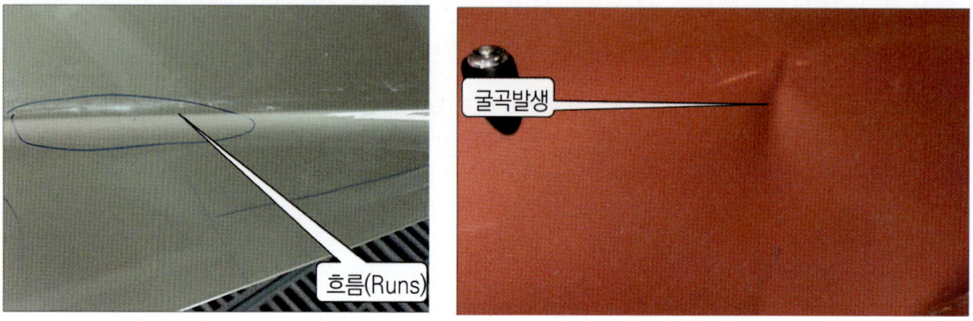

(a) (b)

그림 5-2 **패널의 상태를 마킹한다.**

감촉으로 확인하기

손의 촉감을 이용하는 방법으로 손상 부위를 찾는 확인법이다. 눈과 빛을 이용한 손상 확인법이 손상 부위가 넓게 진행된 손상을 찾는 것이라면 손의 촉감으로는 스크래치 등 아주 작은 미세손상까지 찾을 수 있는 확인법이다. 특히 눈으로 발견하기 어려운 미세 스폿(Spot) 등의 손상까지 손의 감촉으로 느껴지는 미세한 차이를 찾아내야 하기 때문에 많은 훈련과 노하우가 필요하다.

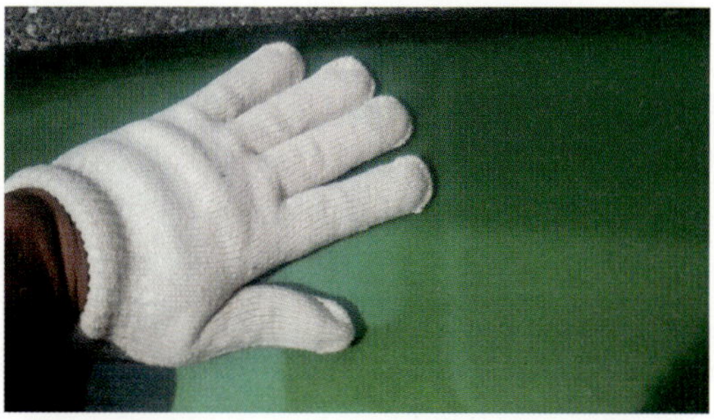

그림 5-3 **촉감으로 손상 부위 확인하기**

패널과 손바닥이 미끄러지듯 부드럽게 움직여야 미세한 손상을 찾기 쉬우며, 맨 손바닥으로 감지하지 않고 면장갑을 끼거나 가루(가이드코트)를 묻혀 감지하면 효과적이다.

① 면장갑을 착용한다. : 패널 표면은 먼지가 없는 깨끗한 상태로 맨손바닥으로 패널을 만질 경우 손바닥의 유분성분이 패널에 스며들며, 부드럽게 미끄러지지 않고, 패널의 미세손상 부위를 정확하게 감지해 내기 어렵다. 그러므로 부드러운 면장갑을 끼고 감지하는 것이 미세한 손상을 찾아내기가 용이하다.

② 손바닥 감각을 이용하여 손상 부위를 감지한다. : 손바닥을 패널에 가볍게 이동시키며 굵은 굴곡과 미세한 굴곡을 찾아낸다.

눈금자를 이용하여 확인하기

눈금자 확인법이란 철자나 플라스틱자를 이용하여 손상이 예상되는 부분과 없는 부분을 빛에 반사되는 부분에 접촉시켜 손상이 어느 정도인지를 파악하는 것이다.

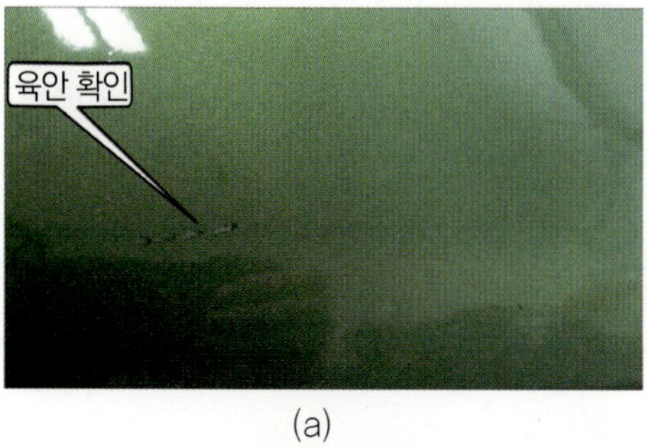

(a)

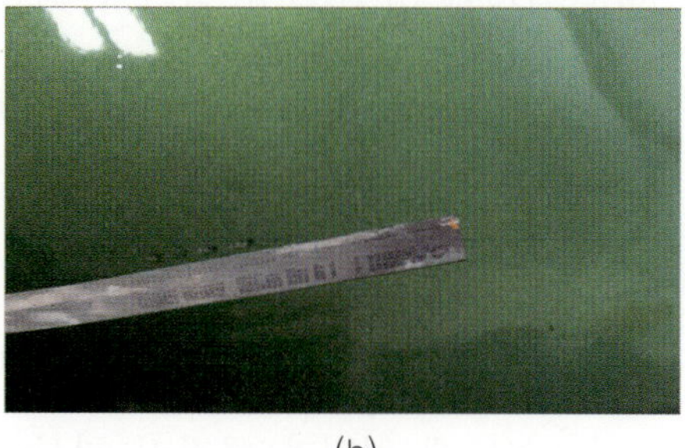

(b)

그림 5-4 **육안 확인 및 눈금자를 이용한 손상 파악**

① 손상 부위에 자를 대어 파악한다. : 손상 부위를 중심으로 철자 또는 플라스틱자를 접촉시켜 손상 범위와 손상 깊이, 손상으로 인한 굴곡이 발생되어 있는지 파악한다.

② 손상 정도를 기록한다. : 손상의 범위와 굴곡 정도를 기록한다. 오목 볼록한 손상 형태와 크기를 기록하여 공정에 도움이 될 정보를 수집한다.

용제 판별법

도장면에 래커시너를 묻힌 흰 걸레로 문질러서 걸레에 녹아 묻는 상태를 확인한다.

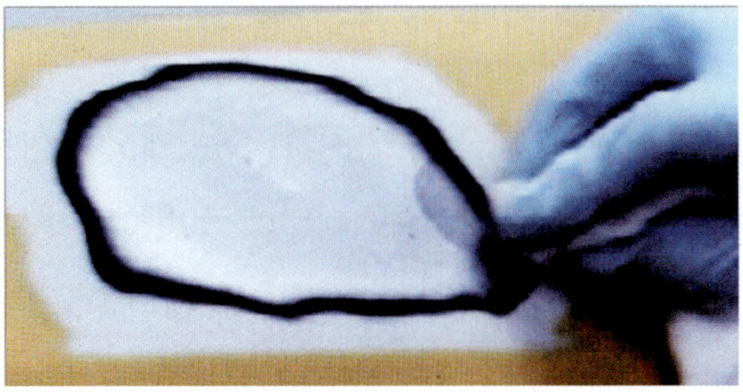

그림 5-5 시너 반응검사

[2] 도막 결함 상태

신차 구입 시에 발견 못하였거나 구입 후 퇴색, 벗겨짐, 광택 저하 등의 외부적인 요인이 다양한 결함으로 발생된다.

① 변색 : 장기간 옥외에 방치한 경우 발생하고 본래의 색도 변색된다. 변색은 도료의 전색제 및 안료가 불량한 경우에 자주 발생한다.

② 백화 : 응축수나 습도막에 높은 습도에 의해 상도에 나타나는 우윳빛 현상으로, 이것은 열을 가하면 제거된다.

③ 균열 : 균열은 건조 불량, 도료를 너무 두껍게 했을 때, 강한 자외선 광선 또는 서리나 얼음에 노출시켰을 때, 도막에 부착된 불순물의 침수로 생긴 화학적 변화가 있을 때 치킹과 클라킹 현상이 발생한다.

㉠ 치킹 : 도막 표면에 선상(線狀), 다각형 부정형의 갈라짐이 생김.

ⓛ 클라킹 : 하도 또는 육안으로 보일 정도로 생긴 균열로서 치킹이 진행되어 발생함.

④ 박락(벗겨져 떨어짐) : 박락은 소지 조성이 불완전할 때나 수 연마가 부족할 때 일어난다.

㉠ 소지(素地)와 하도 사이에 접착력이 약한 상태.

ⓛ 노화 등으로 접착력을 상실하여 벗겨지는 상태.

⑤ 백악화(석회분화) : 백악화는 안료의 자외선 흡수가 크게 되었을 때, 전색제와 윤활성이 적은 도료를 사용할 때, 중성 안료 등을 포함한 도료를 사용할 때 발생한다.

㉠ 도색한 바닥이 흰 가루와 뿌려진 상태가 되었을 때 광택이 사라지고 꺼칠꺼칠해진다.

ⓛ 틈새의 흰 면으로부터 현재 도장한 막이 마모.

㉢ 자외선과 습기에 따라 진행.

⑥ 부푸는 것 : 집락장(集落狀) 또는 부정형을 이루면서 부풀어 오르는데, 주로 전처리 불량으로 건조 부족, 소재 자체에 드문드문 녹과 같은 이물질이 있을 때 발생한다.

㉠ 도막의 일부분이 부풀어서 돌기 현상이 일어나는 것.

ⓛ 도막을 밀어 올리는 현상으로 중고차에 가장 많이 발생.

⑦ 황변 현상 : 황변의 이유는 도료의 선택 잘못, 도색 작업공정의 오류, 세차방법의 오류, 관리의 소홀함 등이 있다. 이러한 원인에 자외선이 가중되어 도장을 한 도막이 시간이 흐를수록 본래의 색이 아닌 노랗거나 갈색의 색으로 변하는 것이다.

⑧ 칩핑 : 보통 돌멩이의 충격에 의해 발생하는 도막의 벗겨짐.

구도막 제거(박리) 방법

구도막 박리(제거) 작업은 도막이 노화되어 벗겨지거나 크랙(Crack : 갈라짐)이 발생하거나, 도장 공정 중 초킹(Choking : 도막이 묻는) 현상을 발생하는 것을 방지하기 위하여 구도막을 제거하고, 도장품질을 향상시키기 위한 공정이다.
구도막에 크랙이 있는 상태에서 재도장할 경우 패널 표면의 조성과 레벨링이 불량하여 도장결함이 발생하고, 보수도장 후 재크랙이 발생하므로 구도막을 제거해야 한다. 구도막 박리 작업 시 도료가 묻는 현상인 초킹 검사를 하여 재도장 시 도장결함인 부풀음 현상을 방지하기 위하여 박리 작업을 해야 한다.

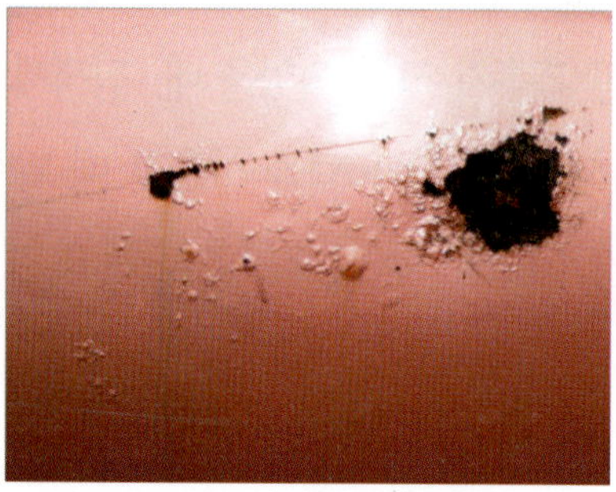
(a)

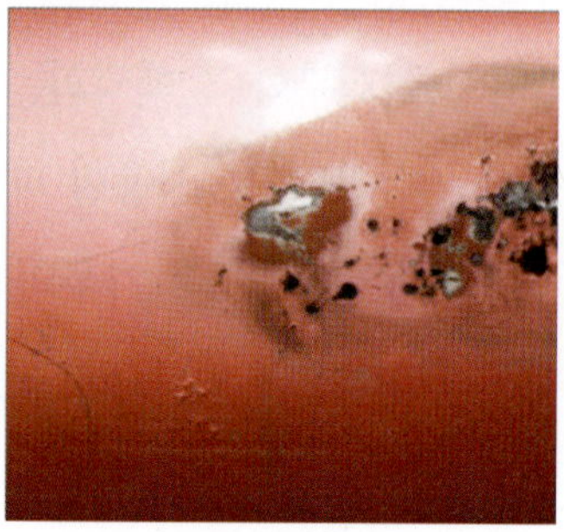
(b)

그림 5-6 **패널의 구도막 부식 및 노화**

박리 작업은 재도장 시 도막결함이 발생될 우려가 있는 부분에 실시하며 구도막 상태에 따라 박리공정을 결정한다. 박리공정은 그라인더 및 디스크 샌더와 같은 기계식 샌더를 이용하는 방법과 페인트 제거제(리무버 : Remover)를 이용한 화학적 방법이 있다.

[1] 연마에 의한 구도막 제거 방법

핸드 파일(Hand File)이란 수공구를 사용하는 수연마(Hand Sanding)를 말하며, 손(手샌딩)으로 작업하는 방법과 기계식 샌더를 이용한 방법이 있다.
연마력이 큰 싱글 액션 샌더(그라인더와 같이 일방향 회전)는 P36, P40과 같은 거친 연마지를 사용하며, 도막 상태에 따라 P80에서 P120을 사용하기도 한다. 범퍼 등 플라스틱 제품에는 그것보다 좀 더 고운 연마지인 P120에서 P180을 사용하고 부품의 상태 및 연마 부위에 따라 결정한다.

(a)

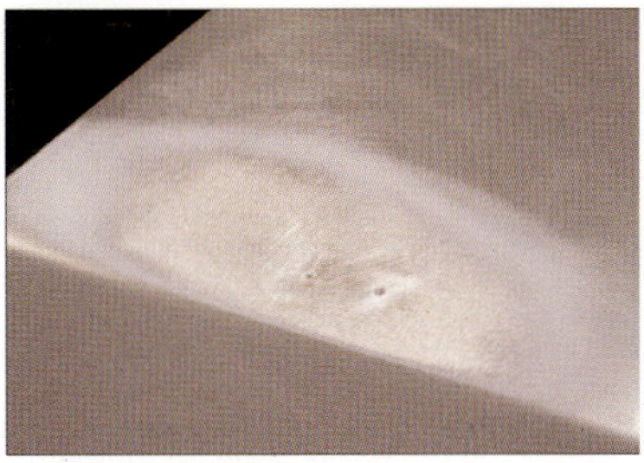

(b)

(c)

그림 5-7 수(Hand) 샌딩 구도막 제거 작업 및 핸드 파일

(1) 싱글 또는 더블 액션 샌더에 연마지를 부착한다.

싱글 액션 샌더(진동 및 회전)에 연마지(P40 또는 P80 정도)를 부착한다.

(2) 샌더와 패널의 각도를 대략 15~20° 정도를 유지하면서 샌딩(연마)한다.

샌더와 패널과의 각도를 유지하면서 깊은 홈을 만들지 않도록 한다. 또한 철판면이 드러나지 않도록 연마하는 것이 좋으며, 서페이서(하도도장) 도막이 보일 때 싱글 액션 샌더의 연마를 멈추고 더블 액션 샌더를 사용하여 P80~P180 연마지를 사용하여 잔여 도막을 제거한다.

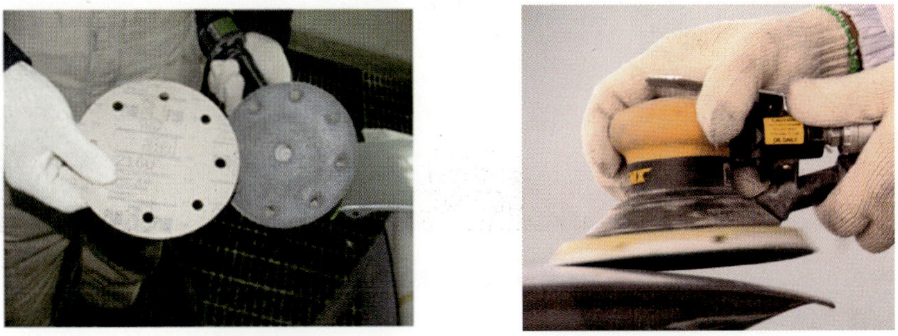

그림 5-8 샌더기를 이용한 구도막 제거

지나치게 각도를 주어서 작업할 경우는 작업면이 불균일하고 연마 자국이 남게 된다. 구도막이 제거되는 상태를 확인하면서 샌더기를 운행하며, 보수면의 중심 부위에 나타난 금속면과 보수면 가장지리 구도막과의 경계는 경사가 완만히 되도록 갈아낸다.

샌더기의 작업은 육안검사와 손바닥의 촉감검사를 병행하면서 시행한다. 구도막 제거 작업이 완료되면 면에 붙어있는 도막 가루를 에어호스로 불어낸다.

솔벤트를 종이타월에 묻혀 퍼티 작업 시 부착성이 좋도록 면을 깨끗이 닦아낸다.

샌딩 작업 후 육안으로 확인하면서 손으로 문질러 보아 특별히 튀어나온 돌출부가 발견되어 퍼티 작업에 영향이 있다고 판단되는 경우 망치로 조금씩 두드려서 평활하게 만든다.

[2] 도막 리무버(Remover)에 의한 구도막 제거 방법(화학적 제거법)

화학약품을 이용하여 구도막을 제거하는 방법으로 페인트 리무버(제거제)를 이용하여 도막을 제거한다.

(1) 마스킹으로 패널을 보호한다.

리무버가 묻어서는 안 되는 곳은 종이나 비닐을 이용(마스킹 작업)하여 패널을 보호한다. 또한 리무버가 바닥으로 떨어지는 것을 방지하기 위해 바닥에 종이나 비닐을 깔아 놓고 작업한다.

그림 5-9 마스킹 작업

(2) 붓으로 도막 박리제를 도포한다.

페인트 붓을 이용하여 도막 박리제를 구도막에 두껍게 도포 후 2~5분 정도 지나면 비닐로 덮어 리무버가 공기 중으로 증발하지 못하도록 하여 도막을 제거하는 것이 좋다.

(a) 박리제

(b) 붓으로 박리제 도포

(c) 스크레퍼를 이용하여 용해된 구도막 제거

그림 5-10 도막 리무버(Remover)에 의한 방법(화학적 제거 방법)

리무버 도포 시 내용제성 장갑 및 방독마스크 그리고 보안경을 반드시 착용한 후 작업해야 하며, 리무버를 붓으로 도포하여 15~20분 정도 기다린다. 도포한 후 20분 이상 방치하면 녹아버린 페인트가 다시 굳어 제거하기 어렵다.

도막이 완전히 부풀어 오르면 주걱이나 스크레퍼를 사용하여 용해된 구도막을 제거한다. 넓은 부위부터 작업을 시작하고 2회 정도 도포하여 구도막을 완전히 제거한다. 리무버는 독성이 매우 강한 유기용제가 포함되어 있으므로 작업 시 피부, 눈 등에 묻지 않도록 주의하고, 묻으면 즉시 물로 씻어내고 의사의 지시에 따라야 한다.

(3) 플라스틱 스크레이퍼로 도막을 제거한다.

기포가 발생한 도장면의 페인트를 제거 시 철제로 된 스크레이퍼보다는 퍼티칼과 같은 플라스틱 제품을 사용하여 철판 손상을 방지한다.

(4) 녹아있는 페인트를 깨끗하게 제거한다.

리무버에 의해 녹아있는 잔여 페인트는 시너를 사용하여 깨끗하게 제거한 후 탈지제로 불순물을 완전하게 제거한다.

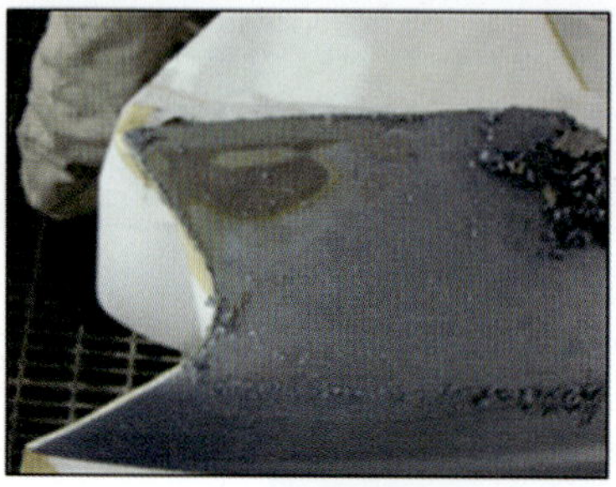

그림 5-11 리무버(Remover) 제거 및 탈지 작업

[3] 구도막 박리제

(1) 특징

① 철재 및 비금속면과 같이 다공성이 아닌 소재에 사용하여 건조도막을 제거한다.

② 도막 내부에 침투력이 강하다.

③ 염화메틸렌, 아세톤 등의 용제로 구성되어 있으며, 용제의 휘발을 막기 위해 왁스 등이 포함되어 있다.

(2) 도장 사양

① 표면 처리 : 도장면의 먼지, 기름때, 물기, 녹 및 기타 이물질을 완전히 제거해야 한다.

② 도장 조건 : 온도는 5~35℃, 상대습도 85% 이하에서 직사광선, 강풍을 피해서 도장한다.

③ 도장 방법 : 붓, 롤러, 스프레이 등으로 2회 정도 두껍게 칠하고 5~10분간 방치 후 스크레이퍼로 제거한다.

④ 도장면적 : 도막의 상태에 따라 이론 도포량이 변하며, 약 3~5㎡/ℓ 정도의 도로율로 도장한다. 작업 시 손실량과 재질로 인해 스며드는 정도에 따라 다를 수 있다.

⑤ 사용 후 처리 : 목재, 철재는 묽은 암모니아수로 완전히 닦아낸 후 깨끗한 물로 세척하고, 붓, 롤러 등은 깨끗한 물로 헹구어 보관한다.

(3) 사용 시 주의사항

① 화기 및 직사광선을 피하여 상온(5℃~35℃)의 건조한 냉암소에 보관하고 반드시 뚜껑을 닫아 세워서 보관한다.

② 우천시나 습도가 높은 날(상대습도 85% 이상) 또는 기온이 5℃ 이하 되는 날에는 작업을 피한다.

③ 항상 보호구를 착용하고 작업 전·후에는 환기를 충분히 하고 밀폐된 공간에서 작업을 금지한다.

④ 타 도료와 혼합하여 사용하지 말아야 한다.

⑤ 사용 전에 반드시 흔들어 주거나 교반한 후 사용한다.

⑥ 너무 두껍게 도장하는 것보다 얇게 여러 번에 나누어 도포하는 것이 효과적이다.

⑦ 도막을 제거하지 않는 부분은 마스킹테이프로 마스킹한다.

⑧ 작업 도중 피부나 눈에 접촉되지 않도록 보호 장구를 착용한 후 작업하고, 눈에 들어갔을 경우 맑은 물로 장시간 씻은 후 의사의 지시를 따른다.

⑨ 의류에 묻을 시 즉시 비누나 세제로 세척하고, 작업 완료 후 노출된 피부는 깨끗이 씻는다.

⑩ 사용 제품의 물질안전보건자료(MSDS)를 숙지하고 사용한다.

⑪ 장기간 보관 시 화학제품이므로 변질될 수 있으므로 유효기간 내에 사용해야 한다.

⑫ 도막이 제거되면 물로 충분히 씻어준다.

⑬ 제품 도포 후 도막을 제거하지 않은 상태에서 30분~1시간 이상 방치하면 굳어

서 긁어내기 어렵다.

⑭ 모서리나 홈이진 부분은 다시 한 번 작업하여 제거한다.

⑮ 세척 시 물의 사용이 용이하지 않을 경우 알코올계 용제나 에나멜 시너로 세척한다.

⑯ 폐도료는 환경부에서 지정한 폐기물처리업체를 통해 폐기한다.

단 낮추기

[1] 단 낮추기 범위

단 낮추기 작업이란 패널의 손상 부분을 보수도장할 때 후속 공정에서 퍼티의 부착력을 향상시키고, 프라이머 또는 서페이서 등의 도료와 부착력을 증진시키기 위해 계단모양의 턱을 없애고 테이퍼 형태로 단위 표면적을 넓게 만들어 주는 작업으로 턱(단)을 없애는 작업이라고도 한다.

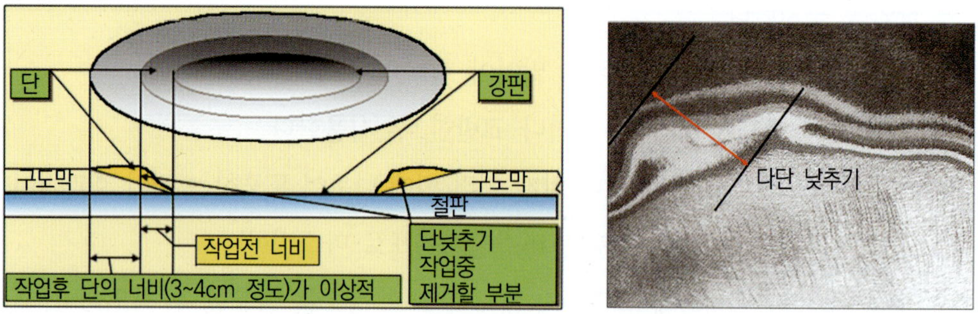

(a) (b)

그림 5-12 **다단 낮추기 작업 방법**

도막과 철판 경계부의 심한 턱을 제거하고 퍼티 도포 작업에서 퍼티의 부착력을 높이기 위하여 단을 낮춘다. 만약 단차 부위에 하도도장 작업을 할 경우 공기 및 먼지의 유입으로 부착력이 떨어지며 도장결함으로 이어진다.

[2] 단 낮추기 방법

(1) 손상 부위 및 주변을 탈지한다.

손상 부분 및 패널 전체를 탈지제로 깨끗하게 탈지한다.

(a)

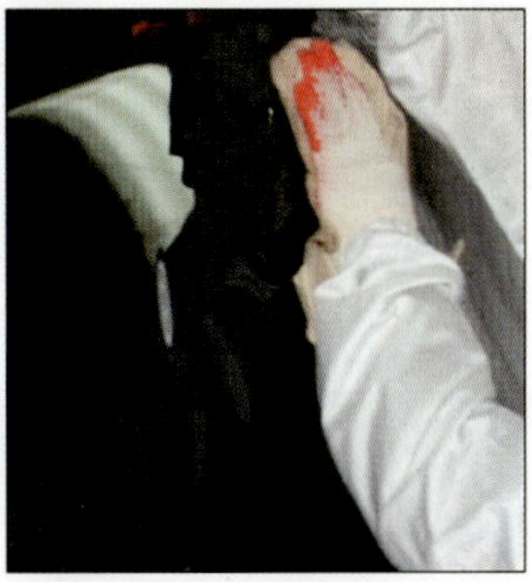

(b)

그림 5-13 손상 부위 및 주변 탈지 작업

(2) 금속면과 구도막의 경계 부위(턱)를 완만하게 연마한다.

손상 부위는 더블 액션 샌더(Double Action Sander) 연마지 P80~P180 부착하여 연마한다. 도막 상태에 따라 P180~P320으로 마무리한다. 이렇게 단계별 연마지를 선택하여 손상 부위와 구도막 경계부위 단차를 완만하게 연마한다.

단차의 너비는 넓을수록 좋으며, 신차도막일 경우 2~3cm 이상, 구도막의 경우는 3~5cm 이상으로 가능한 넓게 작업하는 것이 좋다. 턱을 낮추고자 할 때 초기에는 손상 부위의 바깥쪽에서 안쪽으로 연마하고, 마무리 시에는 샌더기와 패널의 접촉 압력을 낮추어 안쪽에서 바깥쪽으로 샌더기를 움직여 작업하는 것이 좋다.

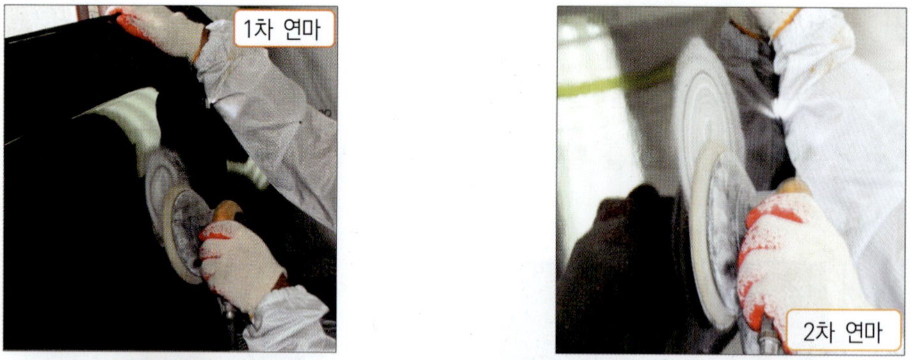

그림 5-14 구도막 제거 및 샌딩 작업(1차 #80, 2차 #180)

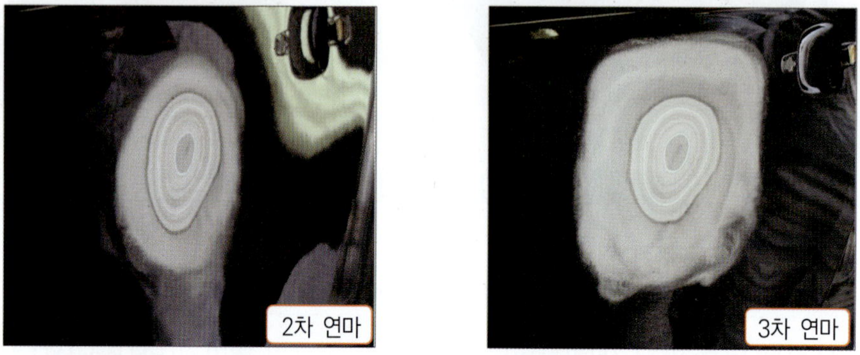

그림 5-15 구도막 제거 및 샌딩 작업(2차 #180, 3차 #240~320)

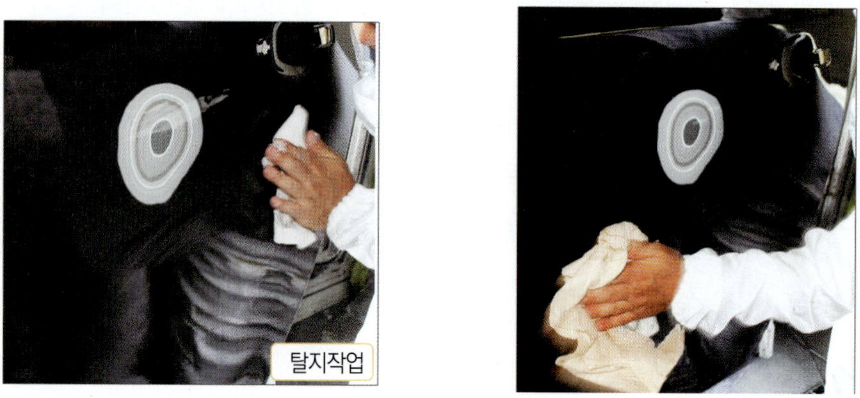

(a) (b)

그림 5-16 연마 후 탈지 작업

(3) 에어 더스트건으로 먼지를 제거한 후 탈지제로 깨끗하게 세정한다.

연마 작업으로 발생된 분진 및 먼지를 에어 더스트건으로 완전하게 제거한 후 탈지제로 표면에 묻은 유분과 이물질을 깨끗하게 제거한다. 다단 낮추기 공정이 불량하면 퍼티자국, 연마자국 등이 발생한다.

[3] 단 낮추기 공구 및 설비

① 더블 액션 샌더

② 오비탈 샌더

③ 집진기

④ 샌딩룸

5.2 프라이머 작업

프라이머 선택

프라이머는 도장재(塗裝材) 중에서 물체 표면의 부식이나 물리적인 충격으로부터 보호하며, 이후의 도장이 원활하게 이루어지도록 하기 위해 피도장재의 도장할 부분에 최초로 사용되는 도료로 모든 도장의 기초가 된다. 프라이머는 페인트 작업의 베이스가 되는 것으로 컬러의 선명도와 유지력을 높여주는 페인트 종류로, 철판이나 알루미늄, 아연도금 강판 등의 내부식성을 증가시키는 동시에 후속 도막과의 부착력을 향상하기 위해 칠하는 도장이다.

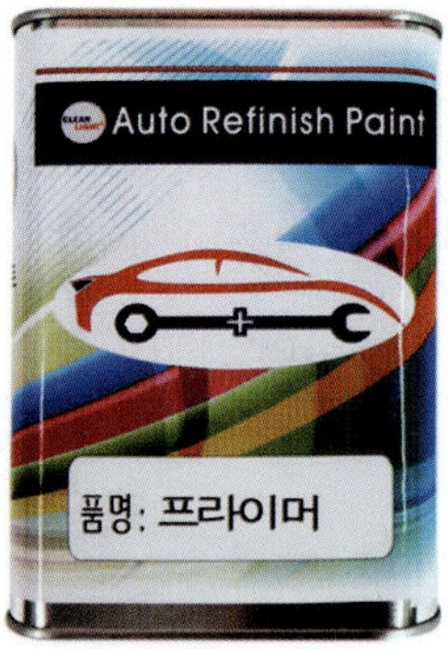

그림 5-17 프라이머

[1] 프라이머 종류

(1) 에폭시 프라이머

① 2액형 타입으로 혼합물에는 에폭시 수지와 아민계열 경화제가 포함되어 있다.
② 경화되면 프라이머는 바니시 없이도 온도에 강한 조밀한 부식 방지층을 생성한다.
③ 건조 후(약 10~15분) 재료를 특수 용지로 샌딩하고 아크릴로 프라이밍할 수 있다.
④ 에폭시 프라이머는 폴리에스테르 퍼티 아래에 도포할 수 있다. 또한 젖은 혼합물을 칠하거나 경화제를 사용할 때 칠할 수 있다.
⑤ 녹방지 효과가 아주 좋아 바닷물이나 극한의 온도와 같은 열악한 환경에 노출되는 차량에 자주 사용된다.
⑥ 에폭시 프라이머는 금속, 유리 섬유 및 플라스틱을 포함한 다양한 표면에 대한 우수한 접착력으로도 알려져 있다.
⑦ 건조시간은 보수용 60℃에서 20분, OEM 도료는 150℃에서 30분 건조한다.

(2) 아크릴 XNUMX액형 프라이머

① 연마 후 차체 판넬의 기공을 메우고 결점을 가려주는 필러이다.
② 모재와 경화제의 혼합비(3~5~1)에 따라 점도와 층 두께가 다르다.
③ 아크릴 수지와의 혼합물은 도장을 적용하기 전에 중간 재료로 사용된다.
④ 실런트이며 우수한 접착 특성을 가지고 있다.

⑤ 페인트 소비를 줄이기 위해 사용되는 주요 필러 색상은 회색, 검정색 및 흰색이다.

(3) 플라스틱 프라이머

① 자동차 부품 대부분의 플라스틱 유형(범퍼, 휀더, 후드)에 사용되는 프라이머이다.

② 혼합물은 일반적으로 1개의 투명 또는 황색 성분으로 구성된다.

③ 방청효과는 없으며 플라스틱 재질 도장 시 부착력을 향상시키기 위해 적용한다.

④ 가급적 얇은 도막이 좋으며 건조도막 두께는 10㎛ 정도이다.

⑤ 건조시간은 20℃ 자연건조 상태에서 10분 정도이다.

⑥ 일반 도료와 도장 시 부착이 어려운 ABS, 폴리프로필렌(PP) 등의 소지와 후속 도장되는 도료와의 부착력이 증가한다. 일부 제형은 폴리프로필렌과 호환되지 않는다.

(4) 에칭 프라이머

① 에칭 프라이머는 베어 메탈 표면에 사용하도록 설계되었다.

② 매우 산성이며 금속과 강한 결합을 만들어 녹 및 기타 부식이 형성되는 것을 방지한다.

③ 에칭 프라이머는 다른 유형의 프라이머와 페인트가 부착될 수 있는 좋은 기반을 제공한다.

④ 에칭 프라이머는 이미 칠해진 표면에 사용해서는 안 된다는 점에 유의해야 한다.

(5) 워시 플라이머

① 1액형, 2액형이 있다.

② 폴리비닐부티랄, 크롬산아염, 인산이 주성분이다.

③ 금속의 표면처리와 녹 방지를 동시에 하며, 소재와의 부착력, 접합성이 우수하고, 주름 및 연마자국 방지 기능이 있다.

④ 가급적 얇은 도막이 좋으며, 전조도막 두께는 7~15㎛로 두껍게 도장하면 부착성이 저하된다.

⑤ 습도에 민감하므로 습도가 높은 날은 주의해서 작업해야 한다.

(6) 하이 빌드 프라이머

① 하이 빌드 프라이머는 차량 표면의 결함을 채우도록 설계되어 있다.

② 페인팅을 위한 매끄러운 표면을 만들기 위해 샌딩 및 모양을 만들 수 있는 두꺼운 층을 만든다.

③ 하이 빌드 프라이머는 페인팅 전에 수정해야 하는 찌그러짐, 긁힘 또는 기타 결함이 있는 구형 차량에 자주 사용된다.

(7) 우레탄 프라이머

① 2액형 타입으로 주제인 알키드 수지와 이소시아네이트가 포함된 경화제로 부착력, 녹 방지가 우수하다.

② 우레탄 프라이머는 내구성과 내약품성 및 자외선에 강한 것으로 알려진 고품질 프라이머이다.

③ 우레탄 프라이머는 페인트를 위한 좋은 기반을 제공하며 탑코트를 적용하기 전에 종종 최종 코트로 사용된다.

④ 우레탄 프라이머는 샌딩이 용이하고 금속, 유리섬유 및 플라스틱을 포함한 다양한 표면에 사용할 수 있다.

(8) 징크더스트 프라이머

① 보일유에 아연분말, 크롬산아연 등을 분산시켜 제조한다.

② 아연이 금속표면을 덮고 그 전기 화학적 반응에 의해 녹 방지 효과가 있다.

(9) 래커 프라이머

① 래커 수지에 산화철, 산화티탄 등을 섞은 안료를 분산시켜 제조한다.

② 내후성, 부착성이 떨어지나 건조가 빠르고 도장하기가 쉽다.

③ 건조시간은 1~2시간 정도이며, 1회 도장 시 도막이 적게 올라가므로 2회 도장

을 한다.

(10) 광명단 프라이머

① 광명단을 방청안료로 하여 알키드 수지 등을 주성분으로 한 자연건조형 도료로, 광명단은 붉은색이다. 납이나 산화연을 고열로 가열해 만든 붉은 가루이다.

② 건조가 빠르고 접착성, 방청력, 내충격성이 좋으며 주요 용도는 방청이다.

③ 건조시간은 20℃에서 1시간 정도이다.

(11) 징크 크로메이트 프라이머

① 각종 도료에 징크 크로에이트(방청 안료)를 혼합하여 방청 기능을 부여한 프라이머이다.

② 자연건조형, 강제건조형이 있으며 솔칠 또는 스프레이에 적합하다.

(12) 오일 프라이머

① 유성바니시에 산화철과 아연화 등을 섞은 안료를 분산시켜 제조한다.

② 내후성, 부착성은 우수하다. 그러나 건조성이 떨어지고 주름 등이 발생한다.

③ 건조시간은 12~20시간 정도로 두껍게 도장할 경우 표면만 건조되고 내부는 건조되지 않는 경우가 발생한다.

[2] 프라이머 특성

① 목재의 모공이나 미세한 구멍을 메꾸는 역할을 한다.

② 페인트의 접착력을 높여주는 역할을 한다.

③ 도색하려는 면의 밑 바탕색을 가려주는 역할을 한다.

④ 거친 바탕면의 표면을 매끄럽게 정리하는 역할을 한다.

⑤ 금속면에 내식성을 향상시킨다.

⑥ 금속면에 부착성을 향상시킨다.

⑦ 신차 도장 라인에서의 인산 아연 피막처리 대용으로 도장된다.

⑧ 블리스터 링, 리프팅 등의 도막 결함을 예방한다.

⑨ 알루미늄, 아연도금 강판과 같은 비철금속류와 부착력을 향상시킨다

프라이머 혼합 방법

① 프라이머를 혼합할 때는 처음 개봉했을 때 침전물이 바닥에 가라앉아 있기 때문에 스틱을 이용해 고르게 섞어준다.

② 혼합하기 전 도장 범위를 파악하고 범위에 따라 정확하게 사용량을 산출한다. 혼합 시 부피비, 무게비를 선택한다.

③ 끊어가면서 바르면 추후 페인트 색상 차이가 발생할 수 있으므로 가능한 한 번에 쭉 이어서 발라주는 것이 중요하다.

④ 또한 작업 완료 후 최소 3~4시간 정도는 건조시간을 줘야 하며, 1회 칠만으로도 충분하지만 필요에 따라 1~2회 더 반복적으로 발라줘도 무방하다.

⑤ 2액형 도료는 혼합 후 가사시간 내에 사용하지 못하면 폐기처분해야 한다.

참고

① 가사시간 : 다액형(2액형 이상) 이상의 도료를 사용하기 위해 혼합했을 때 겔화, 경화 등이 일어나지 않고 사용하기에 적합한 유동성을 유지하고 있는 시간으로, 사용가능시간이 경과하면 겔화 상태로 변하므로 정상적으로 사용이 불가능하다. 사용가능시간은 외부 온도, 작업장 온도에 따라 변한다.

② 플래시 오프타임 : 도장 중 소재를 도장한 후 다시 도장하기 전 사이에 용제가 자연 상태에서 증발하는 시간으로 도막 외부만 살짝 건조된 지촉건조 상태로 플래시 오프타임을 주지 않으면 건조시간이 늦어지고 흘러내리기 쉽고, 광택 감소나 핀홀 같은 여러 하자 발생의 원인이 된다. 일반적으로 도막이 2배 두꺼우면 시너의 증발이 4배 느려진다. 따라서 스프레이 후 항상 적정한 중간 건조시간을 주어 용제가 충분히 증발 후 작업이 진행되도록 해야 한다.

③ 세팅타임 : 스프레이한 직후의 도막에서는 용제가 급속히 증발한다. 20℃일 때 최초 10분에 80~90% 가까운 용제가 증발한다. 이것은 락카나 우레탄계 모두 동일하다. 용제의 증발이 활발할 때 열을 가하게 되면 더욱 급격하게 증발되어, 용제가 빠진 흔적이 구멍으로 남아(핀 홀) 하자를 발생시킬 수 있다. 따라서 강제 건조 시에는 스프레이 후 5~10분 정도 자연건조시키고 나서 열을 가한다. 이때의 시간을 셋팅 타임이라 한다.

프라이머 도장

[1] 프라이머 도장 목적

(1) 워시 프라이머의 도장 목적

워시 프라이머를 적용하는 부위

① 도장되지 않은 철판(Steel), 알루미늄(Al), 아연도금 강판(egi) 부위

② 전착 도막 연마 중 노출된 철판 부위

③ 단 낮추기 후 퍼티 작업하지 않는 노출된 철판 부위

④ 퍼티 연마 후 노출된 철판 부위

워시 프라이머의 역할

① 금속면에 내식성 향상

② 금속면에 부착성 향상

③ 신차 도장 라인에서의 인산아연 피막처리 대용으로 도장

④ 블리스터링(Blistering), 리프팅(Lifting) 등의 도막 결함 예방

⑤ 비철금속류와 부착력 향상

(2) 플라스틱 프라이머의 도장 목적

소재 특성상 부착이 어려운 ABS, 폴리프로필렌(P.P) 등의 소지와 후속도장되는 도료와의 부착성 및 접착성을 향상시키기 위해서이다. 플라스틱 프라이머의 도장 시 플라스틱 종류가 어떤 소재인지 파악하고, 연마 작업과 프라이머를 선택하여 도막 결함을 효과적으로 예방한다.

[2] 프라이머 도장 방법

(1) 워시 프라이머

워시 프라이머 도장 방법

① 도장용 무진작업복, 방독마스크, 보안경, 내용제성 장갑 등 안전보호구를 착용한다.

② 탈지된 PP 재질의 새 범퍼와 플라스틱 전용 PP 프라이머를 준비한다.

③ 탈지된 범퍼 표면을 P600 연마지를 사용하여 연마한다.

④ 스프레이건에 에어호스를 연결하고 시험 분무하면서 공기압 게이지 확인으로 공기압력 조정과 도장 부위의 사이즈에 알맞게 패턴 조정 및 도료 분출량을 조정한다.

⑤ 도장 직전에 스프레이건의 공기를 불어내면서 송진포(Tack Cloth)를 사용하여 도장할 면의 미세먼지를 제거한다.

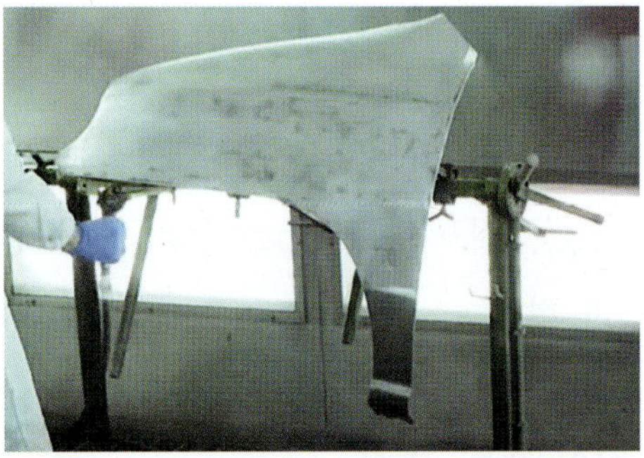

그림 5-18 스프레이건으로 도장면 미세먼지 제거

⑥ 워시 프라이머를 노출된 철판 표면에 가볍게 광택이 나지 않을 정도로 1차로 얇게 도장한다. 워시 프라이머는 철판에 에칭이 목적이므로 1회 도장으로 철판 표면을 덮은 상태로 균일하게 도포되었다면 1회로 마무리하여도 좋다. 중도나 상도 도료와 달리 도막 두께를 두껍게 올려 도장하는 도료가 아니기 때문에 철판 표면이 비춰져 보일 정도로 도장하는 것이 효과적이다.

⑦ 플레쉬 오프타임을 3~5분 정도 부여한다.

⑧ 1차 도장과 같은 방법으로 균일하게 2차 도장한다.

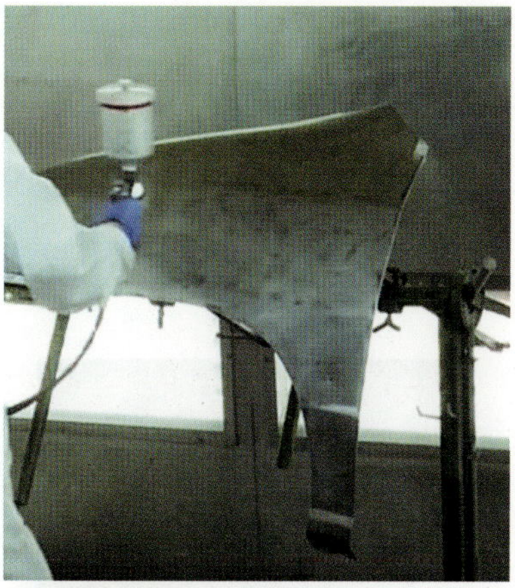

그림 5-19 워시 프라이머 도장

워시 프라이머 도장 시 주의사항

① 래커계 구 도막 위에는 적용하지 않도록 한다.

② 워시 프라이머를 도장한 후 퍼티를 도포하지 않도록 한다.

③ 워시 프라이머를 경화제와 혼합할 경우 플라스틱 또는 유리 용기를 사용한다.

④ 도료 메이커별 제품 사양에 따라 가사시간 이내에 사용한다.

⑤ 너무 두껍게 도장되면 부착력이 저하된다(추천 건조 도막 두께 : 7~15㎛).

⑥ 워시 프라이머를 도장한 후 8시간 이상 방치한 경우에는 고운 연마지(P800 이상)로 연마한 다음 후속 작업한다.

⑦ 워시 프라이머를 도장 후 상온(20℃)에서 15~20분 정도 건조시킨 다음 중도 도료를 반드시 도장한다.

⑧ 워시 프라이머 도막 위에 상도 도료를 도장하지 않도록 한다.

⑨ 습기에 민감하므로 습도가 높은 날에는 습도 조정이 가능한 곳에서 도장한다.

(2) 플라스틱 프라이머 도장 방법

① 스카치 브라이트를 이용해서 굴곡진 면을 연마한다.

② 넓은 면은 더블 액션 샌더에 중간 패드를 부착하고 연마지 P600을 부착하여 연마한다.

③ 에어 더스트건으로 압축 공기를 불어 연마 가루와 먼지를 완전히 불어내고 깨끗이 탈지한다. 플라스틱은 재질 특성상 연마 등의 마찰을 가하면 정전기가 발생하여 주변의 먼지나 이물질을 끌어당기는 성질이 있으므로 주의하여 탈지해야 한다.

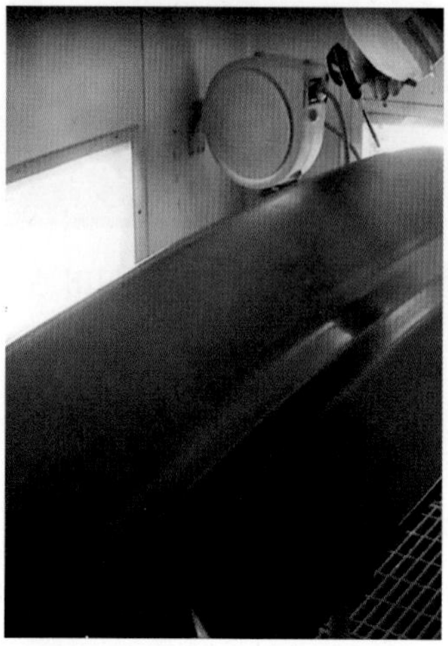

그림 5-20 에어 더스트건으로 먼지 제거

④ PP 프라이머 전용 스프레이건의 도료 용기에 PP 프라이머를 여과지로 여과하여 담는다.

⑤ 스프레이건에 에어 호스를 연결하고 시험 분무하면서 공기압 게이지 확인으로 공기압력 조정과 도장 부위의 사이즈에 알맞게 패턴 조정 및 도료 분출량을 조정한다.

⑥ 도장 직전에 스프레이건의 공기를 불어내면서 송진포(Tack Cloth)를 사용하여 도장할 면의 미세먼지를 제거한다.

⑦ PP 프라이머를 가볍게 1차로 얇게 도장한다.

⑧ 플레쉬 오프타임을 1~5분 정도 부여한다.

⑨ PP 프라이머를 2차 도장한다.

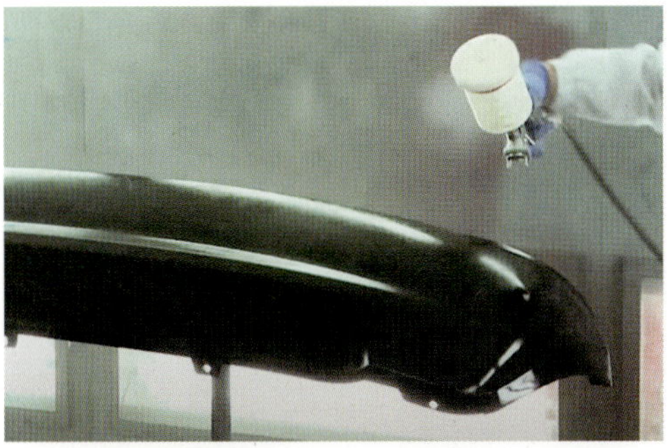

그림 5-21 PP 프라이머 도장

[3] 프라이머 건조

(1) 건조 방법

① 자연 건조(Air Drying) : 도료가 상온의 공기 속에서 건조되는 것으로 먼지 및 이물질이 없고 직사광선을 피하고 통풍이 잘되는 실내 또는 건조기 내부에서 온도는 21~32℃로 유지된 상태에서 건조하는 것.

② 강제 건조(Forced Drying) : 자연 건조형의 도료를 60~80℃의 온도에서 도료의 건조를 촉진시키기 위하여 열처리하는 것.

③ 가열 건조(Baking Drying) : 100℃ 이상에서 가열하여 경화시키는 건조 방법

(2) 도료의 건조 판단법

① 지촉 건조(Set to Touch) : 건조는 손가락 끝을 도막에 가볍게 대었을 때 점착성이 있지만 도료가 손가락 끝에 묻어나지 않는 상태.

② 점착 건조(Dust Free) : 손가락 끝에 힘을 주지 않고 도막면을 가볍게 좌우로 스칠 때 손끝 자국이 심하게 나타나지 않는 상태이거나, 솜을 약 3cm 높이에서 도막면에 떨어뜨린 다음 입으로 불어 솜이 쉽게 떨어져 완전히 제거될 때의 상태.

③ 고착 건조(Tack Free) : 손끝이 닿는 부분이 약 1.5cm가 되도록 가볍게 눌렀을 때 도막면에 지문 자국이 남지 않는 상태.

④ 고화 건조(Dry Hard) : 엄지와 인지 사이에 시험판을 물려 힘껏 눌렀다가 떼어 내어 부드러운 헝겊으로 가볍게 문질렀을 때 도막에 지문 자국이 없는 상태.

⑤ 경화 건조(Dry Through) : 힘껏 엄지손가락으로 눌러 90° 각도로 비틀었을 때 도막이 늘어나거나 주름이 생기지 않고 다른 이상도 발생되지 않은 상태.
⑥ 완전 건조(Full Hardness) : 손톱이나 칼끝으로 긁었을 때 흠이 잘 나지 않고 힘이 든다고 느껴지는 상태.

(3) 프라이머의 건조

① 워시 프라이머의 건조 : 10~20분 정도 자연 건조 후 Wet on Wet 도장 방식으로 프라이머 서페이서를 도장.
② 에폭시 프라이머의 건조 : 80℃에서 30분 열처리한 다음 후속 도장.

(4) 플라스틱 프라이머의 건조

① 플라스틱의 재질이 열가소성인 폴리프로필렌의 교환 파트인 경우 : 자연 건조시킨 다음 연마 작업하지 않고 바로 상도 베이스 코트와 클리어 코트를 도장.
② 플라스틱의 재질이 열경하성인 PUR(폴리우레탄)의 교환 파트인 경우 : 80℃에서 20~30분 열처리한 다음 후속 도장.

5.3 퍼티 작업

퍼티(Putty : 접착제)는 차량 접촉사고나 패널이 찌그러져 깊이 페인 홈이나 스크래치를 매우고 원래의 곡면이나 패널 복원 시 사용한다. 퍼티는 구도막과 철판면의 오목(凹) 부분을 메우는 체질안료이며, 반드시 다단 낮추기 공정이 선행된 후 퍼티 작업을 해야 한다. 단 낮추기 작업을 하지 않고 퍼티를 도포할 경우에는 퍼티가 구도막면에 얹히기 때문에 점착성이 떨어지며 패널과 퍼티 사이의 공기가 스며들어 도막결함이 발생할 수 있다.

퍼티의 종류 및 특성

퍼티는 패널의 재질에 따라 일반 강판용, 아연도금 강판용, 알루미늄용, 플라스틱용으로 그 종류와 용도가 달라진다. 일반적으로 사용되는 퍼티는 일반 강판의 폴리에스테르 퍼티로서 가장 많이 사용된다. 아연도금 강판에는 EGI 퍼티가 사용되고 그 양은 적지만 범퍼 등 플라스틱 재질과 유사한 성분으로 된 수지타입의 퍼티가 사용된다.

퍼티는 그 종류에 따라 각기 다른 성분과 특성을 가지고 있으며, 도포해야 할 소재에 따라 퍼티를 선택해야 한다.

[1] 폴리에스테르 퍼티(폴리 퍼티)

폴리에스테르 퍼티는 폴리 퍼티라고도 하며 보수도장 시 가장 보편적으로 사용된다. 조성은 퍼옥사이드 경화제를 첨가시켜 반죽(Paste) 상태의 물질을 고체 상태의 물질로 바꾸도록 설계된 2액형 제품으로 판금 퍼티 작업 후에 발생되는 작은 굴곡이나 연마 시 발생되는 스크래치 자국 또는 작은 기공 등을 제거하기 위해 사용된다.

그림 5-22 폴리에스테르 퍼티

(1) 조성

조성주제는 불포화 폴리에스테르 수지로 되어 있으며 이것은 불포화기를 가진 폴리에스테르와 비닐 단량체(SM(Styrene Monomer, 스티렌모노머) : 비닐기를 가진 중합성 단량체로 불포화 폴리에스테르를 용해시킬 때 사용하는 용제를 말하며, 일반적으로 30~50% 정도 사용한다)의 혼성 중합으로 얻어진다.

(2) 경화제

경화제는 과산화벤조일(Benzoyl Peroxide)로 된 끈끈한 황색 또는 핑크색의 유체로서 중합금지제를 넣어 보관 후 반응 개시제(과산화물)를 가해서 가교결합 구조를 이룬다(주제 및 경화제 색깔은 제조사마다 상이함). 일반적인 경화제 혼합비율은 100 : 1~3 정도이다.

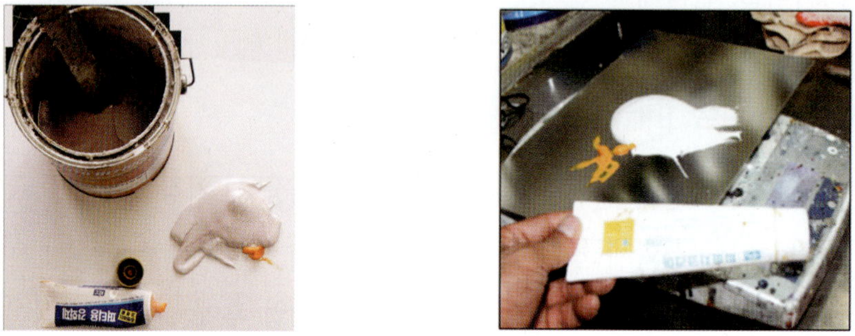

(a) (b)

그림 5-23 퍼티 및 경화제와 퍼티 혼합 비율

(3) 사용 시 주의사항

① 주체와 경화제가 혼합되면 가사시간이 있기 때문에 적정량을 혼합하여 사용해야 한다.

② 아연도금 강판에는 사용해서는 안 된다.

③ 구도막이 침식되면 도포 부위에 주름이나 균열 등이 발생한다.

(4) 특성

① 보수용 소지면의 요철 메꿈용으로 사용하며 경화가 빠르고 연마가 쉽다.

② 판금 퍼티 사용 후 작은 굴곡이나 거친 연마자국 제거에 사용한다.

③ 두껍게 도포할 경우에는 유연성이 떨어지고 점착성이 저하되며, 충격에 깨지기

쉬우므로 주의해야 한다. 따라서 2mm 이하로 도포하는 것이 좋다.

④ 용제 휘발이 없어 100% 도막을 형성하나 건조 화학반응을 일으킬 때 5~7% 정도 자체 수축하면서 도막이 형성되므로 도포할 때 수축되는 양까지 감안해서 도포하는 것이 효과적이다.

[2] 아연도금 강판용 퍼티(EGI 퍼티)

아연도금 강판용 퍼티는 일반 강판이나 아연도금 강판에 적용이 가능하며, 특히 일반 강판(CR)의 후드패널과 같은 기관 열이 많이 발생되는 패널에 적합하다. 아연도금 강판에 폴리에스테르 퍼티를 적용하면 시간이 경과된 후에 퍼티의 부착이 떨어지거나 투명표면에서 시딩(Seeding : 작은 씨앗처럼 서로 다른 칠이 뭉쳐져 묻어나는) 현상이 발생한다.

그림 5-24 아연도금 강판용 퍼티

[3] 플라스틱수지 퍼티

주로 범퍼와 같은 플라스틱류에 적용하는 퍼티를 플라스틱수지 퍼티라 하며, 폴리에스테르 퍼티와 달리 수지 타입으로 되어 있다는 것이 특징이다.

도장업체에서는 철판 바디에 사용하는 판금 퍼티나 폴리에스테르 퍼티를 플라스틱 소재에 적용하고 있는 추세이며, 철판과 플라스틱은 충격에 대한 복원력에서 큰 차이가 있기 때문에 퍼티 재료도 재질에 따라 구별하여 사용되어야 한다. 일반 폴리퍼티를 사용할 경우 접착성이 불량하고, 유연성이 떨어져 충격에 의해 깨어지는 현상이 발생하기 쉽다.

그림 5-25 플라스틱 퍼티

[4] 스프레이어블 퍼티

대부분의 퍼티는 주걱을 이용하지만 스프레이어블 퍼티는 퍼티를 담아 분무할 수 있는 전용 스프레이건을 이용하여 손상 부위에 도포하는 것을 말한다. 부드러운 메꿈은 마무리 퍼티 작업에 적합하지만, 스프레이건 세척 등 불편함이 많아 국내에서는 사용하지 않고 있다.

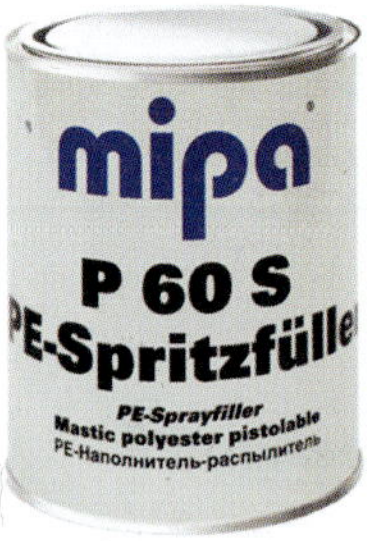

그림 5-26 스프레이어블 퍼티

[5] 판금 퍼티

큰 요철, 접합 부위의 1차 퍼티로 사용한다. 일반 강판뿐만 아니라 아연도금 강판에 사용이 가능하며, 화학반응 후 수축현상이 없어 두껍게 3cm 정도의 두께까지 도포하여도 철판과의 부착성이 좋고 유연성이 우수하여 갈라지거나 잘 깨지지 않는다. 연마성이 좋지 않기 때문에 거친 연마지로 연마해야 하며, 두껍게 작업이 가능하기 때문에 건조가 느리게 보일 수 있다.

그림 5-27 판금 퍼티

[6] 래커 퍼티(마무리 퍼티, 기스 빠데, 레드 퍼티)

래커 퍼티는 보통 빨간색으로 되어있는 제품이 많아 레드 퍼티(Red Putty)라고도 하며, 래커 타입으로 별도의 경화제가 필요 없다.

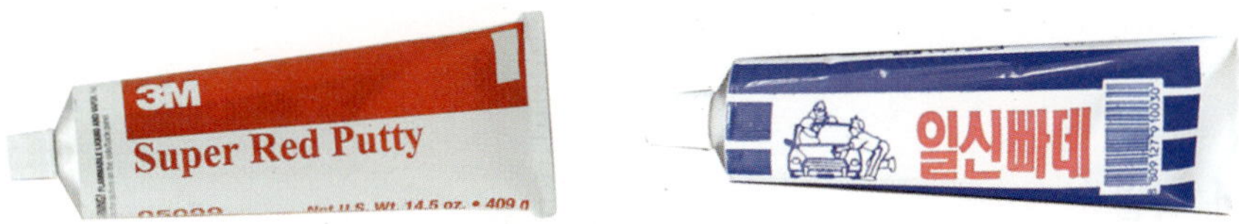

그림 5-28 래커 퍼티

(1) 조성

래커 수지에 아연화, 카올린(고령토), 변성 말레인산 혼합

(2) 용도

판금 퍼티나 폴리에스테르 퍼티를 사용하고 난 후 발생된 퍼티기공을 메우거나 연마 작업으로 인해 발생된 굵은 스크래치 자국(0.1mm 이하)을 메울 때 사용한다. 래커 퍼티를 도포하고 연마한 후 래커 퍼티가 남아 있는 경우에는 후속도장으로 인해 래커 퍼티의 가장자리 부분이 녹거나 전체적으로 팽윤(Swelling)되어 지지미(부풀어 오르는) 현상이 발생하므로 건조를 완전히 시킨 다음 연마하여야 한다.
래커 퍼티는 미세한 핀 홀이나 스크래치 부위에만 사용하고, 퍼티는 액체를 흡수하는 성질이 있어 후속 공정인 프라이머 서페이서 등을 도포해야 한다.

(a) (b)

그림 5-29 퍼티 기공 및 래커 퍼티 작업

(3) 특징

① 내후성, 부착성이 좋지 않고, 유연성이 적고 수축이 있다.

② 건조가 빠르지만 두껍게 도장하면 건조 시간이 길어진다.

③ 건조 후 용제에 용해가 되고, 연마 시 수(水)연마하여야 한다.

퍼티 작업

[1] 퍼티 도포 목적

자동차 퍼티는 자동차 범퍼나 펜더, 보닛 등의 찌그러진 부분을 원래 모양으로 복원하고, 후속도장에 우수한 방청성을 준다.

[2] 퍼티 작업공구

① 퍼티 혼합판(이김판) : 금속, 코팅된 종이 퍼티를 혼합할 때 사용한다.

② 스크레이퍼 : 퍼티 혼합판 정리 및 주걱에 붙어 있는 퍼티 잔여물을 제거한다.

③ 믹싱바(퍼티 혼합봉) : 퍼티 주제를 작업 전 균일하게 혼합할 때 사용한다.

④ 주걱 : 플라스틱 주걱은 유연성이 좋고 경화제의 혼합과 굴곡진 부분에 도포할 때 사용하며, 고무 주걱은 도어 안쪽같이 굴곡이 심한 부위 또는 마무리 도포용으로 사용한다. 쇠 주걱은 평편하고 넓은 부분에 사용하며, 스프레터는 플라스틱으로 된 퍼티 도포 도구로 퍼티가 건조된 다음 쉽게 제거가 가능한 제품이다.

(a) 퍼티 혼합판

(b) 스크레이퍼

(c) 믹싱바

(d) 쇠 주걱

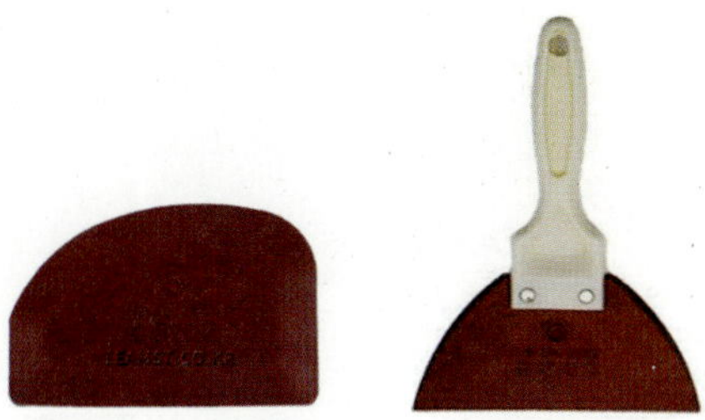

(e) 고무 주걱

(f) 플라스틱 주걱

그림 5-30 퍼티 작업공구

[3] 퍼티 도포 방법

퍼티 작업은 퍼티혼합, 퍼티도포, 퍼티건조, 퍼티연마 순으로 이루어진다. 퍼티면적과 손상의 정도에 따라 작업시간이 소요되며, 도장현장에서는 퍼티면의 품질을 향상시키기 위해 두 번 이상 작업이 진행되는 경우가 일반적이다.

(a)

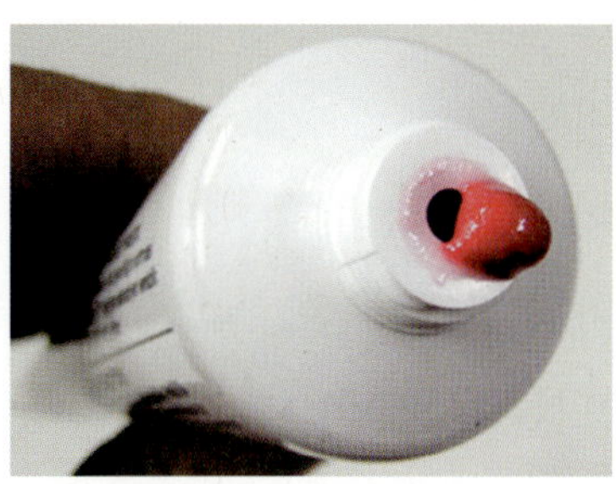

(b)

그림 5-31 퍼티 및 퍼티 경화제(혼합비율 – 주제 100g : 경화제 1~3g)

(1) 작업준비

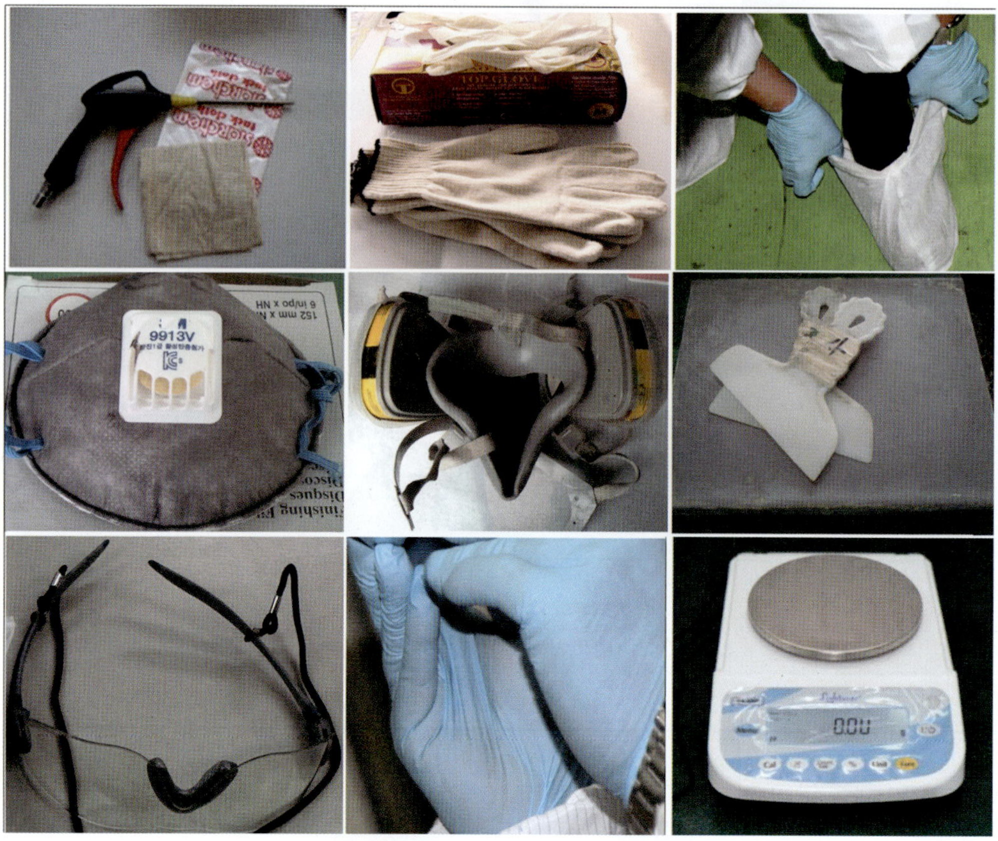

그림 5-32 안전장비 및 준비물

① 더블 액션 샌더

② 디스크 샌더

③ 탈지제

④ 종이타월

⑤ 연마지 #80, #180, #320

⑥ 핸드블록(아데방)

⑦ 목장갑

⑧ 내용제 장갑

⑨ 일회용 비닐장갑

⑩ 마스크(분진용)

⑪ 작업복

⑫ 세척 시너

⑬ 퍼티 주걱(플라스틱)과 퍼티 혼합판(철판)

⑭ 퍼티 혼합봉

⑮ 퍼티(주제, 경화제) 및 전자저울

(2) 퍼티 혼합

① 퍼티의 주제와 경화제를 준비한다.

② 퍼티 주제 뚜껑을 열어 퍼티 혼합봉으로 퍼티 주제를 골고루 저어준 다음 경화제 튜브를 주물러서 혼합할 준비를 한다.

③ 전자저울에 퍼티 혼합판을 올려놓고 "0"점을 세팅한다.

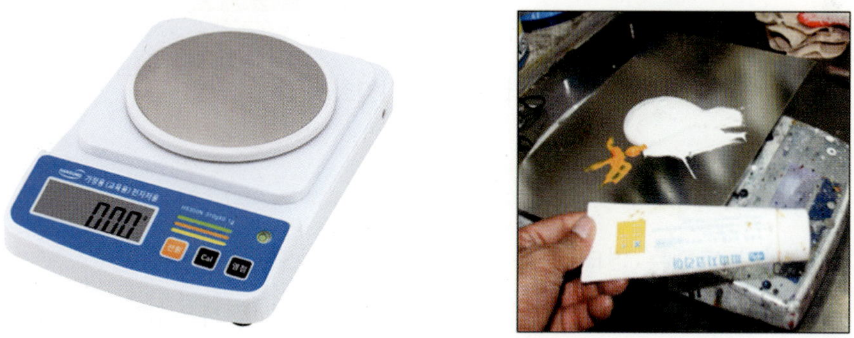

(a) (b)

그림 5-33 전자저울 "0" 세팅

④ 사용할 만큼의 퍼티 주제를 적당량 퍼티 혼합판에 올려놓고 저울 눈금을 읽는다(예 : 100g). 그리고 다시 "0" 세팅을 맞춘다.

⑤ 주제에 맞는 경화제의 양을(주제에 대한 3~5% – 예 : 3g) 주제 옆부분에 정확하게 올려놓는다.

⑥ 혼합비율과 퍼티양이 많거나 적을 경우 저울에 가감하여 퍼티를 버리는 일이 없도록 한다.

⑦ 정확한 양이 혼합되었다면 플라스틱 주걱을 사용하여 주제와 경화제를 골고루 혼합하여 주제와 경화제가 완전히 섞여 균일한 색상이 나타날 때까지 혼합한다.

⑧ 혼합된 퍼티를 혼합판의 중앙에 모아둔다.

퍼티를 혼합할 때에는 공기가 퍼티 속에 포함되지 않도록 하며, 바깥쪽에서 안쪽으로 모아 절반 정도 뒤집어 놓으며, 퍼티 주걱의 넓은 면으로 퍼티를 부수듯 압착한다. 흰색(주제)이 노란색으로 변화해 가며, 경화제 양이 많은 경우 진한 노란색을 띠며, 연한 노란색일 경우 퍼티경화제 양이 적은 경우이다.

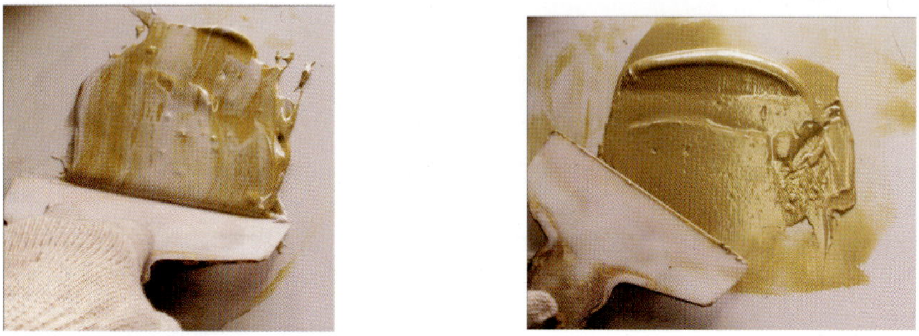

(a) (b)

그림 5-34 퍼티 및 퍼티경화제 혼합 작업

(3) 퍼티 도포

① 처음 퍼티 도포는 퍼티 양을 적게 발라 얇게 도포한다.

② 손상 부위와 밀착력을 높이기 위해 퍼티 도포면에 주걱을 60~70° 정도로 세워 연마자국, 기공 등에 퍼티가 들어가도록 힘을 주어 도포한다.

③ 처음보다 퍼티의 양을 늘려 2~3회에 걸쳐 패널 형상과 맞도록 두께를 형성한다.

④ 퍼티주걱은 처음보다 더 눕힌 상태 60°에서 시작하여 15° 정도로 각도를 작게 하여 도포한다.

⑤ 주걱의 각도가 낮으면 두툼하게 남게 되고, 주걱의 각도가 크면 퍼티는 깎이게 된다.

⑥ 퍼티는 얇게 여러 번 도포하는 것이 원칙이며, 마지막에 요철의 주변보다 두툼하게 채워진 퍼티를 패널형성에 맞게 퍼티를 제거하듯이 평평하게 도포한다.

⑦ 퍼티도포를 여러 번 작업하여 부착력과 밀도를 높이고 철판 형상보다 약간 두껍게 도포되는 느낌으로 도포한다.

⑧ 퍼티 주변의 경계 부분은 얇고, 턱은 최소가 되도록 도포하고 그 주변을 깨끗하게 마무리한다.

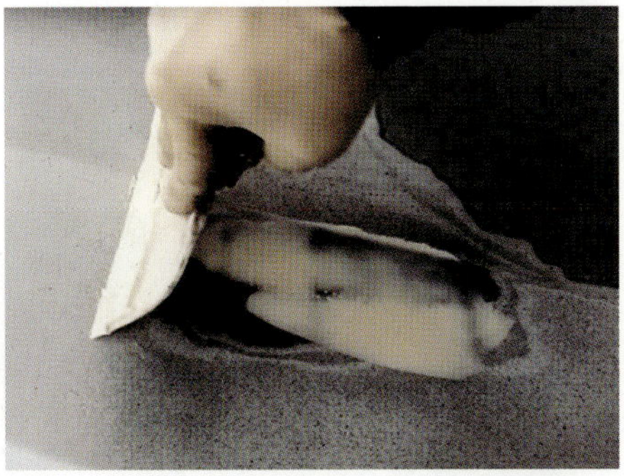

(a) 얇게 도포

(b) 두껍게 도포

그림 5-35 퍼티 도포 작업

(4) 작업 시 주의사항

① 도포면의 온도는 20℃ 정도, 습도는 75% 이하에서 도포한다.

② 두껍게 도포할 경우 퍼티 내의 기공이 발생하므로 얇게 여러 번 도포한다.

③ 주제, 경화제 이외 시너, 안료 등을 넣지 않는다.

④ 경화제는 규정량을 초과하면 반응하지 못한 경화제 성분이 상도 작업 시 시너 성분에 용해되어 변색될 수 있다.

⑤ 주제와 경화제 교반이 불충분할 경우 건조불량, 갈라짐 등이 발생한다.

⑥ 건조된 퍼티에 수분이 묻으면 소재의 표면에 녹이 생기므로 건식 연마를 한다.

⑦ 주제에 맞는 경화제를 사용한다.

⑧ 연마가 안 된 부분에 퍼티를 도포하고, 건조 후 연마하면 경계면의 단 낮추기가 되질 않고 벗겨지기 때문에 연마된 부분만 퍼티를 도포한다.

[4] 퍼티 건조

① 퍼티 도포 후 적외선 건조기를 이용하여 60~90cm를 유지한다.

② 강제 건조온도는 일반적으로 60~80℃에서 10분을 유지하도록 하며, 자연건조는 계절에 따라 차이는 있으나 30분 내외로 건조해야 연마가 가능하다.

③ 강제 건조 시 온도가 너무 높지 않도록 주의해야 하며, 퍼티 도포 주위의 패널 온도를 적외선 온도측정기를 이용하여 측정하거나, 손으로 접촉하여 패널온도를 느끼며 퍼티가 타지 않도록 주의해야 한다.

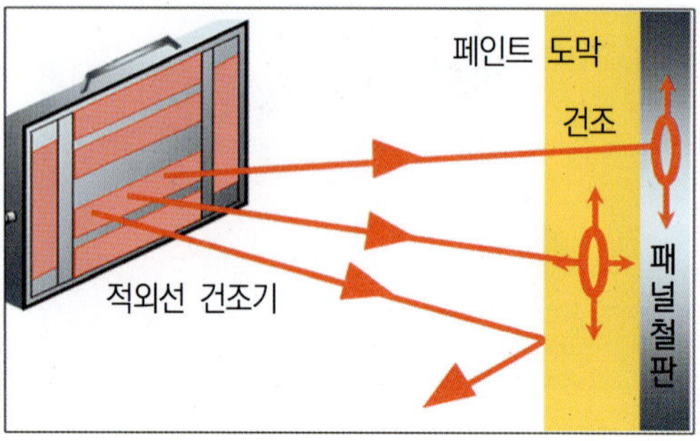

(a)

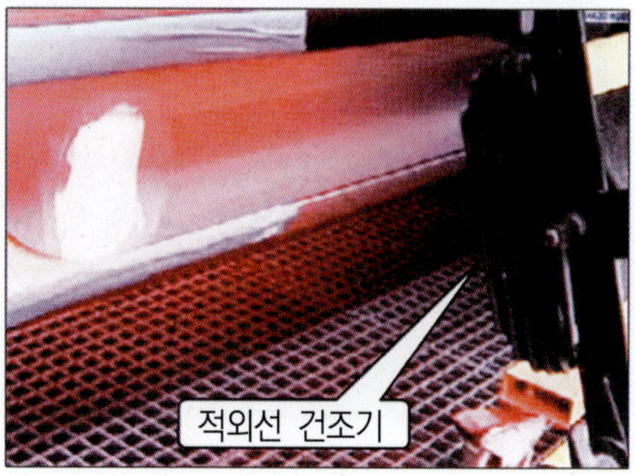

(b)

그림 5-36 **적외선 건조기 및 건조 방법**

[5] 퍼티 연마 방법

① 분진 마스크 및 안전용품을 착용한다.

② 흡진기 및 더블 액션 샌더를 설치한다.

③ 더블 액션 샌더에 #80 연마지를 부착한다.

(a)

(b)

(c)

그림 5-37 연마지 P80, P180, P320, P600과 부직포(수세미) 및 연마지 부착

④ 샌더기의 회전수(rpm)를 적절히 조절한다.

⑤ 퍼티의 처음 연마 시 두껍게 도포된 곳과 주걱자국으로 겹쳐있는 곳을 우선 연마하며, 샌더는 상, 하, 좌, 우 및 대각선 방향으로 연마한다.

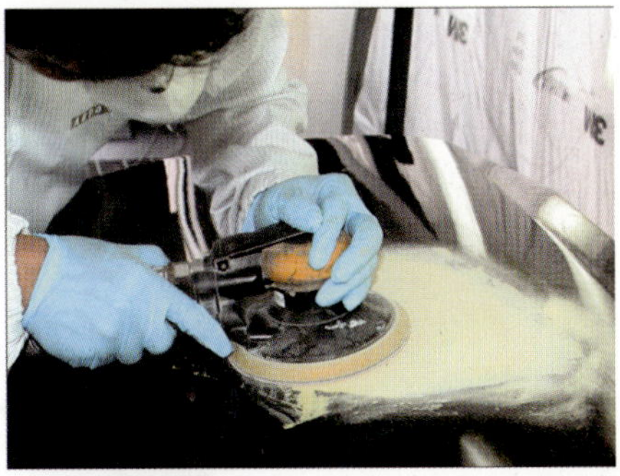

그림 5-38 퍼티 기계 연마 작업

⑥ 샌더로 어느 정도 평활성(#80, #120, #180)을 확보한 후 핸드 블록(#180, #320) 연마지로 마무리 연마한다.

(a)

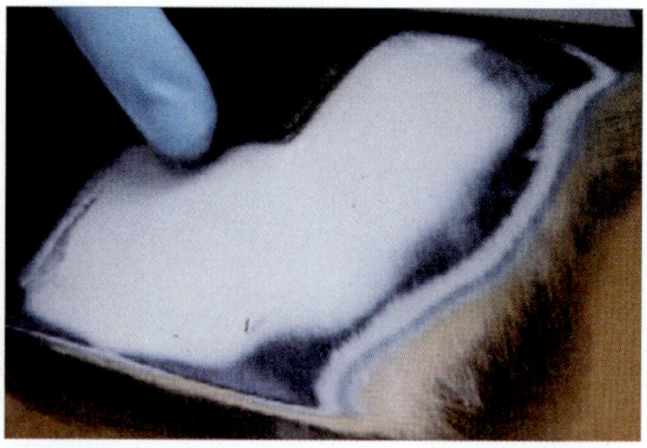

(b)

그림 5-39 퍼티 연마 작업(수 연마)

⑦ 퍼티 연마 시 발생한 연마가루와 먼지는 흡진기(진공청소기)로 제거한다. 퍼티 부분의 세정은 탈지제를 사용할 경우 수분과 유체를 흡수하는 성질이 있어 건조하는데 오랜 작업시간이 소요되며, 완전건조가 되지 않을 경우 도장결함을 유발시킬 수 있다. 특히 물을 이용하는 습식 샌딩 방법으로 수(水)연마를 할 경우 물에 의한 도장결함을 발생시키므로 완전건조 후 다음 공정을 하여야 한다.

⑧ 연마 부위와 연마하지 않은 부위를 구분하기 위하여 가이드 코트를 도포하고, 퍼티 연마 시 기공이 발생되면 검정색 가이드 코트가 남아 육안으로 찾아내기가 용이하다.

(a)

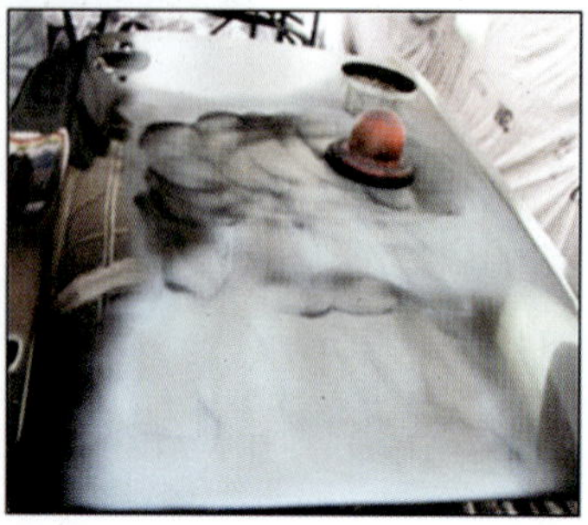

(b)

그림 5-40 가이드 코트 작업

5.4 서페이서 작업

서페이서(Surfacer)는 기능성과 작업성 면에서 하도와 중도기능을 동시에 할 수 있는 도료이며, 하도도막과 상도도막의 중간에 위치하고 있으면서 하도에 대한 기능과 상도도막에 대한 보조기능을 동시에 하기 때문에 매우 중요한 역할을 한다고 할 수 있다. 서로 다른 기능과 역할을 담당하기 때문에 보수도장에서는 반드시 적용해야 한다.

신차 생산라인에서는 하도도장공정(Primer)과 중도도장공정(Surfacer)이 정확하게 구분되어 사용한다.

서페이서 종류

그림 5-41 서페이서

[1] 1액형

(1) 래커계 서페이서

① 적용범위 : 작은 부분 보수 및 신차도막 보수용

② 장점 : 도포 후 자연건조(열처리 안 함)가 가능하며 건조가 빠르고 연마성이 좋

아 작업 시간이 빠르다. 즉, 작업자 편의가 매우 좋다.

③ 단점 : 퍼티 작업 차단이 잘 안되고, 2액형과 비교하여 도막 형성이 낮다. 시너에 녹거나 갈라짐 현상이 생길 가능성이 크다. 연마기를 활용한 연마가 어렵다.

[2] 2액형

(1) 우레탄 서페이서

① 적용범위 : 신차도막, 보수도막 등

② 장점 : 퍼티 작업 차단을 확실히 해주고, 내용제성과 방청성 및 내수성이 좋으며, 살오름성과 퍼티 구멍 메꿈성이 좋다. 그러므로 도장면의 도막을 충분히 형성할 수 있다.

③ 단점 : 가사시간이 있으며, 사용 후 세척해야 하며, 건조가 느려 작업자 사용이 불편하다. 도포 후 필히 열처리 시간이 필요하다.

(2) 에폭시계

① 적용범위 : 신차도막, 보수도막 등

② 장점 : 내용제성, 방청성, 내구성, 도막 살오름성, 내화학성, 내약품성이 좋다.

③ 단점 : 가사시간이 있으며, 사용 후 세척해야 한다. 건조가 느려 작업자 사용이 불편하다.

서페이서 특성

[1] 서페이서의 구비조건

① 기계적 강도가 커야 한다.

② 내부식성, 차단성, 층간 부착성, 은폐력이 좋아야 한다.

③ 요철의 메꿈성이 좋고, 살오름성이 좋아야 한다.

④ 퍼짐성이 좋아서 표면이 매끈해야 한다.

⑤ 연마성이 좋아 연마하기 쉬워야 한다.

⑥ 팽윤성이 적어야 하며, 내광성을 가져야 한다.

⑦ 건조성이 좋아야 한다.

⑧ 프라이머에 잘 부착되어야 하고 상도도막도 중도에 잘 부착되도록 한다.

[2] 서페이서의 기능

서페이서 도료는 하도와 중도의 기능을 가진 도료로서 철판면에는 하도(방청, 기준 도막) 기능을, 상도면에는 중도 기능(중간 도막 형성)을 부여하도록 설계된 도료이다.

(1) 차단성

상도도료가 하도도료로 침투되는 것을 차단한다.

(2) 부식 방지기능(방청성)

서페이서는 철판의 부식을 억제하는 방청안료가 포함되어 있어 녹을 방지하며, 워시 프라이머를 도장하지 않고 서페이서를 단독으로 철판면에 도장하는 것이 가능하다.

(3) 메꿈 기능(평활성, 살오름성)

퍼티 기공을 메워주기 위해 2차 마무리(레드퍼티) 퍼티를 도포하지만 100% 메우기는 어려우며, 이 미세한 연마 자국이나 미세 굴곡 제거에는 서페이서 사용이 효과적이다. 미세한 다단 낮추기, 미세 굴곡 부분을 서페이서의 유막을 형성하여 평활성을 주기 위한 메꿈 기능을 할 수 있다.

(4) 부착력 향상 기능(부착성)

서페이서를 적용한 패널과 적용하지 않은 패널 부착력과 후속도장의 점착성에서 현저하게 차이를 보인다. 따라서 서페이서를 도장한 후 상도도막을 작업하여 하도와 상도간의 부착력을 향상시켜 도막이 외력에 의해 벗겨지지 않도록 한다.

(5) 충격 완화기능(내충격성)

서페이서 도막 두께가 형성되어 있는 경우에는 차량의 고속주행 시 작은 모래나 돌가루로 인한 후드 및 범퍼의 치핑현상(도막이 벗겨지는 현상)을 방지할 수 있으며, 외력에 대한 충격이 소재나 하도로 직접 전달되지 않도록 완화시키고, 벗겨진 도막 주변의 녹 발생 또한 방지할 수 있다.

(6) 상도 외관 향상

판금에 의한 거친 연마 자국, 스크래치가 있는 구도막, 다공질성인 퍼티에 의한 도막 등 패널 주변이 팽윤되거나 도막의 수축과 팽창으로 인해 외관이 나빠지고 주름, 이색현상 등이 발생하는 것을 방지하려면 반드시 서페이서를 적용하여 외관을 향상시킨다.

(7) 자외선 차단

상도를 통과하여 하도로 들어오는 자외선을 차단한다.

[3] 입자 크기에 따른 특징

서페이서는 제품명 뒤에 숫자가 표시되어 있는데 이것은 도료에 들어있는 가루 모양의 입자 크기를 의미한다. 일반적으로 500, 1000, 1500제품이 있다. 숫자가 커질수록 입자가 곱고, 숫자가 작을수록 입자가 커진다. 간단하게 모니터의 해상도와 비슷한 개념이라고 생각하면 된다. 작업할 때 사용하는 사포 또한 숫자가 커질수록 입자가 작고 스크래치가 덜 남는다.

그림 5-42 서페이서 입자 크기 숫자 표시

숫자가 작은 서페이서는 스크래치는 잘 막지만, 패널 라인이 뭉툭해질 수 있다. 반대로 숫자가 큰 서페이서는 표면 정리를 깔끔하게 하지만, 스크래치를 잘 못 막는다.

서페이서 도장

[1] 서페이서 도장 목적

(1) 기준 도막을 형성한다.

사고로 인해 패널을 교환할 경우에는 새 패널 철판면에 전착도막인 하도(Primer)만 도장되어 공급되므로 중도 공정인 서페이서를 도장하지 않은 채 색상과 투명 도료를 도색할 경우 패널 전체 도막 두께가 얇아 정상적인 도막성능을 발휘하기 어려워진다. 따라서 일정한 기준 도막을 형성하여 도막기능을 확보하고 유지하여야 한다.

(2) 상도도막에 대한 평활성 및 층간 부착력 향상과 차단성 향상

보수도장 작업에서 퍼티 작업 후 상도 작업 시 하도인 퍼티나 전착도막이 상도 도료를 흡수하여 점착성이 나빠지며, 이색현상 및 광택도가 떨어지고 도장 결함으로 이어진다. 따라서 퍼티를 도포한 경우에는 먼저 서페이서를 도장하여 하도도막으로부터 상도에 대한 평활성을 유지하고, 중간에서 상도와의 부착력을 향상시켜 주고, 상도 도료가 하도로 침투되는 것을 방지한다.

(3) 내(耐)부식성을 증가시킨다.

교환 부품을 연마하거나 기존 패널을 판금하고 손상 부위를 연마할 경우에는 맨 철판이 드러나는 경우가 있으며, 철판이 드러난 상태로 상도 베이스 및 투명도장 작업이 이루어지면 턱이 지거나 지지미(도료 부풀음 현상)가 발생하거나, 철판 내부의 녹(산화)이 발생할 경우가 있다. 철판의 노출 시 서페이서를 도장하여 철판 내부의 부식을 방지하고 내부식성을 증가시킨다.

[2] 서페이서 도장 방법

(1) 서페이서의 적용

맨 철판 작업

판금 굴곡 작업 시 그라인더와 같이 기계적이고 물리적인 방법에 의해 맨 철판이 드러나는 경우와 리무버를 이용하여 구도막을 화학적인 방법으로 제거하는 경우가 있다. 이러한 맨 철판이 드러난 경우는 부식을 일으키기 쉽기 때문에 빠른 시간 내에 철판 부분을 연마한 후 서페이서를 도장하여야 한다. 만약 상도도료를 도장했다면 시간 경과에 따라 도막 내부에서 녹이 슬어 도막을 밀어 올리는 블리스터 현상이 발생하므로, 철판면이 드러난 부분은 반드시 서페이서를 도장해야 한다.

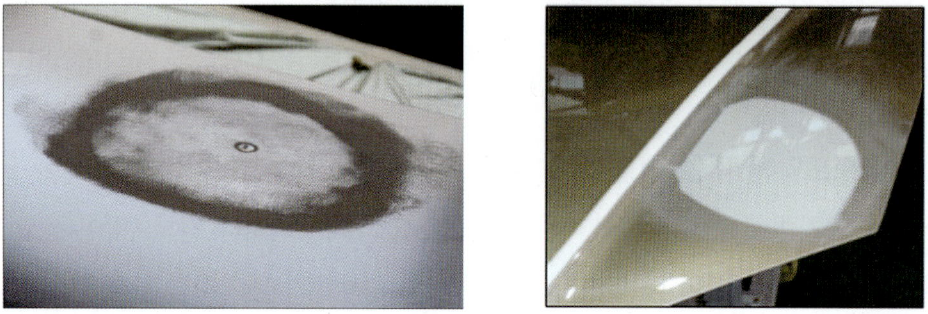

(a) (b)

그림 5-43 맨 철판 위에 서페이서 적용

퍼티 도막 위에 적용

퍼티는 철판면과 구도막 사이를 평활하게 만들거나, 오목한 부분을 메우는데 사용된다. 패널 표면 조성을 위해 퍼티를 연마하면 퍼티 표면은 작은 기공들이 발생하는데, 이러한 표면은 서페이서 공정으로 미세한 기공이 없는 평활한 표면을 확보할 수 있다.

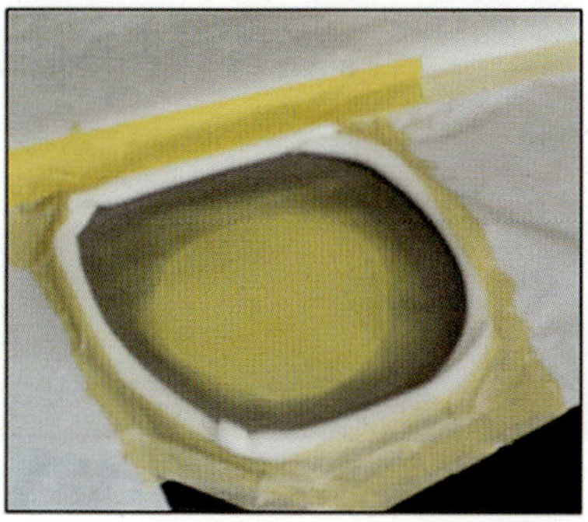

(a)

(b)

그림 5-44 퍼티 도막 위에 서페이서 적용

래커 도막에 적용

래커계 도료는 용제가 증발하면 도막(자연 건조형)이 형성되지만, 완전건조가 되었더라도 후속도장을 할 경우에는 용재의 침투로 인해 쉽게 도막이 팽윤되거나 주름 현상이 발생한다. 그러므로 도막 위에 상도도막이 하도에 스며들지 않도록 래커계 도막 위에 적용한다.

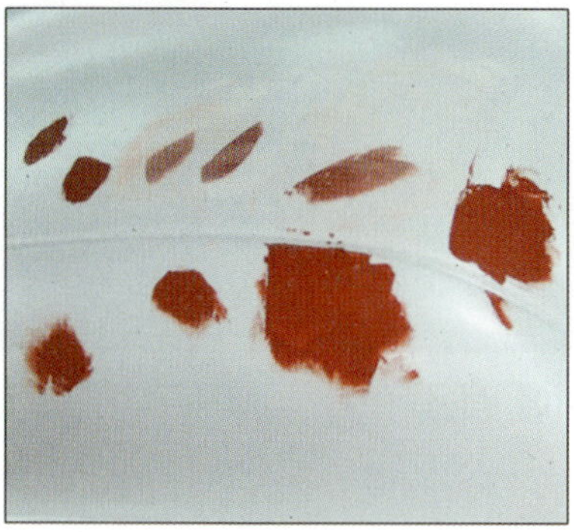

(a)

(b)

그림 5-45 래커 도막(락카계 퍼티 포함) 위에 서페이서 적용

래커 도막 위에 서페이서를 적용할 때에는 시너(희석제)의 양을 과다하게 희석하지 않도록 해야 하며, 한 번에 두껍게 도장해서는 안 된다. 구도막을 팽윤시키거나 녹이 나지 않는 도장 방법이 필요하다.

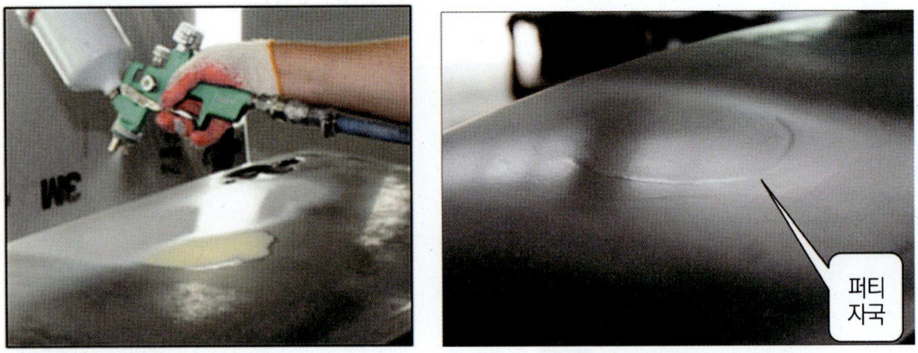

(a) (b)

그림 5-46 서페이서 도장 후 퍼티자국(1회 다량 분사)

교환부품에 적용

새 패널은 전착도막(평균 도막두께 : 20~25㎛ 정도)이 도장된 상태로 공급되며, 연마 작업 시 철판이 드러나지 않게 P600 이상의 고운 연마지로를 사용하여야 한다. 서페이서를 도장하여 적당한 도막을 형성시켜 외력에 대한 충격완화 기능과 철판면에 대한 내부식성을 확보한 후 상도도장을 하도록 한다.

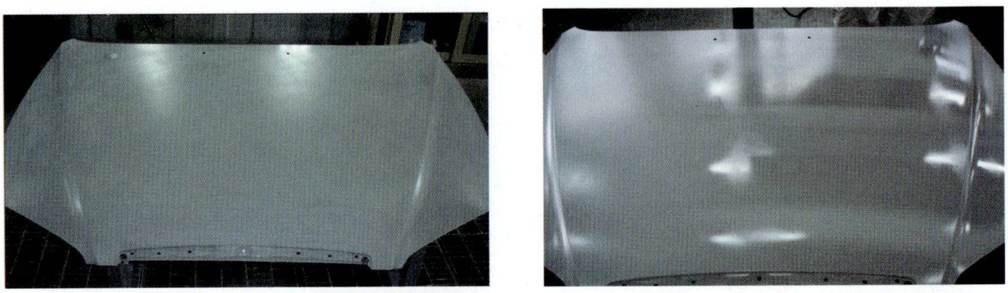

그림 5-47 신품 패널 위에 적용

(2) 서페이서 도장

중도 색상 적용

① 신 교환부품 중도 색상

㉠ 단일 중도 : 다양한 상도 색상에 한 가지의 중도를 적용한다.

㉡ 그룹 중도 : 상도 색상을 3~4가지 그룹으로 만들어 도장하는 방법으로 흰색, 진한 회색, 적색, 청색 중도를 도장한다.

㉢ 유색 중도 : 상도 베이스 코트가 완전히 은폐가 되지 않더라도 은폐가 쉽도록 상도 색상과 유사한 색상으로 도장한다.

② 부분 도장 중도 색상

㉠ 그레이컬러 중도 : 다양한 상도 색상에 그레이컬러의 중도를 도장하여 적용한다.

㉡ 유색 중도

㉮ 흰색, 검정색, 적색, 황색, 청색을 조합하여 상도 컬러와 유사한 색상으로 도장한다.

㉯ 상도도장 횟수가 감소되어 상도 도료를 적게 사용한다.

㉰ 치핑에 의한 상도도막이 떨어져도 유사한 색상의 중도 적용으로 쉽게 눈에 띄지 않는다.

㉱ 조색 작업 시 정면, 측면 색상 변화가 적다.

서페이서 스프레이 방법

사용하는 스프레이건의 조작, 도료의 점도 등을 맞춘다.

① 1차는 얇게 도장(Dry Spray) : 한 번에 습도장했을 때 중력 방향의 처짐이던지 크레터링 등이 생기지 않고 도료의 부착성을 올린다.

② 2차는 습도장(Wet Spray) : 도료가 도장하는 곳 이외의 부분으로 비산되지 않도록 습도장하여 도막이 두꺼워지도록 도장한다.

신(新) 교환부품(패널전체) 도장

새 패널에 상도도료를 적용할 경우 철판면의 내부식성이 떨어져 녹이 내부에서 발생하여 도막을 뚫고 부풀어 오르는 현상이 발생하므로, 반드시 교환부품을 도장할 경우에는 먼저 서페이서를 도장하여 기본적인 기준 도막을 형성한 후 상도도장으로 좋은 외관을 형성할 수 있도록 해야 한다.

① 작업준비를 한다.

㉠ 더블 액션 샌더(DAS), 탈지제, 종이타월, 연마지 P400, P600

㉡ 부직포, 목장갑, 내용제성 장갑, 일회용 비닐장갑

㉢ 세척시너, 마스크(분진), 작업복

② 교환 패널을 전착 도막면을 탈지제로 깨끗하게 닦는다.

③ 고운 연마지로 전착면을 연마하고 탈지한다. : P400 이상의 고운 연마지를 사용하여 샌딩하고, 손(手)연마하여 마무리하거나 부직포(일명 수세미)를 이용하여 연마하기 힘든 가장자리 및 프레스라인을 연마하여 마무리하고 탈지제로 분진가루를 깨끗하게 제거한다.

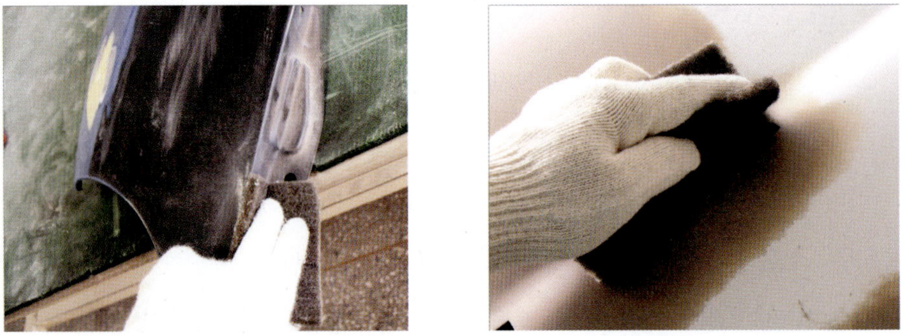

(a) (b)

그림 5-48 패널의 가장자리 등 부직포(수세미 사포)를 이용한 연마

④ 서페이서 도료(우레탄)를 혼합하고 스프레이건에 담는다. : 2액형(주제 : 경화제) 도료의 혼합은 무게비로 혼합하는 방법과 부피비로 혼합하는 방법이 있다. 무게비(예 4kg : 1kg)는 전자저울을 이용하여 혼합하고, 부피비(예 4 : 1)는

계량컵을 이용하거나 비율자를 이용한다.

(a) (b)

그림 5-49 **서페이서 도료의 주제 및 경화제**

⑤ 패널을 송진포를 이용해 먼지를 제거한다. : 도장한 패널에 묻어 있는 미세먼지를 에어 블로잉과 함께 송진포로 깨끗하게 닦아낸다.

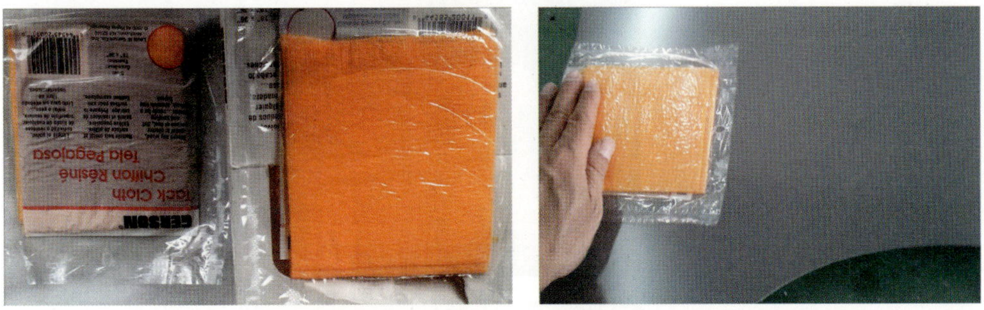

(a) (b)

그림 5-50 **송지포를 이용한 먼지제거 작업**

⑥ 서페이서 도료를 패널에 도장한다. : 맨 철판이 드러난 부위를 가볍게 도장(Dry Coating)한 다음 패널 전체를 촉촉하게 적셔(Wet coating) 한 번 도장한다. 도장 후 도막 내에 존재하는 용제 및 시너가 공기 중으로 증발하는 시간(플래시 오프타임)을 적용한 뒤 후속도장을 한다. 서페이서 도장 횟수는 일반적으로 2~3회이며, 도료 메이커별로 추천하는 도장 횟수 및 도막 두께(40~50μ m)는 다소 차이가 있다.

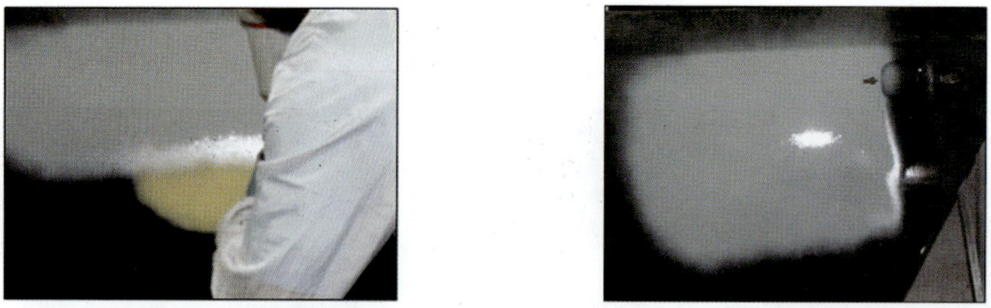

(a) (b)

그림 5-51 서페이서 도장 작업

⑦ 서페이서 도막을 건조한다. : 열처리하기 전 5~7분 정도의 세팅타임(도장 작업이 완료된 후 열처리를 하기 전 도막 내부에 존재하는 용제 및 시너(희석제)가 자연적으로 증발하도록 방치하는 시간)을 적용한 뒤 60℃에서 10분 이내면 건조가 가능하다.

그림 5-52 서페이서 건조

⑧ 서페이서를 연마한다. : 더블 액션 샌더에 스펀지로 된 중간패드(Interface Pad)를 백업패드에 부착한 다음 P600 연마지를 이용하여 패널 전체를 고르게 연마한다. 오렌지 필(오렌지 껍질과 같은 올록볼록한 도막 형태) 등을 제거하고 연마 상태를 확인하기 위해 가이드 코트(흑연가루로 샌딩 작업 시 연마된 곳과 연마할 곳을 구분하며, 핀홀 등을 찾아내기 위함)를 도포하고 연마 작업을 하면 편리하다. 가장자리와 심하게 꺾여있는 프레스 부분을 제외한 패널 전체를 일정한 힘과 속도로 연마하고, 가장자리 부분과 패널의 프레스 부분은 도막이 쉽게 벗겨지는 경우가 발생하므로, 부직포와 같은 부드러운 연마지를 사용하여 손으

로 연마하는 것이 효과적이다.

⑨ 탈지한다. : 패널 안쪽과 바깥쪽 모두를 탈지제로 깨끗하게 탈지하여 분진가루와 이물질을 완전하게 제거한다.

서페이서 부분도장

교환 패널은 서페이서를 전체 도장한다. 손상 패널은 손상 부위를 퍼티 작업한 후 퍼티 부분만 서페이서를 도장한다.

(a)

(b)

그림 5-53 퍼티 도포 부위의 부분도장(서페이서) 작업

① 작업준비를 한다.

㉠ 더블 액션 샌더(DAS), 탈지제, 종이타월, 연마지 P180, P320, P600, P1000

㉡ 핸드 블록(아데방), 목장갑, 내용제성 장갑, 일회용 비닐장갑

㉢ 세척시너, 마스트(분진), 작업복

② 손상 부위를 확인한 후 탈지한다.

㉠ 손상 부위를 확인한다.

㉡ 손상 부위와 그 주변을 탈지제로 탈지한다.

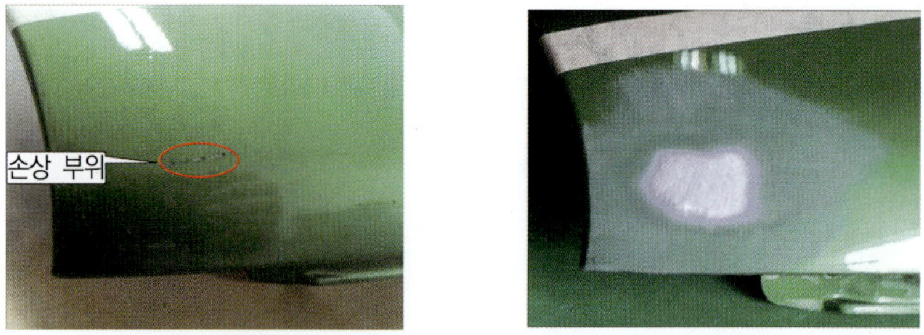

(a) (b)

그림 5-54 손상 부위 확인 및 손상 부위 연마

③ 손상 부위를 연마한다.

㉠ 손상 정도에 따라 더블 액션 샌더에 P180 또는 P320 연마지를 부착한다.

㉡ 손상 부위 바깥쪽에서 안쪽 방향으로 연마를 진행하여 단(턱)이 없어지도록 연마한다.

④ 손상 부위를 역 마스킹한다.

㉠ 디스펜서(마스킹 편리기구)로 적당한 크기의 마스킹 종이를 자른다.

㉡ 손상 부위에서 테이프를 붙인 다음 종이를 뒤집어 마스킹 테이프로 마감한다.

㉢ 마스킹 종이를 이용하여 반대편도 같은 방법으로 마스킹한다.

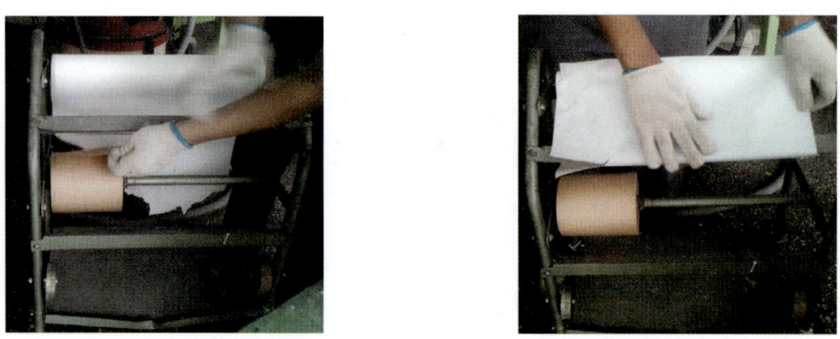

(a) (b)

그림 5-55 디스펜서(마스킹 편리기구)

㉣ 위와 같은 방법으로 좌·우측 방향도 마스킹한다.

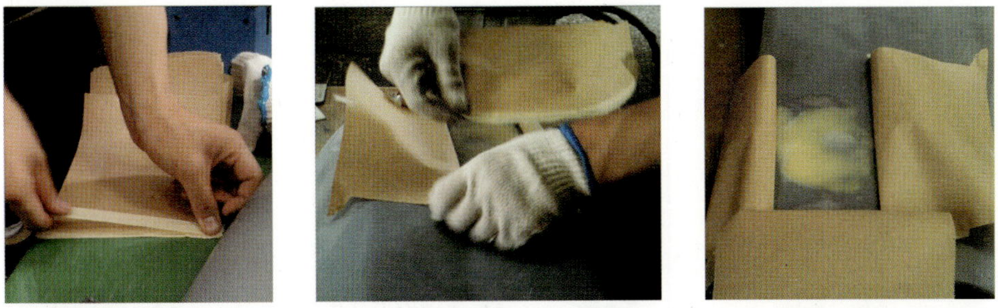

(a) (b) (c)

그림 5-56 마스킹 테이프 및 역 마스킹 작업

⑤ **서페이서를 도장한다.**

㉠ 서페이서 도료를 주제와 경화제의 혼합비율에 맞게 혼합한다.

㉡ 전자저울을 이용하여 주제와 경화제를 혼합 후 적정량의 시너(희석제)를 혼합한다.

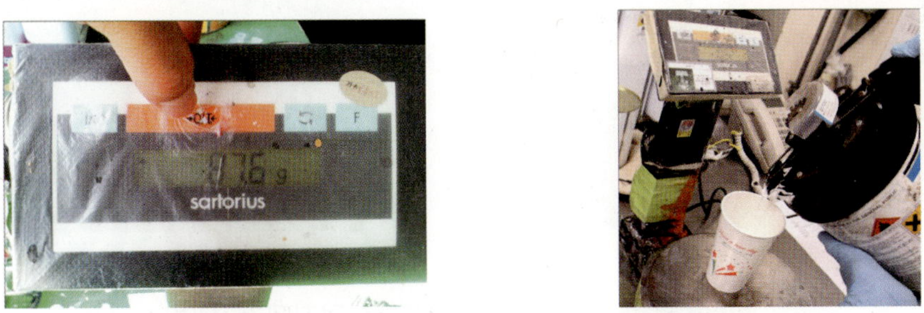

(a) (b)

그림 5-57 전자저울 및 주제와 경화제 혼합

㉢ 혼합된 도료는 여과지를 사용하여 중도 전용 스프레이건(Nozzle 1.4)에 담는다.

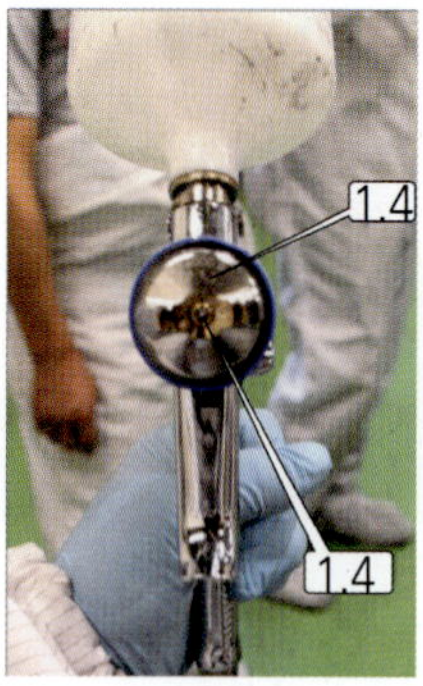

(a)

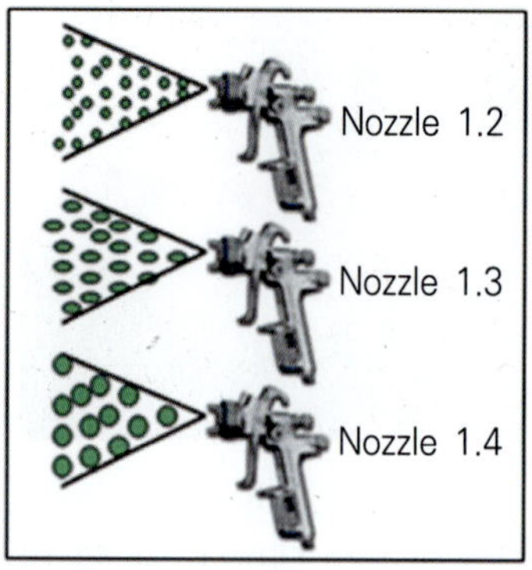

(b)

(c)

그림 5-58 스프레이건 및 도료 담기

㉣ 도장 전 패널의 손상 부위를 송진포로 가볍게 에어 블로잉과 함께 먼지를 제거한다.

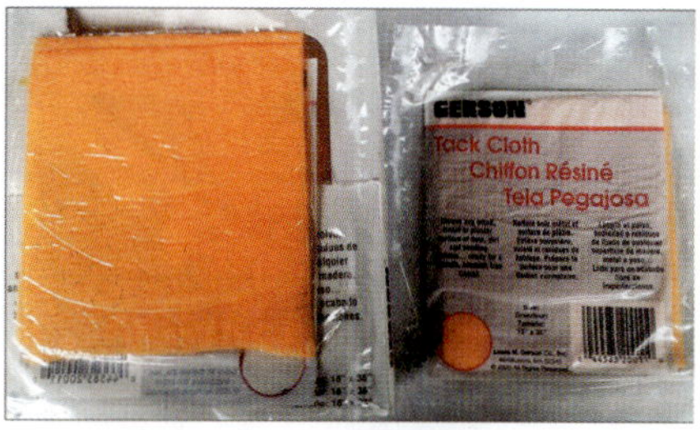

(a)

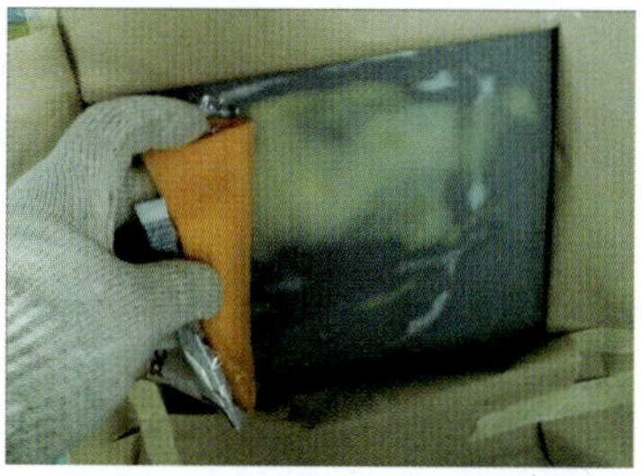

(b)

그림 5-59 송진포 및 송진포로 먼지제거 작업

㉤ 처음 도장 시에는 도료량을 적게 하여 가볍게(Dry) 도장한다.

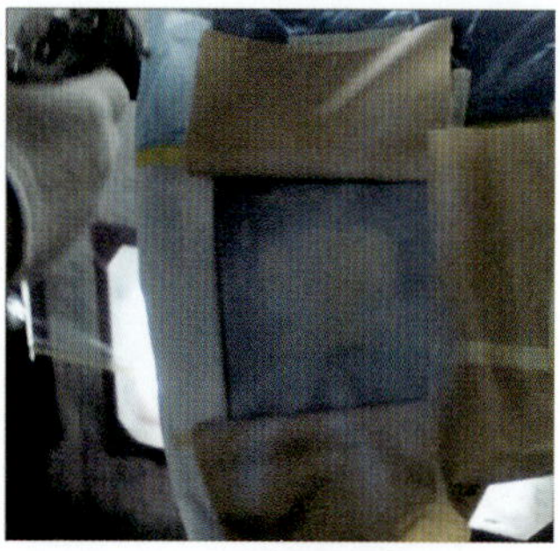

(a)

(b)

그림 5-60 1차 도장(바탕이 보이도록 얇게 도장)

ⓗ 적당한 플래시 타임을 적용한 뒤 2차 스프레이를 한다.

ⓢ 플래시 오프타임을 적절히 적용하면서 2~3회 정도 도장한다.

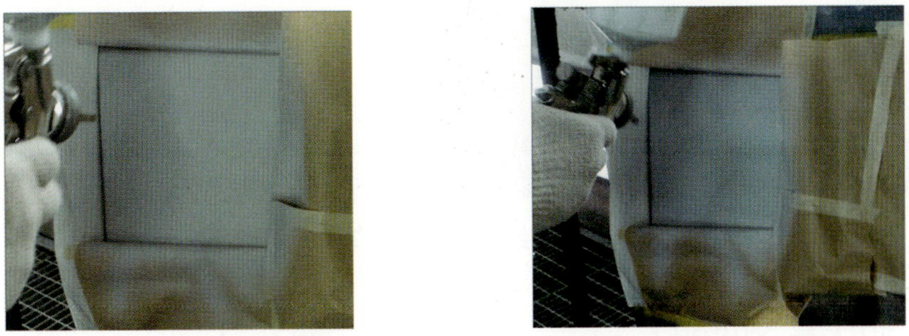

(a) 2차 (b) 3차

그림 5-61 2차, 3차 스프레이 작업

ⓞ 도장 시 마스킹의 경계부위가 끊어져 보이지 않도록 처리한다.

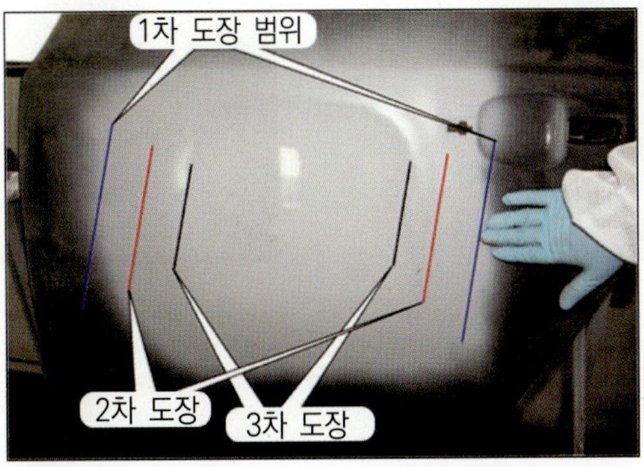

그림 5-62 서페이서 횟수별 도장범위 및 공정

⑥ **서페이서를 건조한다.**

㉠ 서페이서 도장 후 곧바로 열을 올리지 않고 용제가 자연적으로 증발할 수 있도록(세팅타임) 잠시 대기한다.

㉡ 이동식 적외선 건조기를 사용하거나 거치대를 이용하여 부분적으로 건조한다.

㉢ 부분도장인 경우 10~15분 정도 건조한다(너무 가까이에서 건조하지 않도록 한다).

㉣ 포터블 또는 거치대를 이용한 적외선 건조기를 도장부위와 적정거리를 유지한다.

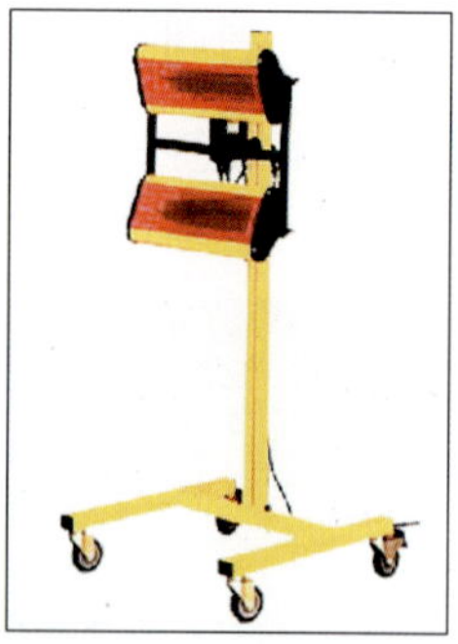

그림 5-63 적외선 건조기 및 건조 작업

⑦ 서페이서를 연마한다.

㉠ 드라이 가이드 코트를 골고루 바른다.

(a)

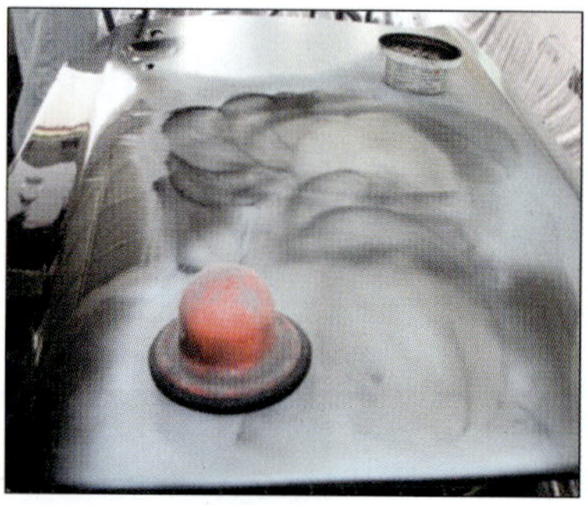

(b)

그림 5-64 가이드 코트 도포 작업

㉡ 샌더에 중간패드와 P600 연마지를 부착한다.

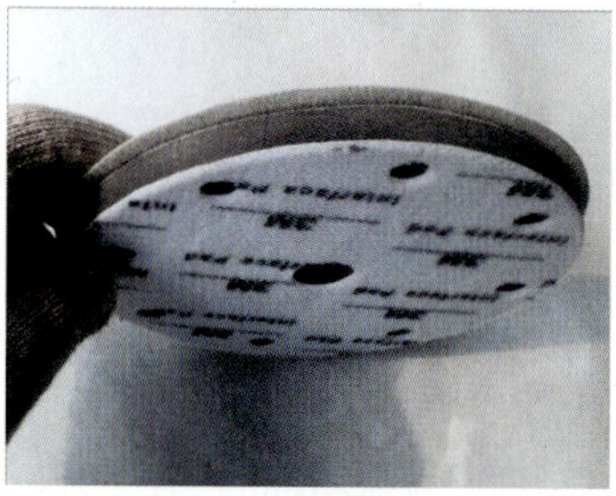

(a)

(b)

그림 5-65 연마지 중간패드 및 더블 액션 샌더

ⓒ 손상 부위 중심에서 바깥쪽으로 연마를 진행한다.

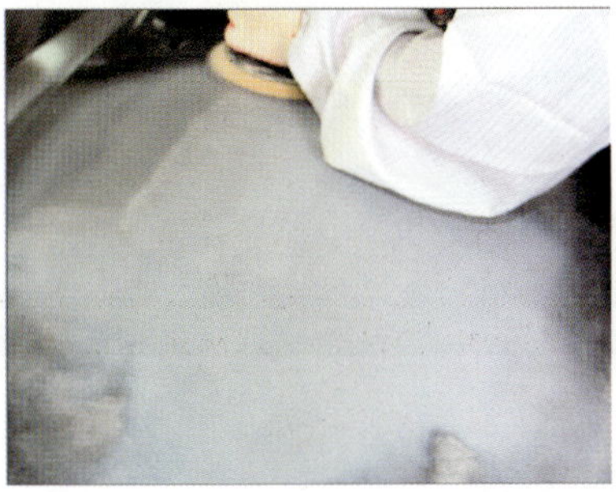

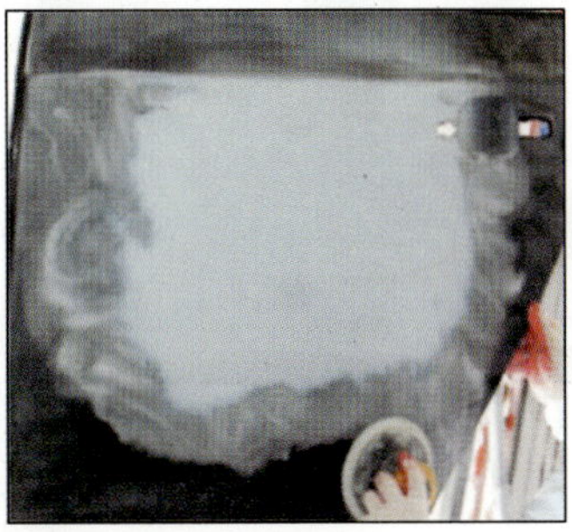

(a) (b)

그림 5-66 서페이서 연마(더블 액션 샌더)

ⓔ 스펀지 연마지나 부직포를 이용하여 프레스라인이나 테일(끝) 부분이나 도어 손잡이 부분을 연마한다.

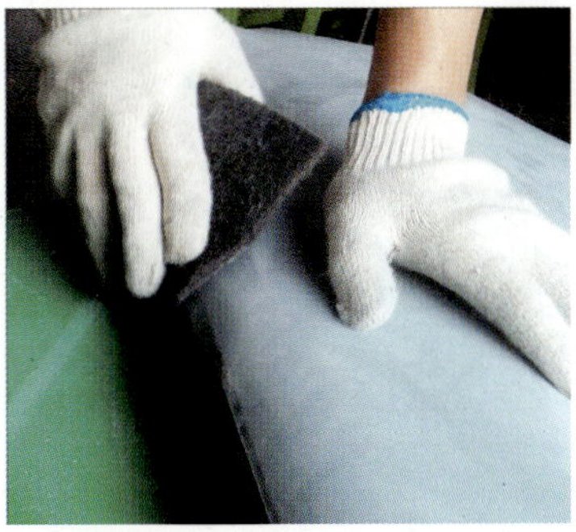

(a) (b)

그림 5-67 부직포를 이용한 패널 모서리 부분 연마 작업

⑧ **탈지 작업을 한다.**

서페이서를 연마한 다음 탈지제로 깨끗하게 제거한다. 탈지 작업은 탈지제를 묻힌 종이타월이나 걸레로 먼저 분진가루가 묻은 연마면을 훔쳐내듯 닦아낸 다음 깨끗한 종이타월이나 걸레를 이용하여 탈지제가 증발하기 전에 깨끗하게 닦아낸다.

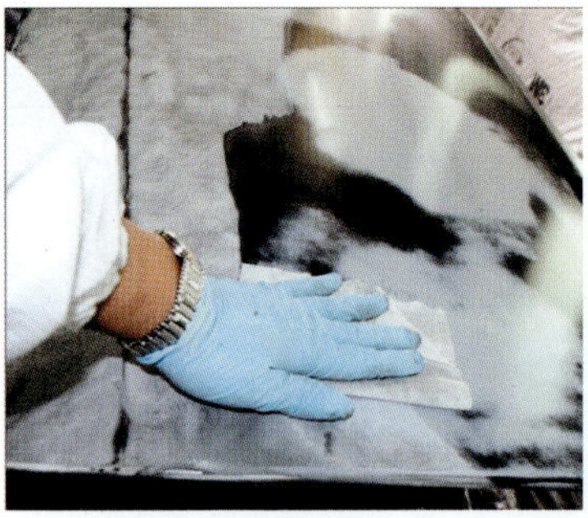
(a)

(b)

그림 5-68 탈지 작업

(3) 스페이서 건조

자연 건조형

1액형 래커계로 상온 20℃에서 용제가 증발하여 건조되는 자연 건조형.

강제 건조형 추천형

① 2액형 우레탄, 에폭시계로 상온 20℃에서 24시간 정도가 지나면 건조.

② 자연 상태에서 건조시간이 오래 걸려 60℃에서 30분 정도 가열건조하여 건조시간 단축시킴.

[3] 서페이서 연마

(1) 연마 시 주의사항

① 제품별 기술자료집과 물질안전보건자료를 확인한다.

② 공기 압축기를 점검하고 압축 공기 탱크와 작업장의 에어 트랜스포머의 수분과 유분을 제거한다.

③ 연마기를 사용할 경우 분진이 비산되지 않도록 집진기와 완벽하게 연결한다.

④ 에어 연마기가 손상이 가지 않도록 주기별로 에어 주입구에 전용 오일을 주입한다.

⑤ 규정에 맞게 안전보호구를 착용한다.

⑥ 연마 작업은 환기가 잘되는 곳에서 작업한다.
⑦ 연마는 골고루 균일하게 한다.
⑧ 과연마가 되지 않도록 주의한다.
⑨ 수연마 시에는 연마즙을 충분히 흘릴 정도의 물을 사용하여 연마한다.
⑩ 수연마 후에는 건조기로 수분을 완전히 제거한다.
⑪ 연마 후 압축 공기로 사용 공구를 청소 및 정리한다.

(2) 건식 연마 순서

① 안전보호구를 착용한다.
② 작업 부위를 탈지제로 탈지한다.
③ 드라이 또는 스프레이 타입의 가이드 코트를 도포한다.
④ 집진기가 연결된 더블 액션 샌더에 중간패드를 붙이고 상도색상에 적합한 연마지로 연마한다.
⑤ 부직포 연마지(P500~P600)로 가장자리와 프레스라인을 연마한다.

(3) 습식 연마 순서

① 안전보호구를 착용한다.
② 작업 부위를 탈지제로 탈지한다.
③ 드라이 또는 스프레이 타입의 가이드 코트를 도포한다.
④ 내수연마지를 핸드블럭에 붙여서 연마한다.
⑤ 한 손에는 물에 충분히 적신 스펀지를, 다른 한 손에는 핸드블럭을 잡고 연마한다.
⑥ 물을 충분히 사용하여 연마즙이 패널에서 흘리게 하면서 연마한다.
⑦ 연마가 완료되면 물로 패널을 연마즙이 없도록 깨끗이 세척한다.
⑧ 걸레로 패널에 묻어있는 물기를 제거한다.
⑨ 압축 공기로 패널에 물기를 완전히 제거한다.
⑩ 건조기로 수분을 완전히 건조시킨다.

(4) 탈지 작업

① 안전보호구를 착용한다.

② 한 손에는 탈지제가 묻은 타월을, 다른 한 손에는 깨끗한 타월을 준비하여 탈지제가 묻은 타월로 먼저 닦고 증발하기 전에 깨끗한 타월로 표면을 닦는다.

③ 수용성 도료를 도장할 경우 수용성 탈지제로 다시 탈지한다.

④ 압축 공기로 먼지 이물질을 제거하고 송진포로 먼지를 제거한 후 주변을 정리 정돈한다.

5.5 마스킹 작업

마스킹이란 도장을 하기 전에 전면유리 등 탈착되지 않은 플라스틱류 및 램프류, 그밖에 몰딩류 등을 도장 작업으로부터 보호하는 것을 말한다. 도장을 해야 하는 패널 이외의 제품은 도료의 날림이나 페인트가 묻지 않도록 마스킹 비닐이나 종이와 테이프를 이용하여 포장해야 한다. 대부분의 마스킹 작업은 차체에 패널이 장착된 상태에서 이루어지며, 패널교환을 위해 탈착되었거나 교환패널을 도장하기 위해서 하는 작업은 마스킹 작업을 하지 않아도 된다.

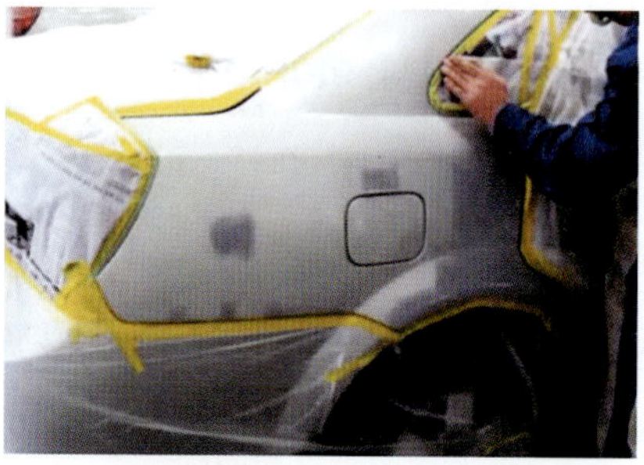

그림 5-69 마스킹 작업

도장 작업의 경우 하도, 중도 및 상도 공정에 따라 명확하게 재료와 작업 방법이 구분되어 있으나, 마스킹 작업은 하도 공정, 중도 공정 및 상도 공정 그리고 마무리 공정까지 그 작업범위가 광범위하며, 마스킹 작업의 난이도에 따라서도 도장 품질에 직접적인 영향을 미친다. 차량 전체 도장 작업의 작업시간은 연마 작업(30%), 마스킹 작업(30%) 페인팅 작업(10~20%) 프라이머 작업(10%) 버핑 및 마무리 작업(5~15%), 기타(5%)이다. 마스킹 작업은 연마 작업과 함께 도장 공정에 있어 매우 중요한 과정임을 알 수 있다. 마스킹 목적은 다음과 같다.

① 먼지, 이물질 부착을 방지한다.

② 도장 시 오버스프레이된 도료 부착을 방지한다.

③ 작업 차의 오염을 방지한다.

마스킹 작업 종류

[1] 일반 마스킹 작업

도장할 부위의 경계 부분에 마스킹 테이프가 직접 맞닿는 상태로 마스킹하는 방법을 말하며, 대부분의 일반적인 마스킹 방법을 많이 사용한다. 일반 마스킹 작업 시 마스킹 테이프와 종이 사용에 따라 도장품질에 영향을 미칠 수 있기 때문에 효율성을 높이기 위하여 편리기구인 마스킹 디스펜서를 사용하기도 한다.

(a)

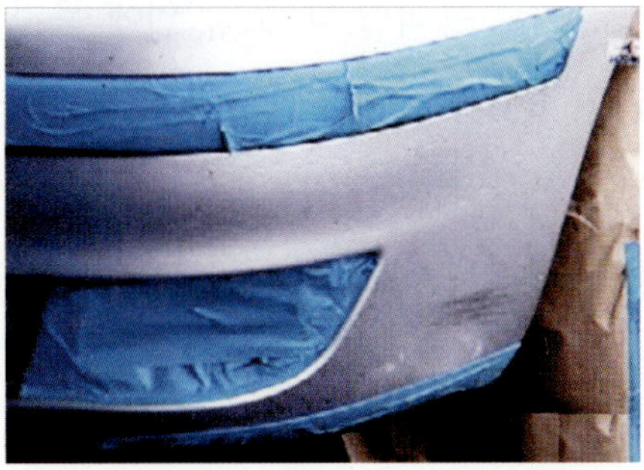

(b)

그림 5-70 일반 마스킹 작업

[2] 특수 마스킹 작업

(1) 역 마스킹(Revers Masking) 작업

역 마스킹이란 보수도장 작업 시 구도막과의 경계면을 비스듬하게 만들기 위해 작업하는 것으로, 블랜딩 도장에서 구도막과의 도장 경계면에 단차를 줄이기 위하여 사용한다. 도장 상황에 따라 마스킹 테이프를 뒤집는 경우와 마스킹 테이퍼를 뒤집는 경우가 있다.

일반 마스킹이 블록(도어패널, 범퍼 등)과 블록의 경계 부위에서 이루어진다면, 역 마스킹 작업은 뒤 펜더와 루프 패널 등과 같이 분해되지 않는 패널(화이트 보디)의 경계 부위에 사용한다.

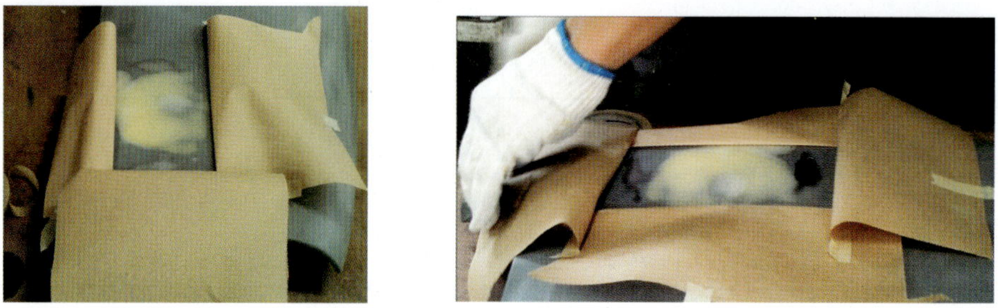

(a) (b)

그림 5-71 역 마스킹 작업

(2) 터널 마스킹 작업

터널 마스킹은 표현 그대로 마스킹 형태를 터널 모양으로 만들어 도료 더스트가 터널 사이로 통과할 때 도막 위에 묻지 않도록 하는 방법으로 쿼터 패널(리어펜더)을 교환하는 경우 쿼터 패널과 루프가 연결되는 부위나 사이드 패널의 C필러에서 B필러로 연결되는 부위를 블랜딩할 경우에 사용한다. 최근 터널 마스킹하거나 블렌딩, 광택 작업을 하지 않고 A필러까지 도장하는 형태로 도장 작업이 변화하고 있다.

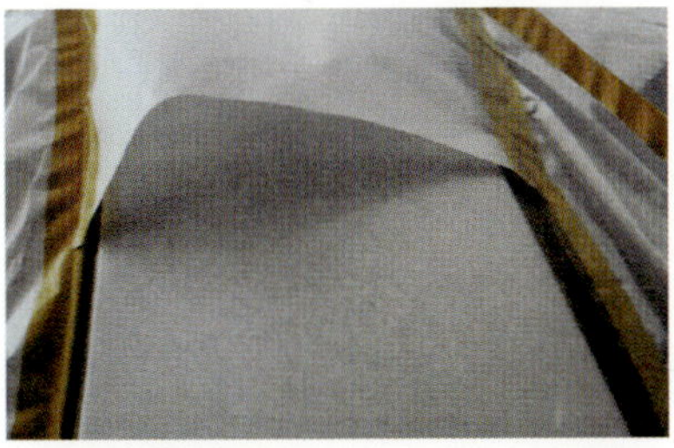

그림 5-72 **터널 마스킹 작업**

(3) 스펀지 마스킹 작업

패널과 패널 사이 틈새에 도료가 도장되지 않도록 하기 위한 작업으로 경계 부분 마스킹 테이프를 대신하여 폼(Foam) 형태에 접착제(탄성고무)가 묻어 있으며 부드러운 폴리우레탄 폼 재질로 경계선을 부드럽게 만들 수 있다. 폼의 크기는 12mm, 21mm로 틈새 크기에 따라 폼 선정 후 사용하며, 틈새 마스킹에 효율적이며 도장부스 열처리 온도에도 잔사가 남지 않아 작업 후 제거가 용이하다.

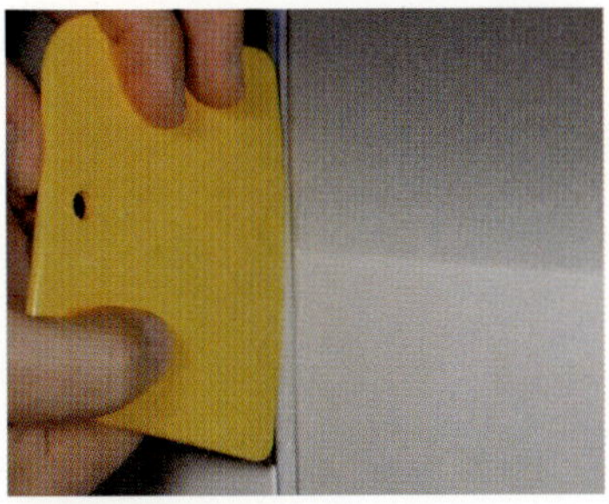

그림 5-73 **스펀지 마스킹 작업**

마스킹 작업 방법

[1] 마스킹 방법 분류

마스킹의 방법은 도장 부위, 보수 형태에 따라 다음과 같이 분류된다.

(1) 리버스 마스킹

리버스 마스킹이란 마스킹 페이퍼를 꺾어 접는 방법을 뜻한다. 꺾어진 경계 부분에 도료가 펼쳐져 도막 단차를 작게 하고, 경계를 확실하게 알 수 있게 된다. 이 방법을 써 스포트 보수와 같이 작은 면적의 경우 하나의 패널 중에 경계를 만드는 것이 가능하다.

(2) 서페이서 도장의 마스킹

서페이서의 도장은 도료의 비산을 최소화하기 위해 표면 도장보다 공기압력이 낮으므로 마스킹을 간략하게 해도 된다. 또 마스킹은 스프레이 단차가 다음에 오도록 리버스 마스킹이 일반적으로 쓰인다.

(3) 블록 도장의 마스킹

펜더, 도어 등의 각 패널 단위로 구분해 마스킹을 한다. 패널에 구멍이나 틈(전장류 배선 구멍이나 패널 사이 홈)이 있는 경우에는 그곳을 통해 도료가 침투하지 않도록 잘 막아 둔다. 이 같은 작업이 힘들 경우 내부 부품에 도료가 붙지 않도록 구멍이나 틈새의 안쪽에 마스킹을 한다.

(4) 중첩 도장의 마스킹

쿼터 패널을 도장하는 경우

이 경우는 패널의 꺾이는 부분에 중첩도장이 필요하다. 스프레이 단차가 생기기 어렵게 리버스 마스킹을 한다.

휀더 모서리를 도장하는 경우

휀더 모서리 등의 보수도장에는 중첩도장이 이뤄진다. 이 경우에는 블록도장보다 작은 범위에서 도장이 이뤄져 간단하게 모서리만을 마스킹한다.

(5) 경계부의 선택과 마스킹 방법

도장되는 부분과 도장 안 되는 부분의 경계부를 나누는 것을 말한다. 마스킹할 때에 보수 범위, 이전 도장면의 상태 등에 맞춰 적절한 경계를 선택해야 한다.

경계부의 선택과 마스킹

경계부는 도장되는 부분과 도장 안 되는 부분의 경계를 나누는 것을 말한다. 마스킹을 할 때 보수 범위, 이전 도장면의 상태 등에 맞춰 적절한 경계를 선택해야 한다.

패널 사이의 틈새 경계

볼트로 고정된 외판 패널을 블록 도장하는 경우, 인접한 패널과의 사이에서 경계를 두고 인접 패널을 마스킹한다.

바디 실러 부위(패널 이음 부분)에서의 경계

쿼터 패널과 같이 용접된 패널에는 인접한 패널 사이의 틈이 없다. 로워 백 패널이나 로커 패널과의 인접부 등과 같은 부분에는 통상 바디 실러가 있어서 그 부분에 경계를 만든다. 포인트는 마스킹 테이프를 바디 실러 폭만큼 말아 겹쳐 붙여서 경계 단차를 알 수 없게 만든다.

프레스 라인 돌출부의 경계

패널의 일부분만을 보수하는 경우나 보수부를 필요 이상으로 넓히지 않는 경우에 쓴다. 일반적으로는 리버스 마스킹으로 경계선의 단차가 드러나지 않게 한다. 주의점은 프레스 라인에 걸쳐 정확하게 리버스 마스킹을 해야 한다.

평면부에서의 경계

스포트 보수처럼 작은 면적의 경우에는 리버스 마스킹을 써 하나의 패널 중에 경계를 한정지을 수 있다.

[2] 마스킹 작업 시 주의사항

① 보수도장 시 마스킹 테이프가 떨어지지 않도록 부착하고 도장이 끝난 뒤에는 쉽게 떼어낼 수 있도록 순서를 정한다.
② 마스킹 테이프와 마스킹 종이 사용 방법에 따라 도장 시간이 크게 좌우되므로 작업 순서를 정한다.
③ 블랜딩 도장에서는 역마스킹을 하여 도장 부위와 구도막 간의 단차가 크지 않도록 한다.
④ 전체적인 마스킹이 필요할 때는 커버링 비닐 테이프를 사용한다.
⑤ 보수도장면의 라인이 직선이 되도록 하고 범위를 넘지 않는다.
⑥ 마스킹 테이프에 먼지가 부착되지 않도록 보관함을 활용한다.

[3] 일반적인 마스킹

① 작업복, 면장갑 등 개인안전 보호구를 준비하고 착용한다.
② 마스킹 편의기구에 마스킹 용지와 테이프를 설치한다.
③ 마스킹 작업할 부분을 세정액으로 깨끗이 탈지한다.
④ 마스킹 작업할 부분을 측정한다.
⑤ 코팅된 마스킹 용지는 코팅 부분이 위에 오도록 마스킹 작업을 한다.
⑥ 마스킹 테이프를 부착할 때에는 도장할 면까지 넘어오지 않게 한다.
⑦ 마스킹 테이프 부착 시 테이프 폭의 1/2은 마스킹 종이에 붙이고, 1/2은 마스킹면에 부착한다.
⑧ 한 손으로 테이프 위를 가볍게 누르며 다른 한 손으로는 테이프를 누르면서 부착한다.

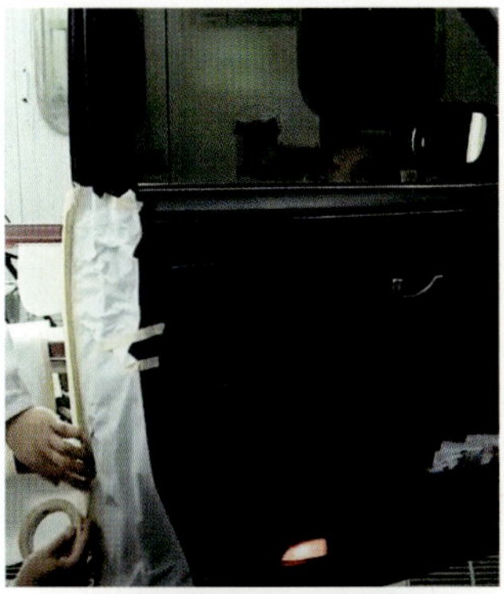

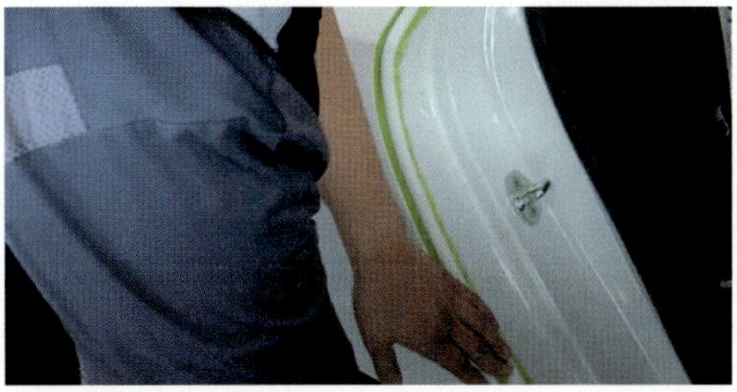

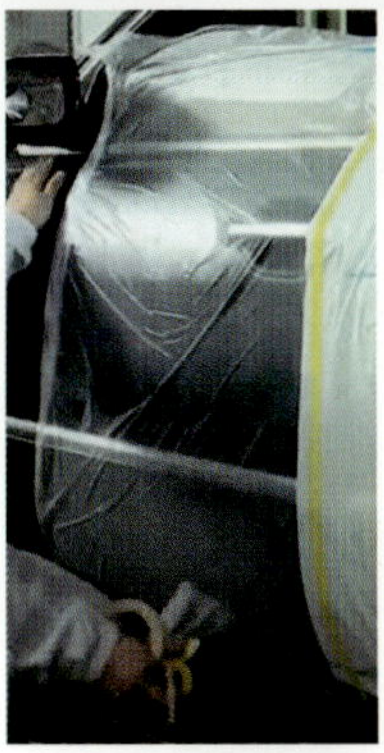

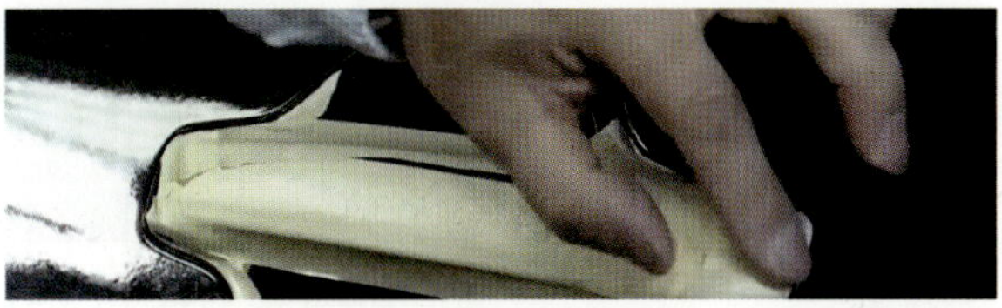

그림 5-74 각 부위 마스킹 종이 및 마스킹 테이프 부착

⑨ 바퀴와 휠 하우스와 그 외 넓은 부분의 마스킹은 비닐 커버링을 이용하여 마스킹 작업을 한다.

그림 5-75 도장하지 않는 부위 패널 비닐 마스킹

⑩ 도어 틈, 보닛, 트렁크, A포트 부위, 테일 게이트 부위에는 스펀지 마스킹을 사용하여 마스킹한다.

⑪ 마스킹 스펀지 제거 시에는 접착제 잔사 방지를 위하여 길이 방향으로 당긴다.

⑫ 도어의 고무 몰딩의 마스킹은 플라스틱 테이프를 사용하여 마스킹 작업한다.

⑬ 자동차의 앞뒤 유리의 고무 몰딩에는 트림마스킹 테이프를 사용하여 마스킹 작업한다.

⑭ 자동차 전체에 가까운 마스킹을 할 때는 전차 마스킹 필름(커버링) 제품을 사용한다.

그림 5-76 **전차 마스킹 제품 사용**

⑮ 용접기 등의 불꽃이 자동차 실내에 튀는 것을 방지하고 불꽃으로부터 유리, 플라스틱 도장면을 보호할 때는 특수 접착제로 처리된 용접 불꽃 방지용 마스킹 종이를 사용하여 마스킹 작업한다.

⑯ 적외선 램프를 이용하여 신속한 작업을 하고자 할 경우, 열을 반사하여 플라스틱, 고무 등의 변형 방지가 필요한 곳에는 열반사 마스킹 필름을 사용하여 마스킹 작업한다.

[4] 마스킹 점검

① 마스킹 테이프가 들뜨지 않았는지 점검한다.

② 스펀지 마스킹 테이프가 잘 밀착되어 있는지 점검한다.

③ 도장이 되지 않아야 할 부분에 마스킹이 잘 되었는지 점검한다.

④ 타이어에 붙인 마스킹 테이프의 경우 도장 시 압축 공기의 압력으로 타이어에서 잘 떨어지므로 다시 한 번 점검한다.

⑤ 트림 마스킹 테이프의 겹치는 부분에 도료가 침투되지 않는지 점검한다.

⑥ 굴곡진 부분은 한 번 더 확인하고 점검한다.

⑦ 건조 시 열에 의해 마스킹 테이프가 들뜨지 않았는지 점검한다.

마스킹 제거

[1] 마스킹 제거 시기

상도 베이스 및 클리어 도장을 한 후, 열처리가 끝난 직후 패널이 식기 전에 마스킹 테이프를 제거한다. 열처리 끝나 완전 건조된 도막은 제거 시 도막이 벗겨질 수 있다.

[2] 마스킹 제거 방법

① 작업복, 비닐장갑 등 안전보호구를 착용한다.

② 마스킹 테이프는 도장 후 도막이 건조되기 전에 테이프를 제거하도록 한다.

③ 마스킹 테이프를 떼어낼 때에는 도료가 벗겨지지 않도록 조심해서 제거한다.

④ 마스킹 테이프를 앞으로 당기면서 떼어내고 각도는 45°로 해야 잔사 현상과 찢김 현상을 방지할 수 있다.

⑤ 마스킹 테이프의 작업 온도가 10℃ 이하일 경우는 테이프 제거가 힘들고, 32℃ 이상에서는 잔사 현상의 가능성이 있어 주의한다.

⑥ 마스킹 테이프의 제거 속도가 빠른 경우 찢김 현상이 나타나고 느릴 경우 잔사 현상이 발생한다.

그림 5-77 마스킹 제거

[3] 마스킹의 결함 수정

① 도료 침투 수정 : 시너를 묻힌 타월로 안쪽에서 밖으로 닦아낸다. 시너로 수정이 되지 않으면 샌딩 후 베이스를 재도장한다.

② 잔사 현상 수정 : 마스킹 테이프 제거 시 도막에 테이프의 접착제 등이 묻어나는 현상으로 시너를 이용하여 가볍게 닦아낸다.

5.6 일반 조색 작업

색상 확인

[1] 배합표 확인 방법

(1) 색상코드 확인 방법

자동차에는 해당 차량에 대한 식별 정보를 나타내는 차량식별 표지판 스티커가 붙어있다. 이 스티커는 보통 바코드가 포함되어 있으며 자동차 제조사, 제조날짜, 제조국가와 자동차에 대한 중요 정보가 기재되어 있다. 자동차의 색상코드는 도장된 차량에 고유 색상을 구분하기 위해 영문이나 영문과 숫자 조합, 숫자로 구분해 놓은 것이다. 차량식별 표지판(Name Plate)을 자동차 매뉴얼을 보고 스티커가 붙어있는 곳을 확인하거나 차량에서 직접 찾아서 색상코드 및 제작연도를 확인한다.

국내 자동차 차량식별 표지판 부착 위치

① 차량 문설주 안

② 차량 문 안쪽

③ 운전석 계기판

④ 후드 속 엔진 앞쪽

⑤ 뒷바퀴 집 안쪽 타이어 바로 위

⑥ 차량 외부의 유리에 부착

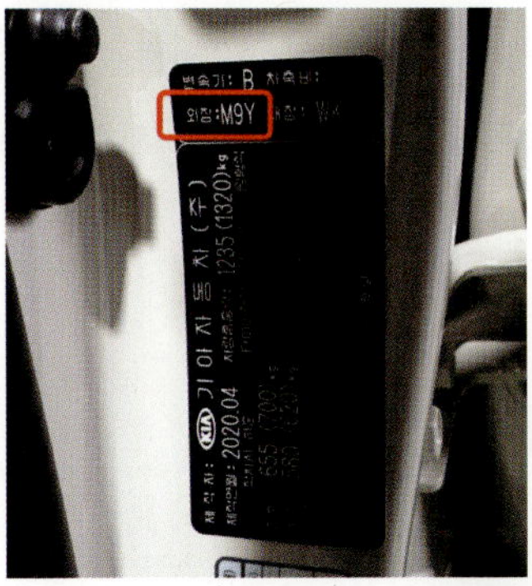

그림 5-78 국내 차량 색상코드

수입 자동차 차량식별 표지판 부착 위치

수입 자동차의 색상 코드는 페인트 번호(Paint NO) 또는 색상(Color Code)이라는 표기 없이 색상코드만 표시한 경우, 색상코드 없이 색상명으로만 찾는 경우가 있다.

① 스페어타이어 커버 상단이나 트렁크 바닥 확인

② 후두 개방 후 조수석 내부패널 APA 다음 알파벳 3자리 : APA PS2

③ 트렁크 사이드 트립 안쪽 확인

④ 운전석 센터필러 도어캐치 하단 확인

⑤ 조수석 센터필러 확인

⑥ 엔진룸 내부 패널 확인

⑦ 운전석 도어 안쪽 확인

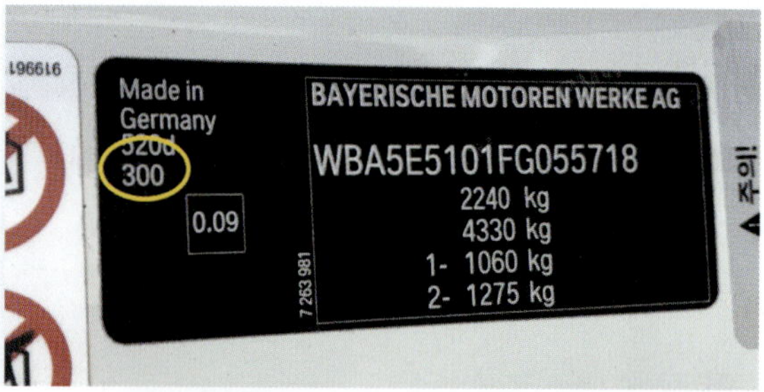

그림 5-79 BMW 차량 색상코드

(2) 색상명(Color Name) 확인 방법

조색 작업 전 유의사항으로 차량 제조사, 연식, 차종, 색상코드, 수용성, 유용성, 투톤(Two Tone), 원톤(One Tone) 등의 정보를 파악하여 색상명을 정확히 확인해야 한다.

① 도료회사별로 차이가 있다.

② 같은 회사의 색상 코드라도 다른 색상명을 가진다.

③ 작업 시 반드시 색상명을 확인해야 한다.

(3) 색상시편(Color Chip) 확인 방법

오프라인 방식

도료회사에서 제공하는 색상코드별 색상명과 배합비가 기록된 책자(시편철)를 보고 확인한다.

① 오프라인 방식으로 색상 시편

㉠ 도료회사가 제공하는 색상 코드별 책자나 색상시편 뒷면에 색상명과 배합비가 기록되어 있다.

㉡ 블루, 화이트, 실버, 레드, 옐로우, 그린블루 등 색상군별로 분류한다.

㉢ 도료 사용에 따라 수용성, 유용성, 색상시편으로 구분한다.

② 오프라인 방식 색상시편 확인 순서

㉠ 작업 대상 차량의 색상코드를 확인 후 색상코드에 맞는 색상시편을 찾는다.

그림 5-80 색상시편

㉡ 실제 작업 대상 차량과 색상시편을 비교할 부분의 오염물질을 제거한다. 이때 오염물질의 종류와 오염 정도에 따라 폴리싱할 필요성이 있다면 색상비교 부분을 폴리싱하여 오염되지 않은 상태에서 비교한다.

㉢ 실제 작업 대상 차량과 비교한다. 실제 작업 대상 차량과 비교하여 가장 근사치의 색상을 찾는다.

그림 5-81 실제 작업 대상 차량 색상과 색상시편 비교

㉣ 색상시편 뒷면이나 배합데이터 책자에서 배합 원색, 배합비를 확인한다.

온라인 방식

인터넷 사이트를 통해 색상코드별 색상명과 배합비를 확인한다.

① 각 도료 제조사 홈페이지에 접속하여 색상 배합을 검색한다.

② 색상코드 입력창에 색상코드를 입력하고 검색한다.

③ 배합코드를 검색하여 혼합되는 조색제를 확인한다.

④ 조색할 양을 입력하고 계산하기를 검색한다.

⑤ 인쇄용 화면을 검색하고 인쇄하여 조색을 준비한다.

⑥ 도료제조사의 조색제 MSDS(물질안전 보건자료) 및 TDS(기술 자료집)를 충분히 숙지하여 안전사고 및 기타 결함이 없도록 확인한다.

⑦ 조색제 특성을 숙지하여 원활한 조색 작업이 진행되도록 확인한다.

[2] 색상의 변색 현상

자동차 색상의 변색 현상은 도막의 색상, 채도, 명도 중 어느 하나 또는 그 이상이 변화하는 현상이다. 자동차에서 도장면이 변색되는 가장 큰 원인은 자외선이고, 눈, 비, 먼지, 스크래치 등이 있다.

색상 조색

[1] 솔리드 조색

(1) 솔리드 도료

솔리드는 원색과 원색을 혼합하여 만들어진 컬러를 말하며, 메탈릭과 펄이 포함되지 않은 상태의 색상으로 무기안료인 원색과 유기안료 원색을 병행해서 사용한다.

(2) 솔리드 조색 방법

색상 파악

원색을 파악하고 조건 등색을 피하면서 클리어가 도장된 컬러인지 판별한다. 색상을 도장한 후 클리어를 도장하면 선명해지고 건조 후에는 진해진다.

색상 조절

인접 색을 첨가한다. 기준 색상에 비해서 조색 색상이 색상환의 어느 영역에 있는지 알아야 한다.

명도 조절

① 색상을 희게 만들고자 할 때에는 백색을 첨가한다. 적색 계통은 제외해야 한다. 적색 계통을 사용하면 색상이 분홍색이 된다.
② 색상을 어둡게 만들고자 할 때에는 검정색을 첨가한다. 컬러가 선명하면 주된 어두운 색을 첨가한다.

채도 조정

색상, 명도를 맞추기 위해 여러 가지 조색제를 사용하면 채도가 떨어진다. 색상을 선명하게 만들고자 할 때에는 처음부터 다시 시작해야 하고, 색상을 탁하게 만들고자 할 때에는 흑색을 첨가한다.

(3) 솔리드 건조 시 주의사항

건조에 의한 색상변화

① 솔리드 색상은 액체 상태의 색상과 베이스도장 및 클리어 도장이 완료되고 열처리가 끝난 후 색상의 편차가 커진다.
② 대체적으로 건조가 완료되면 색상이 선명해지고 명암이 어두워진다.
③ 베이스 상태에서는 진하게 보였다가 건조가 되면서 밝아진다.

2액형 솔리드의 경화제 혼합에 의한 색상변화

① 수지의 종류에 따라 1액형 및 2액형이 결정된다.

② 일반적으로 2액형 타입은 경화제를 첨가하면 액상에서는 색상이 엷어지지만, 도장 후 건조시켜 색상을 비교하면 선명해지고 명암이 어두워진다.

은폐

① 솔리드 색상 배합 중 은폐력이 부족한 조색제로 구성되어 있는 배합이 있다.
② 조색시편 도장 시 정확한 색상 판독을 위해 은폐지를 부착하여 완벽하게 은폐시켜야 한다.

충분한 조색제 교반

① 도료는 시간이 경과하면 무거운 안료의 분리 및 침전이 발생한다.
② 정확한 조색을 위하여 충분하게 교반한 후 조색 작업을 실시한다.

[2] 메탈릭 조색

(1) 메탈릭 도료

① 메틸릭은 알루미늄(은분) 및 펄 입자가 포함되어 있는 도료로 솔리드와 다르게 입자(알루미늄)를 가지고 있다.
② 사용 시 알루미늄(은분)의 입자가 도료 중에 골고루 분산되도록 하기 위해서 교반을 확실히 해야 한다.
③ 정면과 측면 색상 및 밝기와 채도가 다르다. 메탈릭 입자의 방향에서 보면 플립톤과 플롭톤이 있는데, 플립톤(Flip Tone)은 정면에서 관찰 시 색상으로 가장 밝게 보이고, 플롭톤(Flop Tone)은 측면에서 관찰 시 가장 어둡게 보인다.
④ 메탈릭 도료는 정면이 밝으면 측면이 어둡게 보인다.

(2) 메탈릭 색상의 색의 변화

① 건조에 따른 색상의 변화
② 투명 도장에 따른 색상의 변화
③ 도장 조건에 따른 색상의 변화

(3) 도료 건조에 따른 색상의 변화

① 건조가 진행되는 동안 무거운 안료는 아래로 가라앉고 상대적으로 가벼운 안료는 위로 떠오르게 된다.

② 액상에서의 색상 확인보다 도장 후 건조 도막을 확인하는 것이 보다 정확하다.

③ 일반적으로 솔리드가 색감이 진해지고 명암이 어두워지는데 비해, 메탈릭은 밝아진다.

(4) 투명도장에 따른 색상의 변화

① 1액형 베이스 도막 위에 투명도장을 하면 유색감이 많아 보이고 밝아진다.

② 메탈릭 베이스의 경우 액상에서는 확인이 어려워 반드시 투명도장을 한 다음 건조 진행 후 정확한 색상을 확인해야 한다.

(5) 메탈릭 도료의 도장 방법에 의한 색상 차이

드라이 스프레이(Dry Spray)

① 표준도장에 비해서 색상이 밝아진다.

② 도료 중에 알루미늄(은분)의 입자는 도장된 도막의 표면층에 분포한다.

③ 오렌지 필 현상이 발생될 수 있다.

왓도장(Wet Spray)

① 표준도장에 비해서 색상이 어두워진다.

② 도료 중 알루미늄(은분)의 입자는 도장된 도막의 하부층에 분포한다.

(6) 작업 조건에 따른 메탈릭 도료의 색상 차이

	밝게	어둡게
시너 증발 속도	빠른 시너를 사용한다.	늦은 시너를 사용한다.
시너 희석률	많이 사용한다.	적게 사용한다.
피도체와 건과의 거리	멀리 한다.	가깝게 한다.
건의 이동속도	빠르게 한다.	느리게 한다.
도장 간격	플래시 타임을 늘린다.	플래시 타임을 줄인다.
사용 공기압	높인다.	줄인다.
패턴 폭	넓게 한다.	좁게 한다.
도료량	적게 한다.	많게 한다.
건의 노즐	적은 구경을 사용한다.	넓은 구경을 사용한다.
도장실 조건	유속이나 온도를 높인다.	유속이나 온도를 낮춘다.

참고 공정별 도막 두께

구분	솔리드 컬러	메탈릭 컬러	비고
상도	45~50㎛	상도 클리어 30~40㎛	
		상도 베이스 25~35㎛	알루미늄 가루 +솔리드 컬러
중도	35~40㎛	35~40㎛	
하도	20~25㎛	20~25㎛	

[3] 펄 조색(3코트)

(1) 3Coat 펄 도료의 조색

자동차 보수용 도료 중 바탕색을 도장한 후 은폐력이 없는 펄을 도장하는 방법으로, 정면에서는 바탕의 색이 보이고 다른 각도에서 자동차의 색상을 확인할 때 펄이 반사되어 보이는 도료의 조색이다. 스프레이도장 방법과 조색법이 솔리드나 메탈릭 조색 방법과는 틀리며, 고도의 난이도가 필요하다. 작업자의 숙련도에 따라서 조색의 시간과 유사성의 연관이 많다.

(2) 펄(Pearl) 컬러

① 진주처럼 광택을 내는 것을 펄 도료라고 부른다.

② 펄 컬러는 운모 안료를 첨가한 도장으로 메탈릭이나 기타 특수 안료를 첨가한 변형(Variation) 컬러도 있다.

③ 도막은 메탈릭 컬러와 같은 클리어를 겹친 2층 구조의 2코트 펄과 착색층(컬러 베이스), 펄층(펄 베이스), 클리어의 3층 구조로 된 3코트 펄이 있다.

④ 3코트 펄은 도막의 속에 있는 펄 안료에 빛이 투과하여 반사되는 굴절로서, 보는 각도에 따라 진주빛 광택과 무지개색의 빛을 나타내는 도색이다. 메탈릭 컬러와는 또 다른 우아한 미관성과 황홀감을 준다.

(3) 마이카(Mica) 컬러

개요

① 마이카란 인조펄을 말하며 운모를 잘게 쪼개어 인조코팅을 단색 또는 다색으로 한 것을 마이카라 한다. 운모는 전기 절연성의 반투명 자연석으로 깨지기 쉽다.

② 안료의 입자가 천연운모(MICA)에 얇은 투명 물질인 산화티탄(TiO_2)을 코팅 또는 산화티탄이나 산화철로 코팅된 색상이다.

③ 표면 광택도가 뛰어날 뿐만 아니라 진주광택 효과(빛의 일부는 표면에서 반사되고 나머지 일부는 투과되는 효과)에 의해 보는 각도에 따라 이중 색상 효과를 준다.

④ 메탈릭은 불투명하지만 펄 안료는 반투명하여 일부는 반사, 흡수한다. 채색 및 광량이 작은 경우는 솔리드 컬러로 보이는 멀티 특성을 가지고 있는 것이 특징이다.

마이카 도료

① 마이카 도료의 조성 : 일반 메탈릭 도료와 도료의 조성(수지, 안료, 용제, 첨가제)에 있어서는 유사한 알루미늄 대신에 마이카를 사용한다.

② 마이카 입자의 특징 : 마이카는 메탈릭 도료에 사용하는 알루미늄 입자와는 다른

광학적인 성질(빛의 다중반사, 산란, 간섭)을 가지고 있기 때문에 알루미늄 입자에서 볼 수 없는 독특한 색감을 갖는다.

마이카 종류

마이카는 크게 화이트마이카, 간섭마이카, 착색마이카, 은색마이카가 있다.

① 화이트마이카 : 반투명으로 은폐력이 약하다. 또한 안료의 입자가 큰 것은 메탈릭 안료와 비슷하게 반짝이며, 작은 것은 부드럽게 보인다.

② 간섭마이카 : 마이카에 코팅된 이산화티탄의 두께에 따라 색상이 변한다. 코팅의 두께가 두꺼우면 두꺼울수록 노랑계열에서 적색계열, 파랑계열, 초록계열로 만들어진다. 특징으로 바탕에 있는 컬러 베이스가 보이도록 투과성이 높은 것과 색상은 가지고 있지 않으나, 각도를 바꾸어 관찰하면 다른 색이 보이는 것이 있다.

③ 착색마이카 : 이산화티탄에 유색 무기 화합물인 산화철을 착색한 것으로 은폐력이 있다.

④ 은색마이카 : 이산화티탄에 은을 도금한 것이다.

(4) 펄 도료의 조색

펄 컬러는 컬러 베이스의 색상과 펄 베이스의 도장 횟수에 따라 색상의 변화가 보이는 도료로서, 컬러 베이스의 조색법은 솔리드 컬러의 조색법과 일치한다. 하지만 3코트 펄 베이스의 경우 도장 횟수에 따라 색상을 비교하고, 가장 알맞는 횟수의 시편 도장법대로 도장하여 색상을 맞추도록 한다. 또한 3코트 펄 도장을 할 경우에는 스프레이건의 압축 공기 압력과 피도체와의 거리, 토출량, 도료의 점도 등을 항상 일정하게 해야 한다. 조건에 따라 색상의 편차가 아주 크기 때문에 스프레이건은 압력게이지를 장착하여 항상 일정한 압력으로 도장해야 한다. 컬러 베이스도장 후 펄 베이스도장 횟수에 따른 색상 차이를 확인하기 위해 1차, 2차, 3차, 4차 도장하는 것을 렛 다운(Let Down) 도장이라 한다.

① 컬러 베이스의 색상에 따른 컬러 변화 : 컬러 베이스의 색상에 따라 컬러가 변화한다. 색상이 다른 컬러 베이스 위에 펄 베이스를 도장할 경우 색상이 달라진다.

② 펄 베이스의 도장 횟수에 따른 컬러 변화 : 컬러 베이스의 색상이 같아도 펄 베이스의 도장 횟수가 적거나 많으면 색상이 달라진다.

③ 동일한 색상에 정면 색상과 측면 색상이 같은 방향으로 틀리지 않을 경우 펄 베이스를 조색하여 색상을 맞추어 나간다.

(5) 3코트도장

서피서 등의 기초 위에 백색(단색)을 도장하고 그 위에 투명감이 있는 펄 베이스를 도장한다. 마무리로 클리어를 도장하는 3층의 도장 방법이다. 펄 소재는 알루미늄이나 원색의 안료에 비해 무겁기 때문에 다른 컬러 베이스와 섞어서 함께 도장하면 펄 입자가 가라앉아 묻혀서 어두운 색상이 나와 버리거나 생각만큼 펄 입자가 반짝여주지 않는 단점이 있어서 공정을 하나 늘리면서까지 3회 바른다.

[3코트 펄(3Coat-1Bake)]

도막 구성	도막 두께
투명(클리어)	40~50㎛
펄 베이스	10~20㎛
컬러 베이스	20~30㎛
중도(프라이머-서페이서)	40~50㎛
워시 프라이머	2~15㎛
퍼티	2mm 이하
소재 철판	0.8mm

(6) 조색 시 유의사항

① 조색을 할 때 계통이 다른 도료와의 혼용은 가급적 피한다.

② 착색력이 큰 원색을 다른 색에 넣어 혼합시킬 경우, 너무 많이 넣으면 원래의 색으로 돌리기가 어렵다. 그러므로 반드시 소량씩 넣어 가면서 조색하도록 한다.

③ 요구 색보다 약간 엷게 조색한다.

④ 조색 작업 전에 요구 색상에 대하여 충분히 검토한다.
⑤ 컬리브레이션이 완료된 전자저울과 내진 시스템, 바람의 이동이 없는 곳에서 계량한다.
⑥ 조색제 사용 전 도료교반기에서 충분히 조색제를 교반하여 사용한다.
⑦ 은폐지를 부착하여 도장할 때 은폐지를 붙인 곳만 많이 도장하지 말 것.
⑧ 메탈릭 베이스 코드 도장 후 건조되면서 밝아지기 때문에 색상 비교는 클리어도장 후 색을 비교해야 한다.
⑨ 원색의 색상, 방향성을 확실하게 파악해야 한다.
⑩ 도장 조건을 일정하게 한다.
⑪ 컬러의 정면 및 측면, 완전 측면 3각도에서 확인한다.

(7) 조색 방법

육안 조색법(목(目)측 조색법)

일반적으로 가장 많이 사용되는 조색법으로 경험에 의하여 직접 눈으로 색상을 관찰하여 손으로 조색하는 방법이다. 육안 조색법은 많은 경험과 숙련을 필요로 하며, 목표한 색을 조색하기 위하여 조색에 대한 지식과 경험을 토대로 조색하는 방법이다.

계량 조색법

조색 데이터를 기초로 원색을 이용하여 사용량을 저울의 눈금에 따라 무게 비율대로 적절히 배합해서 하는 조색 방법이다. 조색의 방법에서 계량 조색 방법이 어느 정도 정착되어 가고 있다. 조색 작업의 합리화는 도장 기술의 향상과 색상의 오차를 극소화하고 능률의 향상에 크게 기여한다. 계량 조색에는 조색 배합표가 필요하며 조색 배합표에는 원색의 사용량을 백분 비율로 표시해 놓고 있어 비율대로 원색을 섞어주면 쉽게 원하는 색상을 얻을 수 있다. 이러한 백분비율은 거의가 무게를 나타내며 백분비율은 도료 업체에 따라 각각 다르다. 또한 무게 대신 부피를 백분율로 나타내는 경우도 있다.

컴퓨터 조색법

각 원색의 특정치와 원색 배합비를 컴퓨터에 입력시켜 놓고 조색하고자 하는 색상 견본의 반사율을 측정해서 원색의 배합률 계산을 컴퓨터로 하는 방법이다. 목측 조색과 비교하여 보다 정확하고 빠른 시간 안에 근접한 색상의 배합비를 얻을 수 있으나 장비가 고가인 단점이 있다.

(8) 조색 작업 순서

① 색상 배합표를 검색한다.

② 견본색과 결과색을 대조한다.

③ 계량 조색을 한다.

④ 테스트 칠을 통한 확인 및 색상을 비교한다.

⑤ 미조색을 확인한다.

⑥ 조색 작업 완료

색상 비교

[1] 색상 비교 방법

(1) 육안 비교

사람이 눈으로 직접 확인한다.

① 솔리드 컬러 : 측면 45° 확인

② 메탈릭 컬러 : 정면 5°~15°(메탈릭 안료확인), 측면 45°(메탈릭+유색확인), 완전측면 105°~110°(명도 확인)

③ 3코트 펄 컬러 : 정면 5°~15°(펄 안료확인), 측면 45°(펄 안료확인), 완전측면 105°~110°(언더 컬러 베이스 확인)

(2) 측색기 비교

정확한 색상을 보장하기 위해 정밀한 측색기를 사용하여 숙련이 낮은 작업자에게 빠른 측정을 통해 컬러 매칭 배합이나 방향성을 제공한다. 도료회사별 응용프로그램과 측색기의 사용법이 다르므로 해당 제품의 사용 매뉴얼을 참고해야 한다.

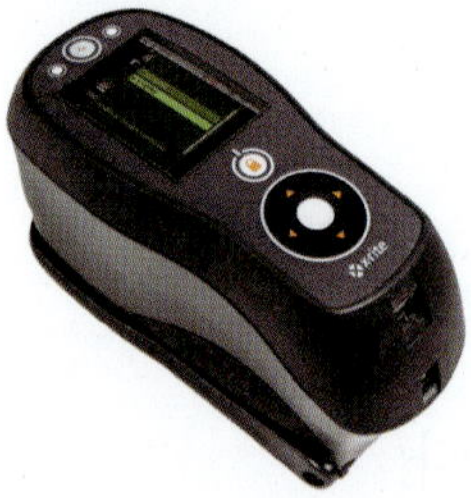

그림 5-82 측색기

[2] 조색의 기본 원칙

① 상호 보색인 색을 배합하면 탁색(회색)이 된다.

② 도료를 혼합하면 명도, 채도가 다 같이 낮아지며, 혼합하는 색의 종류가 많을수록 검정에 가까워진다.

③ 유사색(근접색)을 혼합하면 채도가 낮아진다.

④ 청색과 황색을 혼합하면 녹색이 된다.

⑤ 양이 많은 원색을 먼저 조합하고 짙은 색으로 명도와 채도를 조절한다.

⑥ 흐린색(명도가 높은 색)을 먼저 조합하고 짙은색으로 명도와 채도를 조절한다.

⑦ 색상을 비교하는 공간은 회색 계통으로 하고 비교하는 색에 간섭되지 않도록 유색이나 밝은색의 제품은 가린다.

⑧ 솔리드 컬러는 색상, 명도, 채도 순으로 조색하고 메탈릭 컬러는 메탈릭 입자, 명도, 색상, 채도 순으로 맞춰간다.

⑨ 색을 조합할 때 원색의 양을 계량하면서 조합한다.

⑩ 가급적 조색 배합비 내의 조색제로 첨가하여 색의 채도가 떨어지지 않도록 한다.

⑪ 원색과 원색의 색상과 채도는 같은 계열을 사용하고 그 위에 보색성이 좋은 것을 사용한다.

⑫ 자동차의 색을 비교할 때는 실차와 같은 조건으로 도장하고 건조 후의 색을 비교한다.

⑬ 조건등색이 생기지 않도록 태양광에서 비교하고 태양광 아래에서 비교하지 못할 경우에는 인공 태양등에서 비교한다.

[3] 조색 시의 변수

색을 밝게 하는 방법	색을 어둡게 하는 방법
빠른 용제를 사용	느린 용제를 사용하거나 리타다 시너를 사용한다.
용제를 많이 사용	평상시보다 용제를 조금 사용한다.
건을 소지로부터 멀리 한다.	건을 소지에 가까이 한다.
건 속도를 빠르게 한다.	건 속도를 느리게 한다.
도장간의 플래시 타임을 늘린다.	도장간의 플래시 타임을 줄인다.
공기압을 늘린다.	공기압을 줄인다.
패턴 폭을 늘린다.	패턴 폭을 줄인다.
토출량을 적게 한다.	토출량을 늘린다.
작은 플루이드 팁을 사용한다.	큰 플루이드 팁을 사용한다.
공기의 흐름이나 온도를 올린다.	2중 도장을 적용한다.

5.7 우레탄 도장 작업

우레탄도료 도장 목적

① 상품 가치의 향상 : 외관 품질을 향상시켜 차량의 상품 가치를 높여주고 보수도장한 면의 색상과 구도(신차도막, 보수도막) 색상과 동일한 색상이 되도록 하여 자동차의 상품 가치를 향상시킨다.

② 외관 품질의 유지 및 향상 : 운행 중인 차량이나 신차의 손상 상태를 원래의 상태로 복원시키거나 유지하는 것으로, 보수도장 방법의 선택과 적용에 따라 외관

품질 향상을 도모한다.

③ 미관 향상 : 보수도장면과 구도막이 오염되거나 변색되어 색상이 서로 다르거나 표면의 상태가 다소 차이가 있을 때 유사색이나 근사 색상 정도의 도장으로 미관을 향상시킨다.

우레탄도료 선택

[1] 우레탄도료 종류

(1) 2액형 폴리우레탄 수지도료

① 이소시아네이트(−NCO)를 갖고 있는 폴리이소시아네이트 화합물과 활성 수산기(−OH)를 갖고 있는 폴리에스터 폴리올, 아크릴 폴리올, 오일 프리 폴리올 용액을 도장 직전에 혼합하여 도장하는 2액형 도료이다.

② 부착성, 내약품성, 내마모성이 우수하고 속건성 도료이다.

③ 폴리이소시아네이트의 −NCO기는 습기의 영향을 받기 쉬우므로 우레탄도료에 사용되는 용제류는 수분이 없어야 한다.

④ 저분자 알코올 등과 같이 분자구조 중에 −OH기를 갖는 용제류는 사용을 금하여야 한다.

⑤ 자동차보수용, 금속용, 피형용으로 사용한다.

(2) 가열 경화형 우레탄 수지도료(블록형 폴리우레탄 수지도료)

① −NCO기를 페놀이나 알코올성 수산기(−OH)로 블록(Block)시킨 이소시아네이트 성분과 폴리에스테르 폴리올 수지를 전색재(Vehicle)로 한 1액형 소부도료이다.

② 실온에서는 안정하지만 가열(보통 150℃ 이상)하면 Blocked Isocyanate가 유리 −NCO기를 생성하여 2액형과 같은 형식으로 폴리에스테르의 −OH기와 가교 반응하여 도막을 형성한다.

③ 전기적 특성이 좋아 주로 전기절연 도료(에나멜용)에 이용된다.

④ 가사시간의 제한이 없고 점도 변화도 거의 없다.

참고

① Blocked Isocyanate : 높은 온도에서 Block되어 있던 Isocyanate기가 생성되어 열적으로(Thermally) 불안정한 Isocyanate 유도체
② 유리(遊離, Free) : 어떤 원소, 기, 화합물 등이 다른 화학성분과 결합하거나 유도체를 형성하지 않고 그대로의 상태로 존재하고 있는 것

(3) 습기 경화형 폴리우레탄 수지도료

① 톨루엔 디이소시아네이트(TDI : Toluene Diisocyanate)를 2~3가의 알코올로 가교 반응시켜 생성된 프리폴리머를 도막 형성 주요소로 한 도료이다.
② 도장 후 공기 중의 습기와 유리 -NCO기가 반응하여 우레탄 결합과 유사한 요소결합(-NH-CO-NH-)이 이루어져 망상구조 도막을 형성한다.
③ 습기 경화형 도료는 도료 제조공정, 저장, 도장의 각 공정에서 습기에 대하여 특별히 주의할 필요가 있다.
④ 1액형으로서 2액형 우레탄 도료와 대등한 도막 성능을 갖고 있다.
⑤ 목공제품, 콘크리트 도장, 플라스틱 도장 등에 사용한다.

(4) 유변성 폴리우레탄 수지도료(우레탄 변성 알키드)

① TDI유 또는 유변성 알키드와 반응시켜 적당한 분자량의 우레탄화 알키드 수지를 만든다.
② 말단의 -NCO기는 메탄올 등으로 안정화시켰기 때문에 이 수지는 우레탄 결합을 만들지만, 유리 -NCO를 함유하지 않은 1액형 도료이다.
③ 경화 기구는 유성 도료와 동일한 산화건조형으로 건조제의 첨가가 필요하다.
④ 알키드 도료보다 건조성, 부착성, 내마모성, 내약품성이 좋고 가격이 싸지만 황변이 발생한다.

참고 **Urethane의 황변(Yellowing)**

황변은 빛, 열, 대기 중 화학물질, 산소 등의 영향으로 백색이나 담색의 색상이 황색·크림색으로 변하는 현상

[2] 우레탄도료 특성

우레탄도료는 "-NCO"라는 관능기를 가진 화합물인 Isocyanate와 "-OH"라는 활성수소를 가진 폴리올이 반응하여 우레탄 결합을 형성하는 도료를 말한다.

(1) 우레탄도료의 적용

① 솔리드 색상의 흑색, 백색 위주로 많이 사용한다.

② 흑색인 경우 두 번이나 세 번의 도장 횟수로 도막형성, 은폐력이 좋아 도장수가 적은 편이다.

③ 색상별 도장 횟수와 도막 두께의 차이가 있다.

④ 도장 작업을 완료하고 난 뒤에는 패널 전체 도막 두께를 측정하여 기록한다.

⑤ 도장의 형태가 클리어 코트도장 시와 다르지 않다.

⑥ 적색이나 황색, 녹색의 원색계통 솔리드 색상은 은폐 정도를 확인하여 도장한다.

(2) 우레탄 수지도료의 특징

① 저온 경화성이다. : 이소시아네이트기는 반응성이 풍부하여 상온에서도 폴리올과 반응하여 경화하기 때문에 자동차 보수용, 대형차량, 철도차량, 항공기, 교량 등 가열건조가 곤란한 분야의 도장에 많이 사용된다. 멜라민계 도료와 같은 가열건조형 도료에 비하여 에너지 절약과 현장도장이 가능하고, 플라스틱 등과 같이 열에 약한 소재의 도장에 장점이 있다.

② 외관이 우수하다. : 도료의 점도가 낮아 작업하기가 쉽고 도막은 광택 및 선명성이 우수하다.

③ 내후성이 우수하다. : 우레탄 도막은 높은 응집력과 강한 수소 결합력을 가지므로 내후성이 우수하고 자외선에 의한 색상과 광택의 변화가 적지만, 장기간 바람이나 비를 맞아 색상 변화와 광택의 손실이 생긴다.

④ 도막의 설계가 자유롭다. : 이소시아네이트 프레폴리머, 폴리올의 종류를 적당하게 선택함에 따라 딱딱하고, 강인한 도막부터 유연하며 탄성이 있는 도막까지 자유로운 도막의 설계가 가능하다.

⑤ 도막의 물리적 성질과 화학적 성질이 우수하다. : 에폭시도료와 같이 2액형 도료의 특성인 내충격성, 내마모성, 내수성, 내약품성 등이 우수하다.

⑥ 부착력이 우수하다. : 이소시아네이트는 목재의 -OH기와 우레탄 결합을 형성할 수 있고, 금속과는 금속화합물과 우레아 결합을 형성할 수도 있다.

⑦ 습기에 민감하다. : 블러싱 발생이 쉽고 우레아 반응으로 물성 저하가 생기기도 한다.

⑧ 독성과 황변이 발생할 수 있다. : 이소시아네이트 단량체는 비교적 독성이 강하다. 따라서 도료에 주로 사용되는 것은 휘발성이 없는 이소시아네이트 유도체가 사용된다. 그러나 유도체에도 미량의 이소시아네이트 단량체가 함유되어 있으므로 취급에 유의할 필요가 있다. 방향족 이소시아네이트를 사용할 경우 황변(Yellowing)이 발생된다.

(3) ASTM(미국 재료 시험 협회) 분류법

종류	액형부분	경화요소	유리 NCO기	가사시간	착색법
유변성형	1액형	산소	없음	없음	기존 방식
습기경화형	1액형	습기	있음	6개월 이내	특수법
Blocked형	1액형	가열	없음	없음	기존 방식
촉매 경화형	2액형	아민	있음	제한됨	기존 방식
Polyol 경화형	2액형	Polyol	있음	제한됨	폴리올착색

우레탄도료 혼합

[1] 우레탄도료의 혼합 전 준비사항

① 1액형 베이스 코트에 사용하나 수지와 2액형 우레탄 도료에 사용하는 수지가 서로 다르다. 우레탄 도료의 주제와 경화제의 혼합비는 도료 제조사마다 다르므로 표준 작업 매뉴얼을 참고하여 주제에 적합한 경화제를 확인한다.

② 계량용 비닐컵을 준비한다.

③ 도장 작업에 사용할 도료의 양을 계획한다.

④ 작업 전 개인 안전 보호구를 착용한다.

[2] 우레탄도료 혼합 방법

① 우레탄 도료를 계량 비닐컵에 필요량을 투입한다.

② 우레탄 도료의 경화제를 주제 비율에 맞도록 정확한 양을 투입한다. 이때 정확한 양을 준수하기 위해 전자저울을 사용할 수 있다.

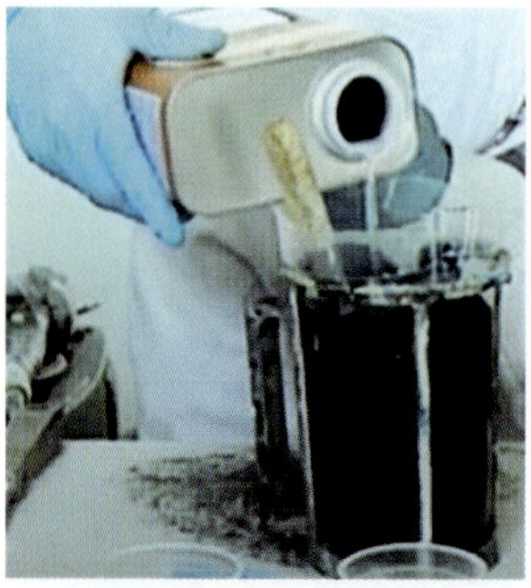

그림 5-83 경화제 투입

③ 주제와 경화제를 도료 혼합 스틱을 이용하여 충분히 교반한다. 이때 페인트 쉐이커를 사용할 수 있다.

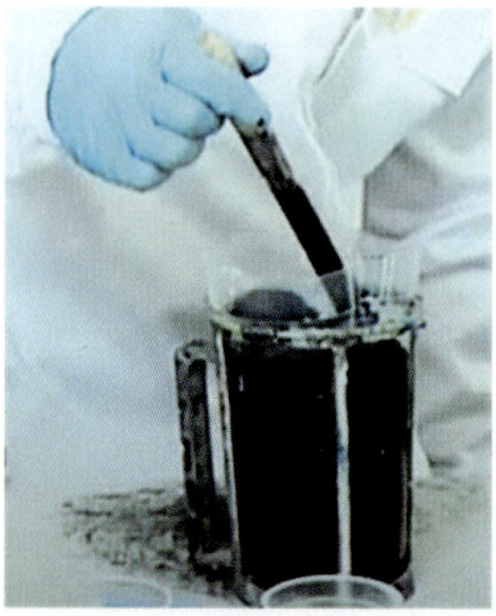

그림 5-84 주제와 경화제 교반

④ 교반을 완료한 도료는 여과지를 사용하여 상도용 스프레이건에 담는다.

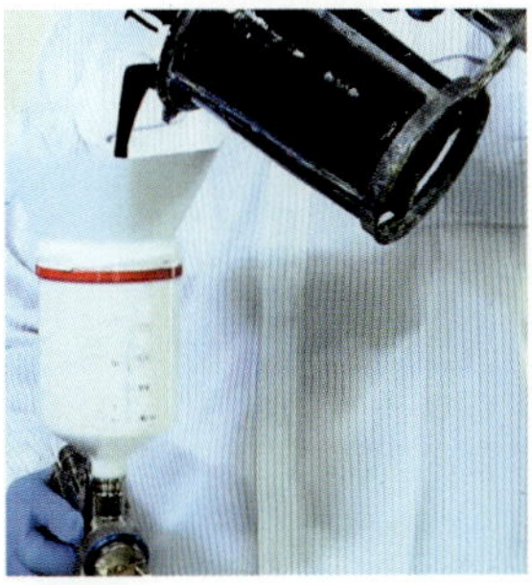

그림 5-85 도료 스프레이건에 담기

⑤ 우레탄도료에 희석제를 합하는 타입은 반드시 제조사 작업 매뉴얼을 참고하여 희석 비율대로 점도를 조절한다.

우레탄도료 도장 방법

[1] 상도도장

도장 시스템 중 가장 마지막 도장 공정에 속하며, 손상된 자동차를 수리 복원 또는 다른 색상으로 변화를 주기 위해 자동차의 외관을 미려하게 만들고 외관의 색상과 광택을 부여하는 작업이다.

자동차 보수도장의 상도 작업에서 가장 간편한 작업의 형태가 한 번 도장하고 한 번 열처리하는 타입의 도료로 1C1B(1Cat-1Bake)라고 하며, 상도 우레탄 도장이라고도 한다. 대부분의 작업은 솔리드 색상에 적용되며, 작업의 편의상 1C1B 타입으로 도장하는 빈도가 높은 편이다.

[2] 상도도장 분류

① 색상도료와 투명도료의 구분 없이 우레탄 색상도료로 한 번에 도장하고 강제 건조하는 시스템.

② 베이스 코트 색상도료와 투명도료가 구분되어 베이스 코트 색상도료를 도장한 다음 투명도료를 도장하여 강제 건조하는 시스템.

참고 상도도료(top-coat)

① 솔리드 : 유색안료를 포함한 단색도료
② 메탈릭 : 단색도료에 메탈릭 입자인 알루미늄 조각 포함
③ 펄 : 메탈릭 입자 대신 마이카(mica) 펄 입자가 포함

[3] 상도도장의 시스템

(1) 1C1B(1Coat-1Bake)도장 공정

상도도장 공정에서 1C1B는 우레탄 타입 도료를 사용하는 시스템을 말한다. 베이스 코트(B/C) 타입의 도료와는 달리 주제와 경화제가 일정 비율에 맞도록 혼합하면 도막이 형성되는 타입의 도료로서 흑색이나 백색과 같은 솔리드(단색) 색상에서 주로 사용한다. 폴리 우레탄도료(착색 2액형 도료)를 1회 도장하고 60℃에서 30분 정도 1회 건조하여 완성하는 방법이다.

(2) 2C1B(2Coat-1Bake)도장 공정

상도도장 공정의 2Coat 1Baking은 2번 도장(Coat 스프레이)과 1번 열처리(Baking)한다는 의미이며, 색상도료(베이스)와 투명도료(클리어)를 2회 스프레이 하고 1회 열처리를 한다. 즉, 색상도료의 베이스 타입 도료와 색상도료를 보호하는 투명도료인 클리어 코트를 사용하는 시스템을 말한다.

(3) 3C1B(3Coat-1Bake)도장 공정

3C1B 시스템의 상도도장 공정은 세 부분으로 나눈다. 바탕도료(컬러 베이스), 중간도료(펄 베이스) 클리어 코트로 구성된다. 2C1B 공정에서 베이스 코트(Base Coat)와 클리어 코트 사이에 펄 베이스 도료가 중간에 들어간 형태라고 볼 수 있다. 바탕도료(컬러 베이스 코트), 중간도료(펄 베이스 코트)는 1액형이며, 클리어 코트는 2액형 도료이다. 3회 도장하고 1회 가열건조(60℃에서 30분 정도)한다.

[4] 상도도장 종류

(1) 솔리드(1coat)

자동차 도장의 가장 기본적인 도장 종류이며, 솔리드, 즉 단색이라는 뜻으로 상도를 한 가지 종류의 도료만으로 작업을 완료하는 도장이다. 색상이 단색이며 도료에 입자 성분이 포함되지 않아 보는 각도에 관계없이 동일한 색상을 나타내므로 판별이 용이하다. 백색, 흑색, 적색, 하늘색, 노란색 등이 있다. 솔리드 도장은 1Coa - 1Bake이다.

솔리드 도장은 일반적인 도장으로 주로 원색 계열 도장을 말하는데, 사실 여기서 아주 중요한 차이가 하나 있다. 일반적인 솔리드 도장은 베이스+클리어를 혼합하여 도장한다. 그러므로 클리어층이 따로 존재하지 않는 것이다. 하지만 일반적으로 고급차라고 부르는 차량에는 따로 클리어층이 올라간다. 그래서 폴리싱 작업을 할 때 패드에 페인트가 묻어 나오는 것과 그렇지 않은 차이가 있는 것이다.

[솔리드 2액형 타입(1Coat-1Bake)]

도막 구성	도막 두께
상도	40~50㎛
중도(프라이머-서페이서)	40~50㎛
워시프라이머	8~15㎛
퍼티	2mm 이하
소재철판	0.8mm

(2) 메탈릭(2coat)

메탈릭은 상도를 컬러 베이스 도료 및 클리어(투명) 도료 2가지를 사용해 2단계로 작업하는 도장이다. 메탈릭 도장은 2Coat-1Bake이다.

기본적인 솔리드 컬러에 미세한 알루미늄 조각을 섞어 도장한다. 알루미늄 조각을 섞은 솔리드 컬러는 햇빛을 받게 되면 더 반짝거리는 효과를 얻을 수 있다. 알루미늄 조각을 보호하기 위해 메탈릭 컬러 위에 클리어 코트를 적용한다. 따라서 상도에 클리어층이 추가된다.

[메탈릭, 마이카릭 타입(2Coat-1Bake)]

도막 구성	도막 두께
투명(클리어)	40~50㎛
베이스(메탈릭, 마이카릭)	20~30㎛
중도(프라이머-서페이서)	40~50㎛
워시 프라이머	8~15㎛
퍼티	2mm 이하
소재철판	0.8mm

(3) 마이카(3Coat)

마이카는 상도를 컬러 베이스 도료, 펄 베이스 도료, 클리어 도료를 사용해 3단계로 작업하는 도장이다. 메탈릭 도장처럼 혼합하지 않고 각각의 도료를 따로 도장하게 되는 것이다. 마이카 도장 혹은 펄 도장이라 하며 3Coat-1Bake이다.

기존 메탈릭에는 알루미늄 조각을 넣는 반면, 마이카라고 불리는 운모가 들어있는 펄 베이스도료로 도장한다. 진주처럼 광택을 내는 펄도료로 도장하면 부드러운 광택과 색감을 얻을 수 있다. 이 마이카는 아주 미세한 입자로 구성되어 있기 때문에, 도장면을 편평하게 하기 위해 클리어가 제일 상부에 뿌려지게 된다. 상도에 클리어층뿐만 아니라 펄 베이스층이 추가된다.

[3코트 펄(3Coat-1Bake)]

도막 구성	도막 두께
투명(클리어)	40~50㎛
펄 베이스	10~20㎛
컬러 베이스	20~30㎛
중도(프라이머-서페이서)	40~50㎛
워시 프라이머	2~15㎛
퍼티	2mm 이하
소재철판	0.8mm

[5] 도장상의 주의사항

① 도료 보관은 직사광선을 피하고 건냉암소(5~35℃)에 보관하고 사용 직전에 개봉하고, 도료를 균일하게 교반 후 사용한다. 사용한 도료는 습기나 이물질이 들어가지 않도록 잘 밀봉 후 보관한다.

② 타 도료나 지정된 경화제가 아닌 제품은 사용을 금지한다.

③ 도장면의 온도가 이슬점 온도(3℃) 이하, 30℃ 이상에서는 도장 불량이 발생(부착 불량, 기포 발생, 균열, 백화)할 수 있다.

④ 우레탄 도장은 일반적으로 도막 두께가 두껍게 도장되기 때문에 1차, 2차 도장 간에 프레쉬 타임을 충분히 주어야 한다.

⑤ 사전에 마스킹 작업은 필수이다.

⑥ 2코드 방식(베이스 코트와 클리어 코트)에 비해 도막 결함의 발생이 높다. 도막 결함이 발생했을 때 복원도장이 어렵다.

⑦ 광택 작업(외관향상, 도막결함 제거)인 경우 컬러 샌딩이나 컴파운드 작업 시 색이 묻어나는 현상이 발생한다.

⑧ 이물질이 묻지 않도록 더욱 세심한 작업과 스프레이 부스 청결, 필터 관리로 도막결함 발생을 예방해야 한다.

[6] 우레탄 도장 방법

① 교반이 완료된 도료를 담은 상도 클리어 전용 스프레이건을 준비한다.

② 송진포를 사용하여 피도면에 묻은 미세먼지와 오염물을 가볍게 제거한다.

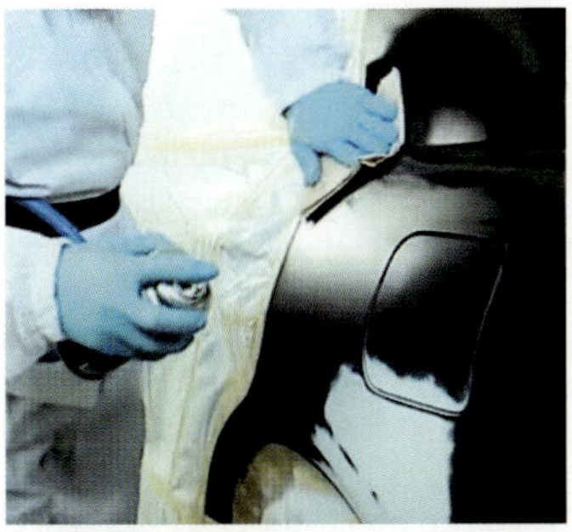

그림 5-86 오염물 제거

③ 일반적인 우레탄 코트도장 횟수는 2~3회를 기준으로 실시할 수 있다. 흑색 계통의 우레탄 상도도장은 3차 도장한다.

④ 1차 도장 작업을 시행한다.

㉠ 패널의 가장자리와 경계 부위 및 프라이머-서페이서 도장면을 중심으로 도장한다.

㉡ 바탕면이 비칠 보일 정도로 얇게 도장하여 표면의 상태를 점검한다. 피도면에 유분이나 이물질로 인한 크레타링 결함을 확인하고 예방한다.

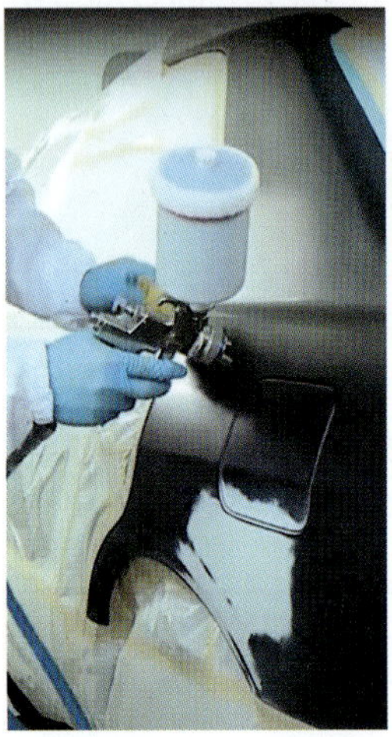

그림 5-87 우레탄 코트도장

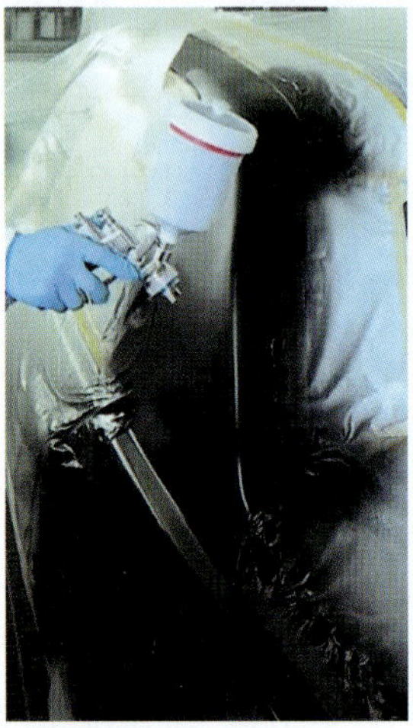

그림 5-88 우레탄 1차 도장 작업

⑤ 도막이 얇은 1차 도장 작업에는 별도의 플래시 오프타임을 적용할 필요가 없다.

⑥ 2차 도장 작업을 시행한다.

㉠ 촉촉하게 광택이 나도록 도장한다.

㉡ 2차 및 3차 도장은 도막의 레벨링을 형성하는 공정이므로 도막이 충분히 형성되도록 웨트(Wet)도장으로 작업할 수 있다.

㉢ 3차 도장과 비교해서 조금 약하게 도장한다는 느낌으로 작업한다.

㉣ 흐름 현상이나 도장면에 도료가 처지는 결함이 나타나지 않도록 주의하여 도장한다.

⑦ 플래시 오프타임을 지촉 건조까지 충분히 부여한다.

㉠ 일반적인 지촉 건조시간은 상온에서 5분 정도이나 길게는 7~10분 정도까지 소요된다.

㉡ 플래시 오프타임은 도막의 두께를 기준하므로 도막이 두꺼운 경우에는 시간을 길게 부여한다.

⑧ 3차 도장 작업을 시행한다.

㉠ 피도면의 레벨링과 광택을 확보하기 위해 겹침과 스프레이건의 운행속도 및 도장면과의 거리를 일정하게 도장한다.

㉡ 피도면에 스프레이된 도료 상태를 확인하면서 신중하게 도장을 마무리한다.

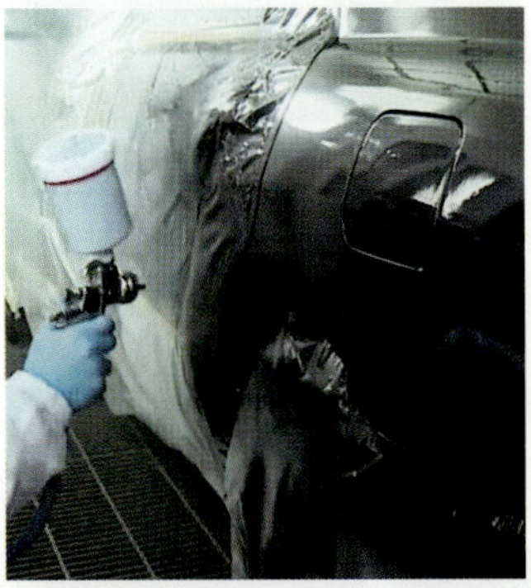

그림 5-89 우레탄 3차 도장 작업

⑨ 도장 작업이 완료되면 세팅타임을 부여하고 강제 건조한다.

[7] 우레탄도료 건조

① 사용하는 제품의 기술자료집을 참고하여 건조시킨다.

② 동일 조건 하에서 색상별 온도가 다르기 때문에 가열 건조 시 핀홀이 발생하지 않도록 주의한다.

③ 도료별로 경화제 혼합비율이 다르지만 대부분 우레탄도료에 경화제가 적게 들어가는 제품이 빨리 건조된다.

④ 도장 작업이 완료되면 세팅타임을 부여하고 강제 건조한다. 일반적으로 세팅타임은 10~15분 정도 부여한다.

⑤ 강제건조는 세팅타임 이후 60℃에서 30분, 80℃에서 20분간 열처리한다. 도료의 종류에 따라 도료 제조사에서 추천한 온도는 작업 매뉴얼에 따르는 것이 효과적이다.

그림 5-90 세팅타임 설정

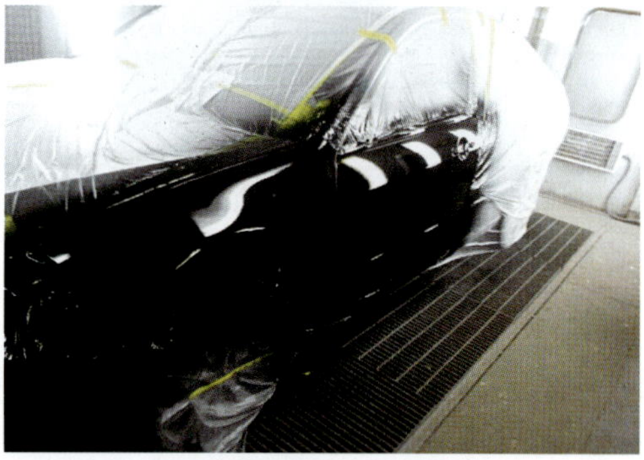

그림 5-91 열처리

5.8 베이스 · 클리어도장 작업

베이스 · 클리어 종류

베이스 코트는 색상이 자리하는 층으로 두께는 보통 12.7~25.4㎛ 정도이다. 클리어 코트는 광택과 윤기를 제공하면서 자외선을 포함한 요소들로부터 물리적인 보호를 제공하는 층으로 38.5~50.8㎛ 정도이다.

[1] 자동차 보수용 베이스의 종류 및 특성

(1) 솔리드 색상도료

① 흰색, 검정색, 빨강색, 노랑색, 파란색 등의 유색안료만 함유되어 있는 도료이다.

② 검정색의 경우 오랜 시간 동안 방치 후 클리어를 도장할 경우 베이스 코트에 부착이 잘 되지 않아 클리어가 벗겨지는 경우도 있다.

③ 솔리드 컬러를 베이스로 도장할 경우 작업 중 발생하는 결함 수정이 어렵지만, 베이스 코트를 도장하면서 수정 보완이 필요하다.

(2) 메탈릭 색상도료

메틸릭 입자의 역할

① 2코트 솔리드 색상도료에 메탈릭, 펄 등의 플레이크 안료가 함유되어 있는 도료이다.

② 색상의 명도를 조정한다. 어둡게 만들고자 할 때는 검정색을, 밝게 만들고자 할 때는 흰색이 아닌 메탈릭 입자를 첨가한다.

③ 거의 모든 광선을 반사시키는 도막 내에서 작은 거울 역할을 한다.

④ 메탈릭 입자의 크기, 도막 내의 위치에 따라 색상이 변한다.

메탈릭 입자의 종류

메탈릭도료는 반투명의 에나멜 성분이 함유된 것으로 도막 아래층에 성분이 가라앉고 반투명의 에나멜층을 통해서 금속 특유의 빛을 발생하게끔 만든 도료이다. 메탈릭 입자 종류의 경우 그 성분으로 주로 사용되는 것은 알루미늄이다. 메탈 입자의 크기로 구분하면 다음과 같다.

① 미세하고 불규칙적인 메틸릭 입자 : 빛의 반사량이 약하고 은폐력이 양호하다.

② 거칠고 불규칙적인 메탈릭 입자 : 반짝임과 빛의 반사가 양호하고 은폐력이 약하다.

③ 입자가 둥근 메탈릭 입자 : 반짝임과 빛의 반사량이 강하며 은폐력도 우수하다.

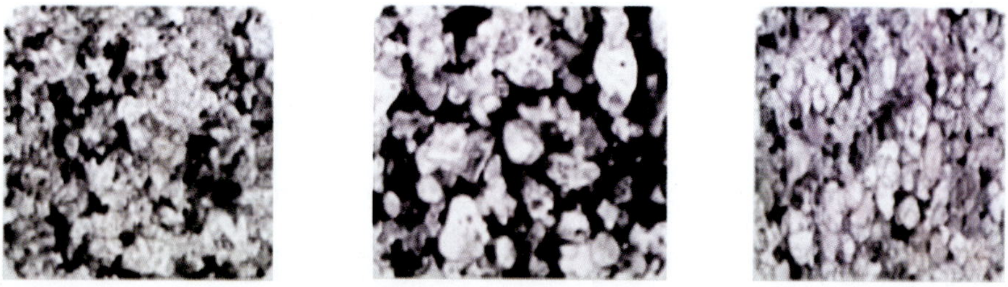

(a) 미세한 메탈릭 입자 (b) 거친 메탈릭 입자 (c) 둥근 메탈릭 입자

그림 5-92 메탈릭 입자 종류

(3) 펄 색상도료

① 컬러 베이스를 도장하고 마이카(Mica)라고 하는 펄을 섞은 도료이다.

그림 5-93 마이카

② 솔리드 베이스 코트에 첨가된 제품도 있지만 대부분은 컬러 베이스도장 후 펄 베이스를 도장하는 3코트 도료를 총칭한다.

③ 펄 베이스의 색상은 동일하지만 컬러 베이스의 색상에 따라 색이 변하며, 컬러 베이스의 색상은 동일하지만, 동일한 펄 베이스의 도장 횟수나 도막 두께에 따라 색이 변화한다.

④ 3코트 펄도장 : 백색 계통의 솔리드를 먼저 도장한 후 건조 → 그 위에 은폐력이 떨어지는 펄을 도장 → 바탕색인 백색의 솔리드 색상이 비춰 보이게 하는 효과를 이용한다.

베이스도장

[1] 베이스도장 목적

베이스 코트는 페인트에서 자동차 본연의 색이나 고객이 원하는 색을 나타내는 자동차 보수도장에 해당한다. 수지에 따라 수용성과 유용성이 있다.

(1) 수용성 도료

수용성 도료는 물을 기본으로 하고 있는 용제이다.

수용성 도료의 장점

① VOC(휘발성 유기화합물) 배출을 줄일 수 있어 친환경적이며, 인체에도 해가 유성도료에 비해 현저히 낮다.

② 건조 후 도장의 경도가 기존 유성도료에 비해 많이 딱딱해 견고함 유지가 좋고 내구성이 좋다.

③ 투명을 뿌리지 않고 베이스만 뿌려도 광택 차이가 확실히 유성에 비해 뛰어나고, 색 균일성이 좋다.

수용성 도료의 단점

① 가격이 비싸다.

② 물이 거의 70% 가까이 있는 수용성 도료이다 보니 보관이 유성도료에 비해 길지 않고, 환경적인 조건에 민감하다.

③ 수용성이다 보니 작업 시간이 길어지고, 장마철 등 습한 환경 등에 노출되면 작업하기가 까다로워진다.

④ 수용성 도장에 대한 충분한 노하우, 기술 습득이 필요하다.

⑤ 수용성 도료 도색, 건조에 맞는 시설이 필요하다. 수용성 전용부스 설치, 건조 작업 시, 바람이 들어올 때 먼지가 들어오지 않게끔 하는 시설, 컴프레셔, 전용 건도 등.

⑥ 도장 후 건조시간이 유성도료에 비해 길어서, 하루에 보수도장하는 판수가 30% 이상 줄어들어 이에 대한 효율성 극대화 방안이 필요하다.

(2) 유용성 도료

유용성 도료는 휘발성으로 냄새가 나고 건조가 느린 도료이며, 점도 조절용으로 시너를 희석해서 사용한다. 유용성 도료의 종류에는 대표적으로 에나멜, 락카, 에폭시, 우레탄 등이 있다.

유용성 도료의 장점

① 내구성과 마감이 아름답다.

② 높은 도막을 만든다.

③ 막 두께가 균일해지기 쉽다.

④ 세부 침투성이 높아 내구성이 향상된다.

⑤ 건조가 빠르고 밀착성이 높아 소재를 선택하지 않고 도장할 수 있다.

유용성 도료의 단점

① 유기용제로 시너를 사용하기 때문에 수성도료에 비해 냄새가 난다.

② 건강과 환경에 피해를 주는 VOC(휘발성 유기화합물)를 배출한다.

③ 시너는 인화성이 높아 보관 장소나 관리방법에 주의해야 한다.

[2] 베이스도장 방법

(1) 베이스 코트도장 시 주의할 점

① 도장하기 전 하얀색 종이에 뿌려서 자동차 색상과 맞는지 확인

② 도장면 도장 작업 범위 옆 커버링에 살짝 1~2회 1초 정도 뿌려 노즐 이물질 제거(도장하기 전 노즐에 이물질이 있으면 이물질이 그대로 도장면에 흡착됨)

③ 도색 작업 시 도장면과의 거리는 15~20cm 정도 거리를 두고 도포(너무 가까우면 베이트 코트가 뭉쳐져 흘러내리거나 너무 멀면 도장면에 붙지 않음)

④ 1차 도장 후 약 10분가량 간격을 두고 2차, 3차 도장 진행

⑤ 각 도장 작업 단계별 건조 후 송진포로 도장면 정돈 작업 진행

(2) 유용성 도료

유용성 메탈릭 색상도료 혼합

① 도료 색상 및 코드가 차량 색상 및 색상 코드와 일치하는지를 확인한다.

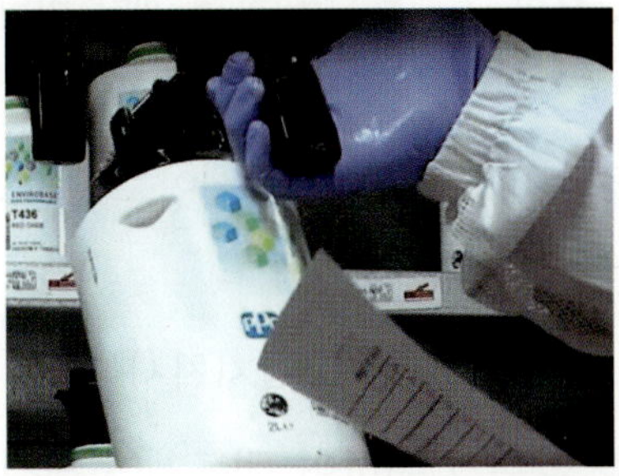

그림 5-94 도료 색상 및 코드가 차량 색상 및 코드와 일치하는지 확인

② 색상 코드가 일치할 경우에는 사전 조색도료(Ready Mixed)를 준비한다.

③ 도료 캔의 바닥에 가라앉아 있는 메탈릭 안료를 골고루 혼합하기 위하여(분산) 뚜껑을 열어 도료 혼합 스틱으로 충분히 혼합해 준다(페인트 쉐이커 또는 교반기의 리드기 등을 활용하여 도료를 혼합할 수 있다).

④ 도장 패널의 종류에 따라 사용할 도료의 양을 산정하여 계량 비닐컵에 베이스 코트 도료를 담는다.

그림 5-95 **도료 혼합**

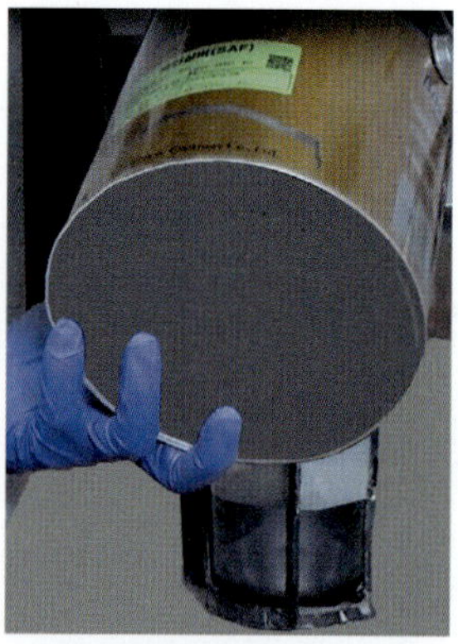

그림 5-96 **계량 비닐컵에 베이스 코트 도료 담기**

⑤ 각 도료회사의 도료 작업지침서에 따라 베이스 코트 도료에 알맞은 희석용 시너를 준비한다.

⑥ 희석용 시너의 투입 비율은 도료 작업지침서를 준수하며 조절한다.

⑦ 도료의 정확한 점도를 맞추기 위하여 점도계(포드컵 NO : 4)를 이용하여 점도를 측정하여 맞춘다(측정값 : 18~20±5sec/20℃).

유용성 베이스 코트도장

① 송진포와 에어 더스트건을 이용하여 도장할 패널의 미세먼지와 오염물질을 제거한다.

② 베이스 코트의 도장 횟수는 일반적으로 도료의 은폐가 완료되는 시점으로 색상별로 편차가 있는 점을 주의한다.

③ 초벌 도장을 1회 한다.

㉠ 스프레이건과 패널면과의 거리를 약간 멀리하고 운행 속도는 조금 빠르게 도장한다.

㉡ 패널의 밑바탕이 비칠 정도로 얇게(또는 가볍게) 스프레이한다.

④ 초벌 도장 후에는 플래시 오프타임을 적용하지 않아도 무방하다.

(3) 수용성 도료

수용성 메탈릭 색상도료 혼합

① 수용성 베이스 코트 도료에 대한 희석제 혼합 비율은 일반적으로 30%를 넘지 않는다(각 도료 회사의 도료 작업지침서를 반드시 참고).

② 원액 베이스 도료의 용제가 75% 이상이 물로 되어 있어 수용성 도료의 희석 비율이 높지 않으므로, 작업지침서에 따라 수용성 희석제를 많이 투입하지 않도록 주의한다.

③ 희석제의 양은 조금씩 투입하면서 도료의 점도를 조절하는 것이 중요하다.

④ 유기 용제에 비해 물이 갖는 증발 속도가 상대적으로 느리기 때문에 베이스 코트의 건조에 미치는 영향이 매우 크므로 주의가 필요하다.

⑤ 도료의 정확한 점도를 맞추기 위하여 점도계(포드컵 NO : 4)를 이용하여 점도를 측정하여 맞춘다(측정값 : 18~20±5sec/20℃).

메탈릭 색상 현장 조색 도료 혼합

① 도장할 자동차의 각 도료사의 색상 코드와 색상 배합표(카드&컴퓨터&마이크로필름)를 통하여 도료 배합을 준비한다.

② 도료 교반기를 작동시켜 조색제를 충분히 혼합한다.

③ 색상 배합비대로 투입이 완료되면 도료 혼합 스틱으로 충분히 교반한다(페인트 쉐이커를 활용하여 도료를 혼합할 수 있다).

④ 준비된 도료는 베이스 코트용 스프레이건의 용기에 70~80% 정도 되도록 여과지를 사용하여 옮긴다.

수용성 베이스 코트도장

① 송진포와 에어 더스트건을 이용하여 도장할 패널에 미세먼지를 제거한다.

② 베이스 코트의 도장 횟수는 일반적으로 도료의 은폐가 완료되는 시점으로 색상별로 편차가 있는 점을 주의한다.

③ 초벌 도장을 1회 한다.

㉠ 스프레이건과 패널면과의 거리를 약간 멀리하고 운행 속도는 조금 빠르게 도장한다.

㉡ 패널의 밑바탕이 비춰질 정도로 얇게(또는 가볍게) 스프레이한다.

④ 색 결정 도장을 1회 한다.

㉠ 본격적인 도막을 형성하기 위한 작업으로 초벌 도장에 비해 스프레이건과 패널과의 거리를 15~20cm 정도 도장한다.

㉡ 색 결정 도장 작업에서 건의 움직임은 겹침폭을 2/3~3/4 정도 도장하며, 메탈릭 얼룩이 발생하지 않도록 균일하게 도장한다.

㉢ 광택이 날 정도로 도료를 촉촉하게 도장하여 본격적인 도막 두께를 형성한다.

⑤ 색 결정 도장 후에는 짧게는 3~5분, 길게는 5~10분 정도 플래시 오프타임을 적용하여 에어 드라이 젯으로 강제 건조를 진행한다(도막 두께에 따라 조절한다).

⑥ 도장 작업 3차를 실시한다. 색 결정 도장 방법과 달리 메탈릭 얼룩이 발생되지 않도록 광택이 나지 않으면서 촉촉한 느낌이 나도록 도장한다.

⑦ 도장 작업 3차 후에는 5~10분 정도 플래시 오프타임을 적용하여 에어 드라이 젯으로 강제 건조를 진행한다.

㉠ 도막이 두꺼울수록 건조 시간이 길어지기 때문에 플래시 오프타임도 길게 적용해야 색상 얼룩이나 다른 도장 결함의 발생을 방지할 수 있다.

㉡ 베이스 코트의 도막이 적은 상태에서 건조되어 광택이 사라지는 상태가 후속 도장 작업 시점이다.

⑧ 마무리 도장(4회)을 한다.

㉠ 각 도료사의 추천에 따라 생략되는 경우도 있는데, 이때는 3차 도장 작업 시 마무리 도장을 시행한다.

㉡ 도장 작업 3차보다 도료의 양을 조금 더 줄여 도장하는 것이 메탈릭 얼룩을 예방할 수 있다.

㉢ 베이스 컬러에 따라 메탈릭 얼룩이 생기는 상황이 발생한다. 따라서 모든 색상을 동일하게 스프레이하는 것이 이색 현상을 초래할 수 있으므로 주의가 필

요하다.

⑨ 베이스 코트 작업이 완료되면 에어 드라이 젯을 사용하여 플래시 오프타임을 충분히 적용하여 후속공정(클리어 코트도장)을 준비한다.

[3] 베이스 건조

(1) 건조 시간에 영향을 미치는 조건

① 상대습도

② 공기 흐름

③ 도장실 온도

④ 제품보관 상태

(2) 건조 방법

① 자연 건조 : 자연 그대로 건조시키는 방법을 자연 건조라 한다. 다시 말해서 그대로 놓아 마르는 건조법이므로, 도장 후 상온 또는 실온에 방치, 도막 내의 용제를 증발시켜 도료를 건조시킨다.

② 강제 건조 : 적외선램프, 열풍 건조기, 드라이 젯을 이용하여 도료를 건조한다.

(3) 공기 흐름에 따른 건조

공기 흐름이 빠를 때

① 자동차 패널 위로 흐르는 공기 속도가 빠를수록 도장 표면에서 습기가 덜 제거된다.

② 도막 내 건조 불균형으로 도장 표면만 빠르게 건조되는 드라이 스킨이 발생한다.

공기 흐름이 느릴 때

① 자동차 패널 위로 흐르는 공기 속도가 느릴수록 도장 표면의 더 많은 습기가 제거된다.

② 도막 내부와의 건조 불균형으로 도장 표면만 빠르게 건조되는 드라이 스킨 발생이 없다.

클리어도장

[1] 클리어도장의 목적

(1) 클리어도장의 특징

자동차 보수도장에서 색을 나타내는 베이스 코트를 도포한 뒤에 클리어 코트를 뿌려 표면에 광택을 부여하고, 베이스 코트의 자외선에 의한 변색을 방지하는 자외선을 차단하는 기능이 함유되어 있어 자동차를 외부 환경으로부터 보호하고, 다른 외부의 마찰이나 충격에 의한 손상을 방지하고, 산화에 강하고 단단하다.

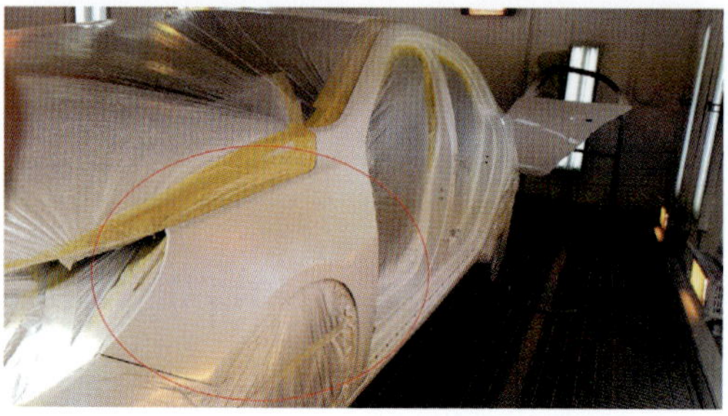

(a) 클리어 도포 전(광택 없음)

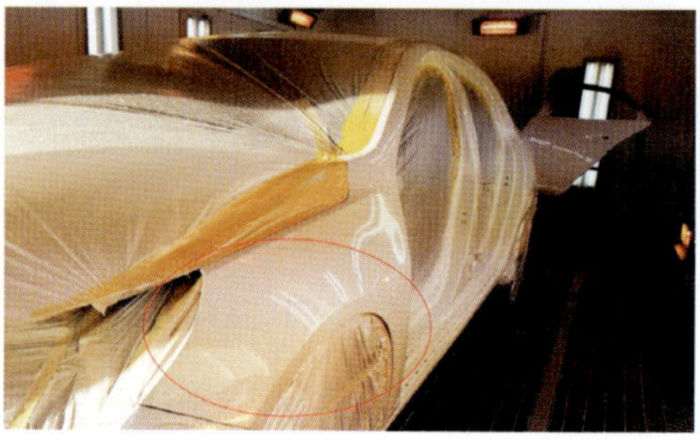

(b) 클리어 도포 후(표면 광택)

그림 5-97 클리어 도포 전과 도포 후

(2) 클리어의 종류

클리어의 종류에는 MS(Midium Solid), HS(High Solid), UHS(Ultra High Solid) 등의 등급이 존재하는데, 이는 자외선 차단제와 클리어 자체에 함유되어 있는 고형분의 함량에 따라서 분류된다.

MS(Midium Solid) 클리어는 물과 같이 묽고, 고형분 함량이 보통이고, 건조 속도가 보통이며, 광도와 경도도 보통이다. 고등급의 클리어의 경우에는 고형분 함량이 높고, 점성이 높으며 광도가 우수하다. 각종 스크래치에 견디는 내스크래치성, 경도와 내구성 등의 기능성이 뛰어나지만 건조속도가 느리다.

(3) 클리어도장 장·단점

클리어도료의 장점은 은폐력이 없는 투명도료이다. 투시되는 도료이기 때문에 도색 시 색상 밸런스를 맞추는 것이 어렵다. 일반도료는 은폐력이 높기 때문에 분포 중인 도료의 최종 표면만 노출된다. 반대로 클리어도료는 도색면의 모든 부분이 투과된다.

[2] 클리어도장 방법

(1) 표준 및 하이솔리드 클리어도장 방법

표준도장 방법

① 1차 : 날림도장(Dry Spray)으로 플래시 오프타임은 1분

② 2차 : 젖음도장(Wet Spray)으로 플래시 오프타임은 3~5분

③ 3차 : 젖음도장(Wet Spray)으로 세팅타임은 10분

하이솔리드 클리어도장 방법

① 1차 : 날림도장(Dry Spray)으로 플래시 오프타임은 1분

② 2차 : 젖음도장(Wet Spray)으로 세팅타임은 10분

(2) 클리어 코트 도료

상도 클리어 코드 도료

① 컬러 베이스 1액형 도료

㉠ 용제 증발형 도막

㉡ 눈, 비, 공해 등에 취약하다.

② 클리어 코드 2액형 도료

㉠ 우레탄 도막 형성

㉡ 조직과 물성이 우수

㉢ 외부 환경에 의한 녹으로부터 보호

㉣ 외관 아름다움 유지

클리어 코트 도료의 특징

① 아크릴 타입의 우레탄 도료 사용

② 일부 도료회사에서 출시한 불소수지 2액형 우레탄도료도 사용

③ 혼합비 2:1, 3:1, 4:1, 10:1의 제품들을 주로 사용

④ 주제와 경화제의 혼합 비율은 도료의 물성과 내구성 가격과 건조 속도에 차이가 있다.

㉠ 경화제의 혼합 양이 많은 경우 : 물성>작업성

㉡ 경화제의 혼합 양이 적은 경우 : 물성<작업성

클리어 코트 도료의 적용

① 클리어 코트도장 작업 : 도장면 전체를 보호하는 도막은 일정한 두께를 형성해야 하고, 내구성을 유지함으로써 외관의 광택과 아름다움을 부여

② 도료 제조사별 클리어 코트 도료 선택 : 도막이 되는 성분, 고형분(Solid) 또는 NV(Non Volatile : 불휘발분)의 가격과 제품의 종류, 사용 방법이 매우 다양하므로 제조사의 작업지침서에 따라 선택하여 적용

(3) 클리어 코트 도료 혼합

① 주제 도료인 클리어 코트 도료와 경화제를 준비한다. 이때 도료 제조사 작업 매뉴얼을 참고하여 주제에 적합한 경화제를 확인한다.

② 계량용 비닐컵을 준비한다.

③ 도장 작업에 사용할 도료의 양을 계획한다.

④ 클리어 코트 주제 도료를 계량 비닐컵에 필요량을 투입한다.

⑤ 클리어 코트 경화제를 주제의 비율에 맞도록 정확한 양을 투입한다. 이때 정확한 양을 준수하기 위해 전자저울을 사용할 수 있다.

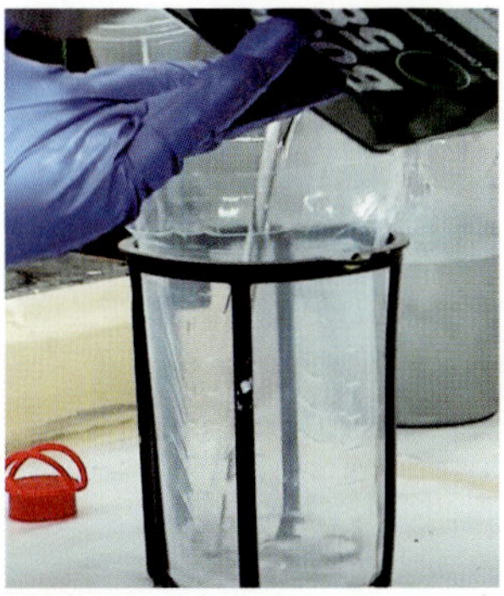

그림 5-98 주제 도료를 비닐컵에 투입

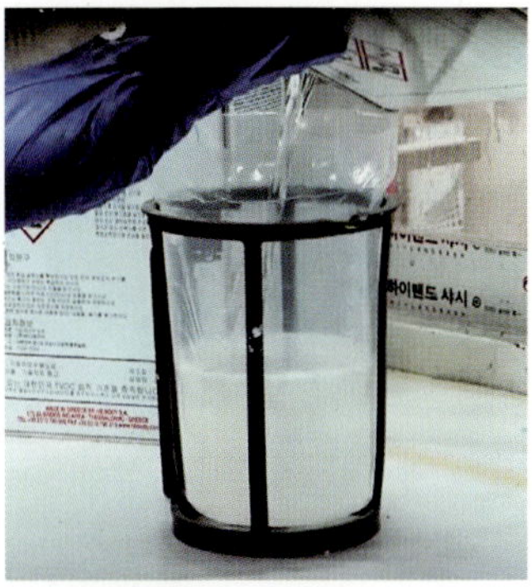

그림 5-99 경화제 투입

⑥ 주제와 경화제를 도료 혼합 스틱을 이용하여 충분히 교반한다. 이때 페인트 쉐이커를 사용할 수 있다.

그림 5-100 주제와 경화제 교반

⑦ 교반을 완료한 도료는 여과지를 사용하여 상도 클리어 코트 전용 스프레이건에 담는다.

⑧ 클리어 코트용 도료에 희석제를 혼합하는 타입은 반드시 제조사 작업 매뉴얼을 참고하여 희석 비율대로 점도를 조절한다.

(4) 클리어 코트도장

① 교반이 완료된 도료를 담은 상도 클리어 전용 스프레이건을 준비한다.

참고 클리어도장용 스프레이건

① 클리어용 스프레이건은 중력식 스프레이건이 적당하다.
② 스프레이건의 노즐 사이즈는 ∅1.3~1.5mm이 적합하다.

[상도 클리어 코트 전용 스프레이건의 노즐 구경]

구분	노즐 구경(size)
흡상식(Suction Type)	∅1.4~1.6mm
중력식(Gravity Type)	∅1.3~1.5mm

③ 노즐 사이즈가 너무 작을 경우 : 도료의 토출량이 적고 미립화가 좋아 클리어의 도막을 두껍게 형성하기 어렵다.
④ 노즐 사이즈가 너무 클 경우 : 도료의 토출량이 많고 미립화가 부족하여 한 번에 두꺼운 도막이 형성되므로 레벨링이 불량해진다.
⑤ 클리어 제품별에 따라 추천되는 스프레이건의 조건을 적절하게 맞춰 도장한다.

② 송진포를 사용하여 베이스 코트 도막면에 묻은 미세먼지와 오염물을 가볍게 제거한다.

③ 클리어 코트도장을 2~3회를 기준으로 실시한다.

④ 1차 도장 작업을 시행한다.

참고 클리어를 도포 방법

① 도장면과 10cm 정도 거리를 두고 분사한다. 도장면에 살짝 하얀 거품이 나도록 접근해서 부드럽게 움직이며 분사하고, 너무 가깝게 분사하면 물 흐른 자국이 발생하고, 너무 멀리 분사하면 뿌려진 면이 거칠어진다.
② 1차 도포 후 기존 도포된 면에 광택이 부족할 때 부족한 부분에 2차로 기존 클리어 건조되기 전에 도포한다.
③ 클리어 도포는 기존 자동차 도장면 광택 부위까지 겹치도록 도포한다.
④ 클리어 도포 완료 후 클리어가 건조되기 전에 클리어 경계 부위에 복가시 시너를 1~2회 살짝 뿌려 경계선을 제거한다(너무 뿌리면 역시 흘러내린다).

⑤ 도막이 얇은 1차 도장 작업의 경우 별도의 플래시 오프타임을 적용할 필요는 없다.

⑥ 2차 도장 작업을 시행한다.

⑦ 3차 도장 작업을 시행한다.

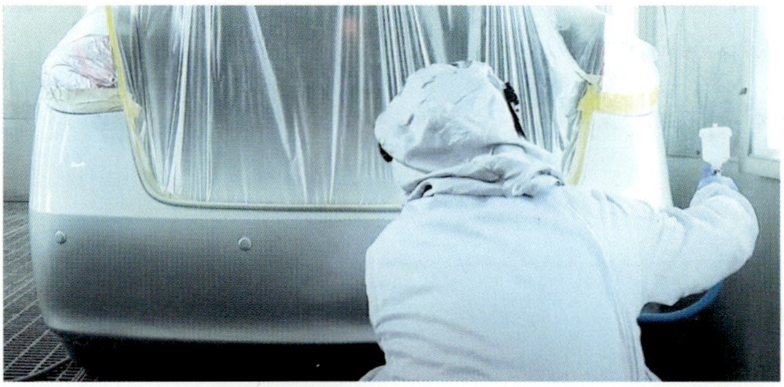

그림 5-101 **클리어 코트도장**

⑧ 도장 작업이 완료되면 세팅타임을 부여하고 강제 건조한다.

[3] 클리어 건조

(1) 건조의 종류

자연 건조

도료를 도포하고 그대로 자연 건조되게 하는 것이다. 이것은 상온에서 용제가 마르도록 두거나 도료 성분들이 화학 반응을 하여 경화하는 성질을 이용한다. 대부분의 자동차 보수용 2액형 클리어는 약 20℃ 온도하에서 24시간 정도 지나면 건조된다.

강제 건조

① 열경화성 도료의 건조 방식이다.

② 신차는 보통 도료에 따라 130~150℃에서 30분가량 강제 건조를 한다.

③ 평균적으로 60~80℃이고 건조시간은 20~30분이다.

④ 사용하는 제품의 작업 매뉴얼을 참고하여 가열 건조한다.

⑤ 플라스틱 제품의 경우 80℃가 넘지 않더라도 휘거나 뒤틀리는 경우가 발생하므로 건조 시 편평한 바닥에 올려서 건조한다.

⑥ 강제 건조의 장점은 다음과 같다.

㉠ 도장의 건조 시간을 단축하여 생산 공정의 원활함을 꾀할 수 있다.

㉡ 도장 표면에 강한 경화막을 형성한다. 이 때문에 물리적 충격, 화학적 침투 등을 막을 수 있다.

㉢ 광도가 올라간다. 자연 건조한 도장보다 강제 건조를 하게 되면 광도가 훨씬 높게 올라간다.

(2) 강제 건조 방법

열풍대류 건조

주로 석유 또는 가스버너를 사용하여 대기 중 공기의 온도를 올려 수분 또는 용제를 증발시켜 건조하는 방법

이동식 원적외선 건조기를 이용하여 건조

① 블랜딩 도장(퍼티, 프라이머 서페이서) 작업 후 원적외선 건조기를 이용하여 건조한다.

② 건조할 패널면과 원적외선 건조기를 일정한 거리를 유지시킨다.

③ 건조기 코드를 플러그에 연결한 후 전원을 ON한다.

④ 건조할 범위를 보고 그 범위가 작을 경우에는 원적외선 전구를 선택적으로 필요한 스위치만 ON한다.

⑤ 적외선 건조기 전구의 각도를 조절하여 알맞게 건조할 부위에 맞춘다.

⑥ 온도를 조절한 후 시간 타이머를 15분으로 조절한다.

⑦ 일정 시간이 경과한 후 건조 작업이 완료되면 전원을 OFF하고, 원적외선 건조기를 원위치에 두고 전원코드를 플러그로부터 분리한다.

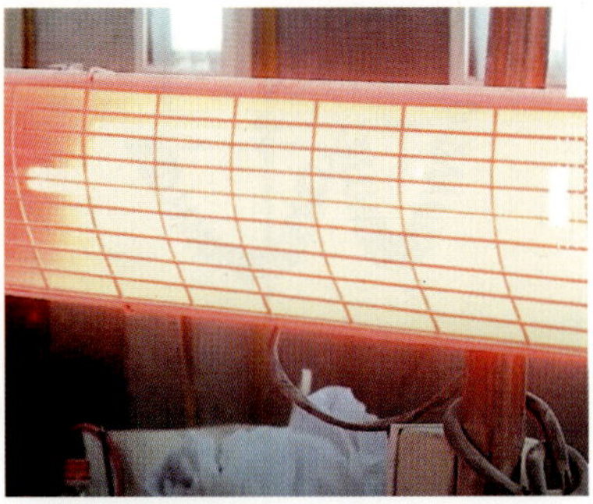

그림 5-102 원적외선 건조기

에어 블로워(에어 드라이 젯)를 사용하여 건조

① 수용성 도료를 이용한 도장 작업 시 건조 촉진 장치를 이용하여 수용성 도료에 포함된 수분을 증발시켜 건조를 촉진시킨다.

② 일반적으로 수용성 도장 작업을 3회 도장할 경우, 총 3번의 건조 촉진 장치에 의한 베이스 코트 건조 작업을 실시한다.

③ 도료의 종류와 특성에 따라 도장 횟수별 건조 촉진 장치를 이용하는 방법은 상이하므로 도료회사별 매뉴얼을 참조한다.

④ 거치대를 패널과 일정한 거리로 유지한다.

⑤ 건조 촉진 장치를 패널과 비스듬한 각도(45°)로 유지시킨 후 에어를 건조 촉진 장치에 연결한다.

⑥ 거치대가 스프레이 부스 그레이팅 바닥에 안전하게 위치하도록 한다.

⑦ 수용성 베이스 코트가 완전하게 표면의 광택이 사라져 완전히 건조되기까지 건조한다.

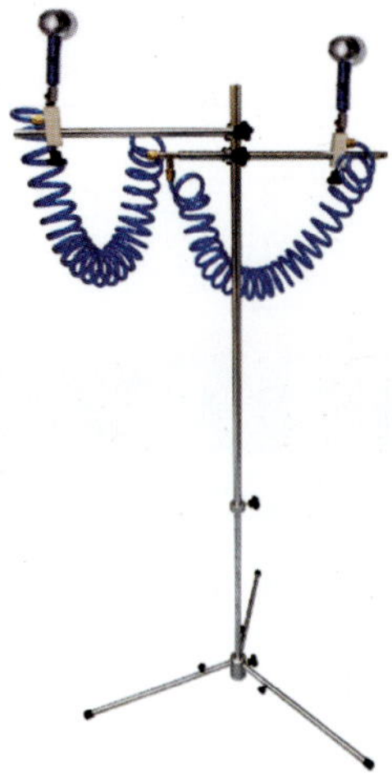

그림 5-103 에어 블로워(에어 드라이 젯)

(3) 건조 상태 구분

도료를 전문적으로 살펴보면 제조회사별 카탈로그에 따라 각각 다르지만 KS(한국공업규격)에는 온도 20℃±1, 습도 73%±5를 표준으로 정하고 있다. 이들 도료를 칠했을 때 젖은 상태의 도막을 젖은(Wet)상태라 하고, 건조되어 도막이 된 상태를 건조(Dry)라고 한다. KS의 규격에서 건조 상태를 15~25℃, 습도 50~80%의 대기 조건하에서 다음과 같이 구분한다.

① 지촉 건조(Set to Touch) : 도막을 손가락으로 가볍게 대었을 때 점착성은 있으나 도료가 손가락에 묻지 않는 상태.

② 점착 건조(Dust Free) 또는 반경화 건조.

㉠ 손가락에 의한 방법 : 손가락 끝에 힘을 주지 않고 도막면을 가볍게 좌우로 스칠 때, 손끝 자국이 심하게 나타나지 않는 상태.

㉡ 솜에 의한 방법 : 탈지면을 약 3cm 높이에서 도막면에 떨어뜨린 다음 입으로 불어 탈지면이 쉽게 떨어져 완전히 제거되는 상태.

③ 고착 건조(Tack Free) : 도막면에 손끝이 닿는 부분이 약 1.2cm가 되도록 가볍게 눌렀을 때 도막면에 지문 자국이 남지 않는 상태

④ 고화 건조(Dry Hard) : 엄지와 인지 사이에 시험편을 물리되 도막이 엄지 쪽으로 강하게 힘껏 눌렀다가(비틀지 않고) 떼어 도막에 지문자국이 없는 상태.

⑤ 경화 건조(Dry Through) : 도막면에 팔이 수직으로 되도록 하여 힘껏 엄지손가락으로 누르면서 90° 각도로 비틀어볼 때 도막이 늘어나거나 주름이 생기지 않고 다른 이상이 없는 상태.

⑥ 완전 건조(Full Hardness) : 도막을 손톱이나 칼끝으로 긁었을 때 흠이 잘 나지 않고 힘들다고 느끼는 상태로 충분히 사용가능하다.

(4) 도료의 종류에 따른 건조 방법

워시 프라이머 건조 방법

① 세팅타임 : 패널 전체를 도장하거나 도장면적이 넓은 경우, 세팅타임을 10분 정도 적용한다.

② 건조 방법 : 워시 프라이머는 세팅타임을 충분히 적용한 후 차량을 스프레이 부스 내부에서 작업하는 패널도장, 그룹도장과 같이 부스의 열처리 설비로 건조하는 것이 바람직하다. 패널도장, 부분도장의 경우에는 포트블 적외선 히터를 사용하여 10분 정도 일정한 거리 50~60cm를 유지하여 건조하거나, 히팅건을 이용하여 건조하는 것이 효과적이다. 스프레이 부스에서 열처리하여 건조 시에는 60℃에서 30분 정도 건조한다.

퍼티의 건조 방법

① 폴리에스테르 퍼티 : 주제와 경화제의 혼합 비율(100:1~3, 무게비)대로 혼합하여 도포한 후 상온에서는 20~30분의 건조 시간이 소요되며, 적외선 히터를 사용하는 경우에는 5분 이내에 건조되어 연마가 가능해진다.

② 건조 방법

㉠ 적외선 건조기(히터) 또는 히팅건 등의 건조기를 이용하여 퍼티 도포 부위와 일정한 거리 50~60cm를 유지한 후 전기코드를 플러그에 연결하고 전원을 ON한다.

㉡ 적외선 전구의 방향을 퍼티 부위와 직각이 되도록 맞춘다.

㉢ 적외선 히터의 온도 및 시간 타이머를 보통 10분 정도로 설정한다.

㉣ 5분 경과 후 적외선 히터와 퍼티와의 거리를 20~30cm 정도로 가깝게 한다.

프라이머 서페이서(Primer Surfacer)의 건조 방법

① 세팅타임 : 패널 전체를 도장하거나 도장면적이 넓은 경우에는 본격적인 건조 작업을 위한 세팅타임을 10분 정도 적용하는 것이 바람직하다.

② 건조 방법

㉠ 적외선 건조기(히터) 또는 히팅건 등의 건조기를 이용하여 프라이머 서페이서 젖은 도막과 일정한 거리(1단계 : 50~60cm)를 유지한다.

㉡ 전기코드를 플러그에 연결하고 전원을 ON한다.

㉢ 적외선 전구의 방향을 프라이머 서페이서 도장 부위와 직각이 되도록 맞춘다.

㉣ 적외선 히터의 온도 및 시간 타이머를 보통 10분 정도로 설정한다.

㉤ 5분 경과 후 적외선 히터와 프라이머 서페이서 도장면과의 거리(2단계 : 20~30cm)를 조절하여 가깝게 위치한 후 5분 정도 더 건조한다. 일반적으로 스프레이 부스에서 열처리하여 건조하는 경우에는 60℃에서 30분간 하고, 부분 및 패널도장 작업에 포트블 적외선 히터를 사용하여 건조할 경우에는 10분 정도 일정한 거리(1단계 : 50~60cm, 2단계 : 20~30cm)를 유지하여 건조한다.

상도 베이스 코트(Base Coat of Top Coat)의 건조 방법

① 세팅타임 : 패널 전체를 도장하거나 도장 면적이 넓은 경우에는 후속도장 작업을 위해 충분히 건조가 이루어져야 하므로 세팅타임을 10~15분 정도 적용하는 것이 좋다.

② 건조 방법 : 상도 베이스 코트는 세팅타임을 충분히 적용한 후 스프레이 부스의 열처리 설비로 건조하는 것이 바람직하다. 이때 일반적으로 클리어 코트와 같이 60℃에서 30분 정도 열처리하는 것이 아니라, 베이스 코트이기 때문에 습도를 제거하는 동시에 베이스 코트의 안전하고 완전한 건조를 위해 40℃에

서 10분 정도 건조시킨다.

상도 클리어 코트(Clear Coat of Top Coat)의 건조 방법

① 세팅타임 : 클리어 코트를 패널 및 전체를 도장할 경우에는 열처리하기 전에 세팅타임을 10~15분 정도 적용한다.

② 건조 방법 : 상도 클리어 코트를 건조하기 전에 세팅타임을 충분히 적용한 후 스프레이 부스의 열처리 설비로 건조한다. 일반적으로 인 클리어 코트의 건조 온도 및 시간은 60℃에서 30분 정도이며, 2액형 솔리드 우레탄도장인 경우에는 80℃에서 20분 정도 열처리하여 건조한다.

5.9 블렌딩도장 작업

블렌딩 방법 선택

[1] 블렌딩 특성

블렌딩도장은 보카시, 숨김도장이라고도 하며, 색상 차이가 예상되는 부분과의 경계면에 적용하거나, 구도막 제거로 인해 도장 범위를 구분하기 어려울 때 적용하는 방법이다. 자동차 부분도장 시 구도막(기존 자동차도장 표면)과 신도막(부분도장한 자동차 표면)의 색상 차이가 나지 않게 연결해 주는 도장 기술이다.

[2] 블렌딩 작업절차

① 작업 범위 이외에 페인트가 묻는 것을 방지하기 위해 마스킹, 커버링으로 차단한다.

② 먼지, 기름 등의 오염 및 이물질을 제거한다.

③ 블랜딩 부위 연마

㉠ 손상 부위를 보수(판금 퍼티, 스크래치 제거, 프리이머 작업 등)한다.

㉡ 보수작업이 완료된 후 검정색 계통 색상은 베이스도장 부위보다 약 1배의 넓이로 연마하고, 실버 계통의 밝은 색상은 베이스도장 부위보다 약 2~3배 넓이로 연마한다.

㉢ 투명도장 부위까지는 #1000~1500사포로 연마하고 블랜딩 부위는 #2000사포로 연마한다.

㉣ 블랜딩 부위 연마가 끝나는 부위가 층이 생기지 않도록 수평으로 연마한다.

④ 베이스도장

㉠ 송진포로 작업면의 먼지 등을 제거하면서 색상의 단차가 생기지 않도록 도포한다.

㉡ 도장 중간중간 송진포로 베이스 오버스프레이를 제거한다.

㉢ 블랜딩 연마 부위로 베이스가 날아가지 않도록 주의하며 도장한다.

㉣ 초보자는 먼저 프라이머 도장 부위만 베이스를 도장하고 건조하여 #1000사포로 수연마한 후에 주변으로 베이스 블랜딩 도장한다.

⑤ 클리어도장

㉠ 투명도료와 블랜딩 시너를 같이 준비한다.

㉡ 투명도장 연마한 곳까지 클리어를 1회 가볍게 도포한다.

㉢ 1회 도포한 투명이 건조(2~3분)하면 블랜딩 부위 및 가장자리의 오버스프레이를 송진포를 사용하여 닦아낸다.

㉣ 투명도장 부위에 먼지가 부착하면 마스킹 테이프를 사용하여 제거한다.

㉤ 2회 도장은 광이 나도록 투명도장 연마면까지 도포한다.

㉥ 2회 도장 후 3~5분 후에 마무리 도장한다. 마무리 도장면의 끝단 부분에 투명도장이 뭉치지 않도록 블랜딩 도장면으로 살짝 날려준다.

⑥ 블랜딩 도장

㉠ 블랜딩 시너는 전용건에 3분의 1만 넣어서 미리 준비하여 두었다가 투명도장 후 즉시 도포한다.

㉡ 투명도장이 끝나는 부위부터 도장한다.

㉢ 한꺼번에 분사하면 흘러내리므로 2~3회 나누어 분사한다.

㉣ 투명도장의 오버스프레이 자국이 없어질 때까지 분사한다.

블렌딩 전처리 작업

[1] 탈지 종류

(1) 유용성 탈지제

① 그리스 및 오일 성분 제거

② 아스팔트 타르 제거

③ 실리콘 및 왁스 성분 제거

(2) 수용성 탈지제

① 칼륨 및 염분 제거

② 작업자의 맨손 작업으로 인한 땀(Sweat) 성분 제거(땀은 99%가 물이고, 소금·칼륨·질소 함유물·젖산이 함유되어 있다.)

③ 나무 수액 및 송진 제거

[2] 탈지 방법

(1) 안전보호구를 착용한다.

내용제성 장갑과 유기용제용 마스크 등 안전보호구를 착용한다.

(2) 종이타월을 준비한다(2장).

① 1장은 탈지제를 묻히는데 사용하고, 나머지 1장은 닦는데 사용한다.

② 한쪽 손에는 탈지제를 묻힌 종이타월을, 나머지 종이타월은 깨끗한 상태로 유지한다.

(a)

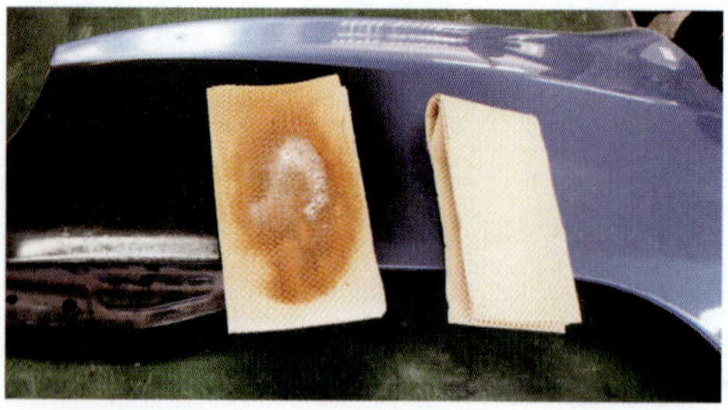

(b)

그림 5-104 탈지제와 종이타월

(3) 젖은 종이타월로 도장면 전체를 깨끗하게 닦는다.

탈지제를 묻힌 종이타월로 패널 전체를 골고루 닦는다.

(4) 마른 종이타월로 탈지제가 증발하기 전에 깨끗하게 닦는다.

탈지제가 증발하기 전 깨끗한 종이타월로 탈지제에 녹아있는 각종 이물질을 깨끗하게 제거될 때까지 닦아낸다. 탈지제가 패널 표면에 남아있을 경우 이물질 및 유분 등이 도막결함을 발생시키므로 깨끗한 타월로 닦아낸다.

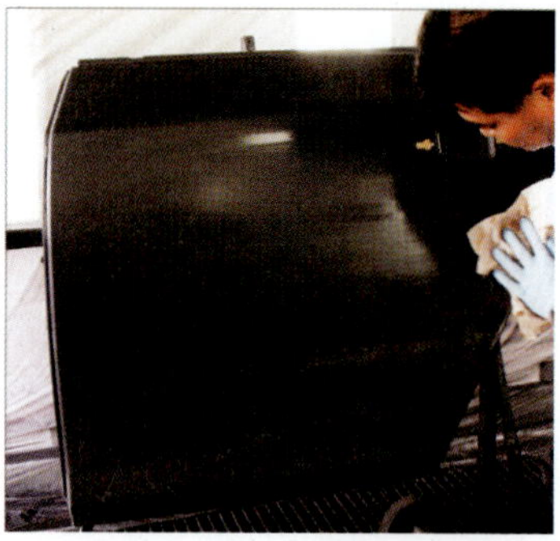

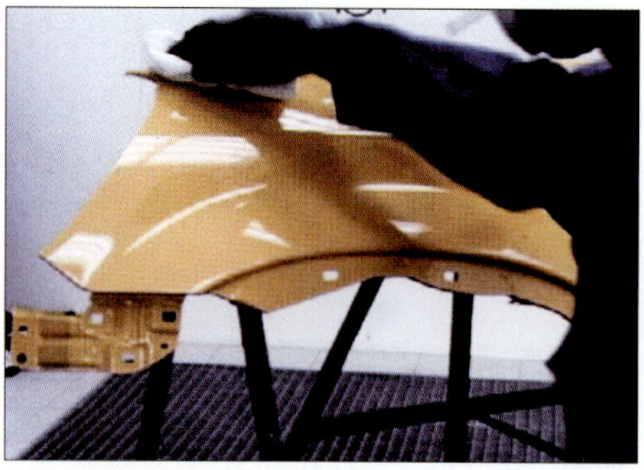

그림 5-105 탈지제에 의한 탈지 작업

블랜딩 작업

[1] 블랜딩 목적

① 작은 부위 작업으로 자동차 도장의 단가를 줄일 수 있다.

② 일부분을 도장하기 때문에 작업시간과의 도장 재료 소모량을 줄일 수 있다.

③ 색상이 달라 보이는 이색현상을 줄일 수 있다.

④ 자동차 전체를 도장하지 않고 일부분의 흠집만 제거해도 자동차의 차량가치를 상승시킨다.

[2] 블랜딩 기법

① 스프레이 기술

② 미드코트(Mid Coat) 적용 기술

③ 블랜딩 보수 부위를 최소화하여 작업하는 기술

④ 블랜딩 도장 범위를 정하는 기술

⑤ 블랜딩 시너 적용 기술

5.10 플라스틱 부품도장 작업

플라스틱 재질 확인

[1] 플라스틱 종류

합성수지라 총칭되는 플라스틱은 고분자 화합물의 구조에 따라 분류되는 방법이 있지만, 공업적으로 열을 가했을 때 발생되는 유동(流動)에 따라 크게 두 가지 타입으로 분류된다. 하나는 열가소성(熱加塑性) 플라스틱이며, 또 하나는 열경화성(熱硬化

性) 플라스틱이다.

[플라스틱 종류]

구분	종류
열가소성 플라스틱	폴리에틸렌(PE), 폴리프로필렌(PP), 폴리염화비닐(PVC), 폴리스틸렌(PS), ABS수지, AS수지, 메타크릴수지(PMMA) 폴리비닐알코올(PVA), 폴리염화비닐렌(PVDC) 등
열경화성 플라스틱	페놀수지(PF), 우레아수지(UF), 멜라민수지(MF), 알키드수지, 불포화폴리 에스테르수지(UP), 에폭시수지(EP), 폴리우레탄수지(PUR), 실리콘수지, 디알릴프탈레이트수지 등

(1) 간단한 플라스틱의 구분 방법

① 플라스틱의 표면을 라이터로 태워 녹는 것이 열가소성수지(리사이클 이용 가능)라고 생각해도 좋다. 특히 용해한 부분을 당겨 실과 같은 상태로 늘어나면 압출기에서 재생이 가능한 것이다.

② 태워서 연기가 나지 않는 수지에는 PE, PP 등, 올레핀계 수지, PMMA, 아크릴, POM 등이 있으며, 타고 있는지 꺼져 있는지 구별이 안 된다.

③ 태워서 연기가 나는 수지에는 PS, ABS 등 스틸렌계 수지, PVC 등이 있으며, 불이 붙지 않고 염소를 뿜어낸다.

④ 양초를 태우는 냄새에는 LDPE는 사출성형, 압출성형(필름, Sheet, 전선), 중공성형 등 용도가 넓으며 부드러운 플라스틱이다.

(2) 수지의 특징

① 대표적으로 PP(폴리프로필렌)는 잘 타며 약간 달콤한 냄새가 나고, PS(폴리스틸렌)는 쉽게 연화되고, 다량의 연기를 내면서 타며, 휘발유에 녹는 특징을 가지고 있다.

② GPPS는 본래 투명하고 딱딱한 플리스틱이라 충격에 약하고, GPPS를 발포시킨 것(EPS)은 발포스티롤로 알려져 있다.

③ ABS는 타기 쉬운 PS와 비슷하지만 시너 냄새가 나며, PS와 달리 휘발유에 용해가 안된다. 아크릴과 부타디엔(고무)과 스틸렌을 중합한 플라스틱으로 HIPS보다 탄성이 있으며 표면에 광택이 있다.

④ PA(폴리아미드)는 잘 타지 않으며 연기는 나지 않고, 양모냄새가 난다. 나일론6와 나일론 66을 구별하는 방법은 불을 붙여서 잡다 당겨보면 나일론6는 실처럼 잘 늘어나지만 나이론66은 조금 늘어나다 끊어진다.

⑤ POM(폴리아세탈)은 푸른 불꽃을 내며 잘 타고, 눈에 자극을 주는 포르말린 냄새가 난다(타고 있는지 꺼져있는지 분별이 어려우므로 주의). 내마모성, 내충격성이 뛰어나 기어 등 공업부품으로 사용된다.

(3) 열가소성 플라스틱(Thermo Plastic)

열가소성 플라스틱 특징

① 열가소성 플라스틱은 열에너지를 가하여 분자쇄가 유동성을 갖도록 한 후 금형에 사출하거나 일정한 단면적을 가진 다이(Die)를 통해 압출한 다음 냉각시켜 고화시킨 플라스틱을 말한다.

② 가열, 성형 공정 중 고분자의 화학적 변화 없이 물리적인 변화만 수반되는 재료로, 열을 가하면 연화되어 용융이 일어나고, 냉각하면 다시 고화(固化)되는 플라스틱을 말한다.

③ 유연하며 탄성이 있어 내충격성이 우수하다.

④ 이미 완성된 열가소성 플라스틱이라도 다시 열을 가하면 다른 형태로 재성형이 가능하다.

⑤ PE, PP, PVC, 엔지니어링 플라스틱 등 물성이 다른 수많은 종류로 구분된다.

⑥ 특성과 용도에 맞는 제품들로 개발되어 일상생활 및 산업용과 자동차 부품에 많이 사용되고 있다.

열가소성 플라스틱 종류

① **폴리에틸렌(PE-Polyethylene)**

㉠ 유백색, 불투명 내지 반투명으로 분말 또는 입상으로 되어있다.

㉡ 중합법(重合法)이 다르면 얻어지는 폴리에틸렌의 성질이 다르다. 고압법, 중압법, 저압법과 같이 제조하는 방법에 의해 분류할 수 있지만, 저밀도(0.910~0.925), 중밀도(0.926~0.940), 고밀도(0.941~0.965)로 분류되어 있다.

㉢ 폴리프로필렌 등과 일괄하여 폴리올레핀이라고도 불린다.

㉣ 구부리면 구부린 자리가 하얗게 된다.

㉤ 내용제성을 가지나 톨루엔, 벤젠에 녹는다.

② **고밀도 폴리에틸렌(HDPE-High Density Polyethylene)**

㉠ 반투명 고체로서 분말 또는 입상

㉡ 밀도가 0.94 이상으로서 강성이 있다.

㉢ 비중 : 0.941~0.965

㉣ 융점 : 130~134℃

㉤ 자동차 연료탱크, 테이프 등에 사용된다.

③ **저밀도 폴리에틸렌(LDPE-Low Density Polyethylene)**

㉠ 투명 고체로서 분말 또는 입상

㉡ 비중 : 0.910~0.925

㉢ 융점 : 110℃

㉣ 하우스용 필름, 공업용 필름, 전선피복 등에 사용된다.

④ **선형저밀도 폴리에틸렌(LLDPE-Liner Low Density Polyethylene)**

㉠ 투명 고체로서 분말 또는 입상

㉡ 비중 : 0.926~0.940

㉢ 융점 : 118~125℃

㉣ 내충격성, 내열성 등이 우수하다.

㉤ 포장용, 식품용기, 캡, 전선피복, 파이프, 공업부품 등에 사용된다.

⑤ **폴리프로필렌(PP-Polypropylene)**

㉠ 인장강도가 우수하며, 압축, 충격 강도가 양호하고 표면 강도가 높다. 내열성이 높고, 유동성이 좋으며 내열, 내약품성이 양호하다.

㉡ 밀도 : 0.9~0.91

㉢ 융점 : 160~170℃

㉣ 가전부품, 자동차 내외장재, 1회용 주사기, 주방용품, 배터리케이스 등에 사용된다.

⑥ **폴리염화비닐(PVC-Poly Vinyl Chloride)**

㉠ 무색무취의 분말로 불에 잘 타지 않고 전기적 성질이 좋으며 내약품성이 우수하다. 자외선에 의해 분해되므로 반드시 안정제가 첨가되어야 한다.

㉡ 밀도 : 경질 1.35~1.45, 연질 1.16~1.35

㉢ 내열온도 66~79℃, 120~150℃에서 가소성을 갖고 170℃에서 용융하며, 190℃ 이상에서 염산을 방출하며 분해된다.

㉣ 기계, 전기부품, 잡화, 이음관, 파이프, 전선용 튜브, 바닥재, 창틀 등에 사용된다.

⑦ **폴리스틸렌(PS-Polystylene)**

㉠ GPPS는 무미, 무취, 무독성으로 내수성이 높고 투명도와 치수 안정성이 좋으나 내충격성이 약하다.

㉡ HIPS는 스틸렌 모노머를 중합시킬 때 합성고무 또는 고무라텍스를 첨가해 GPPS의 내충격성을 개량한 제품이다. 성형성, 내약품성은 우수하나 투명성이 약하다.

㉢ GPS는 폴리스틸렌을 발포하여 만든 제품이다.

㉣ 휘발유에 녹는다.

㉤ 비중 : GPPS 1.04, HIPS 1.05, 내열그레이드 1.07

ⓑ 성형설정온도 : 후부 160~250℃, 중앙 180~270℃, 전부 200~300℃, 노즐 200~280℃

ⓢ 전기, 전자 부품, 문구, 완구, 건축재, 포장용기, 포장재, 건축재 등에 사용된다.

⑧ ABS(Acrylonitrile Butadiene Styrene)

ⓐ 강하고 단단하며 자연색은 엷은 상아색을 띠지만, 어떤 색이든 착색할 수 있고 광택이 있는 성형품에 유리하다.

ⓑ 비중 : 난연 1.01~1.05, 투명 1.02~1.05, 발포 1.04~1.06, 도금 1.04~1.06

ⓒ 성형설정온도 : 후부 150~180℃, 중간 180~260℃, 전부 218~280℃ 노즐 210~280℃

ⓓ 아세톤에 녹는다.

ⓔ 전기, 전자제품, 자동차 내외장재, 가구, 악기, 잡화 등에 사용된다.

⑨ SAN/AS(Styrene Acrylonitrile)

ⓐ SAN수지 또는 AS수지로 알려진 Styrene과 Acrylonitrile의 중합체는 투명성, 내열성이 우수하다.

ⓑ ABS수지 제조 시 Blend용으로 사용된다.

ⓒ 뛰어난 유동성을 가지고 있으며 성형 시 성형 Cycle을 단축시켜 높은 생산성 및 경제성을 보유하고 있다.

ⓓ 비중 : 1.04~1.07

ⓔ SAN은 Polystyrene에 비해 Acrylonitrile에 의해 0.3~0.6%의 수분을 함유하고 있어 흡수성이 높기 때문에 습도가 낮은 장소에 보관하여야 한다.

ⓑ 건조는 열풍순환식 건조기, Hopper Dryer 80~85℃에서 2~4시간 건조하여 사용하는 것이 바람직하며, 장시간 건조 시 황색으로 변하는 것에 주의하여야 한다.

ⓢ SAN은 Methacryl계 수지에 비해 유동성이 좋으나 Polystyrene에 비해 유동성이 대등하거나 다소 나쁘기 때문에 실린더 온도, 사출압력, 금형온도 등

의 성형조건에 주의해야 한다.

ⓞ 일반적으로 실린더 온도는 200~220℃이고, 최고 260℃까지 가능하나 실린더 온도가 너무 높게 되면 변색 문제가 생긴다.

ⓩ 주로 가전제품, 자동차, 포장, 건축, 의료기계 등에 사용되고 있다.

⑩ 메타크릴수지(PMMA-Polymethlyl Methacry Late)

㉠ 메타크릴수지는 메타크릴산 에스테르 폴리머의 총칭이다. 일반적으로 메타크릴산 메타(MMA)를 주성분으로 하는 비결정성 플라스틱을 말한다.

㉡ 투명플라스틱 중에서 가장 투명도가 좋고 가시광선 영역(420~750Mm) 광선 투과율은 두께 3mm로 약 93%이다.

㉢ 메타크릴수지는 모노머로 사용되는 경우와 폴리머로 사용되는 경우가 있다.

㉣ 도료용, 지류개질용, 염화비닐수지개질제, 인공대리석, 차량용에는 미등, 햇빛가리개, 메타커버 등에 사용되고 있다.

⑪ 폴리에틸렌 테레프탈레이트(PET-Polyethylene Telyeptallate)

㉠ 테레프탈산과 에틸렌글리콜을 중합하여 얻어지는 포화 폴리에스테르이다.

㉡ 내열성, 내약품성, 전기적 성질, 역학적 성질이 우수하다.

㉢ 결정화 속도가 늦어서 고온 금형이 필요하다.

㉣ 비중 : 1.34

㉤ 성형온도 : 240~270℃

㉥ 가전, 전자, 자동차, 드라이어, 다리미, 전기밥솥 등에 사용되고 있다.

(4) 열경화성 플라스틱(Thermosetting Plastic)

열경화성 플라스틱의 특징

① 열경화성수지는 열을 가하면 우선 유동하지만, 다음에 3차원적으로 가치구조가 생성되면서 경화한다.

② 경화된 수지는 재가열해도 유동상태로 되지 않고 고온으로 가열하면 분해되어

탄화되는 비가역적 수지이다.

③ 열경화성 플라스틱은 경도가 높아 기계적 성질이나 전기적 성질이 뛰어나므로 공업재료나 식기 등으로 폭넓게 쓰이고 있다.

④ 열경화성수지로는 페놀수지, 우레아수지, 불포화 폴리에스테르수지, 폴리우레탄, 알키드수지, 멜라민수지, 에폭시수지, 규소수지 등이 있다.

열경화성 플라스틱 종류

① 페놀수지(PF : Phenol, 석탄산수지)

㉠ 일명 베크라이트라고 불리는 페놀수지는 플라스틱 중에서 가장 역사가 깊은 수지로, 내열성, 치수 안정성, 가공성 등이 우수하다.

㉡ 전기 절연물, 공업부품, 일회용품 등에 폭넓게 사용되고 있다.

② 불포화 폴리에스터(UP- Unsaturated Polyester Resin)

㉠ 불포화 폴리에스터는 비교적 저점도의 액상수지로 사용법에 따라서는 실온에서도 경화한다.

㉡ 경화 시에는 다른 많은 열경화수지와 같은 Gas를 부생하지 않음으로써 성형 시 거의 압력을 가하지 않아도 된다.

㉢ 약품탱크, 파이프, 굴뚝, 헬멧, 형광등, 안정기, 어선, 요트, 차량바디, 의자, 연료탱크 등에 사용되고 있다.

③ 우레아수지(UF : Urea-Formaldehyde, 요소수지)

㉠ 무색투명의 열경화성 수지이다.

㉡ 우레아수지는 착색이 자유롭고 접착 강도가 크며, 경화가 빠르고, 가격이 저렴하여 생산량의 대부분(80% 이상)이 합판용 접착제로 사용된다.

㉢ 화장품 용기, 단추, 식기류, 조명기구, 라디오 캐비넷, 전기부품, 바니시, 페인트, 붓 등으로 사용된다.

④ **멜라민수지(MF : Melamine Formaldehyde)**

㉠ 멜라민수지는 Melamine(결정성 백색분말)과 Formaldehyde를 염기성 촉매 존재 하에 반응시킨 무색투명의 열경화성 수지이다.

㉡ 비중이 1.48 정도이며 충전재에 의해 2.0 정도까지 가능하고, 표면 경도가 현재 생산되고 있는 합성수지 중 가장 단단하다.

㉢ 식기류, 커피잔, 식기, 일용품, 전기부품, 도료, 적층판 등으로 사용된다.

⑤ **에폭시(EP : Epoxy)**

㉠ 에폭시수지는 도료, 접착제 같이 성형가공을 필요로 하지 않는 것이 많이 사용되지만, 주형품, 적층품, 성형품도 사용된다.

㉡ 성형은 분말의 에폭시수지 성형 재료로 압축성형 트랜스퍼 성형으로 실시한다.

㉢ 전기적 성질이 우수하고, 내열성, 방한성, 역학적 성질이 좋으며, 경화할 때 물, 이외에 부생성물이 없고 치수 안정성이 좋다.

㉣ 내수성, 내습성이 좋고, 금속 목재, 시멘트, 플라스틱과의 접착성이 좋다.

⑥ **폴리우레탄(PU : Polyurethane)**

㉠ 탄성, 강인성이 풍부하고 인열강도가 크고 내마모성이나 내노화성 내유, 내용제성이 우수하고 저온 특성도 우수하다.

㉡ 가수분해가 쉽고, 산과 알칼리에 비교적 약하고, 일부 수지를 제외하고 열이나 빛의 작용으로 황변화하는 결점이 있다.

㉢ 액체 그대로 주형할 수 있으므로 용도가 넓다.

㉣ 구두밑창, 타이어 프레임, 합성피혁, 도료, 섬유, 우레탄 타일 등에 주로 사용된다.

⑦ **실리콘(Silicone, 규소수지)**

실리콘수지의 종류는 실리콘 고무, 실리콘 발포체, 실리콘유 등이 있다. 중합에 의해 생성된 고무에 충전제, 기타 첨가제를 혼합해서 고무 컴파운드를 만들고, 이것을 가압, 가열해 좋은 탄성을 보유하고 전기적 성질이 뛰어난 성질의 실리콘 고무를 만든다.

[2] 플라스틱 특성

(1) 플라스틱의 장점

① 가볍고 강하다. : 금속이나 도자기에 비해 비중이 작기 때문에 가볍고 강한 제품을 만들 수 있다.

② 녹슬거나 썩지 않는다. : 여러 가지 약품에 강하고 초산 등을 넣어도 녹슬거나 썩지 않는다.

③ 투명성이 있으며 착색이 자유롭다. : 투명성이 뛰어나고 착색이 자유로워 아름다운 제품을 만들 수 있다.

④ 열성이 뛰어나다. : 플라스틱의 발포체는 단열제로서 탁월한 성능을 가진다.

⑤ 전기적 성질이 뛰어나다.

⑥ 전기 절연성이 뛰어나기 때문에 전기, 냉장고, TV, 오디오 등의 부품에 사용된다.

⑦ 방수, 방습성이 우수하다. : 방수, 방습성이 뛰어나므로 건축 자재, 농업용 자재, 선박, 각종 저장탱크 등에 사용된다.

⑧ 위생적이고 식품보관에 뛰어나다. : 플라스틱은 청결하여 오염으로부터 식품을 위생적으로 보호한다.

⑨ 가공성이 좋다. : 금속, 유리, 도자기 등에 비해 형상이 자유롭고 정밀한 제품을 만들 수 있다.

⑩ 대량 생산이 가능하다. : 복잡한 형태라도 능률적으로 단시간 내에 대량생산이 가능하여 낮은 원가 제품 생산이 가능하다.

(2) 플라스틱의 단점

① 열에 약하다. : 플라스틱의 가장 큰 결점이라고 할 수 있는데 불이나 고온에서 형태가 변질된다.

② 표면이 부드럽고 먼지가 묻기 쉽다. : 금속이나 도자기에 비해 정전기 발생으로 먼지 등이 달라붙는다.

③ 어떤 종류의 의약품에는 약하다. : 일반적으로 플라스틱 제품은 약품에 강하지만 개중에 벤젠이나 알코올 등에 약한 것도 있다.

(3) 플라스틱 첨가제

① 가소제(Plasticizers) : 가소제는 합성수지를 연화시켜 물성을 부드럽게 하는 첨가제이다. 가소제의 분자가 합성수지 속으로 들어가면 사슬고분자간의 인력이 약해져 연화하게 된다. 가소제의 종류는 용제형과 비용제형으로 나누어지는데, 대개 프탈산디옥틸(DOP)이나 프탈산디부틸(DBP) 같은 유기화합물이 많이 사용된다. 가소제가 많이 쓰이는 대표적인 플라스틱이 PVC인데, 전선용의 경우 PVC 양의 60%까지 그리고 시트용의 경우 PVC 양의 55% 정도가 사용된다.

② 열안정제(Heat Stabilizer) : 보통 플라스틱은 압출이나 사출성형, 칼렌더링 등의 가공을 거치는 동안 열에 의해 분해되거나 변질되기가 쉽다. 또 사용이나 보관 중에 분해해서 착색 변질하는 경우도 있을 수 있다. 특히 PVC는 가열하면 Side Chain의 염소가 절단되어 염산이 발생되고, 일단 염산이 발생하면 이것이 촉매로 작용하여 분해를 촉진시켜서 분해반응이 연쇄적으로 일어난다. 그러므로 이를 방지하기 위하여 거의 모든 플라스틱에는 열안정제를 첨가하는데 열안정제는 대개 금속원소가 함유된 유기화합물이다. 현재 많이 사용되는 열안정제는 스테아르산납, 라우르산카드늄, 리시놀레인산바륨 등의 유기산의 중금속염이거나 알칼리토금속염 등으로 독성이 있어 재활용 시 주의가 요구된다.

③ 산화방지제(Antioxidant) : 플라스틱 성형품도 유기화합물이므로 식품 같은 것들보다는 더디지만 역시 공기 중의 산소와 반응하면 산화되어 분해된다. 플라스틱에 공기 중의 산소가 작용하면 수소가 유리되어 유리 라디칼이 발생된다. 이 유리 라디칼이 다시 공기 중의 산소와 반응하여 과산화물 라디칼이 발생되고, 이것이 다른 플라스틱에 작용하면 다시 유리 라디칼과 하이드로 퍼옥사이드를 생성하여 이 연쇄반응이 반복된다. 플라스틱의 산화방지제는 알킬페닐류, 아민류, 퀴논류 등이 사용되고 있다.

④ 자외선 안정제(Ultraviolet Stabilizer) : 플라스틱 성형품은 자외선에 의한 광열화 작용으로 분해되므로 자외선 흡수제를 사용한다. 자외선 흡수제는 300~400nm의 유해한 자외선을 차단하거나 흡수한다.

⑤ 충진제(Filler) : 충진제를 혼입하는 목적은 FRP처럼 성형품의 강도, 외관 등의

물성을 개량할 목적으로 첨가하는 경우와 증량하여 원가를 줄이려는 Builder의 목적으로 첨가하는 경우가 있다. 일반적으로 목분, 셀룰로스, 유리섬유 등이 많이 사용되고 있으나 열가소성수지에 충전제를 가하면 기계 강도가 저하되기 때문에 섬유질 이외는 많이 가하지 않는다.

⑥ 착색제(Colorant) : 착색을 위하여 안료 및 염료가 사용된다. 안료로는 카본 블랙, 티탄 화이트, 크롬 옐로 등이 쓰이고 있고, 염료에는 오일 옐로, 오일 블루, 오일 레드 같은 유용성 염료가 많이 사용된다.

⑦ 난연제(Flame Retardants) : PVC처럼 플라스틱이 건재나 전기 코드 등에도 사용되는데, 플라스틱의 불연화, 난연화를 위해서는 첨가제를 가하는 경우와 고분자 물질 자체를 불연화시키는 방법이 있다. 첨가제로는 주로 염소함유 화합물, 프탈산계 화합물, 인산계 화합물을 많이 사용하며, 고분자 불연화는 분자의 일부에 염소를 가하여 염소화폴리에틸렌을 만드는 방법이 사용된다.

⑧ 발포제(Foaming or Blowing Agents) : 우레탄폼, 발포폴리스틸렌, 발포폴리에틸렌, 스폰지 등의 플라스틱 내에 발포를 형성하여 충격 등을 완화시킬 목적으로 사용된다. 사용되는 성분으로는 $CFCl_{12}(CF_2Cl_2)$, $FC_{11}(CFCl_3)$ 등이 있다.

⑨ 활제(Lubricant) : 제조공정을 촉진하기 위한 윤활제로 HDPE, 알킬아민, 실리콘유, 금속비누(Zinc Stearate) 등이 사용된다.

⑩ 대전방지제(Antistatic Agents) : 플라스틱 제품의 가공 시 발생하는 정전기를 억제하고, 이로 인한 위험을 방지하기 위하여 사용되며 아민 4차 암모늄 등이 사용된다.

⑪ 기타 첨가물 : 그 외에 요구되는 플라스틱의 성상과 물성에 따라 이형제(離型劑), 블로킹 방지제, 분해 촉진제 등이 사용되기도 한다.

(4) 플라스틱 도장 목적

플라스틱에 도장을 필요로 하는 주요 이유는 소지의 보호와 동시에 외관의 장식, 표면 성질의 기능적 개선으로 대별하고 있지만, 대개의 경우 양자를 동시에 만족하는 것이 요구되고 있다.

① 수지(플라스틱)착색으로서는 곤란한 메탈릭과 나무무늬, 섬유모양 등의 느낌을 준다.

② 다색 소수 생산에 대해서 경제적이다.

③ 하나의 성형품에 다색 착색이 가능하다.

④ 수지도금, 진공증착에 의해 금속감을 부여한다.

⑤ 색, 광택의 조정이 용이하다.

⑥ 성형 시에 발생하는 표면 상처, 색상 차이, 접착 흔적을 감춘다.

⑦ 표면 경도를 높여 내마모성, 내찰성을 향상한다.

⑧ 표면의 전기 저항치를 저하시켜 대전에 의한 먼지 부착을 방지한다.

⑨ 표면의 전기 저항치를 저하시켜 상도의 정전도장을 가능하게 한다.

⑩ 화학적 저항성이 낮은 플라스틱에는 내약품성, 내용제성, 내오염성을 향상시킨다.

⑪ 내후성을 향상시킨다.

플라스틱 부품 보수

[1] 수지 퍼티 특성

(1) 2액형 에폭시 접착제

① 플라스틱 부품의 긁힘, 파임, 벗겨짐, 변형 수리

② 연마와 단 낮추기가 쉽다.

③ 온도에 관계없이 상온에서 5분 경화형으로 사용이 편리하다.

④ 경화 후 수축이 없고 안전성이 높다.

⑤ 혼합비율 자동 계산

(2) 2액형 우레탄 접착제

① 접착력이 강하고, 반응 시 부생성물이 없다.

② 상온경화와 사용온도 범위가 넓다.

③ 내충격성 및 유연성이 좋고 경화 후 원래 부품보다 더 단단해진다.

④ 다양한 플라스틱, 복합재 및 도장 부품 접합

⑤ 작업시간 : 20초

⑥ 고정시간 : 1시간

⑦ 완전경화 : 24시간

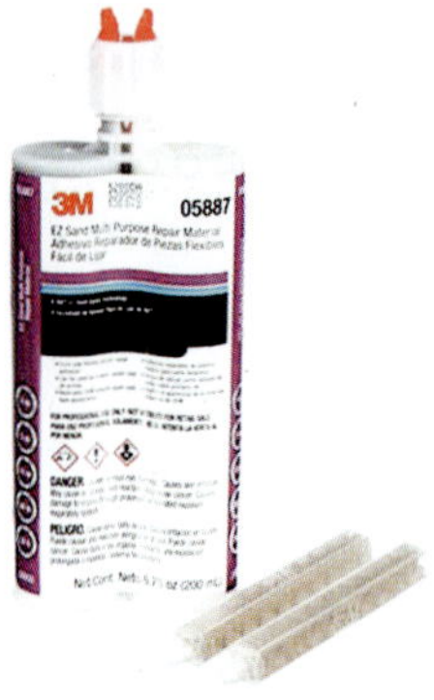

그림 5-106 2액형 에폭시 접착제

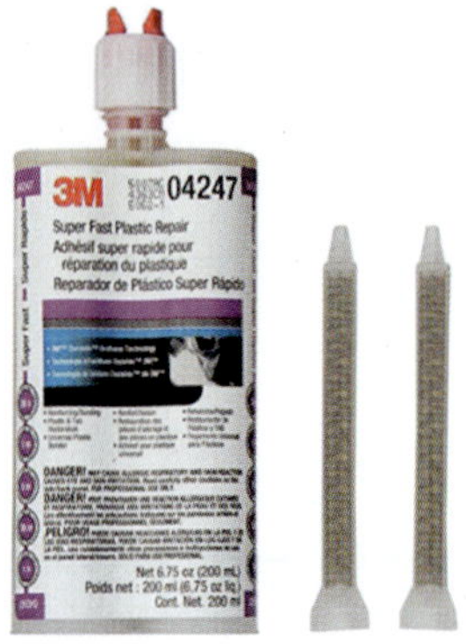

그림 5-107 2액형 우레탄 접착제

(3) 플라스틱 바디 패치

수지 퍼티로 구멍을 메우기 전 붙이는 패치

그림 5-108 플라스틱 바디 패치

(4) 수지 접착제 전용건

사용 전 2액형 접착제를 카트리지에서 미리 섞어 시간과 비용을 절감하고, 1:1 또는 2:1 카트리지에서 직접 2액형 접착제를 올바르게 혼합한다.

그림 5-109 수지 접착제 전용건

[2] 플라스틱 프라이머 특성

① 부품의 불규칙성과 균열을 부드럽게 한다.

② 베이스와 페인트 사이의 부착성과 접착력을 제공한다.

③ 물성이 아주 묽어서 시너의 느낌 정도이고 끈적임이 있다.

[3] 플라스틱 수리기법

(1) 수지 퍼티 수리

벌어진 틈새를 메꾸거나 움푹 패인 곳을 채워 평활성을 확보하는 일종의 접착제이다.

(2) 플라스틱 용접 수리

플라스틱 핫 스테이플러 용접

핫 스테이플러는 철심에 열을 가할 수 있게 만든 것이다.

① 핫 스테이플러(철심)를 용접기에 삽입한다.

② 전원을 넣으면 수십 초 내로 철심이 열을 받아 벌겋게 달아오른다.

③ 파손된 플라스틱 부위에 철심을 삽입 후 분리한다.

④ 용접기 핀으로 플라스틱이 파손된 부분을 촘촘히 접합한다.

⑤ 마름질, 샌딩, 페인팅 등으로 마무리한다.

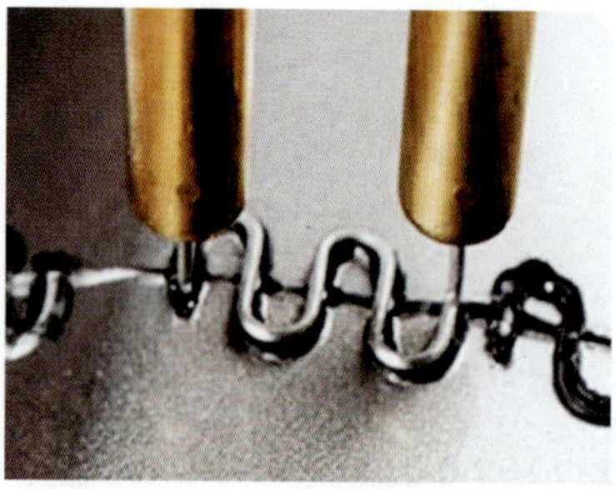
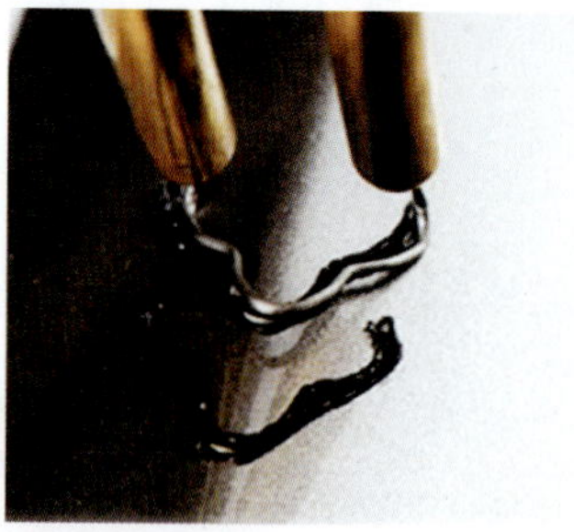

그림 5-110 **플라스틱 핫 스테이플러 용접**

플라스틱 용접 도구 인두기

플라스틱에 균열이 있거나 분리된 조각을 용접하여 결합할 때 사용한다. 인두 팁이 모두 가열되면 균열 길이를 따라 팁을 실행한다. 온도가 충분히 높으면 균열 근처의 플라스틱 재료가 부드럽게 움직일 수 있다. 이때 플라스틱 조각이 제대로 맞도록 최대한 조정하고 플라스틱이 올바르게 녹았다면 균열이 플라스틱으로 적절히 밀봉되어야 한다.

그림 5-111 **플라스틱 용접 도구 인두기**

플라스틱 부품도장

[1] 플라스틱 프라이머 도장

(1) 자동차 플라스틱 부품도장 공정

표면 탈지 → 연마 → 표면 탈지 → 공기 불기 → 택 크로스 작업 → 프라이머 → 상도

(2) 전처리 공정

① 성형품 표면을 검사하여 기름, 이형제, 먼지 등의 부착물을 제거한다.

② 변형된 성형품은 원래 상태로 열 등을 가해서 모양을 복원한다.

③ 성형품 표면의 변형, 주름, 크랙 등의 표면 결함을 제거한다.

④ 극성의 부여로 도막과의 부착성을 향상한다.

⑤ 피도물이 대전하고 있으면 먼지가 부착하기 때문에 정전 방지액 등으로 제거하여 도장 불량을 방지한다.

(3) 보수 플라스틱(범퍼) 도장 공정

하도

① 탈지

② 퍼티 도포

③ 퍼티 연마

④ 탈지

중도

① 서페이서 도포

② 가이드 코팅

③ 서페이서 연마

④ 탈지

상도

① 조색

② 베이스 도포

③ 건조

④ 클리어 도포

⑤ 건조

(4) 교환 플라스틱(범퍼)도장 공정

중도

① 정전기 제거

② 탈지

③ 플라스틱 프라이머 도포

상도

① 조색

② 베이스 도포

③ 건조

④ 클리어 도포

⑤ 건조

[2] 플라스틱 부품도장 방법

(1) 플라스틱 부품도장 시 주의해야 할 사항

① 도료업체의 추천에 따라 도료에 유연제를 정확히 혼합한다.

㉠ 양이 부족할 때 : 유연성이 부족해 크랙의 원인이 된다.

㉡ 양이 너무 많을 때 : 건조하는데 시간이 많이 걸리고, 내수성이 약하게 되어 물자국이 발생된다.

② 범퍼 표면에 이형제가 묻어 있을 경우 박리현상(Peel-off)과 크레터링의 원인이 될 수 있으므로 도장하기 전에 제거한다.

③ PP 범퍼는 적정한 프라이머 도장 없이는 도료와 범퍼 간에 부착이 나오지 않게 된다. 따라서 퍼티 도포 전이나 프라이머-서페이서 도장 전에는 반드시 프라이머를 선행, 도장한다.

④ PP 범퍼는 표면 위로 연마 작업 후에 부푸러기가 발생되므로 히터건 등으로 제거해야 한다.

(2) 범퍼에 플라스틱 프라이머 도장 방법

① 스카치 브라이트를 이용해서 굴곡진 면을 연마한다.

② 넓은 면은 더블 액션 샌더에 중간 패드를 부착하고, 연마지 P600을 부착하여 연마한다.

③ 에어 더스트건으로 압축 공기를 불어 연마 가루와 먼지를 완전히 불어내고 깨끗이 탈지한다. 플라스틱은 재질 특성상 연마 등의 마찰을 가하면 정전기가 발생하여 주변의 먼지나 이물질을 끌어당기는 성질이 있으므로 주의하여 탈지해야 한다.

④ 플라스틱 전용 프라이머를 준비한다. 작업성을 향상시키기 위해 사용하는 플라스틱 전용(범퍼 및 몰드류) 프라이머는 1액형이며, 범퍼 및 몰드류(사이드 몰딩, 가니쉬 등)는 전용 스프레이건을 지정하여 사용하면 효과적이다.

(a)

(b)

그림 5-112 플라스틱(범퍼) 프라이머

⑤ 플라스틱 프라이머 전용 스프레이건의 도료 용기에 플라스틱 프라이머를 여과지로 여과하여 담는다.

⑥ 스프레이건에 에어호스를 연결하고 시험 분무하면서 공기압 게이지 확인으로 공기압력 조정과 도장 부위의 사이즈에 알맞게 패턴 조정 및 도료 분출량을 조정한다.

⑦ 플라스틱 프라이머를 도장한다. 플라스틱용 프라이머는 점착성을 증진시키기 위한 목적으로, 균일하고 얇게 도장하는 것이 중요하며 가볍고 얇게 1차 도장한다.

⑧ 플레쉬 오프타임을 1~5분 정도 부여한다.

⑨ 플라스틱 프라이머를 2차 도장한다.

[3] 플라스틱 부품도장 건조

상온에서 자연적으로 건조될 때까지 방치하는 자연 건조와 오븐(Oven) 같은 곳에서 열처리하여 건조를 촉진하여 생산성을 올리는 강제 건조가 있다. 철판과 비교해 플라스틱 부품은 낮은 열전도 계수를 가지므로 더 많은 열이 필요하다. 그러므로 건조에 알맞은 강제 건조 열처리를 해야 한다. 만약 적외선 건조기에 건조시킨다면 전체적으로 균일하게 열이 받을 수 있도록 해주어야 한다. 그러나 너무 높은 열에는 변형이 발생될 수 있으므로 80℃ 이하의 열이 닿게 해야 한다.

5.11 도장 검사 작업

도장결함 검사

[1] 도장 상태 확인

도장 결함은 도장 후 도장의 전체적인 부분을 점검해서 도장 작업과 관련한 결함과 자동차 운행 중 생기게 되는 결함이 있다.

[2] 도장 결함 종류

(1) 도료 작업 전 발생하는 결함 종류

① 겔화(Gelling) : 알키드 에나멜계 도료에서 용제가 증발하면서 도료 표면이 공기 중에 산소와 반응하여 젤리처럼 되는 현상

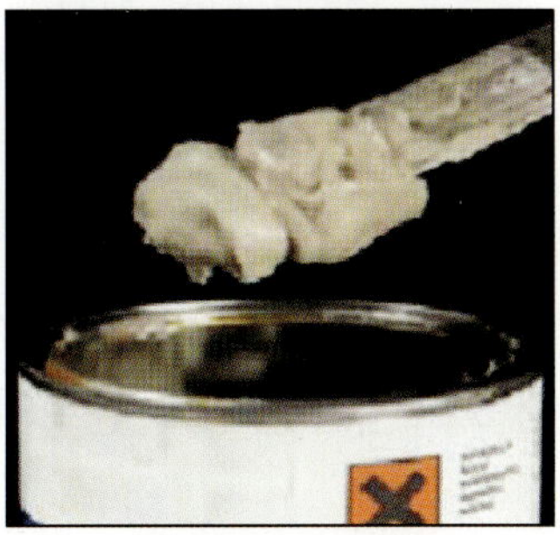

그림 5-113 **겔화**

② 침전(Settling) : 용기의 밑바닥에 안료가 가라앉아 딱딱하게 된 상태

그림 5-114 **침전 현상**

③ 피막(Skinning) : 도표의 표면이 말라붙어 피막이 형성된 상태

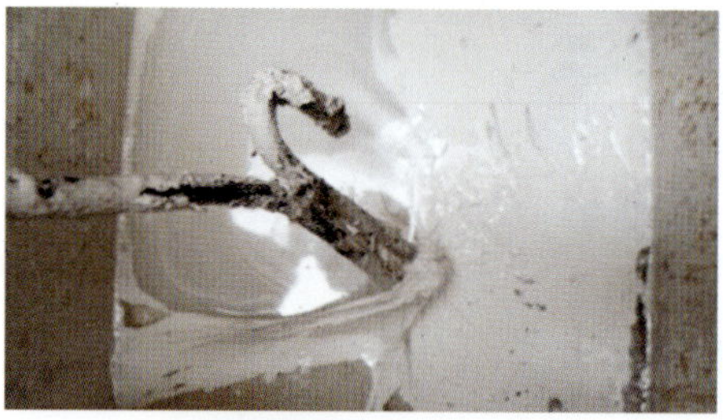

그림 5-115 피막 현상

④ 점도 상승(Fattening) : 도료 보관 중 점도가 높아진 상태.

⑤ 가스 발생(Gasing) : 용기 내 가스 발생으로 보관 용기가 부풀어 오름.

⑥ 색분리(Flooding) : 유색 도료에서 수지와 안료의 친화성이 좋지 않아 서로 분리된 상태.

⑦ 변색(Discoloration) : 도료 색상이 초기의 색이 다른 색으로 변색한 상태.

(2) 도장 작업 중 발생하는 결함 종류

① 크레이터링(Cratering, Fish-Eye, 분화구 현상) : 도막 표면에 분화구 같은 요철 형태가 생기는 모양.

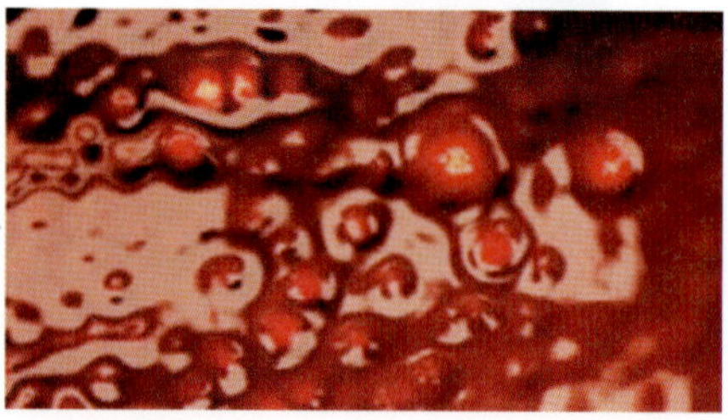

그림 5-116 크레이터링(분화구 현상)

② 흐름(Sagging, Running) : 도막이 균일하게 도장되지 않고 부분적으로 두껍게 중복 도장되어 도막이 흘러서 쳐지는 현상.

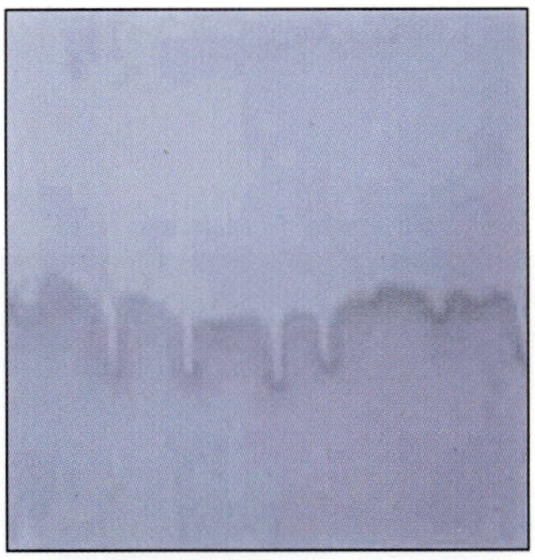

그림 5-117 흐름현상

③ 색번짐(Bleeding) : 구도막 또는 서페이서의 색상이나 소재의 색상이 도장하는 도막 표면에 떠올라오는 현상.

그림 5-118 색 번짐 현상

④ 메탈릭 얼룩(Metallic Floating) : 메탈릭(은분, 알루미늄) 입자의 배열 불균일로, 부분적으로 발색 상태가 다른 현상.

그림 5-119 메탈릭 얼룩

⑤ 연마자국(Sanding Mark, 샌딩 자국) : 연마지(샌드페이퍼) 자국이 도막 표면에 나타난 상태.

그림 5-120 연마 자국(샌딩 자국)

⑥ 퍼티 자국(Putty Mark) : 퍼티를 도포한 면과 가장자리에 단차가 생겨 상도 도막면으로 퍼티 도포 모양이 보이는 현상.

그림 5-121 퍼티 자국

⑦ 퍼티 기공(Putty Stoma) : 퍼티를 두껍게 도포하여 기공이 발생한 상태.

⑧ 먼지 고착(Dust Inclusion, 낙진) : 도막이 건조되기 전에 먼지 입자들이 표면에 떨어져서 건조 후 도막 깊이 박혀있는 현상.

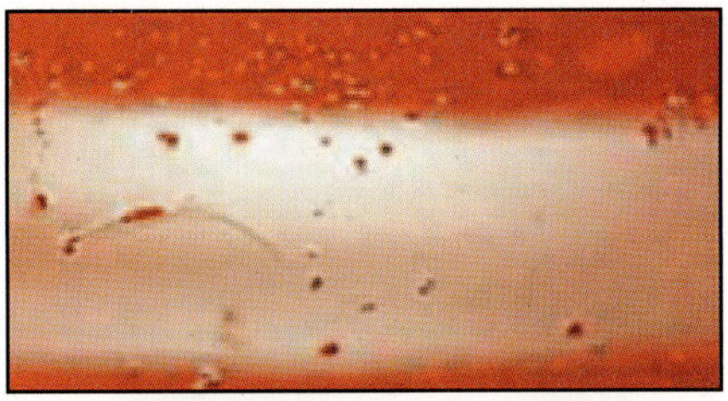

그림 5-122 **먼지 고착**

⑨ 은폐 불량(Poor Covering) : 페인트가 완전히 은폐되지 않아 부분적으로 소재가 보이는 현상.

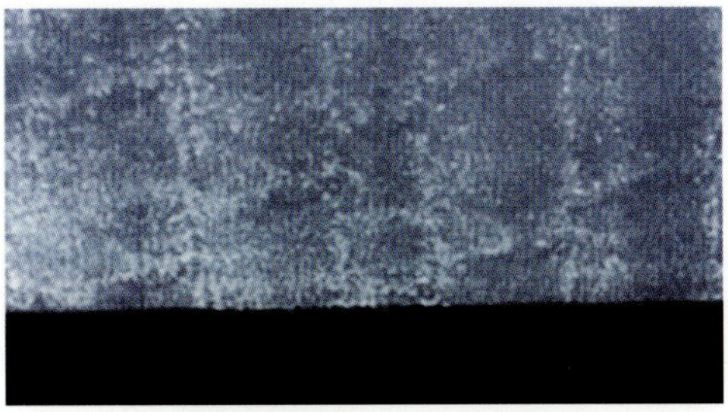

그림 5-123 **은폐 불량**

⑩ 오렌지필(Orange Peel) : 도장한 도막이 오렌지 또는 귤껍질처럼 보이는 현상.

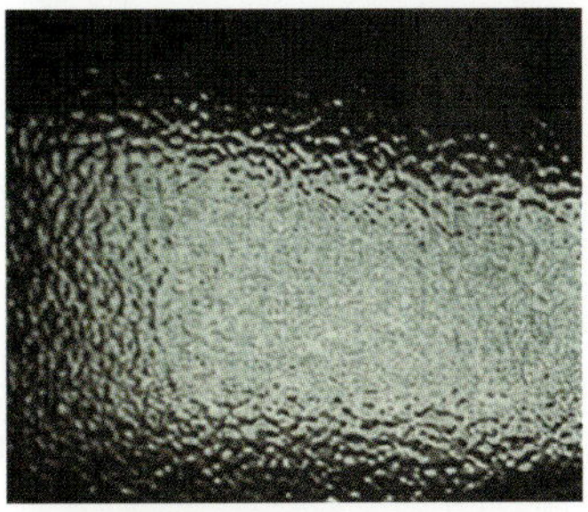

그림 5-124 **오렌지 필**

⑪ 실끌림(Cobwebbing) : 분무도장할 때 점도가 높아 미립이 되지 않고 거미줄과 같은 실 모양으로 분무되는 현상.

⑫ 시딩(Ceeding) : 페인트 도막에 서로 다른 형태, 크기로 된 알갱이가 들어있는 상태.

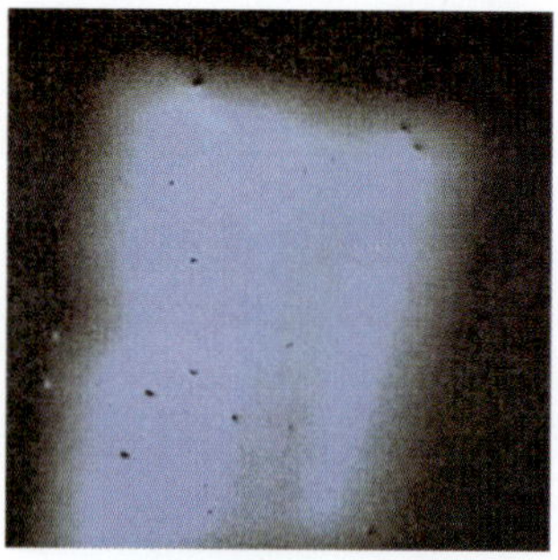

그림 5-125 시딩

⑬ 색 분리 현상(Flotation) : 대부분의 컬러는 여러 가지 안료들의 혼합으로 이루어져 있는데, 각 안료의 비중이 서로 달라서 가벼운 안료들은 위쪽으로 뜨고 무거운 안료들은 바닥으로 가라앉게 되어 발생하는 현상.

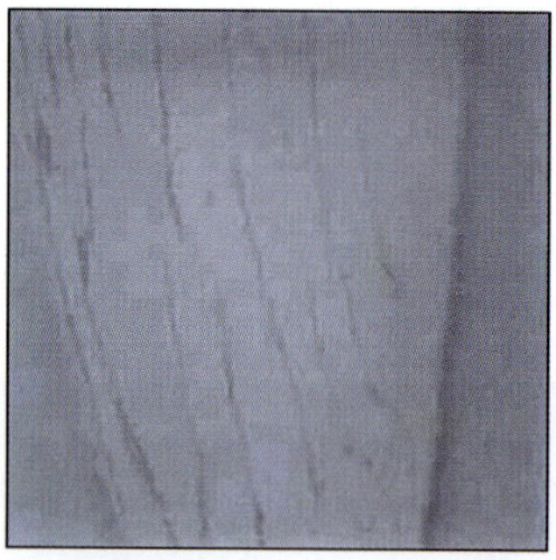

그림 5-126 색 분리 현상

⑭ 오버 스프레이(Over Steady) : 도막이 건조된 상태에서 페인트 더스트가 도막 위에 앉아서 더 이상 도막에 흡수가 되지 않아 발생하며, 모래를 뿌려 놓은 듯한 외관이 발생.

그림 5-127 오버 스프레이

⑮ 들뜸 현상(Lifting) : 스프레이하는 동안 소재가 용해되어 쭈글쭈글해지며 들뜨는 현상.

그림 5-128 들뜸 현상

(3) 도장 작업 후 발생하는 결함 종류

① 핀홀(Pin Hole, Bubble) : 도막에 바늘구멍과 같은 구멍이 생긴 현상.

그림 5-129 핀홀

② 부풀음(Blistering, 블러스터) 현상 : 도막층 사이에 크고 작은 수포(부풀음)가 수없이 생긴 현상.

그림 5-130 부풀음 현상

③ 주름(Lifting Wrinkling) 현상 : 도막 표면에 주름이 나타나는 현상.

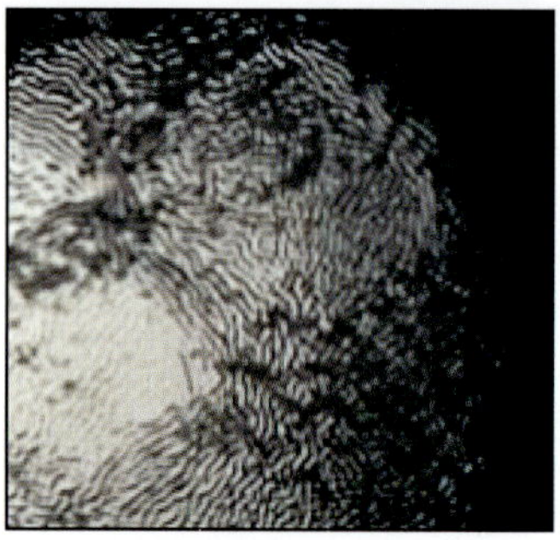

그림 5-131 주름 현상

④ 도막박리(Peeling) : 색 도료와 투명층간의 도막이 벗겨지는 상태.

그림 5-132 도막박리

⑤ 물자국(Water Spotting, 워터 스폿) : 도막 표면에 물방울 크기의 자국 혹은 반점이 도막에 패인 현상.

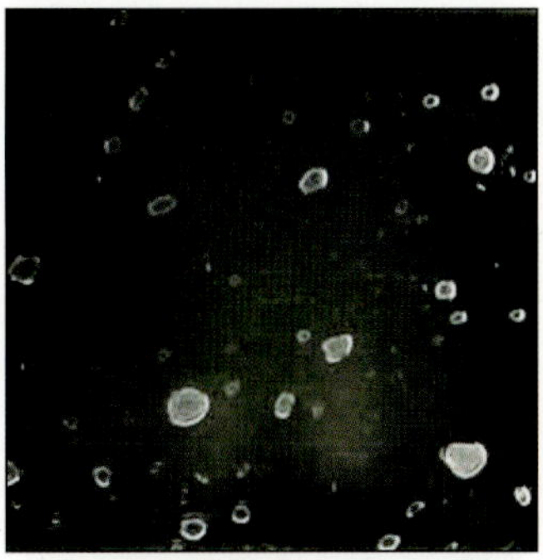

그림 5-133 물자국

⑥ 황변(Yellowing) 현상 : 가열 건조가 과하여 도막이 누렇게 변하는 현상.

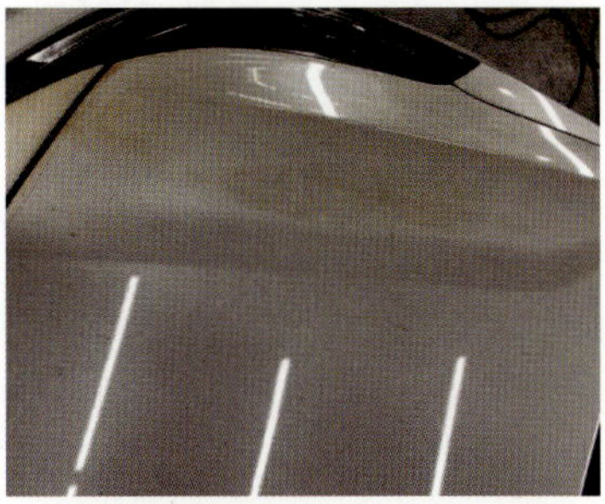

그림 5-134 황변 현상

⑦ 백화(Blushing, Blooming) 현상 : 갓 적용된 도막이 뿌옇게 보이는 현상으로, 원하는 색이나 광택이 나지 않는 상태.

그림 5-135 백화 현상

⑧ 부식 현상(Rusting) : 페인트 도막이 부분적으로 비정상적인 무늬로 블리스터(Blister)와 비슷하게 부풀어 오르는 경우, 이 부분에 구멍을 뚫어 확인해 보면 금속 소재에 습기가 차서 부식(녹)이 발생한 것.

그림 5-136 부식 현상

⑨ 초킹 현상(Chalking, 백악화) : 페인트 도막 표면이 가루처럼 부서지는 현상.

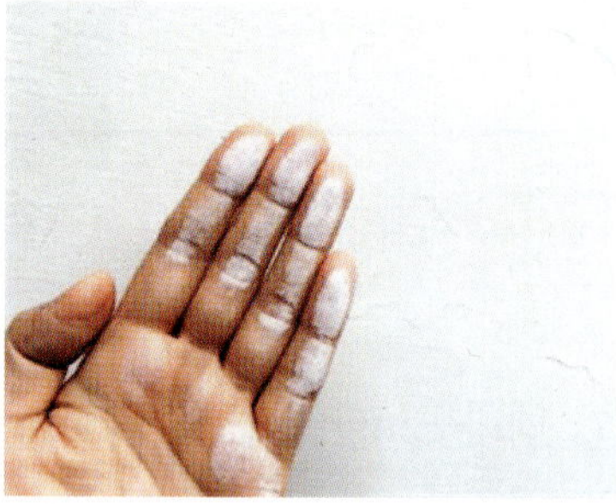

그림 5-137 초킹 현상

⑩ 크랙(Cracks) : 도장 후 일정 시간 경과 후에 넓은 부위에 아주 미세한 균열들이 발생.

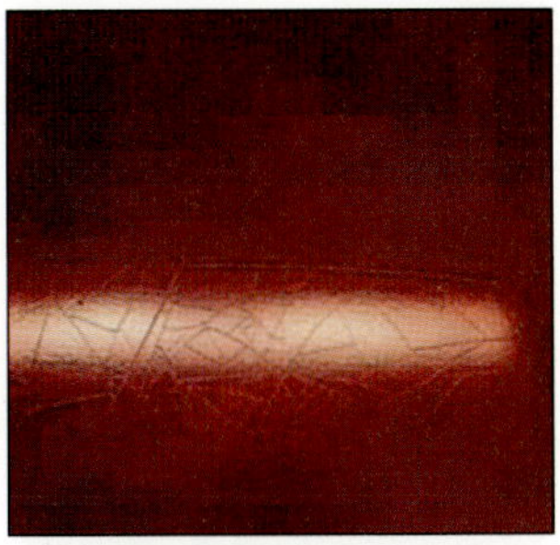

그림 5-138 크랙

⑪ 광택 저하(Low Gloss) : 페인트 도막에 광택 저하나 광택 소실이 나타나는 현상.

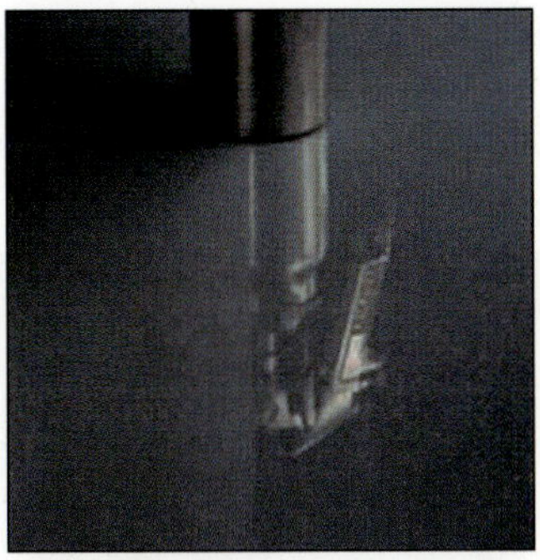

그림 5-139 광택 저하

⑫ 변색(Discoloration) : 도막이 외부로부터 영향을 받아 유채색의 안료가 다른 색으로 변한 상태.

그림 5-140 변색

⑬ 부착 불량(Poor Adhesion) : 페인트 도막이 소재로부터 떨어져 나가는 현상.

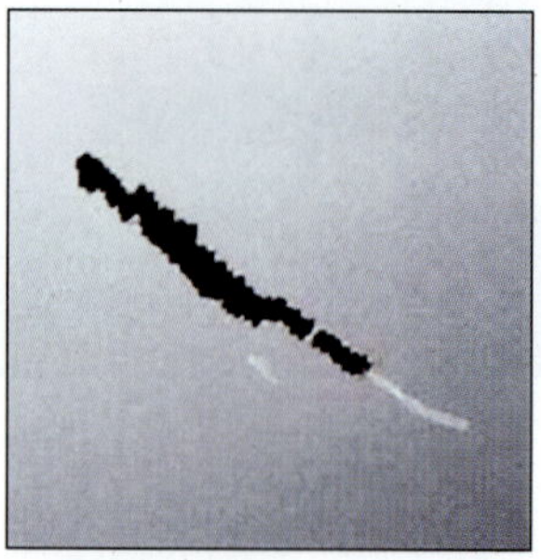

그림 5-141 **부착 불량**

⑭ 싱케이지(Sinkage) : 표면에 균일하지 못한 작은 무늬나 모양이 나타나며, 표면의 광택이 떨어지는 현상.

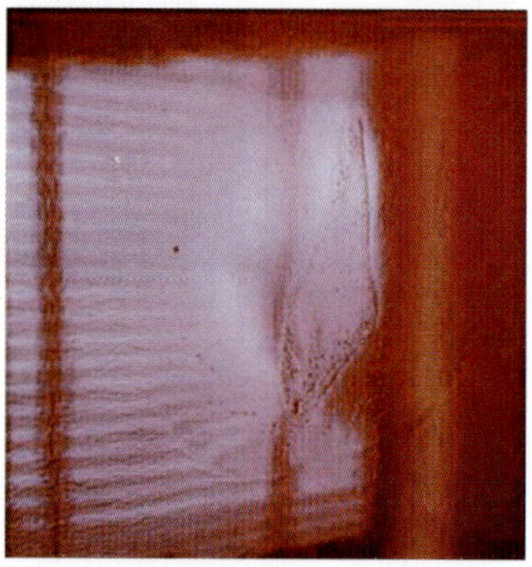

그림 5-142 **싱케이지**

⑮ 솔벤트 팝(Solvent Pop) : 갓 건조된 도막에 작은 기포들이 생기는 현상으로, 도막 안의 솔벤트가 완전히 증발되지 않은 상태에서 도막이 건조되는 경우에 발생.

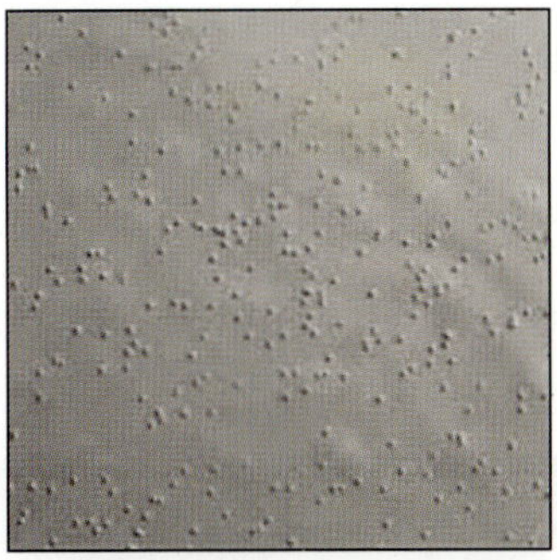

그림 5-143 솔벤트 팝

⑯ 등고선 현상(Contour Mapping) : 탑코트가 완전히 은폐되지 않아 하부코트의 모서리 부분이 드러나거나 보수한 부분 주위로 샌딩 자국이 보이는 현상.

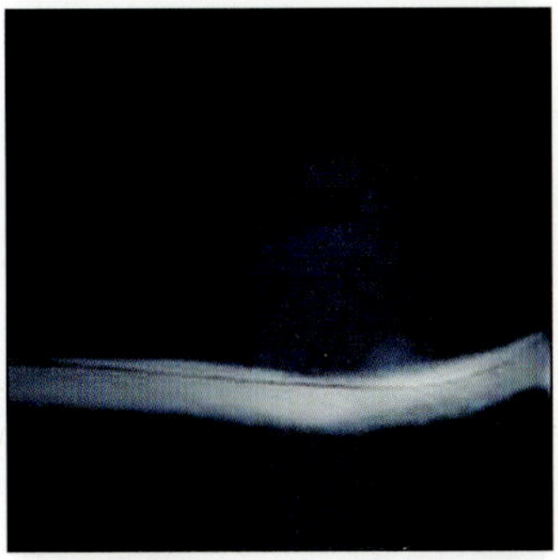

그림 5-144 등고선 현상

⑰ 기포(Bubble) : 도장 시 생긴 기포가 사라지지 않고 남아있는 상태.

그림 5-145 기포

⑱ 가스 체킹(Gas Crazing) : 도막이 건조될 때 열원의 연소 생성 가스의 영향을 받아 도막면에 주름, 옅은 균열, 광택 소실이 생긴 상태.

⑲ 치핑(Chipping) 현상 : 도막 표면의 작은 조각들이 소재로부터 깨져서 떨어져 나간 것으로, 때로는 하부 도막(프라이머)까지 깨진 경우.

그림 5-146 치핑 현상

⑳ 경화 불량(Poor Through Harding) : 일정 시간 경과 후에도 페인트 도막이나 폴리에스터 바디필러(퍼티)가 완전히 경화(건조)되지 않는 현상.

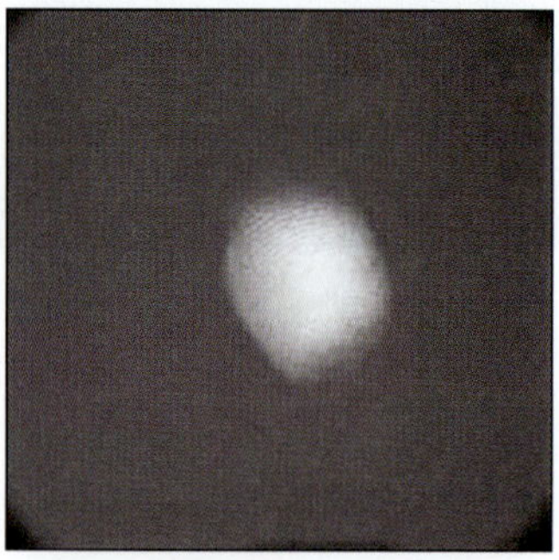

그림 5-147 경화 불량

결함원인 파악

[1] 도장 작업 전 결함

(1) 침전(Settling)

① 저장 공간의 온도가 너무 낮거나 외부 온도와 차이가 큰 경우

② 페인트의 유효 기간이 경과한 경우

③ 믹싱 머신의 토너가 정기적으로 교반되지 않는 경우

④ 희석된 상태에서 오랜 기간 저장한 경우

(2) 겔화(Gelling)

① 도료의 용기 뚜껑을 열어 놓아 용제가 증발되었을 때

② 우레탄 경화제의 뚜껑을 열어 놓아 수분 또는 물이 혼입되었을 때

③ 직사광선을 받는 곳이나 온도가 높은 곳에 장기간 보관되었을 때

④ 서로 성분이 다른 도료가 혼합되었을 때

⑤ 용해력이 없는 불량 시너를 첨가했을 때

⑥ 우레탄도료에 경화제를 넣은 상태로 8시간 이상 보관했을 때

⑦ 저장기간이 오래되었을 때

(3) 피막(Skinning)

① 도료 용기 뚜껑 밀봉 불량으로 용기 내의 도료가 공기 중의 산소와 결합했을 때

② 큰 용기에 도료가 적게 들어 공간이 많은 경우

③ 건조제가 과량 첨가되었을 때

④ 증발이 빠르고 용해력이 약한 용제를 사용한 경우

(4) 점도 상승(Fattening)

① 부적당한 시너 사용

② 오랜 저장 중 산화, 중합반응 발생

③ 주제와 경화제의 반응

④ 도료 중의 용제나 희석제가 증발한 상태

(5) 색 분리(Flooding)

① 도료를 높은 온도에서 저장하였을 경우

② 서로 다른 이종 도료가 들어갔을 경우

③ 도료 저장 기간이 오래되어 저장 안정성이 저하된 경우

(6) 가스 발생(Gasing)

① 도료 성분의 반응

② 고온하에 보관

③ 장기 보관

(7) 변색(Discoloration)

① 안료의 강산성 수지 반응

② 안료 상호간의 작용

[2] 도장 작업 중 결함

(1) 색 번짐(Bleeding)

① 페인트의 먼지나 이물질(낙진, 아스팔트 분진 등)이 도막 표면에 박혀있는 경우

② 폴리에스터 제품의 경화제를 과잉으로 혼합한 경우

③ 경화제와 폴리에스터 제품을 완전히 혼합하지 않은 경우

④ 피도면에 매직잉크 등을 완전히 지우지 않고 도장한 경우

(2) 오렌지 필(Orange Peel)

① 스프레이 점도가 너무 높은 경우

② 너무 빠른 속건형의 시너를 사용한 경우

③ 스프레이 압력이 너무 높거나 너무 낮은 경우

④ 스프레이건 구경이 너무 큰 경우

⑤ 작업장 온도가 너무 높거나, 낮은 경우

⑥ 페인트 온도가 너무 낮은 경우

⑦ 안티실리콘 첨가제가 너무 많이 첨가된 경우

(3) 흐름(Sagging, Running)

① 소재가 완전히 탈지되지 않아서 도막이 소재와 부착성이 떨어지는 경우

② 느린 지건형 시너를 선택한 경우

③ 과량의 시너가 첨가된 경우

④ 스프레이 거리가 너무 가깝거나 부분적으로 도막이 너무 두꺼운 경우

⑤ 스프레이건 구경이 너무 큰 경우

⑥ 작업장 온도가 너무 낮아서 시너의 증발이 너무 느린 경우

⑦ 작업물의 표면 온도가 너무 낮은 경우

⑧ 페인트 자체의 온도가 너무 낮은 경우

(4) 크레이터링(Cratering, 분화구 현상)

① 그리스, 오일, 비누, 물, 먼지 등이 소지에 잔존

② 실리콘 왁스의 부착

③ 성분이 다른 도료의 스프레이 다스트 부착

④ 압송공기 중의 수분, 유분의 존재

⑤ 마스킹테이프의 접착제 성분이 소지에 잔존

⑥ 밀폐로 중에 용제증기가 과도하게 충만(환기불량)해 있을 때

(5) 연마 자국(Sanding Mark)

① 도장 시 온도가 낮고 풍속이 느려 용제 증발이 늦을 때

② 하부 코트에 너무 거친 샌드페이퍼를 사용한 경우

③ 보수 경계 부위가 제대로 샌딩되지 않은 경우

④ 프라이머나 필러가 완전히 건조되기 전에 샌딩한 경우

⑤ 샌딩하는 동안 샌딩 재료가 먼지 등에 오염된 경우

⑥ 너무 거친 샌드페이퍼로 손 샌딩하는 경우

(6) 퍼티 자국(Putty Mark)

① 도장 시 온도가 낮거나 풍속이 느려 용제 증발이 늦을 때

② 퍼티 건조가 불충분한 상태에서 도장하였을 때

③ 락카계 퍼티를 두껍게 도장했을 때(주름 현상도 나타난다.)

④ 퍼티면의 연마 상태가 불량할 때

⑤ 락카계 도막 위에 포리솔 퍼티를 샌드위치 도장했을 때(가장자리는 주름현상)

⑥ 과잉 희석된 도료를 두껍게 도장했을 때

⑦ 상도도료의 용해력이 강하거나 겹치기 도장용 시너를 너무 많이 사용했을 때

(7) 메탈릭 얼룩(Metallic Floating)

① 에어 압력이 낮고 풍속이 느릴 때

② 도장 시 온도가 낮을 때

③ 스프레이건의 노즐구경이 큰 경우

④ 스프레이건의 청소 불량으로 도장폭이 불균일하거나 토출량이 일정하지 않을 때

⑤ 피도체의 소재 온도가 너무 낮은 경우

⑥ 스프레이 시 토출량이 많거나 도장 폭이 좁을 때

⑦ 건의 속도를 느리게 도장하거나 도장간격이 짧을 때

⑧ 색도장 시 너무 얇고 여러 번 나누어서 도장했을 때

⑨ 투명 도장을 초기에 너무 두껍게 도장했을 때

⑩ 시너(희석제)의 증발이 느리거나 너무 빠를 때

⑪ 스프레이 도장 시 점도가 높아 미립화 분사가 안 될 때

(8) 퍼티 기공(Putty Stoma)

① 퍼티를 한 번에 두껍게 도포했을 때

② 퍼티의 점도가 지나치게 높은 경우

(9) 먼지 고착(Dust Inclusion, 낙진)

① 샌딩 입자들이 표면에 앉는 경우

② 스프레이하는 동안 창문이나 휠 모서리 등으로부터 먼지가 달라 붙는 경우

③ 마스킹 테이프를 깨끗이 제거하지 않은 경우

④ 먼지 입자들이 표면에 남아있는 경우

⑤ 페인트가 먼지에 오염된 경우

⑥ 먼지로 오염된 작업복을 입고 작업한 경우

⑦ 플라스틱 부품에 정전기가 발생하여 먼지가 달라 붙는 경우

(10) 실 끌림(Cobwebbing)

① 용해력이 좋지 않은 시너 사용

② 고점도로 도장할 경우

(11) 시딩(Seeding)

① 저장기간이 지나 덩어리진 페인트를 사용했을 때

② 경화제나 희석제 사용이 잘못되었을 때

③ 이액형 도료일 경우 가사시간이 지난 제품을 사용했을 때

④ 분산이나 교반이 충분하지 못했을 때

(12) 색 분리(Flotation)

① 너무 느린 지건형 시너를 사용한 경우

② 과도하게 도막을 올린 경우

③ 중간 건조시간이 너무 짧은 경우

④ 스프레이 거리가 너무 짧은 경우

⑤ 너무 큰 구경의 건을 사용한 경우

⑥ 주위 온도나 작업 패널의 온도가 너무 낮은 경우

(13) 오버 스프레이(Over Steady)

① 너무 빠른 속건형의 시너를 사용하는 경우

② 희석이 불충분하여 스프레이 점도가 너무 높은 경우

③ 스프레이 압력이 너무 높은 경우

④ 스프레이 패턴이 너무 빠르거나 작업 패널과의 거리가 너무 먼 경우

⑤ 스프레이건 구경이 너무 작은 경우

⑥ 스프레이건이 오염되었거나 이상이 있는 경우

(14) 들뜸 현상(Lifting)

① 적용된 페인트 시스템의 소재가 맞지 않는 경우

② 도막과 소재와의 부착성이 불량한 경우

③ 소재가 완전히 건조되거나 경화되지 않은 경우

④ 페인트를 너무 강하게 스프레이한 경우

⑤ 너무 긴 중간 건조시간으로 인하여 도막층이 용제에 의해 용해된 경우

[3] 도장 작업 후 결함

(1) 핀홀(Pin Hole, Bubble)

① 아래와 같은 원인에 의해 필러(퍼티)를 적용하는 동안 기포가 갇힌 경우

㉠ 필러와 경화제와의 혼합 방법이 잘못된 경우

㉡ 필러 적용이 올바르지 않은 경우

㉢ 제품의 가사시간이 경과한 경우

② 다음과 같은 원인에 의해 스프레이하는 동안 기포가 도막 안에 갇힌 경우

㉠ 스프레이건 구경이 너무 크거나 작은 경우

㉡ 도막이 너무 두껍게 올라간 경우

㉢ 제품의 가사시간이 경과한 경우

㉣ 중간 건조시간이 너무 짧은 경우(도막에 남아 있는 용제가 증발하지 못하고 고온으로 경화하는 동안 핀 홀을 형성한다)

(2) 부풀음(Blistering)

① 소지와 주변 환경과의 온도 차에 의한 경우

② 도장실 내부 습도가 높을 경우

③ 도장면이 오염됐을 경우

④ 스프레이 설비에 수분이 혼입되었을 경우

(3) 주름(Lifting Wrinkling) 현상

① 부적절한 경화제나 시너를 사용한 경우

② 소재 위에 적용된 페인트가 부분적으로 건조된 경우

③ 중간 건조시간이 정확하지 않은 경우(프라이머가 건조되지 않은 상태에서 탑코트를 도장한 경우)

④ 스프레이 점도가 너무 높거나 도막을 한 번에 과도하게 올린 경우

(4) 도막박리(Peeling)

① 테이프를 붙였다가 제거 시 벗겨짐

② 도료의 흡수성이 클 때

③ 너무 낮은 온도에서 도장한 경우

④ 플라스틱 소재에 프라이머를 도장하지 않은 경우

⑤ 전처리 상태가 양호하지 못한 경우

⑥ 연마를 하지 않고 도장한 경우

⑦ 금속면 연마를 너무 매끈하게 연마한 경우

(5) 물자국(Water Spotting, 워터 스폿)

① 경화제 혼합량이 정확하지 않은 경우

② 도막을 너무 과도하게 올려서 추천된 건조시간 내에 충분히 건조되지 않은 경우

③ 도막을 냉각시키는 과정에서 물방울, 땀 등이 떨어진 경우

④ 도막이 완전히 건조되지 않은 경우

⑤ 화학제품이 묻은 후 장시간 방치한 경우

⑥ 새의 배설물이 묻었을 경우 장시간 제거하지 않았을 때

(6) 황변(Yellowing) 현상

① 질화면(NC)이 함유된 락카를 사용한 경우

② 우레탄의 경우 황변성 경화제를 사용한 경우

③ 자외선이 강한 환경지역에서 장시간 노출 시

(7) 백화(Blushing, Blooming)

① 너무 빠른 속건형 시너를 사용하는 경우(이런 경우 표면을 그만큼 빨리 냉각시키므로, 건조되지 않은 도막에 즉각적으로 습기가 응축되도록 한다.)

② 과도한 에어 압력으로 스프레이하는 경우(이때 습기가 응축함)

③ 작업환경이 너무 습하고 차가운 경우

④ 작업환경의 공기 순환이 너무 빠른 경우

⑤ 작업하고자 하는 패널을 충분하게 건조시키지 않아 도막 내에서 응축이 발생하는 경우

(8) 부식 현상(Rusting)

① 소재를 완전히 탈지하지 않아서 방청 역할을 하는 프라이머나 페인트 시스템이 소재와 부착력이 떨어지는 경우

② 부식된 부분이 샌딩으로 완전히 제거되지 않은 경우

③ 워시 프라이머에 경화제가 소량 혼합된 경우

④ 도막 두께가 충분하지 못한 경우

(9) 초킹 현상(Chalking)

① 부정확한 경화제나 시너 양을 첨가하는 경우

② 부적합한 경화제나 시너를 사용하는 경우

③ 자동차를 깨끗하게 관리하지 않는 경우

④ 자동차를 부적합한 세척제로 관리하거나 너무 거친 재료로 폴리싱하는 경우

⑤ 저급의 도료 사용

⑥ 자외선, 외적 풍화로 도막 분해

(10) 크랙(Cracks)

① 도막에 이미 균열이 발생해 있는 경우

② 2액형 제품에서 경화제를 너무 적게 혹은 너무 많이 혼합한 경우

③ 1액형 제품에서 시너를 너무 많이 첨가한 경우

④ 프리이머를 충분히 교반하지 않은 경우

⑤ 베이스 코트를 너무 두껍게 올린 경우

⑥ 탑코트를 너무 두껍게 올린 경우

(11) 광택 저하(Low Gloss)

① 왁스나 유분 오염물이 도막에 흡수되는 경우

② 필러가 충분히 경화되기 전에 샌딩하는 경우

③ 너무 거친 연마지를 사용한 경우

④ 너무 빠른 속건형의 시너를 사용한 경우

⑤ 부적합한 경화제나 시너를 사용한 경우

⑥ 부정확한 양의 경화제나 시너를 혼합한 경우

⑦ 2액형의 주제와 경화제가 완벽히 혼합되지 않은 경우

⑧ 중간 건조시간을 무시한 경우

⑨ 메탈릭 컬러의 미스트 코트가 너무 과도하게 올라간 경우
⑩ 웨트-온-웨트 시스템에서 중간 건조시간이 너무 짧거나 긴 경우
⑪ 건조 온도가 높거나 시간이 긴 경우
⑫ 에어의 공급이 불충분한 경우
⑬ 1액형 탑코트가 완전히 건조되기 전에 폴리싱하는 경우

(12) 변색(Discoloration)

① 자외선, 화학약품, 대기오염 등으로 안료가 변질된 경우
② 건조제를 과다하게 사용한 경우
③ 열이나 자외선으로 수지가 변질된 경우
④ 피도면의 화학성분과 안료의 반응이 일어난 경우

(13) 부착 불량(Poor Adhesion)

① 부적합한 페인트 시스템을 적용한 경우
② 페인트층 중의 하나가 오염으로 인해 부착력이 불충분한 경우
③ 샌딩이 불충분하거나 샌딩 재료를 잘못 선택한 경우
④ 부적합한 경화제나 시너가 사용된 경우
⑤ 너무 빠른 속건형 시너를 사용한 경우
⑥ 희석이 잘못된 경우
⑦ 스프레이건 구경이 너무 크거나 작은 경우
⑧ 한 번에 과도한 도막이 올라간 경우
⑨ 중간 건조시간이 불충분한 경우
⑩ 너무 건조하게 스프레이된 경우
⑪ 스프레이 온도가 너무 높거나 낮은 경우
⑫ 스프레이된 표면 온도가 너무 낮아서 습기가 응축된 경우

(14) 싱케이지(Sinkage)

① 상도도장 전 하도의 건조가 충분하지 못했을 때

② 하도가 너무 두껍게 도장되어 건조가 잘 되지 않았을 때

③ 하도면이 너무 거칠었을 때

④ 상도가 얇게 도장되었을 때

⑤ 상도를 두껍게 도장했을 경우 도막에 존재하는 용제의 증발이 서서히 일어날 때

(15) 솔벤트 팝(Solvent Pop)

① 1회에 너무 두껍게 도장했을 때

② 건조가 빠른 부적합한 시너를 사용 시

③ 세팅 시간을 짧게 주었을 때

④ 건조를 촉진시키기 위해 열 발생 장치(원적외선 램프와 같은)로 강제 건조시켰을 때

⑤ 물체와 열매체 사이의 간격이 너무 좁을 때

(16) 등고선 현상(Contour Mapping)

① 소재에 적합한 바디 필러를 선택하지 않아 표면 장력에 차이가 생기는 경우

② 샌딩하기 전에 소재를 완전히 탈지하지 않은 경우

③ 너무 고운 샌드페이퍼를 사용하여 필러를 샌딩하는 동안 부착 불량으로 인하여 모서리 부분이 부서지는 경우

④ 보수할 부분의 경계 부위의 원 도막을 적절하게 벗겨내지 않은 경우

⑤ 소재를 너무 거친 샌드페이퍼로 샌딩한 경우

⑥ 도막의 작은 얼룩이나 반점이 충분히 제거되지 않은 경우

⑦ 바디 필러가 곱게 샌딩되지 않은 경우

⑧ 바디 필러가 부분적으로 구도막의 탑코트 위에 남아있는 경우

⑨ 바디 필러가 모서리 주변까지 고르게 적용되지 않은 경우

(17) 기포(Bubble)

① 도료의 점도가 너무 높은 경우

② 한 번에 두껍게 과도막으로 도장했을 경우

③ 소지면의 상태가 안 좋은 경우

④ 지정되지 않은 희석제나 희석비를 사용한 경우

⑤ 우레탄도료의 경우 건조가 빠른 시너를 사용하거나, 1회 도막을 두껍게 도장 및 하도 미건조 상태로 도장할 경우

(18) 가스 체킹(Gas Crazing)

① 탈지 때 완전히 제거되지 못한 트리클로로에틸렌 성분이 남아있거나 건조로 혼입

② 열풍대류형으로 건조 시 연소가스 중의 NO, SO 등의 산성가스 성분이 도막 표면 건조를 촉진한 경우

③ 건조로 내 잔류한 습기나 수분이 도막 표면에 수증기로 접촉한 경우

(19) 치핑(Chipping) 현상

① 여러 개의 도막층 중에서 소재와의 부착이 불량한 층이 있는 경우와 하부 코트에 비해 탑코트의 도막이 너무 딱딱한 경우

② 도막 두께를 규정 이상으로 과도하게 올린 경우

(20) 경화 불량(Poor Through Harding)

① 소재가 유분에 의해 오염된 경우

② 부적합한 경화제를 사용한 경우

③ 경화제가 과량 혹은 소량 혼합된 경우

④ 베이스 코트가 과다하게 적용된 경우

⑤ 작업장 주위 온도가 너무 낮은 경우

⑥ 작업장 온도가 너무 낮은 경우

⑦ 건조시간이 너무 짧은 경우

⑧ 부스 내 온도가 너무 낮은 경우

⑨ 부스 내 공기 순환이 부족한 경우

결함대책 수립

[1] 도장 작업 전 결함대책

(1) 침전(Settling)

① 냉암소(20℃ 이하)에 보관하고, 장기간 저장하는 경우에는 정기적(2개월 이내)으로 뒤집어 놓아준다.

② 적정량의 재고를 확보하고 선입선출을 반드시 지킨다.

③ 토너는 한 번에 15분 동안 교반하는 것이 적당하며, 특히 새 토너로 교환하였을 경우에는 사용 전 반드시 15분 동안 교반한다.

④ 희석된 상태로 보관하지 말고 반드시 사용 직전에 희석한다.

(2) 겔화(Gelling)

① 저장 시 용기의 뚜껑을 완전히 밀폐하여 서늘한 곳에 보관한다.

② 우레탄도료는 주제와 경화제를 혼합한 후 가사시간 이내에 사용한다.

③ 도료의 성분이 같은 도료만 사용한다.

④ 경화제는 사용 직후 밀폐하여 보관한다.

⑤ 습도가 높은 날에는 가능한 사용을 하지 않는다.

⑥ 수지의 산가 조절이 필요하다.

(3) 피막(Skinning)

① 도료 용기 뚜껑을 완전히 밀폐하여 보관한다.

② 건조제를 적정량 첨가한다.

③ 사용한 도료는 가급적 빨리 사용한다.

④ 지정시너를 사용한다.

(4) 점도 상승(Fattening)

① 도료를 사용하지 않을 때는 완전히 밀봉하여 보관한다.

② 지정시너를 사용한다.

③ 보관 상태 및 지정 기간을 철저히 지킨다.

④ 사용 가능한 양만 혼합한다.

(5) 색분리(Flooding)

① 도료를 고온에서 보관을 금지한다.

② 희석제가 혼합된 도료를 원래 도료에 넣지 않는다.

③ 도료를 잘 교반하고 여과한 후 사용한다.

(6) 가스 발생(Gasing)

① 조기에 사용하고 장기적인 저장을 피한다.

② 냉암소에 저장한다.

(7) 변색(Discoloration)

① 안료를 선별하여 사용한다.

② 수지의 산가조절이 필요하다.

[2] 도장 작업 중 결함대책

(1) 색번짐(Bleeding)

① 노후화가 심한 구도막은 완전히 벗겨낸 다음 재도장한다.

② 불포화 폴리에스테르계 퍼티에 은분(알루미늄 분말)을 섞어서 사용하지 않는다.

③ 사용 용구를 잘 세척하여 사용한다.

④ 에나멜 도료의 적색 계통 도막일 때는 색 블리이딩 방지제(카베리 코트)를 도장

한 다음 중도도장하고 색도장해야 한다.

⑤ 용제에 잘 녹는 안료를 가급적 피해야 한다.

(2) 오렌지필(Orange Peel)

① 도장 온도에 맞는 시너를 사용한다.

② 도료의 점도를 적절하게 맞춘다.

③ 스프레이 압력을 적절하게 하고 피도체와의 거리를 잘 맞춘다.

④ 표준도장 조건에서 작업을 한다.

(3) 흐름(Sagging, Running)

① 작업 전에는 반드시 탈지 공정을 거친다.

② 작업량의 크기, 작업장 주위 온도, 작업장 내 공기 공급량과 순환 상태를 고려하여 시너를 선택한다.

③ 믹싱 스틱과 점도컵을 이용해서 정확한 혼합 비율을 지킨다.

④ 특성에 맞는 적절한 스프레이 테크닉을 사용한다.

⑤ 제품 기술자료의 지시사항에 따른다.

⑥ 이상적인 작업 온도는 20℃이며, 필요한 경우에는 약간 더 빠른 시너를 선택한다.

⑦ 작업물의 온도가 작업장 온도와 일치하도록 한다.

⑧ 페인트 저장 온도는 항상 20~25℃를 유지한다.

⑨ 여러 번에 나누어 도장한다.

(4) 분화구 현상(Cratering, 크레이터링)

① 작은 크레이터링은 미스트 스프레이 방법으로 해결이 가능하다.

② 시판되는 크레이터링 방지제를 2% 이내로 사용한다.

③ 폴리싱 컴파운드는 실리콘이 없는 것을 사용한다.

④ 전용 탈지제로 유・수분을 완전히 제거한다.

⑤ 도장 설비 중의 에어라인과 공기 클리너를 하루 2~3회 점검하여 수분 등을 제

거한다.

⑥ 기름 성분이나 왁스 등 증발되는 오일 발생원을 제거한다.

(5) 연마 자국(Sanding Mark, 샌딩 자국)

① 추천된 종류의 샌딩 재료를 사용한다.

② 경계 부위는 #100 정도 더 고운 샌드 페이퍼를 사용한다.

③ 샌딩하기 전에 충분히 건조되었는지 확인한다.

④ 항상 오염물을 제거하면서 샌딩한다.

⑤ 손으로 샌딩하는 경우 한 단계 고운 샌드 페이퍼를 사용한다.

(6) 퍼티 자국(Putty Mark)

① 샌드위치 도장된 도막일 경우 보호용 중도를 도장하여 완전 건조한 후에 퍼티 작업하고, 건조한 다음 퍼티 위에 중도를 도장한다.

② 공정별 사용되는 도료에 가능하면 추천된 시너(희석제)를 사용한다.

③ 점도를 적절하게 맞춰서 도장한다.

④ 단 낮추기를 규정대로 하여 단차가 발생하지 않도록 한다.

⑤ 퍼티면의 마무리 연마는 #240~#320 연마지로 연마하며, 면을 평활하게 조정하는 것은 퍼티 작업으로 완벽하게 한다.

⑥ 중도 도장 시 퍼티면부터 1회 초벌 도장하고, 전체적으로 도장한다.

(7) 메탈릭 얼룩(Metallic Floating)

① 도료의 점도를 잘 맞춘다.

② 지정 시너를 사용한다.

③ 도막의 두께를 일정하게 도장한다.

④ 스프레이건 사용 시 겹침을 잘 준수하고 거리를 적절하게 유지한다.

⑤ 클리어 코트 1차 도장 시 얇게 도장한다.

(8) 퍼티 기공(Putty Stoma)

① 얇게 여러 번에 걸쳐서 도장한다.

② 퍼티 점도를 적절하게 유지한다.

(9) 먼지 고착(Dust Inclusion, 낙진)

① 작업 전 주변 부위를 깨끗이 세척한다.

② 샌딩 후에는 에어 블로우로 제거한다.

③ 양질의 마스킹 테이프를 사용하도록 하고, 끝부분은 접어서 붙인다.

④ 송진포를 항상 포장지 안에 보관하고 스프레이 전 주의해서 닦아낸다.

⑤ 페인트를 건 컵에 부울 때는 반드시 필터링을 한다.

⑥ 깨끗하고, 방진, 방전의 작업복을 착용한다(나일론 계열).

⑦ 안티스테틱 디그리저를 사용한다. 단, 이 제품사용 후에 다시 탈지를 하여서는 안 된다.

⑧ 부스 내에서는 불필요한 행동을 삼간다.

⑨ 정기적으로 부스 내 압력을 점검한다.

⑩ 정기적으로 필터를 교체한다.

⑪ 부스 바닥을 항상 깨끗하게 유지하고 불필요한 장비는 부스 안에 두지 않는다.

⑫ 정기적으로 청소한다.

⑬ 2m 정도의 에어라인에 건과 오래된 택렉을 결합하여 청소하고, 사용 후에 바닥에 두지 말고 걸어 놓는다.

(10) 실끌림(Cobwebbing)

① 도장 시 도료 점도를 낮게 한다.

② 도장 시 농도를 저하시킨다.

③ 진용제 함유가 많은 시너로 교체한다.

(11) 시딩(Ceeding)

① 가사시간을 준수한다.

② 사용 전 충분히 교반하고 사용한다.

③ 기술자료집의 지정 시너나 경화제를 사용한다.

(12) 색분리 현상(Flotation)

① 추천된 시너를 사용한다.

② 메탈릭 컬러는 과도한 스프레이를 삼가고 충분한 중간 건조시간을 준다.

③ 충분한 중간 건조시간을 준다.

④ 굴곡진 부분을 작업할 때 스프레이 거리가 일정하도록 주의한다.

⑤ 제품별로 기술자료를 참조한다.

⑥ 작업 전에는 항상 부스 내 온도와 자동차의 표면 온도를 20℃ 정도로 유지한다.

(13) 오버 스프레이(Over Steady)

① 믹싱 스틱을 이용하여 혼합 비율을 정확히 지킨다.

② 해당 제품의 기술자료를 참조하여 추천된 스프레이 압력으로 낮춘다.

③ 적절하게 스프레이 방법을 조정한다.

④ 해당 제품의 기술자료를 참조한다.

⑤ 매일 건을 깨끗이 세척하고 이상 유무를 확인한다.

(14) 들뜸 현상(Lifting)

① 보수할 부분의 소재를 정확히 파악하여야 한다.

② 소재와 적합한 프라이머와 필러를 선택해야 하고, 정확한 혼합 비율을 준수한다.

③ 정확한 건조시간과 온도를 준수한다.

④ 정확한 작업방법을 숙지한다.

⑤ 추천된 중간 건조시간 후 즉시 다음 코트를 올린다.

(15) 은폐 불량(Poor Covering)

① 사용 전 믹싱 컬러들을 항상 충분히 교반한다.

② 추천된 도장 횟수 혹은 완전히 은폐될 때까지 스프레이한다.

③ 정확하고 균일하게 스프레이한다.

④ 충분한 중간 건조시간을 갖는다.

⑤ 폴리싱 작업 시 열에 의한 영향으로 작업 시 한곳에 너무 오래 있지 않도록 한다.

[3] 도장 작업 후 결함대책

(1) 핀홀(Pin Hole, Bubble)

① 두 개의 나이프로 필러와 경화제를 혼합하고, 혼합하는 동안 기포가 생기지 않도록 한다.

② 나이프를 사용하는 가장 좋은 각도는 60°이다.

③ 스프레이건은 추천된 건 구경을 사용한다.

④ 믹싱 스틱을 이용해 정확한 비율로 혼합한다.

⑤ 가사시간이 경과하지 않도록 한다.

⑥ 작업장 온도, 시너의 증발 속도, 작업장 내 공기 공급량과 순환 상태에 따라 중간 건조시간을 설정한다.

(2) 부풀음(Blistering, 블러스터)

① 탈지하는 동안 주의 깊게 표면을 관찰하여야 한다.

② 스프레이하기 전에는 항상 탈지하는 습관을 갖도록 한다.

③ 습하고 차가운 날씨에는 스프레이하기 전에 항상 패널을 주위 온도에 맞추어야 한다.

④ 샌딩 후에는 반드시 깨끗한 물로 완전히 헹구어내고 건조시켜야 한다.

⑤ 샌딩 더스트를 제거하기 위해서는 압축 공기를 사용하는 것이 적절하다.

⑥ 폴리에스터 필러는 반드시 건 샌딩해야 한다.

⑦ 반드시 알맞은 제품용 경화제와 시너를 사용해야 한다.

⑧ 경화제를 사용한 후에는 반드시 마개를 밀봉해야 한다.

⑨ 오일, 수분 분리기를 항상 확인하고 정기적으로 배출하도록 한다.

(3) 주름(Lifting Wrinkling) 현상

① 제품에 적합한 경화제와 시너를 사용한다.

② 탈지나 샌딩하기 전에 완전히 건조되었는지 확인한다.

③ 추천된 중간 건조시간을 지키고 공기 순환 상태를 확인한다.

④ 추천된 도막 코트 수를 따르고 정확한 스프레이 테크닉을 사용하되 도막을 두껍게 도장하는 것을 피한다.

(4) 도막 박리(Peeling)

① 작업 전 소지 처리를 확실히 한다.

② 도장실 온도를 표준도장 온도로 맞춘다.

③ 플라스틱 소재에 프라이머를 도장한다.

④ 접착력이 약한 테이프를 사용한다.

(5) 물자국(Water Spotting, 워터 스폿)

① 믹싱 스틱을 이용해서 정확하게 측정한다.

② 과도한 도막 적용을 피한다.

③ 추천된 건조시간과 온도를 정확히 지킨다.

④ 건조된 도막이 완전히 냉각되기 전에 세차하거나 물과 접촉하는 것을 피한다.

(6) 황변(Yellowing) 현상

① 결함 부위를 컴파운딩 작업을 한다.

② 무황변 타입의 도료로 재도장

③ 규정 온도에서 가열 건조한다.

④ 강한 자외선이나 태양열을 피한다.

⑤ 규정 도료를 사용한다.

(7) 백화(Blushing, Blooming)

① 습한 날씨에는 약간 지건형의 시너를 사용한다.
② 추천된 에어 압력으로 스프레이한다.
③ 너무 습하고 차가운 곳에서의 작업을 피한다.
④ 작업장 내의 공기 순환 속도를 정기적으로 점검한다.
⑤ 작업 목적에 맞는 추천된 건조시간을 준수한다.

(8) 부식 현상(Rusting)

① 스프레이 건에는 반드시 추천된 제품을 사용하여 탈지하여야 한다.
② 부식된 부분을 완전히 제거해야 한다.
③ 해당 제품 기술자료를 참조하여 정확한 양을 혼합해야 한다.
④ 추천된 도막 두께까지 올린다.

(9) 초킹 현상(Chalking)

① 경화제나 시너를 혼합하는 경우에는 믹싱자를 이용해서 정확한 양을 첨가한다.
② 반드시 추천된 경화제와 시너를 사용한다.
③ 자동차는 산업 오염물이 제거될 수 있도록 정기적으로 세차하여 깨끗하게 관리한다.
④ 차주에게 적합한 세정제를 사용하도록 권고한다.

(10) 크랙(Cracks)

① 탈지하는 동안 주의 깊게 표면을 관찰한다.
② 믹싱 스틱을 이용해서 정확한 비율로 혼합한다.
③ 모든 페인트는 사용 전 충분히 교반하여야 한다.
④ 과도한 스프레이를 피하고, 추천된 도막 두께를 초과하지 않도록 한다.

⑤ 추천된 도막 횟수를 지키고 기술자료에서 제시한 적용 방법을 지킨다.

(11) 광택 저하(Low Gloss)

① 사용할 제품에 적합한 경화제와 시너를 사용해야 한다.
② 작업장의 온도와 공기 순환량, 작업량에 따라 적절한 시너를 선택한다.
③ 적절한 스프레이건 구경을 사용한다.
④ 베이스(컬러) 코트를 스프레이하는 경우 적절한 스프레이 기술을 사용한다.
⑤ 오버랩(중첩)을 스프레이하는 경우 적절한 스프레이 기술을 사용한다.
⑥ 추천된 중간 건조시간을 지키고 필요에 따라 시간을 늘린다.
⑦ 미스트 스프레이를 위한 정확한 기술을 구사한다.

(12) 변색(Discoloration)

① 건조제를 규정량만 사용한다.
② 용도에 맞는 도료를 사용한다.
③ 내후성이 좋은 안료를 사용한다.
④ 변색이 잘 일어나지 않는 수지를 사용한다.

(13) 부착 불량(Poor Adhesion)

① 해당 제품의 기술자료를 참조한다.
② 샌딩과 스프레이 전에는 반드시 탈지하도록 한다.
③ 그 다음에 적용될 제품을 위해서 추천된 장비, 재료를 사용해서 샌딩한다.
④ 반드시 추천된 경화제와 시너를 사용한다.
⑤ 작업장 온도와 공기 순환속도에 맞는 시너를 선택한다.
⑥ 믹싱 스틱과 점도컵을 사용해서 정확한 양의 시너를 첨가한다.
⑦ 추천된 구경 사이즈를 사용한다.
⑧ 한 번에 적당량을 스프레이한다.
⑨ 작업장 온도, 시너의 증발속도, 작업장 내 공기 공급량과 순환 상태에 따라 중간

건조시간을 설정한다.

⑩ 한 번에 적당량을 스프레이한다.

⑪ 최적 온도는 20℃이다.

⑫ 표면 온도가 너무 낮은 경우 작업장 주위 온도와 같아질 때까지 기다린다.

(14) 싱케이지(Sinkage)

① 상도나 하도도장 시 자료집에 규정된 도막 두께를 준수한다.

② 도장 시 충분한 세팅시간을 준다.

(15) 솔벤트 팝(Solvent Pop)

① 세팅시간을 적절하게 준다.

② 건조 시 적외선 건조기와의 거리를 준수한다.

③ 도장 온도에 맞는 시너를 사용한다.

④ 추천된 제품별 도막 두께를 유지한다.

(16) 등고선 현상(Contour Mapping)

① 작업 전 소재를 먼저 파악해야 하며, 폴리에스터 바디 필러는 반드시 맨 철판이나 EP 프라이머 위에 올려야 한다.

② 샌딩 전 반드시 완벽히 탈지한다.

③ 추천된 입자 크기의 샌드 페이퍼를 사용한다.

④ 필러를 올리기 전에 경계 부위의 원 도막을 적절히 벗겨낸다.

⑤ 원 도막의 작은 얼룩이나 반점도 반드시 샌딩하여 제거한다.

⑥ 샌딩 블록을 이용하고 표면이 매끄럽게 샌딩되었는지 항상 확인한다.

⑦ 구도막 탑코트 위에 남아 있는 필러는 샌딩하여 제거한다.

⑧ 바디 필러가 모서리 주변까지 고르게 적용한다.

(17) 기포(Bubble)

① 점도를 보다 저하시켜 작업한다.

② 충분한 숙성시간이 지난 후 작업한다.

③ 교반 후 자연탈포되면 사용한다.

④ 규정의 점도로 작업한다.

⑤ 피도물을 청결히 한다.

⑥ 소지 조정 후 도장한다.

(18) 가스 체킹(Gas Crazing)

① 배기가 잘되게 하고 불완전한 연소가 없도록 할 것

② 분해가 쉬운 트리클로로에틸렌 등을 건조로 부근에서 사용하지 말 것

③ 건조로를 가열하여 수분을 제거한 후 사용한다.

(19) 치핑(Chipping) 현상

① 해당 소재와 적합한 페인트 시스템을 적용한다.

② 과도한 스프레이를 피한다.

(20) 경화 불량(Poor Through Harding)

① 작업 전에 반드시 작업 부위를 탈지한다.

② 반드시 추천된 경화제를 사용한다.

③ 믹싱 스틱을 이용해서 혼합 비율을 정확히 지켜야 하며, 혼합이 잘되도록 교반기를 이용한다.

④ 절대로 추천 도막 이상 올리지 말고 한 번에 과도한 도막을 올리지 않는다.

⑤ 이상적인 작업 온도는 20℃이며, 작업 패널을 이 온도에 맞추어야 한다.

⑥ 저온에서는 경화 촉진제를 사용한다.

⑦ 기술자료의 건조시간을 정확히 지킨다.

⑧ 부스 내 온도를 수시로 측정하고 온도 조절 장비를 정기적으로 점검한다.

⑨ 부스 내 필터와 공기의 흡입, 배출 장치를 정기적으로 점검한다.

5.12 광택 작업

도장상태 확인

[1] 광택 필요성 판단

(1) 광택의 정의

광택은 자동차의 페인트 도장 위에 묻은 먼지나 타르 등이 잘 떨어지지 않은 때나 긁힌 자국 등의 흠집을 제거하기 위해 페인트 도장을 얇게 벗겨내어 새차처럼 반짝거림을 복원시키는 것을 말한다. 보통 연마기와 연마재를 이용하는 것만으로도 반짝거리는 외형을 만들 수 있다.

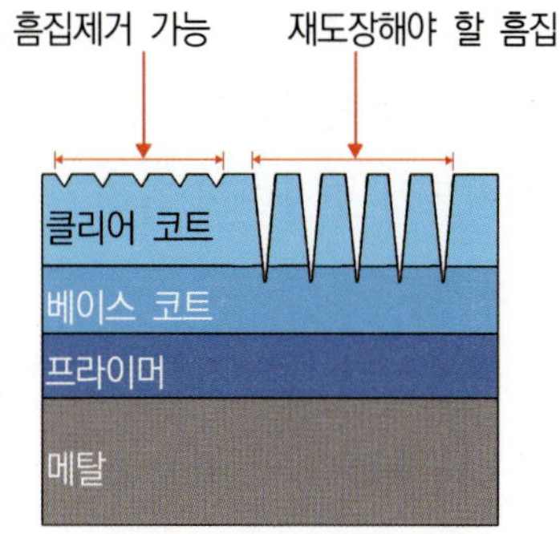

그림 5-148 광택 작업

코팅은 페인트 도장에 보호막을 입혀 반짝거림을 높이고 흠집이 잘 생기지 않도록 하여 차의 외장 수명을 늘리고, 때가 덜 타고 세차가 쉬워 반짝거림을 오래도록 유지하게 된다. 보통은 광택을 낸 후 코팅을 한다.

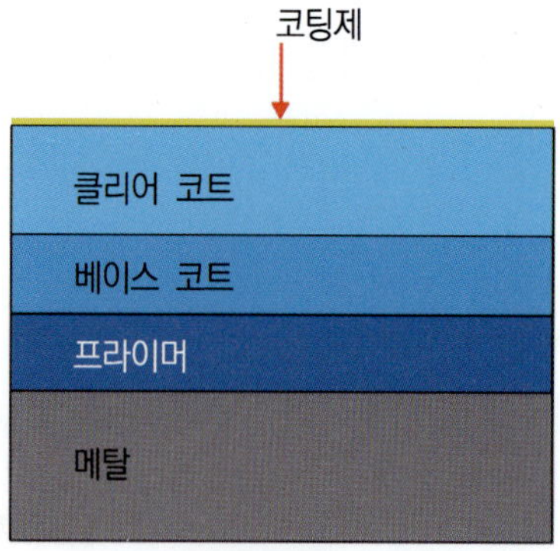

그림 5-149 코팅

(2) 광택 작업의 목적

① 자동차 출고 후 태양열 등 외적인 요인으로 감소된 도장 표면의 광택을 윤기가 나도록 하여 미관을 향상시킨다.

② 도막의 다듬질로 깨끗한 도막을 조성하여 스크래치 발생을 방지한다.

③ 자동차 도장 후 발생한 이물질 부착, 오렌지필, 흐름, 백화 현상, 물방울 자국 등의 결함을 수정한다.

④ 대기 중의 수분, 자외선 또는 산성비 등 공해 오염 등에 의한 산화작용으로부터 도막을 보호한다.

⑤ 아스팔트, 콜타르 등 각종 오염물질의 흡착을 방지한다.

⑥ 자동차 도장면의 흠집 및 시멘트 물, 새 분비물을 제거하고, 이물질 고착을 제거한다.

⑦ 블랜딩 부분과 기존 도장 부분과의 차이가 있을 때 광택 작업을 통하여 격차를 최소화할 수 있다.

[2] 부품 탈착 및 마스킹

(1) 부품 탈거

광택 작업 시 광택 작업용 샌더나 폴리셔를 구동할 때 간섭되는 부품은 탈거한다.

(2) 마스킹

광택 작업을 할 때 간섭되는 부품의 탈거가 어려울 경우에는 마스킹을 한다. 마스킹은 내수 기능이 있는 마스킹 테이프를 사용하고, 광택 작업 중 떨어지지 않게 부착을 해야 한다. 안쪽에서 바깥쪽으로 마스킹하고 광택 작업이 끝낸 후에는 제거가 쉽도록 부착을 한다.

(a) 부품 탈거

(b) 마스킹

그림 5-150 **부품 탈착 및 마스킹**

광택 작업

[1] 표면처리

광택 작업 시 광택 작업용 샌더나 폴리셔를 구동할 때 간섭되는 부품은 탈거하거나 마스킹한다. 세척하고 전처리한다. 페인트에 혼합된 물질을 P1500 혹은 P2000 사포로 깎아낸다. 보풀 없는 천을 사용해 사포질한 표면을 세척한다.

그림 5-151 **표면 처리**

[2] 컴파운딩 공정

자동차의 맨 상위 클리어 코트에 이물질이 붙어있지 않고 상처도 없으면 빛이 일정하게 반사되어 우리들 눈에는 광이 나는 상태가 된다. 하지만 클리어 코트층에 상처가 많고 노폐물들이 많이 끼게 되면 빛이 난사되어 제대로 된 광을 보기 어려운 상태가 된다. 그래서 약재를 사용하여 노폐물과 상처가 난 클리어 코트 부분을 갈아내어 평평하게 만들어 주는 작업을 한다.

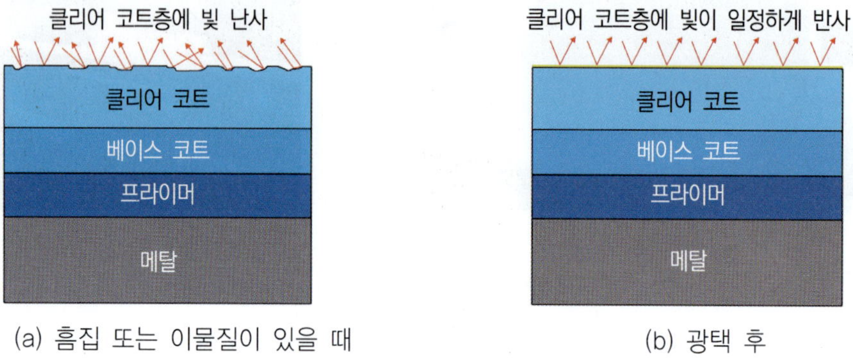

그림 5-152 광택의 원리

① 처음부터 강한 약재를 사용하지 않고 부드러운 약재로 표면의 상태를 확인한 후 점차 강한 약재로 전환하여 사용한다.

② 작업 범위는 약 가로 50cm×세로 50cm 정도로 하여 약재를 일직선으로 도포하여 작업한다.

③ 양모 패드는 패드 세척기 또는 버프클리어로 자주 세척하며, 패드에 묻은 이물질을 제거하여 깨끗한 상태로 유지한다.

④ 양털패드를 사용할 때 과도한 힘과 압력을 주게 되면 열이 발생하여 깊은 스월마크(Swirl Mark) 또는 도막이 타는(Burn Through) 현상과 도막이 밀리는 현상이 발생할 가능성이 높으므로 주의해야 한다.

⑤ 폴리서의 회전수는 1500~2000rpm 또는 2500rpm 이하로 하며, 그 이상 초과시켜 작업하지 않도록 한다.

⑥ 사포질한 표면에 사포 자국을 따라 광택제로 컴파운드 작업을 한다.

⑦ 첫 45초 동안은 느린 속도로 컴파운드 및 폴리싱 작업을 한다.

⑧ 마무리할 때는 가장 미세한 알갱이가 사용되도록 속도를 올린다.

⑨ 더 많은 컴파운딩이 필요하다면 광택제를 다시 도포하고, 위 ⑦ 단계부터 반복한다.

그림 5-153 컴파운딩

[3] 폴리싱 공정

컴파운딩 공정에서 발생한 스월마크, 패드기스(홀로그램) 제거

그림 5-154 폴리싱 공정

[4] 코팅 공정

(1) 코팅 작업 시 주의사항

① 글레이징 작업은 타월 스크래치에도 민감하므로 깨끗한 전용 타월을 사용하여

닦아낸다.

② 듀얼 액션 샌더로 가볍게 작업한다.

③ 패드기스(홀로그램) 또는 깊은 스월마크는 상태에 따라 전 단계부터 재작업해야 한다.

④ 목장갑은 도막 표면에 스크래치를 형성할 수 있으므로 주의한다.

⑤ 약제는 과도하게 두껍게 바르지 않도록 한다.

⑥ 차의 표면이 뜨거운 상태에서는 약제를 바르거나 작업해서는 안 된다.

⑦ 수작업으로 코팅패드를 사용하여 코팅제를 도포할 경우에는 2ml 이하의 양으로 최대한 작은 원(반경 10cm 정도)을 그려 도포한다.

⑧ 듀얼 액션 폴리셔와 같은 기계 작업을 할 경우에는 고운 피니싱 패드를 부착하여 패드 면적의 1/2씩 겹침이 되도록 촘촘하게 중첩시켜 작업한다.

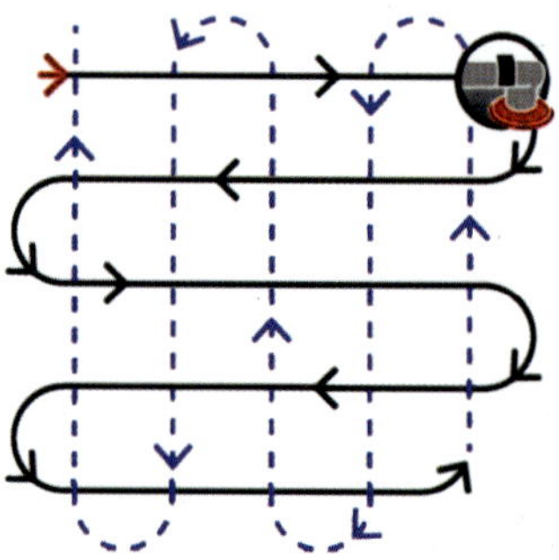

(a) 광택 순서

(b) 중첩 작업

그림 5-155 광택 작업 방법

⑨ 코팅을 한 후 한 번 더 코팅을 하고자 할 때에는 약 5분 정도 후에 다시 도포한다. 일반적으로 2회까지는 코팅 효과가 향상되지만 그 이상일 경우에는 효과가 미약하다.

⑩ 코팅제를 바른 다음 일정 시간이 지나 손가락으로 코팅제를 부드럽게 닦아보았을 때 도포면이 맑게 닦여져 나오면 표면 건조가 된 것으로 판단하고, 도포면이 미끌리듯 나오면 좀 더 기다린 다음 작업해야 한다.

⑪ 얼룩이 발생한 경우에는 일정 시간 경과 후 닦아내거나 전용 천을 사용하여 과

도하게 도포된 부분을 닦아낸다.

⑫ 광택제는 왁스 성분이 포함되지 않은 것을 사용한다.

⑬ 코팅 작업을 완료한 뒤에는 에어를 이용하여 틈새에 남은 약제를 깨끗하게 불어 낸 다음, 전용 타월을 이용하여 구석구석 묻어 있는 약제를 닦아낸다.

(2) 코팅 작업 순서

① 폴리서에 스폰지 패드를 부착한다.

② 작업하기 전 스폰지 패드는 적당히 젖어 있어야 한다.

③ 도막의 작업면에 머신 글레이즈를 적당량 골고루 묻힌다.

④ 무리한 힘을 가하지 않은 상태에서 폴리서를 구동시켜 작업한다.

⑤ 폴리싱 공정에서 없앨 수 없는 컬러샌딩 자국은 다시 컴파운딩 작업을 해야 한다.

⑥ 폴리서의 힘 조절, 회전 속도 및 작업 시간을 확인하고, 스월마크 등 역효과가 발생하지 않도록 주의하여 작업한다.

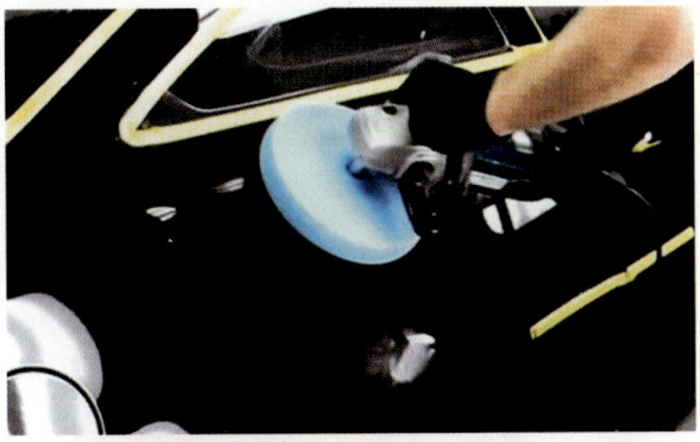

그림 5-156 **코팅 작업**

⑦ 약재가 적당히 마르면 깨끗한 광택용 타월을 이용하여 닦아낸다.

⑧ 광택 측정기를 이용하여 광택도를 측정한다.

그림 5-157 **광택도 측정**

⑨ 광택 타월을 이용하여 틈새 및 몰딩 주변의 약재를 깨끗이 닦아낸다.

(3) 보호막 코팅

새로 칠한 도장을 보호하기 위해서는 보호막 코팅 작업이 필요하다. 보호 실런트를 피니시 작업이 된 표면에 직접 도포하고, 보호막 코팅 도포가 완료된 후 표면을 극세사 천으로 닦아낸다.

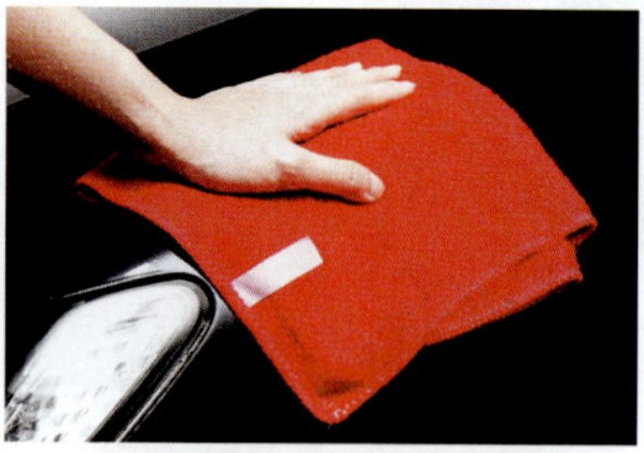

그림 5-158 **보호막 코팅**

광택 품질검사

[1] 결함 발생원인

(1) 먼지 고착(Dust Inclusion, 낙진)

① 샌딩 입자들이 표면에 앉는 경우

② 스프레이하는 동안 창문이나 휠 모서리 등으로부터 먼지가 달라붙는 경우

③ 마스킹 테이프를 깨끗이 제거하지 않은 경우

④ 먼지 입자들이 표면에 남아있는 경우

⑤ 페인트가 먼지에 오염된 경우

⑥ 먼지로 오염된 작업복을 입고 작업한 경우

⑦ 플라스틱 부품에 정전기가 발생하여 먼지가 들러붙는 경우

(2) 크레이터링(Cratering, 분화구 현상)

① 그리스, 오일, 비누, 물, 먼지 등이 소지에 잔존

② 실리콘 왁스의 부착

③ 성분이 다른 도료의 스프레이 다스트 부착

④ 압송공기 중의 수분, 유분의 존재

⑤ 마스킹테이프의 접착제 성분이 소지에 잔존

⑥ 밀폐로 중에 용제 증기가 과도하게 충만(환기불량)해 있을 때

(3) 오렌지필(Orange Peel)

① 스프레이 점도가 너무 높은 경우

② 너무 빠른 속건형의 시너를 사용한 경우

③ 스프레이 압력이 너무 높거나 너무 낮은 경우

④ 스프레이건 구경이 너무 큰 경우

⑤ 작업장 온도가 너무 높거나, 낮은 경우

⑥ 페인트 온도가 너무 낮은 경우

⑦ 안티실리콘 첨가제가 너무 많이 첨가된 경우

(4) 흐름(Sagging, Running)

① 소재가 완전히 탈지되지 않아서 도막이 소재와 부착성이 떨어지는 경우
② 느린 지건형 시너를 선택한 경우
③ 과량의 시너가 첨가된 경우
④ 스프레이 거리가 너무 가깝거나 부분적으로 도막이 너무 두꺼운 경우
⑤ 스프레이건 구경이 너무 큰 경우
⑥ 작업장 온도가 너무 낮아서 시너의 증발이 너무 느린 경우
⑦ 작업물의 표면 온도가 너무 낮은 경우
⑧ 페인트 자체의 온도가 너무 낮은 경우

(5) 시딩(Seeding)

① 저장기간이 지나 덩어리진 페인트를 사용했을 때
② 경화제나 희석제 사용이 잘못되었을 때
③ 이액형 도료일 경우 가사시간이 지난 제품을 사용했을 때
④ 분산이나 교반이 충분하지 못했을 때

(6) 주름(Lifting Wrinkling) 현상

① 부적절한 경화제나 시너를 사용한 경우
② 소재 위에 적용된 페인트가 부분적으로 건조된 경우
③ 중간 건조시간이 정확하지 않은 경우(프라이머가 건조되지 않은 상태에서 탑코트를 도장한 경우)
④ 스프레이 점도가 너무 높거나 도막을 한 번에 과도하게 올린 경우

(7) 핀홀(Pin Hole, Bubble)

① 다음과 같은 원인에 의해 필러(퍼티)를 적용하는 동안 기포가 갇힌 경우

㉠ 필러와 경화제와의 혼합 방법이 잘못된 경우

㉡ 필러 적용이 올바르지 않은 경우

㉢ 제품의 가사시간이 경과한 경우

② 다음과 같은 원인에 의해 스프레이하는 동안 기포가 도막 안에 갇힌 경우

㉠ 스프레이건 구경이 너무 크거나 작은 경우

㉡ 도막이 너무 두껍게 올라간 경우

㉢ 제품의 가사시간이 경과한 경우

㉣ 중간 건조시간이 너무 짧은 경우(도막에 남아 있는 용제가 증발하지 못하고 고온으로 경화하는 동안 핀 홀을 형성한다)

(8) 물자국(Water Spotting, 워터 스폿)

① 경화제 혼합량이 정확하지 않은 경우

② 도막을 너무 과도하게 올려서 추천된 건조시간 내에 충분히 건조되지 않은 경우

③ 도막을 냉각시키는 과정에서 물방울, 땀 등이 떨어진 경우

④ 도막이 완전히 건조되지 않은 경우

⑤ 화학제품이 묻은 후 장시간 방치한 경우

⑥ 새의 배설물이 묻었을 경우 장시간 제거하지 않았을 때

(9) 솔벤트 팝(Solvent Pop)

① 1회에 너무 두껍게 도장했을 때

② 건조가 빠른 부적합한 시너를 사용 시

③ 셋팅 시간을 짧게 주었을 때

④ 건조를 촉진시키기 위해 열 발생 장치(원적외선 램프와 같은)로 강제 건조시켰을 때

⑤ 물체와 열매체 사이의 간격이 너무 좁을 때

(10) 백화(Blushing, Blooming)

① 너무 빠른 속건형 시너를 사용하는 경우(이런 경우 표면을 그만큼 빨리 냉각시키므로, 건조되지 않은 도막에 즉각적으로 습기가 응축되도록 한다.)

② 과도한 에어 압력으로 스프레이하는 경우(이때 습기가 응축함)

③ 작업환경이 너무 습하고 차가운 경우

④ 작업환경의 공기 순환이 너무 빠른 경우

⑤ 작업하고자 하는 패널을 충분하게 건조시키지 않아 도막 내에서 응축이 발생하는 경우

[2] 결함 제거 방법

① 이물질이 있는 부분은 컬러 샌딩 후 광택 작업을 한다.

② 컬러 샌딩 후 광택 작업을 해도 제거되지 않은 경우에는 재도장한다.

[3] 광택 결함 보정

(1) 먼지 고착(Dust Inclusion, 낙진)

① 작업 전 주변 부위를 깨끗이 세척한다.

② 샌딩 후에는 에어 블로우로 제거한다.

③ 양질의 마스킹 테이프를 사용하도록 하고, 끝부분은 접어서 붙인다.

④ 송진포를 항상 포장지 안에 보관하고 스프레이 전 주의해서 닦아낸다.

⑤ 페인트를 건 컵에 부울 때는 반드시 필터링을 한다.

⑥ 깨끗하고, 방진, 방전의 작업복을 착용한다(나일론 계열).

⑦ 안티스테틱 디그리저를 사용한다. 단, 이 제품사용 후에 다시 탈지를 하여서는 안 된다.

⑧ 부스 내에서는 불필요한 행동을 삼간다.

⑨ 정기적으로 부스 내 압력을 점검한다.

⑩ 정기적으로 필터를 교체한다.

⑪ 부스 바닥을 항상 깨끗하게 유지하고 불필요한 장비는 부스 안에 두지 않는다.

⑫ 정기적으로 청소한다.

⑬ 2m 정도의 에어라인에 건과 오래된 택렉을 결합하여 청소하고, 사용 후에 바닥에 두지 말고 걸어 놓는다.

(2) 크레이터링(Cratering, 분화구 현상)

① 작은 크레이터링은 미스트 스프레이 방법으로 해결이 가능하다.

② 시판되는 크레이터링 방지제를 2% 이내로 사용한다.

③ 폴리싱 컴파운드는 실리콘이 없는 것을 사용한다.

④ 전용 탈지제로 유·수분을 완전히 제거한다.

⑤ 도장 설비 중의 에어라인과 공기 클리너를 하루 2~3회 점검하여 수분 등을 제거한다.

⑥ 기름성분이나 왁스가 증발되는 오일 발생원을 제거한다.

(3) 오렌지필(Orange Peel)

① 도장 온도에 맞는 시너를 사용한다.

② 도료의 점도를 적절하게 맞춘다.

③ 스프레이 압력을 적절하게 하고 피도체와의 거리를 잘 맞춘다.

④ 표준 도장 조건에서 작업을 한다.

(4) 흐름(Sagging, Running)

① 작업 전에는 반드시 탈지 공정을 거친다.

② 작업량의 크기, 작업장 주위 온도, 작업장 내 공기 공급량과 순환 상태를 고려하여 시너를 선택한다.

③ 믹싱 스틱과 점도컵을 이용해서 정확한 혼합 비율을 지킨다.

④ 특성에 맞는 적절한 스프레이 테크닉을 사용한다.

⑤ 제품 기술자료의 지시사항에 따른다.

⑥ 이상적인 작업 온도는 20℃이며, 필요한 경우에는 약간 더 빠른 시너를 선택한다.

⑦ 작업물의 온도가 작업장 온도와 일치하도록 한다.

⑧ 페인트 저장 온도는 항상 20~25℃를 유지한다.

⑨ 여러 번에 나누어 도장한다.

(5) 시딩(Ceeding)

① 가사시간을 준수한다.

② 사용 전 충분히 교반하여 사용한다.

③ 기술자료집의 지정 시너나 경화제를 사용한다.

(6) 주름(Lifting Wrinkling) 현상

① 제품에 적합한 경화제와 시너를 사용한다.

② 탈지나 샌딩하기 전에 완전히 건조되었는지 확인한다.

③ 추천된 중간 건조시간을 지키고 공기 순환 상태를 확인한다.

④ 추천된 도막 코트 수를 따르고 정확한 스프레이 테크닉을 사용하되 도막을 두껍게 도장하는 것을 피한다.

(7) 핀홀(Pin Hole, Bubble)

① 두 개의 나이프로 필러와 경화제를 혼합하고 혼합하는 동안 기포가 생기지 않도록 한다.

② 나이프를 사용하는 가장 좋은 각도는 60°이다.

③ 스프레이건은 추천된 건 구경을 사용한다.

④ 믹싱 스틱을 이용해 정확한 비율로 혼합한다.

⑤ 가사시간이 경과하지 않도록 한다.

⑥ 작업장 온도, 시너의 증발 속도, 작업장 내 공기 공급량과 순환 상태에 따라 중간 건조시간을 설정한다.

(8) 물자국(Water Spotting, 워터 스폿)

① 믹싱 스틱을 이용해서 정확하게 측정한다.

② 과도한 도막 적용을 피한다.

③ 추천된 건조시간과 온도를 정확히 지킨다.

④ 건조된 도막이 완전히 냉각되기 전에 세차하거나 물과 접촉하는 것을 피한다.

(9) 솔벤트 팝(Solvent Pop)

① 세팅시간을 적절하게 준다.

② 건조 시 적외선 건조기와의 거리를 준수한다.

③ 도장 온도에 맞는 시너를 사용한다.

④ 추천된 제품별 도막 두께를 유지한다.

(10) 백화(Blushing, Blooming)

① 습한 날씨에는 약간 지건형의 시너를 사용한다.

② 추천된 에어 압력으로 스프레이한다.

③ 너무 습하고 차가운 곳에서의 작업을 피한다.

④ 작업장 내의 공기 순환 속도를 정기적으로 점검한다.

⑤ 작업 목적에 맞는 추천된 건조시간을 준수한다.

드레스업 튜닝

06

CHAPTER 06

드레스업 튜닝

6.1 자동차 튜닝(Car Tuning)

자동차 튜닝이란

국내에서도 점점 자동차 튜닝에 대한 관심이 높아지고 있다. 자동차 튜닝은 제작차의 성능 향상에 대한 욕구에서 시작되었다. 특히 남보다 안전하고 빠르고 돋보이는 차를 만들고 싶은 욕구가 반영되어 자동차 튜닝이 시작되었다고 해도 과언이 아니다. 튜닝(Tuning)이란 커스텀(Custom)이라고도 하는데, 튜닝은 기존의 차량이 가진 성능을 끌어올리려고 엔진, 브레이크, 배기구 등 성능적인 부분을 개조하는 것을 의미하고, 커스텀은 튜닝을 포함한 모든 것을 개조하고 만드는 것을 의미한다. 하지만 기타 외부 장착품, 도색 및 랩핑은 물론이고 차량 인테리어나 블랙박스 장착, 틴팅(Tinting, 선팅)과 같은 외관상 변화를 주기 위해 자동차에 가하는 모든 작업들 또한 자동차 튜닝의 종류에 들어간다.

그림 6-1 자동차 튜닝(출처 : 모터그래프)

튜닝 제도

[1] 튜닝(구조변경) 제도란

튜닝 제도란 성능 향상 및 사용 목적에 적합하게 구조, 장치 일부를 변경하거나 부착물을 추가하는 자동차에 대하여 안전도 확인을 통해 운행자동차의 안전성 확보와 환경오염을 예방하기 위한 제도이다.

[2] 법적 근거

자동차관리법 제34조(자동차의 튜닝)

① 자동차소유자가 국토교통부령으로 정하는 항목에 대하여 튜닝을 하려는 경우에는 시장·군수·구청장의 승인을 받아야 한다.

② 제1항에 따라 튜닝 승인을 받은 자는 자동차정비업자 또는 국토교통부령으로 정하는 자동차제작자 등으로부터 튜닝 작업을 받아야 한다. 이 경우 자동차제작자

등의 튜닝 작업 범위는 국토교통부령으로 정한다.

③ 제1항에 따른 승인 대상 항목에 대한 승인기준 및 승인절차에 관한 사항은 국토교통부령으로 정한다.

[3] 승인대상 및 기준

승인대상	• 자동차관리법 시행규칙 제55조 제1항에서 규정하고 있으며, 자동차의 구조로는 길이 · 너비 및 높이, 총중량(차량중량, 최대적재량 및 승차정원에 65kg을 곱한 중량의 합계를 말한다) • 자동차의 장치로는 원동기(동력발생장치) 및 동력전달장치, 주행장치(차축에 한정한다), 조향장치, 제동장치, 연료장치 및 전기 · 전자장치(연료장치 및 「자동차 및 자동차부품의 성능과 기준에 관한 규칙」 제2조제52호에 따른 고전원전기장치에 한정한다), 차체 및 차대, 연결장치 및 견인장치, 승차장치 및 물품적재장치, 소음방지장치, 배기가스발산방지장치, 전조등 · 번호등 · 후미등 · 제동등 · 차폭등 · 후퇴등 기타 등화장치, 내압용기 및 그 부속장치, 기타 자동차의 안전운행에 필요한 장치로서 국토교통부령이 정하는 장치
승인기준	• 자동차관리법 시행규칙 제55조, 제56조 및 자동차 및 자동차부품의 성능과 기준에 관한 규칙(안전 기준), 자동차 및 자동차부품의 성능과 기준 시행세칙과 동 업무처리와 관련하여 국토교통부장관이 시달한 각종 지침 등 자동차관리법령에서 정하는 기준에 적합하여야 하며, 자동차의 종류 및 특성에 따라서는 이러한 허용기준 외에도 그 밖에 다른 법령에 따라 자동차의 안전을 위하여 적용하여야 하는 기준에 따라 자동차운수사업법령, 위험물 안전 관리법령, 고압가스 관리법령, 액화석유가스의 안전 관리 및 사업법령, 계량에 관한 법령 등등 각각 해당 법령의 적용을 받는 자동차에 대하여는 해당 법령에 적합하여야 한다.

튜닝(Tuning) 승인 절차

튜닝하는 구조나 장치에 대한 안전성을 확보하기 위해 빌드업 튜닝(Build Up

Tuning)과 튠업 튜닝(Tune Up Tuning)은 일부 항목에 대해서 교통안전공단에 승인을 받아야 한다. 직접 교통안전공단 검사소에 방문하여 승인 신청 서류를 제출하는 방법과 온라인으로 승인을 받는 방법이 있다.

우선 교통안전공단(http://www.kotsa.or.kr/main.do)에 접속하면 제일 첫 페이지에 '튜닝(구조변경) 전자 승인'이라는 화면을 확인할 수 있는데, 클릭하게 되면 전자 승인 절차를 안내해주고 신청할 수 있는 페이지를 볼 수 있다. 하지만 편의를 위해 만들어진 이러한 전자 승인 절차와 가이드라인 자체가 다소 복잡하기 때문에 실질적으로 이용하기 어려운 부분이 있다는 의견도 있다.

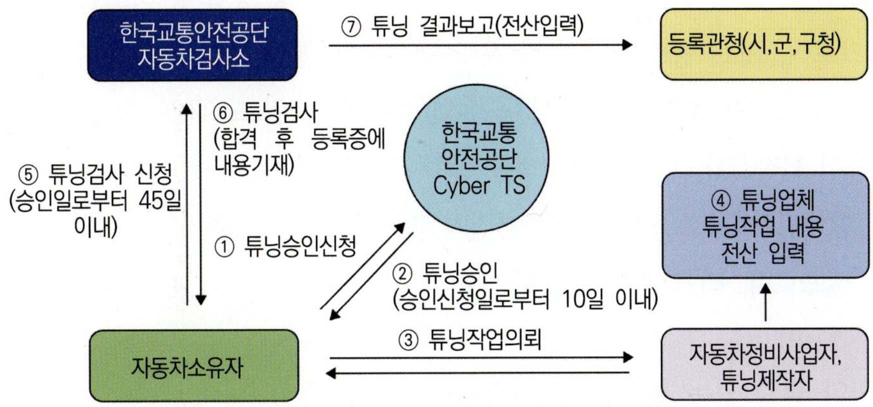

그림 6-2 **자동차 튜닝 승인 절차**

튜닝(Tuning)의 종류

[1] 빌드업 튜닝(Build Up Tuning)

빌드업 튜닝(Build Up Tuning)이란 일반 승합차, 화물차를 사용 목적에 따라 특수한 적재함이나 차실 등의 구조를 변경하거나 원래 형태로 변경하는 튜닝이다. 내장, 냉동탑차, 견인차, 탱크로리, 청소차, 크레인 카고, 구급차, 어린이 승합차, 소방차, 이동도서관차 등이 여기에 해당한다.

그림 6-3 빌드업 튜닝(예 : 어린이 승합차)

(1) 승인이 필요한 빌드업 튜닝(사례)

이동 도서관차, 특수 구급차, 일반 구급차, 어린이 운송용 승합차, 하드탑, 하프탑, 유류 탱크로리, LPG 탱크로리, 설탕 운반 탱크로리, 분뇨 탱크로리, 살수차, 활어 운반차, 유압적하기, 재활용품 수집차, 유압 크레인차, 워크스루밴, 포장탑(윙바디형), 이동식 화장실차, 내장 탑차, 냉동 탑차, 윙바디차, 붐렉카, 언더리프트 렉카, 줄렉카, 진개덤프트럭, 소방차, 이동검진차, 방송보도차, 휠체어 리프트차, 덤프형 화물차, 셀프로더, 리프트 게이트 등

(2) 승인이 필요 없는 빌드업 튜닝(사례)

화물차 등에 공구함 설치, 포장탑 설치 등

(3) 불법 빌드업 튜닝(사례)

① 일반 승합차 → 캠핑카 개조

② 일반형 화물차 → 견인차 개조

③ 가변식 트레일러 개조, 격벽 탈거

④ 좌석 설치, 축 추가

⑤ 적재함 임의 확장, 고소작업대 임의 설치

⑥ 적재함 보조 틀 설치 등

[2] 튠업 튜닝(Tune Up Tuning)

튠업 튜닝(Tune Up Tuning)은 엔진, 동력전달장치, 제동 · 조향 · 주행 · 연료 · 차체 및 차대 · 연결 및 견인 · 승차 · 소음방지 · 배출가스 발산 방지 · 등화장치 등 자동차의 각종 장치들의 성능 향상을 위해 개선하거나 교체하는 튜닝을 의미한다. 일반적으로 우리가 차량 정비를 받는 것도 이 과정에 속할 수 있다. 낡은 부품이나 냉각수를 교체하는 것도 자동차 성능 향상을 위한 교체이기 때문이다.

이외에도 머플러, 변속기, 원동기 등의 교체가 가능하다. 하지만 튠업 튜닝은 특히 자동차 안전 기준, 배출가스 및 소음 기준에 적합한지를 튜닝 후에 교통안전공단에 승인을 받아야 한다.

(1) 승인이 필요한 튠업 튜닝(사례)

원동기 교체, 실린더 블록 교체, BC 트렌터 공기압축기, 가변 축, 후륜차 복륜 타이어, 4륜 구동 자동차, 휘발유 · LPG 겸용, 휘발유 · CNG 경용, 경유 · CNG/LNG 겸용, 연료탱크 추가 설치, 연결 장치, 장방향 경광등, 방전식 전조등(HID), 주간 주행등, 차폭등, 촉매장치 변경, CNG 내압용기, 저공해 가스 엔진, 변속기(수동 ↔ 자동), 터보/인터쿨러, 동력인출장치(PTO), 소음기 변경, 터보 ASS'Y 장착 등

(2) 승인이 필요 없는 튠업 튜닝(사례)

흡기매니폴드, 에어 클리너, 변속기 클러치 디스크, 배기매니폴드, 스노클, 시동 리모컨, 점화시스템, 보조 브레이크 페달 등

그림 6-4 튠업 튜닝(예 : 에어 클리너)

(3) 불법 튠업 튜닝(사례)

① 터보엔진 → 터보 제거

② 3,000cc → 2,000cc 엔진(출력 저하)

③ 차체 높임

④ 타이어 돌출 등

그림 6-5 불법 튠업 튜닝(예 : 타이어 돌출)

[3] 드레스업 튜닝(Dress Up Tuning)

드레스업 튜닝(Dress Up Tuning)이란 차량 소유주 개인 취향에 맞게 차량의 외관을 변경·색을 바꾸거나 부착물 등을 추가하는 튜닝으로, 자동차 안전 기준을 위반하지 않는 범위에서 튜닝이 가능하고, 별도의 승인이나 검사가 필요하지 않아 가장 대중적인 튜닝이라고 알려져 있다.

드레스업 튜닝이 빌드업 튜닝(Build Up Tuning)과 튠업 튜닝(Tune Up Tuning)과 다른 점은 차량을 꾸미기 위한 튜닝이기 때문에 정비업체에서 블랙박스를 설치하거나 자동차 외관에 색상이나 취향에 맞는 디자인으로 랩핑을 하기도 하고 타이어나 휠 변경을 하기도 한다.

그림 6-6 드레스업 튜닝(예 : 에어 스포일러, 출처 : 픽 플러스)

(1) 승인이 필요 없는 드레스업 튜닝(사례)

블랙박스, 자동차 색상, 내장 도장, 보호필름, 실내 방음시설, 내비게이션, 경보장치, 계기판, 오디오 및 스피커, 보조 번호판, 러닝 보드, 픽업 천 덮개, 안개등 커버, 수화물 운반구, 그릴 가드, 루프탑 텐트, 휠 변경, 캘리퍼 도색, 사이드 스텝, 에어댐, 안테나, 스키 캐리어, 선바이저, 선루프, 열선시트, 통풍시트, 자동 조절시트, 후방 카메라, 타이어 변경, 휠 커버, 주유구 연료캡, 브레이크 디스크, 배기관 팁, 타이어체인, 루프캐리어, 에어 스포일러, 후드 스쿠프, 조향핸들, 안개등, 노선 표시등, 후미등, 보조 방향지시등, 실내등화 등

(2) 불법 드래스업 튜닝(사례)

배기구 방향 교체, 배기구 돌출, 번호판 스티커 부착, 번호판 네온등, 스마일 램프, 과시용 등화, 자동 조절이 안 되는 HID, 클리어 램프, 불법 등화, 불법 경음기, 공기식 경음기, 꺾임 번호판, 차체 너비 증가, 에어댐 돌출, 후부안전판 탈거, 엔진 후드업, 에어 스포일러 돌출, 철제 범퍼 설치, 레이싱 핸들 등

그림 6-7 불법 드레스업 튜닝(예 : 배기구 돌출)

6.2 드레스업 튜닝(Dress Up Tuning)

최근 드레스업 튜닝에서 각광 받는 분야로는 자동차유리에 자외선 차단, 열 차단 및 개인 프라이버시 보호 등을 목적으로 특수하게 제작된 필름을 유리에 시공하는 작업인 윈도우틴팅(Window Tinting), 자동차 외관 표면을 도색하는 대신 차량 전용 시트지(필름)를 이용하여 차량의 색상을 바꿔주거나 꾸미는 작업인 자동차랩핑(Car Skin) 등이 있다.

1960년대 군용헬기의 프로펠러 날 보호를 목적으로 개발되었으며 항공, 레이싱 등 다양한 분야에서 사용되었고, 요즘에는 신차 패키지 등 미래의 수익 창출 분야로 기대되는 PPF(Paint Protection Film), 물 위에 얇은 필름을 띄우고 활성제(Activator)를 도포한 후 대상 물체에 필름을 입히는 작업으로 다양한 산업에 적용 가능한 기술인 수전사(Water transfer), 고객의 요청에 따라 제품의 표면을 아름답게 표현해 주는 페인팅인 커스텀페인팅(Custom Painting) 등이 있다.

참고 **활성제(Activator)**

전사필름을 수조에 띄우고 인쇄패턴을 소재 표면에 평활성 및 점착성을 주기 위하여 필름의 고정층을 녹이는 물질

참고 **수전사(Water Transfer)**

다양한 문양으로 제작된 수전사 필름을 물에 띄우고 활성제를 뿌린 다음, 도색할 대상물을 조심스럽게 한쪽부터 물에 담그며 표면에 문양을 입히는 방법이다. 굴곡지고 요철의 형태를 가진 물체에 일반 도장으로는 생각할 수 없는 화려하고 신비로운 멋진 문양을 입혀 도색할 수 있는 방법이다. 대상물은 차량부품(범퍼나 휠, 내장재 등)부터 자전거와 각종 용품까지 거의 모든 물건에 적용할 수 있다.

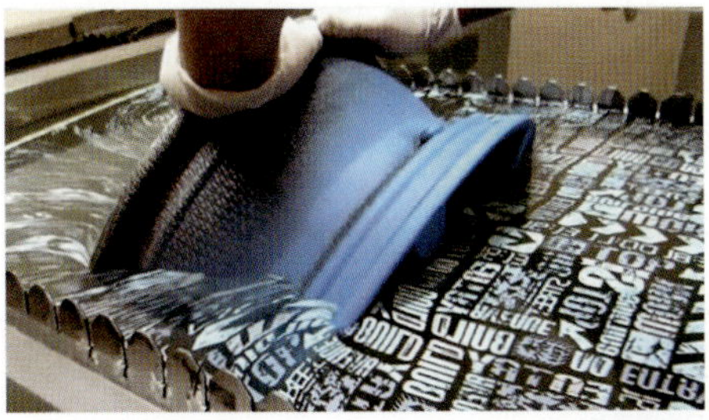

그림 6-8 수전사

드레스업 튜닝 종류

드레스업 튜닝은 크게 2가지로 나눌 수 있다. 자동차 실내를 아름답게 꾸미는 인테이어(Interior)와 문짝, 틀 따위 자동차 외부의 부속 구조물 또는 그것들을 포함한 공간을 아름답게 꾸미는 익스테리어(Exterior)가 있다.

[1] 데코레이션 튜닝(Decoration Tuning)

최근 차량에 자신의 스타일을 손쉽게 표현할 수 있는 스티커를 이용한 데코레이션 튜닝이 간편하면서도 본인의 개성을 잘 살릴 수 있는 방법 중 하나이기 때문에 인기도가 높다. 실내에는 카본 패브릭 스티커를 많이 사용하고, 외부에는 필름 재질을 사용하는 것이 좋다.

그림 6-9 데코레이션 튜닝

[2] 커스텀 페인팅(Kustom Painting, 도색)

차체에 색을 입히거나 그림을 그리는 방법이다. 에어브러시(Air Brush)로 색, 그림을 그리는 방식으로 색을 바꾸는 간단한 도색부터 패턴을 입히거나 그림을 덮는 랩핑, 아트워크 등으로 분류한다. 외관에 가장 눈에 띄는 변화를 줄 수 있어서 개성을 표현하기 좋은 방법 중 하나이다.

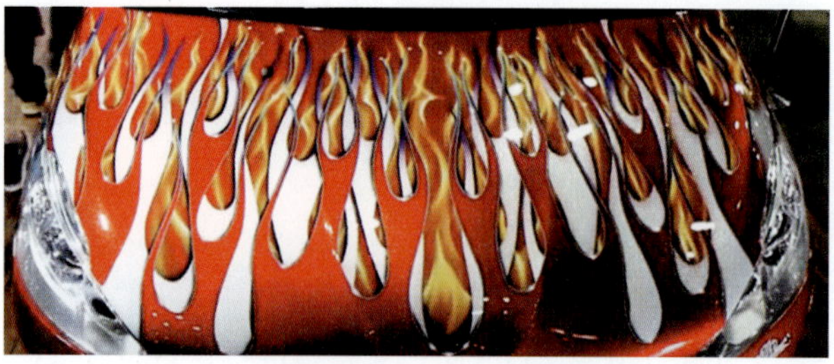

그림 6-10 **커스텀 페인팅**

커스텀 페인팅은 의뢰인의 요구를 수용하여 제품의 표면을 아름답게 해주는 페인팅 공법으로, 높은 품질을 만들어 내기 위해 다양한 도구들과 재료들이 사용된다. 커스텀 페인팅은 상처 난 부위를 복원하고 색을 입히는 과정부터 고난도의 그림을 그리는 작업까지 모두 소화할 수 있으며, 다양한 분야에 폭넓게 활용할 수 있다. 페인터들은 다양한 사물에 페인팅을 적용하려 노력하고, 제품의 수준을 더 높아질 수 있도록 다양한 도구들을 사용하여 제품을 만들어낸다.

참고 에어브러시(Air Brush)

에어브러시는 말 그대로 공기압(에어)을 붓(브러시)으로 사용하는 기법으로 스프레이 도색의 일종이다. 컴프레셔나 에어 캔에서 공급되는 압축 공기를 뿜어내서 그 분출 효과로 노즐에서 도료를 빨아내어 안개 상태로 만들어 뿌리는 구조이다.

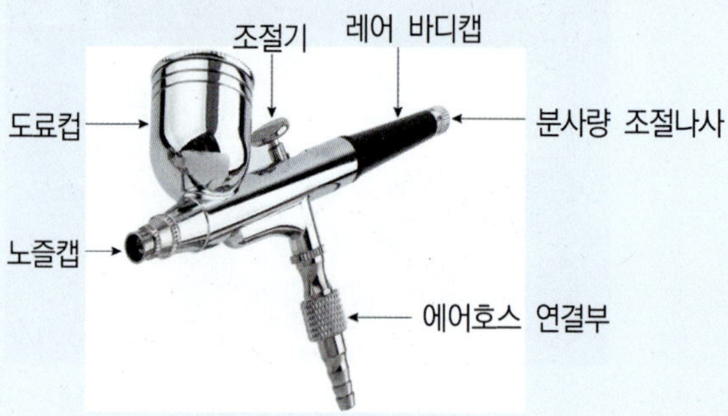

그림 6-11 **에어브러시**

1. 세부 명칭

① 노즐캡 : 바늘을 보호해주며 살짝 풀거나 막아서 에어브러시 세척이 가능하다.
② 도료컵 : 도료를 담는 컵으로 사용 시 도료가 넘치지 않도록 절반 정도만 담아 사용한다.
③ 조절기 : 에어브러시를 사용할 때 누르는 버튼으로, 누르면 바람이 나오고 누른 상태로 뒤로 당기면 도료가 분사된다(더블 액션).
④ 공기 호스 : 연결부 컴프레셔의 압축된 공기가 들어가는 호스 연결부이다.
⑤ 레어 바디캡 : 니들을 빼거나 분해할 수 있으며, 분해하여 세척이 가능하다.
⑥ 분사량 조절 나사 : 에어브러시의 분사량을 조절해주는 부분이다. 잠그면 분사량이 줄고 풀면 분사량이 증가한다.

2. 작업 과정

① 에어브러시와 컴프레셔를 연결한다.
② 도료컵(종이컵 등)에 도료를 넣어 도료색을 제조한다.
③ 신너와 도료를 1:1 비율로 섞어 도료통에 넣는다.
④ 조절기를 눌러 도료를 분사한다. 도료 분사 시 모형 바깥에서 안쪽으로 뿌려 작업하는 것이 좋다.

3. 장단점

장점	단점
1. 붓자국 등을 남기지 않고 고르게 도색하기 좋다. 2. 붓 등을 이용하는 도색법보다 건조 속도가 빠르다. 3. 경계선이 없는 그러데이션(Gradation, 그림, 사진, 인쇄물 따위에서 밝은 부분부터 어두운 부분까지 변화해 가는 농도의 단계) 등의 표현이 필요할 때 효과적이다. 4. 장비를 구비해두면 캔 스프레이를 통한 도색보다 재료 단가가 저렴하다.	1. 재료의 특성상 냄새가 심하기 때문에 환기 시설이 충분히 갖춰져 있어야 한다. 2. 주변에 먼지가 있을 경우 도색하는 물체의 표면에 쉽게 달라붙을 수 있다.

4. 관리 방법

① 에어브러시 내의 도료를 뿜어내 도료가 더 이상 나가지 않는 상태로 만든다.
② 희석제를 에어브러시 도료컵에 따른다.
③ 미술용 붓으로 에어브러시 도료컵을 문질러 도료컵에 남아있는 도료를 닦아내며 분사한다.
④ 니들캡 부분을 휴지나 손가락으로 막고 에어브러시를 분사하면 도료컵 내부에 거품이 생기면서 세척된다.
⑤ 니들캡을 막은 휴지/손을 떼고 에어브러시를 분사한다.
⑥ 도료컵이 깨끗한 상태가 될 때까지/희석제만 나올 때까지 2~5회 반복한다.
⑦ 니들을 청소하기 위해 핸들조절기를 시계 반대 방향으로 돌려 분리한다.

그림 6-12 핸들 조절기 분리

⑧ 니들 조절나사도 시계 반대 방향으로 돌려 분리한다.

그림 6-13 니들 조절 나사 분리

⑨ 니들을 분리할 때 니들의 끝이 휘면 도료가 분사되지 않기 때문에 끝이 휘지 않도록 주의한다.

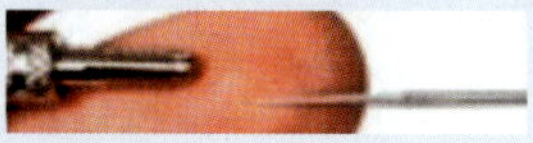

그림 6-14 니들 끝이 휘지 않도록 주의

⑩ 니들 캡 1과 2를 분리한다. 이때 앞쪽에 도료가 묻어있으면 면봉 등으로 닦아 준다.

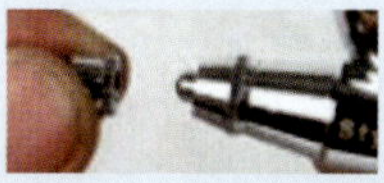

(a) 니들 캡 1분리

(b) 니들 캡 2분리

그림 6-15 니들 캡 분리

⑪ 스패너를 이용해 노즐을 분리한다.

그림 6-16 노즐 분리

⑫ 니들, 니들캡, 노즐, 노즐캡을 세척한다.
⑬ 세척을 마친 부품을 다시 조립하여 보관한다. 이때 무리하게 조일 경우 파손될 수 있으니 주의한다.

5. 주의사항

① 도료의 종류나 작업 환경에 따라 비율이 달라질 수 있으나 도료와 신너의 비율은 기본적으로 1:1로 섞어 사용한다.

② 도료가 너무 묽으면 여러 번 나눠 말리면서 칠해야 하기 때문에 도색 시간이 오래 걸릴 수 있다. 또한 도색 시 도료가 흘러내릴 수 있어 주의해야 한다.

③ 도료가 너무 짙으면 도료가 모형에 안착되기 전에 굳어서 표면이 거칠어지는 반건조 현상이 나타나거나 노즐이 막힐 수 있다.

④ 습한 환경에서 도색하면 백화 현상이 일어날 수 있다.

[3] 램프 튜닝(Lamp Tuning)

비교적 간편하고 손쉽게 할 수 있는 튜닝이기 때문에 운전자들이 많이 선택하는 튜닝 중 하나이다. 전조등, 안개등, 번호등, 후미등 같은 라이트만 튜닝해도 이미지가 확연히 달라지기 때문에 큰 효과를 볼 수 있는 튜닝으로 꼽힌다. 라이트는 크게 헤드라이트와 테일 램프로 나누어진다. 헤드라이트는 야간 주행 시 시각적인 부분을 확보해주는 것뿐만 아니라 디자인적 요소로 자동차 외관에 많은 영향을 미친다. 보통 헤드라이트 튜닝은 HID라 불리는 제논램프를 이용한 튜닝과 LED를 이용한 튜닝 등이 있다.

테일 램프는 대한민국 법으로 규정된 사항을 보면 브레이크등은 '적색', 방향지시등은 '황색(노란색)', 후진등은 '백색'으로 규정되어 있다. 테일 램프의 튜닝 시 이 색을 바꾸면 불법이다. 기타로 헤드라이트와 테일 램프 외에도 많이 하는 라이트 튜닝이 있다. 먼저 트렁크 라인에 네온이나 LED바를 설치하는 스마일 램프로 별것 아니라고 생각할 수 있는 튜닝인데도 실제로 자동차 검사를 받으러 가면 불합격 판정을 받는 일이 대부분이다. 또한 보조 안개등 또는 서치라이트도 불법이다. 캠핑, 레저인구가 늘면서 그 용도에 맞게 꾸미는 자동차가 늘어나고 있는데, 단순 멋내기용으로 장착하는 등화장치는 불법일 수 있으므로 신중하게 선택해야 한다. 추가적으로 램프를 보호하기 위한 무색 타입의 보호 필름은 관계없지만 '스모크'라고 불리는 어두운 필름은 불법이다.

그림 6-17 **램프 튜닝**

[4] 범퍼 튜닝(Bumper Tuning)

범퍼에 추가 부품을 더하거나 범퍼 전체를 교체하는 방식이 있다. 주로 범퍼 하단에 에어스포일러(Air Spoiler)를 장착해 스포츠카 외형으로 꾸미거나 상위클래스 차량의 범퍼와 유사한 디자인으로 교체해 범퍼를 업그레이드하는 방식을 사용한다.

(a) 튜닝 전 (b) 튜닝 후

그림 6-18 **범퍼 튜닝**

[5] 에어댐 튜닝(Air Dam Tuning)

에어댐은 자동차의 앞 범퍼 하단에 부착하여 공기가 자동차 밑으로 들어오는 것을 막고 접지력을 높여 주는 장치이다. 공기저항을 낮추고 접지력을 높이기 위한 부분이지만 차량에 장착했을 경우 장식효과가 뛰어나 드레스업 튜닝 사이에선 선호도가 높은 편이다. 하지만 튜닝 후 파손위험이 있기 때문에 주의해야 한다.

그림 6-19 **에어댐 튜닝**

[6] 게이지 튜닝(Gauge Tuning)

차량의 성능을 높이기 위해 튜닝을 할 경우 상태를 자주 확인하게끔 게이지를 추가 장착하는 경우도 있는데, 요즘에는 인테리어 효과를 위해 장착하는 경우도 많다. 엔진 회전수를 나타내는 RPM 게이지, 차량 전압 상태를 표시하는 볼트게이지, 유압게이지, 배기온게이지, 부스트게이지, 터보게이지, 공연비게이지, 진공게이지 등 다양한 종류의 게이지가 있다. 게이지는 운전석에서 전체적으로 앞 시야를 가리지 않는 선에서 센터에 위치시켜서 작업을 진행하여 튜닝해야 한다.

그림 6-20 **게이지 튜닝**

[7] 기어노브 튜닝(Gear Knob Tuning)

흔히 기어봉이라 부르는 기어노브는 간단하고 저렴하게 교체가 가능하면서도 조작력, 인테리어 등의 효과를 높일 수 있다. 노브가 짧을수록 조작력이 빠르고 효과적인 변속이 가능하며, 혼자서도 가능한 튜닝 중 하나이다. 다양한 기어봉들이 있지만 센터페시아(Center Fascia, 대시보드 중에서 운전석과 조수석 사이에 있는 컨트롤

패널 부분) 디자인을 해치지 않고 손에 착착 감기는 기어봉으로 튜닝해야 한다.

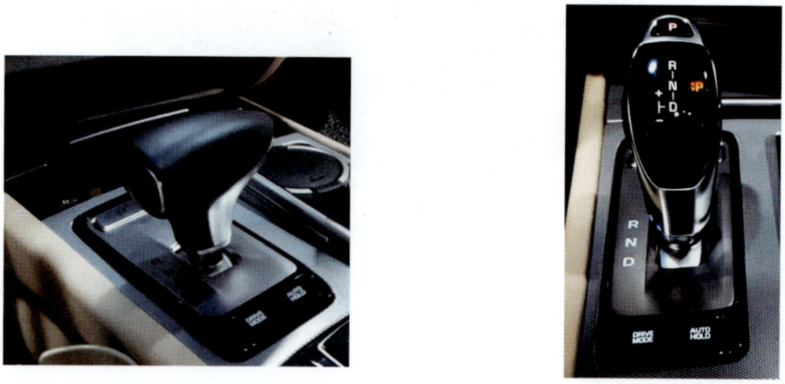

(a) 튜닝 전 (b) 튜닝 후

그림 6-21 기어노브 튜닝

[8] 스티어링 휠 튜닝(Steering Wheel Tuning)

스티어링 휠 튜닝을 하는 가장 근본적인 목적은 보다 간편한 조작으로 조작력 향상, 안전성 강화, 미적인 기능 등으로 나눌 수 있다.

스티어링 휠의 지름이 크고 두꺼우면 운전자의 피로를 덜어줄 수 있지만, 주행감과 순발력이 떨어지는 단점이 있고, 휠의 지름이 작고 가늘면 회전반경을 좁힐 수 있어 가고자 하는 방향으로 빠르게 움직일 수 있지만, 주행감이 예민해지기 때문에 운전자의 피로도 그만큼 더해진다고 볼 수 있다. 일반승용차는 스티어링 휠의 지름이 크고, 스포츠카는 스티어링 휠의 지름이 작은 것을 사용한다.

그림 6-22 스티어링 휠 튜닝

[9] 시트커버(Seat Cover) 교체

일반적으로 단색이나 2컬러로 가죽 커버링된 시트커버를 원하는 질감, 컬러로 교체하는 작업이다. 비교적 간단한 튜닝 중 하나이며, 좋아하는 브랜드의 로고, 패턴으로 하는 경우도 많다. 자동차 내부의 인상을 명확하게 바꿔줄 수 있는 인테리어 튜닝이다.

그림 6-23 **시트커버 교체**

[10] 흡기, 배기 튜닝(Intake and Exhaust Tuning)

흡기, 배기 튜닝은 드레스업 튜닝을 입문하는 사람들이 특히 많이 선택하는 튜닝 중 하나이다. 공기의 원활한 공급을 목적으로 하는 흡기 튜닝은 비교적 저렴한 비용으로 할 수 있기 때문에 많이 하는 편이다. 보통은 흡배기 튜닝까지 같이해 줘야 출력, 가속 등 성능이 증가되는걸 체감할 수 있지만 소음이 증가하는 경우가 많다.

(a) 흡기 튜닝

(b) 배기 튜닝

그림 6-24 **흡기, 배기 튜닝**

자동차 랩핑(Car Wrapping, Car Skin)

[1] 랩핑의 목적

자동차 랩핑은 도장(도색)처럼 색상 필름(차량 전용 특수 재질의 시트지)을 이용하여 차량의 일부 또는 전체적으로 색상을 바꿔주거나 꾸미는 것을 말한다. 카 스킨이라고도 하며 그냥 랩핑이나 래핑으로 불린다.

자동차 래핑을 하는 이유는 여러 가지가 있다. 차량 랩핑에 사용되는 필름도 기술의 발전에 따라 내구성이 좋아지고 랩핑 필름의 종류 및 기능이 다양해져 개인의 경우 내 차의 색상이 질린다거나, 좀 더 멋지고 예쁘게 꾸며주고 싶을 때 혹은 연식이 오래된 차량은 외관뿐만 아니라 자동차 실내 인테리어에도 분위기를 바꾸거나 스크래치 및 변색된 부분을 가림으로써 좀 더 깨끗한 느낌을 주기 위해 랩핑을 하는 경우가 많다.

[2] 랩핑의 장점

랩핑은 광고연출이 가능하여 사업을 하는 사람들의 경우 상업적인 광고로 판매물품이나 브랜드 홍보를 위해 저렴한 비용으로 한 번 시공으로 추가 비용없이 소비자에게 간접 또는 직접적인 광고를 할 수 있다. 그리고 도색은 본 도장면을 갈아버리고 다시 칠하는 거라 비용 절감을 위해 랩핑을 택하기도 한다.

자동차 랩핑은 도색 작업으로는 할 수 없는 독창적인 외관을 얻을 수 있다. 필름지에 따라 다양한 색상, 광택, 세틴, 매트 등 다양한 질감도 존재하여 원하는 외관을 얻을 수 있다. 자동차 외장에 미세한 스크래치가 있으면 랩핑 필름으로 대부분 숨길 수 있으며, 랩핑을 한 차량은 도색보다 유지 관리가 쉽다. 랩핑 필름이 차체 페인트를 보호하는 역할도 한다.

[3] 랩핑의 단점

도색 같은 완벽한 퀄리티(Quality, 품질)가 나오기는 힘들다. 아무래도 필름으로 랩핑하는 것이기 때문에 차문이나 트렁크, 보닛을 열었을 때 보이는 안쪽 부분까지 랩핑을 할 수 없고, 굴곡이나 각이 심한 부분은 한 장으로 시공할 수 없기 때문에 두 장 이상으로 덧방 시공을 하는 경우가 대부분이다.
그리고 표면이 울퉁불퉁한 플라스틱 부품에는 랩핑 필름이 잘 안 붙기 때문에 시공이 불가능한 경우가 대부분이고, 도색보다 수명이 짧고, 컬러가 한정적이다. 특히 랩핑 작업 시 필름의 종류에 따라 작업 특성이 틀리기 때문에 필름의 재질 특성에 맞게 작업을 해야 한다. 필름 재질의 특성을 모른 채 작업을 하면 재작업해야 할 경우가 있다.

자동차 도장보호 필름 PPF(Paint Protection Film)

[1] 자동차 도장보호 필름 사용목적

자동차 도장면은 판넬, 프라이머, 페인트 투명층으로 구성되어 있다. 자동차 도장보호필름이라고 해서 페인트를 보호한다고 생각을 할 수도 있지만, 실제로는 투명층(클리어층)을 보호하기 위해서 시공을 하는 것이다.
스크래치나 이물질 오염을 막아 주고 자외선으로부터 도장면을 보호하는데 PPF(자동차 보호필름)만한 게 없다. PPF는 우레탄 재질의 강력하고 질긴 보호필름으로 웬만한 물건으로 잘 안 뚫리기 때문에 주행 중 발생할 수 있는 스톤칩(Stone Chip, 돌빵)이나 이물질 오염, 가벼운 접촉사고로 인한 흠집 등을 대부분 방지해준다.
자동차 보호필름은 자체 발수력이 우수한 필름인데 물때 등으로 흔적을 최소화할 수 있다. 요새 나오는 PPF는 복원 기능까지 있어 PPF 겉에 생긴 흠집에 따뜻한 물을 부으면 흠집이 사라진다.

① 외장 보호 : PPF는 차량 표면에 발생할 수 있는 긁힘과 오염 등의 손상을 최소화시켜 준다.
② 재판매 가치 보존 : 자동차 외관이 좋은 상태로 유지되기 때문에 판매 시 가치가 높아진다.

③ 도장면 유지 : 자외선으로부터 도장면을 보호하므로 투명층의 변색, 퇴색 등을 늦출 수 있으며, 도장면을 보호하여 오래도록 유지할 수 있다.

④ 간편한 관리 : 스크래치로부터 완벽하게 보호하지는 못하지만, 기존의 자동차 클리어층 위에 필름이 있기에 주기적인 광택 등을 할 필요가 없다. 세차 시에도 특별한 기술이나 방법 등이 필요 없으며, 간편하게 세차를 할 수가 있으므로 유지관리가 상당히 편하다.

⑤ 투명성 : 컬러 색상의 PPF도 나오고 있지만 대체적으로 투명한 필름을 시공하면 자동차 본연의 색상과 디자인을 보존하면서 외관을 보호할 수 있다.

⑥ 기술발전 : 많은 제조사들이 최근 몇 년 동안 좋은 제품들을 개발하게 되면서 더 나은 보호 기능과 함께 내구성 등을 제공하게 되었으며, 이로 인해서 소비자들이 PPF에 대한 신뢰도 상승과 함께 인식도 높아졌다.

그림 6-25 PPF 시공

[2] PPF(Paint Protection Film)

필름 소재는 폴리우레탄 TPU(Thermoplastic Polyurethane) 열가소성 우레탄 필름으로서 무황변 열가소성 폴리우레탄 소재로 제작된 프리미엄 PPF 필름이다. 자동차 PPF 보호 필름에는 투명 보호 필름이면서 표면에 은은한 광택 느낌이 느껴지는데, PPF를 사용하게 되면 은은한 광택 느낌을 유지할 수 있는 장점이 있다. 또한 필름 표면에 오염물질이 묻었을 경우 간단한 세척이나 티슈로 제거가 가능하다. 타르 등의 오염이 묻었을 경우 알코올 솜으로 제거하고, 자동차 PPF는 TPU 소재로 열가소성이기 때문에 햇볕에 노출되는 것만으로도 실기스나 스크래치 복원에 탁월하다.

[3] PPF 시공 부위

PPF 시공 부위는 생활보호 패키지, 프런트 패키지, 풀 패키지로 나누어져 있다.

(1) 생활보호 패키지

대표적으로 도어엣지, 도어컵, 트렁크리드 정도는 기본적으로 시공을 하고 있다. 추가적인 생활보호 PPF 시공으로는 B필러 하이그로시, 사이드미러, 헤드라이트, 프런트 범퍼 사이드, 사이드스컷 등이 있다. 시공하는 부위는 일상생활을 하면서 스크래치가 잘나거나 스톤칩 등의 발생 비율이 높은 곳을 중점적으로 시공을 한다.

(2) 프런트 패키지

정비공장에서 하는 도색의 경우 유성페인트를 사용하지 않고 수성페인트를 사용하게 되면 도색 비용이 상당히 높아진다. 이러한 이유로 고급차량의 경우 원하든 원하지 않던 생기는 스톤칩(Stone Chip, 돌빵)을 예방하기 위해서 프런트 패키지 시공도 많이 한다. 시공 부위는 보닛, 프런트 범퍼, 사이드미러, 프런트 양쪽 펜더, 헤드라이트까지 전체를 PPF로 시공하는 것을 말한다. 전면 유리의 경우에도 부득이하게 작은 돌이 날아와서 유리에 금이 가거나 상처가 생기기도 하므로 유리 전용 PPF 시공을 하기도 한다.

(3) 풀 패키지

순서대로 시공을 많이 하는 것은 생활보호 그리고 프런트 패키지 시공을 많이 하며, 풀 패키지 시공의 경우에는 말 그대로 자동차 외관의 모든 부위에 PPF를 붙인다고 생각하면 된다.

[4] PPF 시공 후 관리

① 시공 후에는 최소 1주일 동안은 세차를 하지 않는 것이 좋으며, 필름이 완전히 부착되는 시간이 있으므로 주의해야 한다. PPF 시공 후에는 될 수 있으면 세차 시에 필름의 끝단 쪽은 고압수를 다이렉트로 분사하지 않는 것이 좋다.

② 셀프힐링 기능이 있다고 해서 자동세차를 비롯해서 마구잡이식 세차를 하지 않는 것이 좋다. 필름이 붙어있는 동안 그 기능이 계속해서 유지가 되지는 않으므로, 무리하게 필름에 손상을 주거나 하는 행위는 하지 않는 것이 좋다.

> **참고** **셀프힐링(Self Healing)**
> 뜨거운 물을 붓거나 강한 자외선을 받으면 미세하게 생겼던 스크래치를 원상복구시켜 주는 것을 말한다.

③ PPF 시공 후에는 세차에 대한 별다른 지식은 필요 없으며, 기본적인 세차만으로도 편하고 쉽게 자동차 외장을 관리할 수 있다. 전용 코팅제를 사용하여도 좋지만 일반적인 퀵 디테일러 등을 사용해서 편하게 세차를 종료해도 된다.

[5] 손 커팅 & 재단 커팅

(1) 손 커팅

① 장점 : 시공자의 기술과 경험이 뛰어난 경우 매우 정밀하게 결과물을 만들 수 있다. 복잡하고 다양한 모양의 디자인이 많이 나오는 요즘 차량의 경우 차량의 모양에 맞게 맞춤형 시공을 할 수가 있다.

② 단점 : 시공 전문가의 기술 수준에 크게 좌우되며, 미숙한 기술자의 경우 필름의 마감 불량과 손 커팅 시 도장면에 손상을 줄 수도 있으며, 시간이 오래 걸린다.

(2) 재단 커팅

① 장점 : 컴퓨터 재단은 정밀하게 재단이 되므로 일관된 결과물을 얻을 수 있으며, 빠르고 효율적이며 사람의 실수를 최소화할 수 있다. 도장면에 손상을 줄 가능성이 낮다.

② 단점 : 기계가 정밀하게 커팅을 하지만 자동차의 복잡한 곡선 디자인 그리고 모서리에 완벽하게 맞지 않을 수도 있다. 시공자가 추가 조정을 해야 결과물이 좋아질 수 있다.

자동차 랩핑용 필름 종류

자동차 랩핑용 필름은 여러 가지 종류가 있는데, 크게 유광(글로시), 무광(매트), 반무광(사틴)으로 나뉜다.

[1] 유광 필름

유광 필름의 경우 자동차 도장면처럼 스크래치에 매우 민감하다. 특히 검정색 필름의 경우 흠집이 잘생기지만 요즘에는 셀프힐링 기능이라고 해서 스크래치가 자연적으로 사라지는 신기한 기능을 갖춘 경우도 있다. 유광 필름의 경우 자동차 본 도장면처럼 광택이 좋지가 못하다. 자동차 본 도장면에 있는 오렌지필과 필름 자체 오렌지필이 겹치다 보니 광택이 좋게 나오기가 매우 힘들다는 단점이 있다.

[2] 무광 필름

무광 필름 같은 경우 스크래치에 대한 부담이 유광보다는 훨씬 적지만 이물질 오염에 매우 취약하다는 단점이 있다. 어두운 색상은 흙먼지가 매우 잘 보이고, 밝은 색상은 때가 잘 탄다. 그래서 관리가 굉장히 힘든 것이 가장 큰 단점이라고 할 수 있다.

[3] 사틴(반무광) 필름

사틴(반무광) 필름의 경우 색감이 굉장히 매력적이기 때문에 어떤 필름으로 시공을 하던 퀄리티(Quality, 질(質))가 매우 잘나온다. 다만 무광이기 때문에 밝은 컬러는 관리가 힘들지만 다른 컬러는 비교적 관리가 수월하고, 무엇보다 만족감이 가장 큰 필름이다.

그림 6-26 랩 필름(출처 : 3M Wrap Film)

[4] 자동차 랩핑 필름 권장 사용기간

자동차 랩핑 필름은 영구적이지 않다. 햇빛, 열 및 기타 환경 요인에 노출되면 자동차 랩의 접착제가 손상될 수 있다. 그렇게 되면 제거가 더 어려워지고 시간이 많이 걸린다. 보통 제조사에서 권장하는 기간은 보통 3~5년이다. 물론 관리에 따라 다를 수 있다.

① 메탈릭 : 2~4년
② 일반 컬러 : 3~5년
③ 텍스처 필름(카본, 브론시 등) : 2~3년
④ 크롬 필름 : 1~2년
⑤ 보호 필름 : 3~5년

랩핑 시공 종류

[1] 전체 랩핑(Full Wrapping)

차량 원래의 색상 위에 색 · 패턴 · 질감 등이 있는 랩핑지를 사용해 차량 전체를 랩핑하는 방식으로, 자신이 원하는 다양한 색상과 질감, 패턴 등을 선택하여 자신만의 개성을 나타낼 수 있다. 도색에 비해 언제든 원래 차량 색상으로 돌아가거나 색상을 변경할 수 있기 때문에 부담이 적고 PPF 필름과 같이 차량의 원래 도색을 보호하는 역할도 한다.

그림 6-27 **전체 랩핑**

[2] 부분 랩핑(루프스킨 · 본네트스킨 · 포인트 랩핑)

원하는 부분에만 색 · 패턴 · 질감 등이 있는 랩핑지를 사용해 랩핑하는 방식이다. 풀랩핑과 같은 이점이 있으며, 원하는 부분에만 랩핑을 할 수 있다. 루프스킨(차량 지붕 랩핑)의 경우 가장 많이 하는 시공이다.

그림 6-28 **부분 랩핑**

[3] 실내 인테리어 랩핑

차량 외부가 아닌 차량 내부의 인테리어 랩핑이다. 외부 랩핑과 같은 이점이 있으며, 원하는 부분에만 랩핑을 하여 본인만의 개성을 나타낼 수 있다.

그림 6-29 실내 인테리어 랩핑

자동차 랩핑 작업 요령

[1] 올바른 자동차 랩 소재 선택

올바른 자동차 랩 재료를 선택하려면 내구성, 외관, 설치 용이성 및 예산과 같은 균형 요소가 필요하다.

(1) 내구성 및 수명

① 비닐 랩 : 비닐은 내구성으로 인해 가장 인기 있는 선택이다. 가혹한 기상 조건, 자외선 및 가벼운 마모를 견딜 수 있다. 고품질 비닐 포장은 최대 5~7년까지 지속된다.

② 캐스트 비닐과 캘린더 처리된 비닐 : 캐스트 비닐은 가격이 더 비싸지만 곡선과 가장자리 주위에 더 나은 적합성을 제공한다. 캘린더링 비닐은 경제적이지만 시간이 지남에 따라 줄어들 수 있다.

(2) 외관 및 마감

① 유광, 무광택 또는 새틴 : 유광 랩은 시선을 사로잡고 빛을 반사하는 반면, 무광택 마감은 매끄럽고 절제된 룩을 제공한다. 새틴은 두 가지 요소를 결합한다.

② 색상 일관성 : 고품질 랩은 패널 전체에서 일관된 색상을 유지한다.

(3) 설치 용이성

① 접착식 랩과 비접착식 랩 : 접착식 랩은 전문적인 설치가 필요한 반면, 비접착식 옵션(예 : 자석 랩)을 사용하면 DIY 적용이 가능하다.

② 공기 방출 기술 : 공기 통로가 있는 랩으로 설치가 더 원활해지고 기포가 발생할 위험이 줄어든다.

(4) 제거성 및 잔여물

① 이동식 vs 영구 : 임시 솔루션을 원하는지, 장기적인 솔루션을 원하는지 고려해야 한다. 제거 가능한 랩은 잔여물을 남기지 않는다.

② 열 및 용매 저항성 : 고온 저항성은 페인트를 손상시키지 않고 제거를 단순화한다.

(5) 예산 및 비용

① 프리미엄 대 경제 : 프리미엄 소재는 더 비싸지만 품질은 더 좋다. 경제적인 옵션은 예산에 민감한 고객에게 적합하다.

② 설치비용 : 전문 설치는 완벽한 마무리를 보장하지만 전체 비용이 추가된다.

(6) 표면 호환성

① 부드러운 표면과 질감이 있는 표면 : 비닐은 매끄러운 표면에 더 잘 접착된다. 질감이 있는 표면(리벳 또는 주름 등)에는 특수 랩이 필요하다.

② 차량 유형 : 자동차, 트럭, 밴의 랩은 다양한 표면 모양으로 인해 다르다.

[2] 차량 포장 준비

차량 래핑을 준비하는 것은 차량 래핑을 하는 데 중요한 단계이다. 랩이 제대로 접착되고 매력적으로 보이도록 하려면 몇 가지 중요한 고려 사항이 필요하다.

① 표면을 철저히 청소한다. : 자동차 랩을 적용하기 전에 차량 표면을 철저히 청소하는 것이 중요하다. 순한 자동차 비누나 전용 표면 세척제를 사용하여 먼지, 기름 또는 잔여물을 제거한다. 문손잡이, 거울, 가장자리, 이음새, 틈새 등 랩이

적용될 부분에 특히 주의해야 한다.

② 오염 제거 : 점토 막대를 사용하여 나무 수액, 타르 또는 산업 낙진과 같은 내장된 오염 물질을 제거한다. 매끄러운 표면은 더 나은 접착력을 보장한다.

③ 기존 페인트 결함 제거 : 차량에 긁힘이나 칩과 같은 페인트 결함이 있는 경우 포장하기 전에 이를 해결하는 것이 좋다. 고운 사포로 사소한 결함을 해결하고 거친 부분을 사포질하고 흠집이나 찌그러진 부분을 바디 필러로 채운다. 이러한 결함을 수리하면 표면이 매끄러워 설치 시 기포와 주름이 발생할 위험이 최소화되고, 랩이 접착할 수 있는 매끄럽고 흠 없는 표면이 보장된다.

④ 랩 재료 측정 및 다듬기 : 차량의 특정 영역에 맞게 랩 재료를 조심스럽게 측정하고 다듬는다. 이 단계에서는 원활하고 전문적인 설치를 보장하기 위해 세부사항에 대한 정밀성과 주의가 필요하다.

⑤ 적절한 기술로 랩 적용 : 랩을 적용할 때 권장 기술을 따르는 것이 중요하다. 한쪽 끝에서 시작하여 점차적으로 차량 전체를 가로질러 이동하면서 기포나 주름을 부드럽게 만든다. 적용 과정을 돕기 위해 스퀴지나 히팅건을 사용한다.

⑥ 설치 후 관리 : 랩을 적용한 후에는 랩의 외관과 수명을 유지하기 위해 적절하게 관리하는 것이 중요하다. 랩을 청소할 때 강한 화학 물질이나 연마재를 사용하지 말아야 한다. 대신 순한 비누와 물을 사용하고 부드러운 천이나 스폰지를 사용한다.

[3] 적절한 표면 청소 및 준비

(1) 표면 상태 평가

청소를 시작하기 전에 차량 표면을 자세히 살펴서 매끄러운가, 거친가, 아니면 질감이 있는가, 긁힘, 찌그러짐 또는 녹 반점과 같은 기존 결함이 있는지를 파악하여 표면 상태를 이해하면 청소 방법을 안내할 수 있다.

(2) 도구와 자료를 모은다.

올바른 도구와 제품을 준비하는 것이 필수적이다. 필요한 것은 다음과 같다.

① 이소프로필알코올(IPA) : IPA는 그리스, 왁스 및 기타 오염 물질을 제거한다.

② 극세사 천 : 이 보푸라기가 없는 천은 잔여물을 남기지 않고 표면을 닦는 데 적합하다.

③ 히팅건 또는 토치 : 청소 후 건조 및 비닐을 늘리고 모양을 맞추는 데 열원이 중요하다. 설치 중에 재료를 부드럽게 하려면 히팅건이나 프로판 토치를 주의해서 사용해야 한다.

④ 스퀴지 및 펠트 : 다양한 경도 수준을 지닌 다양한 스퀴지를 준비한다. 부드러운 스퀴지는 비닐을 매끄럽게 하고 기포를 제거하는 데 도움이 된다. 부드러운 펠트는 균일한 압력을 가하면서 긁힘을 방지한다.

⑤ 고운 사포(필요한 경우) : 사소한 결함을 해결하는 데 사용된다.

⑥ 나이프 없는 테이프 : 페인트를 손상시키지 않고 정밀하게 절단하려면 칼 없는 테이프가 깔끔한 가장자리와 복잡한 디자인을 만들 수 있다.

(3) 청소 과정

① 1단계 : 세차를 철저히 한다. 순한 세차 비누를 사용하여 먼지, 오물, 도로 잔해를 철저하게 씻어서 제거한다.

② 2단계 : IPA로 오염을 제거한다. IPA를 물(보통 IPA 70%~물 30%)과 혼합하고 표면 전체를 닦아낸다. 패널 가장자리나 이음새 등 오염되기 쉬운 부위에 집중적으로 오염을 제거한다.

③ 3단계 : 잔여물이 있는지 확인한다. 잘 지워지지 않는 얼룩이 발견되면 IPA 닦아내기를 반복한다.

④ 4단계 : 결함 해결을 해결한다. 긁힌 자국이나 거친 부분이 있는 경우 고운 사포를 사용하여 부드럽게 만들고, 조심스럽게 페인트를 손상시키지 말아야 한다.

⑤ 5단계 : 최종 IPA를 닦아낸다. IPA로 표면을 마지막으로 닦아서 깨끗한 상태인지 확인한다.

(4) 표면 준비에 대한 다양한 관점

① 전문 설치업체 : 인내심의 중요성을 강조한다. 표면 준비를 서두르면 접착 문제가 발생할 수 있다.

② DIY 매니아 : 일부는 초기 세탁 후 내장된 오염 물질을 제거하기 위해 점토 막대를 사용한다.

③ 페인트 보호 필름(PPF) 전문가 : PPF 설치 시 IPA 대신 전용 PPF 클리너 사용을 권장한다.

[4] 기본적인 기술

(1) 도포

① 습식 도포 : 비눗물로 표면을 적시면 비닐을 제자리에 밀어넣는 데 도움이 된다. 특히 대형 패널에 유용하다. 남은 액체를 짜내면 비닐이 매끄럽게 접착된다.

② 건식 도포 : 건식 도포에는 비닐을 표면에 직접 위치시키는 작업이 포함된다. 작은 공간이나 실내에서 작업할 때 이상적이며, 위치가 바뀌는 것을 방지하려면 정렬하는 동안 정확해야 한다.

(2) 릴리프 컷

복잡한 윤곽을 감싸는 경우 릴리프 컷(작은 절개)을 만들어 텐션을 풀어준다. 릴리프 컷을 통해 비닐이 주름 없이 잘 고정된다.

(3) 주름

비닐랩을 씌울 때 주름이 생길 수 있다. 이러한 문제를 방지하는 방법은 다음과 같다.

① 표면 준비 : 먼저 자동차 표면을 철저히 청소한다. 랩을 적용하면 먼지, 부스러기 등의 결함이 주름으로 변환된다. 보푸라기가 없는 천과 순한 세척액을 사용하여 표면을 닦아낸다.

② 열 및 늘이기 : 비닐을 잘못 늘려서 주름이 자주 발생한다. 적용하기 전에 히팅

건이나 토치를 사용하여 비닐을 예열해서 자동차의 곡선과 가장자리 주위로 부드럽게 늘린다.

③ 스퀴지 기술 : 비닐을 다듬을 때는 가운데부터 바깥쪽으로 작업을 한다. 균일한 압력을 가해 주름을 제거하고 잘 지워지지 않는 부분이 있으면 비닐을 살짝 들어 올리고 좀 더 부드러운 동작으로 다시 주름을 제거한다.

④ 후가열 : 랩을 제자리에 놓은 후 히팅건을 다시 사용하여 재료를 후가열한다. 이렇게 하면 접착력이 더 좋아지고 시간이 지남에 따라 주름이 생길 가능성이 줄어든다.

⑤ 접이식 방지 적용 : 비닐을 배치할 때 날카로운 접힘이나 주름을 피해야 한다. 이는 재료를 약화시키고 수명을 저하시킨다. 대신 랩을 늘리고 성형하여 부드러운 곡선을 만든다.

⑥ 가장자리 감싸기 : 가장자리와 모서리에 주름이 자주 발생하므로 이를 방지하려면 비닐을 필요한 것보다 약간 길게 자른다. 가장자리 위로 접어서 여분의 재료를 다듬고 히팅건을 사용하여 랩을 매끄럽게 성형한다.

(4) 버블스

① 공기 배출 기술 : 공기 배출 채널이 있는 비닐 포장을 선택한다. 이 작은 채널을 통해 도포 중에 갇힌 공기가 빠져나갈 수 있다. 중앙에서 시작하여 바깥쪽으로 스퀴지를 사용하여 기포를 가장자리 쪽으로 밀어낸다.

② 찔러서 터뜨리기 : 잘 풀리지 않는 거품을 발견하면 가는 바늘이나 핀 또는 기포 제거펜을 사용하여 가볍게 구멍을 뚫는다. 그런 다음 스퀴지로 눌러 해당 부위를 비닐이 손상되지 않도록 편평하게 만든다.

③ 온도 문제 : 극한의 온도로 인해 기포가 형성될 수 있다. 직사광선이나 영하의 추위를 피하고 통제된 환경에서 랩을 설치해야 한다. 따뜻한 비닐은 더 유연하고 공기를 가둘 가능성이 적다.

[5] 일반적인 문제 및 문제 해결

① 기포 : 바늘이나 핀 또는 기포 제거펜을 사용하여 갇힌 기포를 풀어준다. 중앙에서 시작하여 바깥쪽으로 작업한다.

② 가장자리 들어올리기 : 가장자리가 들리면 해당 부분을 다시 가열하고 단단히 누른다. 적절한 결합을 보장하려면 추가 열을 가한다.

③ 심 정렬 : 특히 다중 패널랩의 경우 솔기를 조심스럽게 정렬한다. 솔기가 고르지 않으면 전체적인 모양이 망가질 수 있다.

④ 과도하게 늘어나는 것을 방지 : 비닐을 과도하게 늘리면 조기 파손이 발생할 수 있다. 텐션과 유연성의 균형을 유지한다.

[6] 범퍼 · 거울 · 문손잡이 랩핑 기술

(1) 범퍼

범퍼는 곡선, 오목한 부분, 컷아웃 등 다양한 모양과 크기로 제공되므로 매끄럽게 포장하려면 기교가 필요하다.

① 준비 : 범퍼를 깨끗이 청소하고 먼지, 부스러기, 왁스를 제거한다. 비닐랩을 가열하면 좀 더 유연해진다.

② 늘이기 기술 : 히팅건이나 토치를 사용하여 곡선 주변의 재료를 부드럽게 만들어 주름이나 주름이 생기지 않도록 비닐을 부드럽게 늘린다.

③ 겹침 방법 : 랩을 가장자리에서 겹쳐서 완전히 덮고 여분의 재료를 조심스럽게 다듬는다.

(2) 거울

거울은 작고 복잡하며 종종 빛을 반사하므로 완벽하게 포장하려면 인내와 정확성이 필요하다.

① 분해 : 가능하면 하우징에서 거울을 제거하고 이를 통해 접근성이 향상되고 우발적인 손상 위험이 줄어든다.

② 템플릿 생성 : 마스킹 테이프나 종이를 사용하여 템플릿을 만든다. 정확한 절단을 위해 템플릿을 비닐랩에 옮긴다.
③ 열성형 : 랩을 가열하여 거울 윤곽선을 따라 성형한다. 모서리와 가장자리에 주의한다.

(3) 문손잡이

문손잡이에는 움푹 들어간 부분이 있고 모서리가 날카롭다. 솔기가 보이지 않게 포장하는 것은 까다로울 수 있다.

① 부분 감싸기 : 손잡이 전체를 감싸는 대신 보이는 표면에 집중해야 한다. 내부 홈을 포장하지 않은 상태로 둔다.
② 나이프리스 테이프 : 칼날이 없는 테이프를 사용하여 가장자리를 깔끔하게 만들면 정밀한 칼 절단이 필요하지 않다.
③ 마무리 : 손잡이 틈에 랩을 깔끔하게 집어넣고 가열하고 눌러 접착력을 보장한다.

[7] 포장 후 관리 및 유지 관리

(1) 세탁 기술

① 부드러운 손세탁 : 자동세차 대신 손세탁을 선택한다. 순한 자동차 비누를 물과 섞어 사용하고 랩을 손상시킬 수 있는 강한 화학 물질이나 연마 브러시를 사용하지 말아야 한다.
② 2통 방법 : 한 통에는 비눗물을 채우고 다른 통에는 깨끗한 물로 채운다. 먼지가 옮겨지는 것을 방지하기 위해 매번 사용한 후 스펀지나 극세사 천을 깨끗한 물로 헹군다.
③ 고압 세척 : 고압 세척기를 사용하는 경우 최소 2피트 정도 안전거리를 유지하고 낮은 압력으로 세척한다. 고압으로 세척하면 랩 가장자리가 들릴 수 있다.

(2) 건조 및 경화

① 자연 건조 : 표면이 긁힐 수 있는 거친 수건이나 천을 사용하지 말고 세차 후 자동차 랩을 자연 건조시킨다.

② 경화 기간 : 새 랩이 완전히 접착되려면 경화 시간이 보통 약 24~48시간이 필요하다. 랩을 비나 극한 상황에 노출시키기 전에 제조업체의 권장 사항을 따른다.

(3) 가혹한 요소 피하기

① 일광 노출 : 가능하면 그늘진 곳에 주차하거나 자동차 덮개를 사용한다. 자외선에 장기간 노출되면 랩이 퇴색될 수 있다.

② 극한의 온도 : 극한의 추위는 랩을 부서지게 만들 수 있고, 높은 열은 접착력 저하를 일으킬 수 있기 때문에 극단적인 기상 조건에서는 차량을 차고에 보관한다.

(4) 얼룩 청소 및 얼룩 제거

① 새 배설물 및 나무 수액 : 긁거나 세게 문지르지 말고 부드러운 천과 따뜻한 비눗물을 사용하여 이물질을 즉시 제거한다.

② 연료 유출 : 연료가 유출되어 랩에 묻으면 랩이 손상을 입는다. 랩 손상을 방지하려면 즉시 연료를 닦아낸다.

(5) 연마성 물질을 피한다.

① 브러시 및 스펀지 : 랩을 긁을 수 있는 연마 브러시나 스펀지를 사용하지 말고, 부드러운 극세사 천이나 장갑을 사용하여 청소한다.

② 얼음 긁는 도구 : 랩에 얼음 긁는 도구를 사용하지 말고 부드러운 털이 있는 스노우 브러시를 사용한다.

(6) 정기 검사

① 가장자리 및 솔기 : 가장자리가 들리거나 벗겨지는 부분이 있는지 확인하고, 문제가 발견되면 즉시 해결하여 추가 피해를 방지한다.

② 거품이나 주름 : 히팅건 또는 약한 불을 사용하거나 약한 압력을 가하여 거품이나 주름을 펴준다.

(7) 보호 코팅

① 세라믹 코팅 : 비닐 랩용으로 특별히 설계된 세라믹 코팅은 광택을 향상시키고, UV 차단 기능을 제공하며 청소를 더 쉽게 만든다.

② 페인트 보호 필름(PPF) : 충격이 심한 부분(앞 범퍼, 후드 등)에 PPF를 설치하여 암석 조각 및 긁힘으로부터 보호한다.

[8] 랩 제거

자동차 랩을 제거하려면 정밀함과 주의가 필요하다.

(1) 랩 제거 준비

랩을 제거하는데는 시간이 많이 걸릴 수 있다. 특히 랩을 설치한지 오래되었다면 더욱 그렇기 때문에 랩을 벗기기 전에 시간을 내어 작업 공간을 준비하고 필요한 도구를 다음과 같이 준비한다.

① 히팅건 또는 스티머 : 제거하는 동안 열은 접착제를 부드럽게 하여 랩을 벗기기가 더 쉬워진다.

② 플라스틱 면도날 또는 부드러운 플라스틱 도구 : 자동차 페인트를 손상시키지 않지만, 랩 가장자리를 들어 올리는 데 효과적이다.

③ 이소프로필 알코올 또는 접착제 제거제 : 제거 후 남은 잔여물을 청소한다.

(2) 가장자리에서 시작

플라스틱 면도날을 사용하여 랩의 가장자리를 부드럽게 들어 올리는 것부터 시작한다. 금속 날을 사용하면 페인트가 긁힐 수 있으므로 사용하지 말고 열을 가하면서 접착제를 느슨하게 한다. 한 번에 한 섹션에 집중하면서 차량 전체를 둘러본다.

(3) 천천히 그리고 꾸준히 랩을 벗긴다.

서두르면 찢어지거나 접착제가 남을 수 있으므로 랩을 벗길 때 일정한 속도를 유지하고, 잘 지워지지 않는 반점이 발견되면 더 많은 열을 가해서 계속 벗겨낸다.

(4) 까다로운 부분을 조심한다.

자동차의 특정 부분은 포장을 풀기가 더 어렵다.

① 모서리 및 곡선 : 모서리, 바퀴 아치 및 기타 곡선 표면 주위에 각별히 주의한다. 여기서는 열과 부드러운 당김이 중요하다.
② 엠블럼 및 트림 : 엠블럼, 도어 핸들 및 트림 부분 주위의 랩을 조심스럽게 들어 올린다. 이러한 부위에는 종종 접착층이 더 두꺼워진다.
③ 바디 라인 : 페인트 손상을 방지하기 위해 자동차의 자연스러운 바디 라인을 따른다.

(5) 접착제 잔여물을 깨끗하게 닦아낸다.

섹션을 제거한 후 이소프로필 알코올이나 접착제 제거제를 사용하여 접착제 잔여물을 닦아낸다. 표면이 깨끗해야 새 랩을 씌울 때나 원래 페인트로 되돌릴 때 접착력이 더 좋아진다.

(6) 손상 여부 검사

랩이 벗겨지면 밑에 있는 페인트를 검사하여 긁힌 자국, 칩 또는 결함이 있는지 찾아본다. 발견한 경우 즉시 해결하고 왁스나 광택제를 새로 바르면 페인트에 활력을 불어넣을 수도 있다.

(7) 마지막 손질

랩을 완전히 제거한 후 차량을 철저히 세척하여 남은 잔여물을 제거한다. 페인트를 보호하기 위해 보호용 왁스나 실런트를 바른다.

[9] 자동차 틴팅(Tinting, 선팅)

(1) 틴팅이란

자동차 틴팅(선팅)이란 '윈도우 필름을 자동차 유리에 부착하는 작업'을 말한다. 사실 '선팅'이라는 말보다는 '틴팅'이라고 하는 것이 올바른 표현인데, 색을 입힌다는 '틴트(Tint)'라는 단어를 사용해 '틴팅'이라고 한다.

(2) 자동차 틴팅(선팅)을 하는 이유

① 자외선을 차단해 운전자와 동승자의 피부와 눈을 보호하고, 장시간 운전하는 경우 눈의 피로도도 낮춰 주는 역할을 한다. 또한 자외선으로부터 실내 내장재의 변색과 손상도 막을 수 있다.

② 차량의 연비 향상에 도움을 준다. 틴팅을 하게 되면 여름철 뜨거운 태양열을 줄여 차량 내부가 과열되지 않도록 조절해 주고, 겨울철에는 내부의 온기가 바깥으로 빠져나가는 것을 막아 내부 온도 유지에 도움을 준다.

③ 유리 파손을 보호하기 위함인데, 틴팅을 하게 되면 유리에 필름이 씌워져 있기 때문에 창문이 부서져도 유리 파편이 날리지 않는다. 때문에 자동차 사고가 났을 경우 유리 파편에 의한 2차 피해를 방지할 수 있다.

④ 틴팅을 하지 않게 되면 밤에도 차량의 내부를 쉽게 들여다볼 수 있다. 그렇게 된다면 차량 내부의 귀중품을 도난당할 위험이 높아지고, 개인의 프라이버시를 보호하고 범죄를 막는다.

(3) 틴팅의 농도

① 색이 짙은 필름일수록 틴팅 기능이 좋을 것 같지만, 색의 농도는 눈부심을 방지하는 가시광선 투과율에만 영향을 미친다. 오히려 틴팅의 농도가 짙으면 비가 오는 날이나 어두운 거리에서 시야 확보가 어려워 사고가 발생할 확률이 높아질 수 있다.

② 우리나라에서는 법적으로 틴팅의 농도를 규정하고 있다. 전면 유리는 70% 이상, 운전석과 동승석의 창유리는 40% 이상 그리고 뒷좌석과 뒷면 창유리는 따

로 규제 사항이 없는데, 보통 우리나라의 자동차 틴팅 농도 평균 수치는 전면 35%, 측후면 15%라고 한다.

(4) 틴팅 필름 선택 시 고려 사항

필름의 농도와 함께 고려해야 하는 사항도 있다. 농도를 정했다면 적외선 차단율과 태양열 차단율을 함께 살펴봐야 한다. 이 두 수치가 높은 필름일수록 뜨거운 여름이 되더라도 차량 내부 온도 상승을 막는 효과를 얻을 수 있기 때문인데, 일반적으로 태양열 차단율 수치는 50 이상이면 준수, 70에 가까우면 우수한 성능을 가진 제품이라고 한다. 또한 열 차단 기능이 포함된 틴팅 필름은 비금속 필름 제품을 사용하는 것이 바람직하다. 금속 물질이 사용된 필름은 차량 내부의 전파 수신을 방해해 GPS나 내비게이션, 하이패스 등의 상황에서 인식이 제대로 되지 않는 문제가 발생할 수 있다.

(5) 틴팅하기 적합한 계절

자동차 틴팅 작업이 끝난 뒤에는 필름이 유리면에 완전히 안착될 때까지 일정 시간이 지나야 하는데, 봄과 가을의 온화한 날씨와 낮은 습도가 필름을 차량 유리면에 제대로 붙을 수 있게끔 만들어 준다.

6.3 랩핑 작업

사이드 미러 커버

[1] 사이드 미러 커버 탈·부착

(1) 사이드 미러 커버만 탈거될 때

내장제 리무버를 이용하여 사이드 미러 커버를 틈새를 벌려가면서 탈거한다.

그림 6-30 사이드 미러 커버 탈거

(2) 사이드 미러 전체를 탈거 시

① 도어 트위터를 내장제 리무버로 화살표 부위에 넣고 제껴 탈거한다.

그림 6-31 도어 트위터 탈거

② 사이드 미러와 연결된 커넥터를 탈거한다.

그림 6-32 커넥터 탈거

③ 너트 3개를 풀어서 탈거한다.

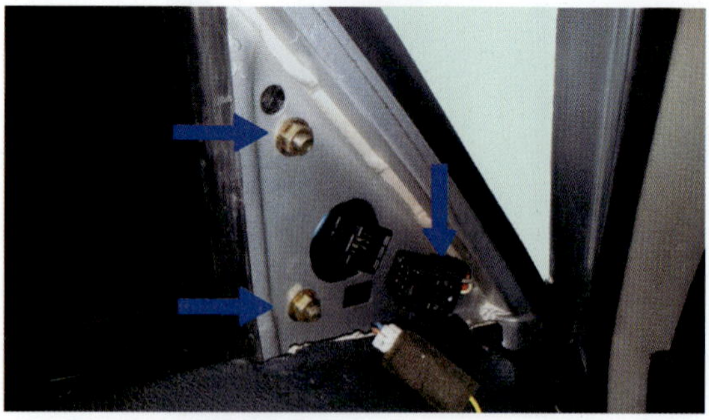

그림 6-33 너트 탈거

④ 사이드 미러가 탈거되면 나사 3개를 풀어서 탈거한다.

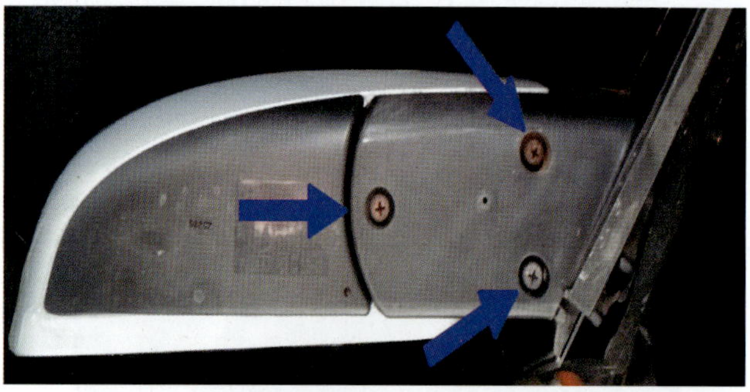

그림 6-34 나사 탈거

⑤ 커버를 제끼면 나사가 한 개 더 나온다. 나사를 풀어 탈거한다.

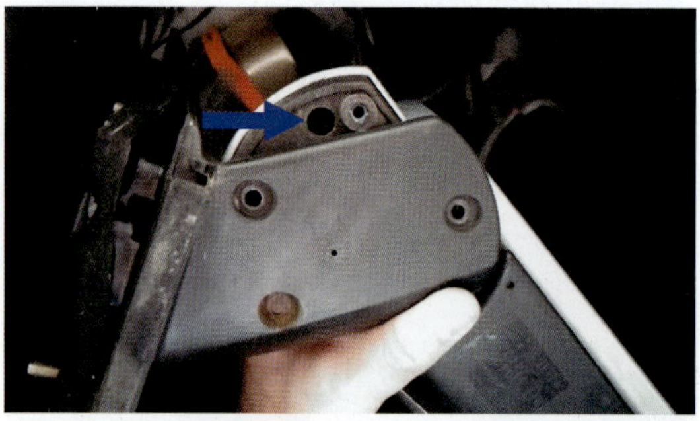

그림 6-35 나사 탈거

⑥ 화살표 부위의 거울을 꾹 눌러 아래쪽에 공간을 만든다.

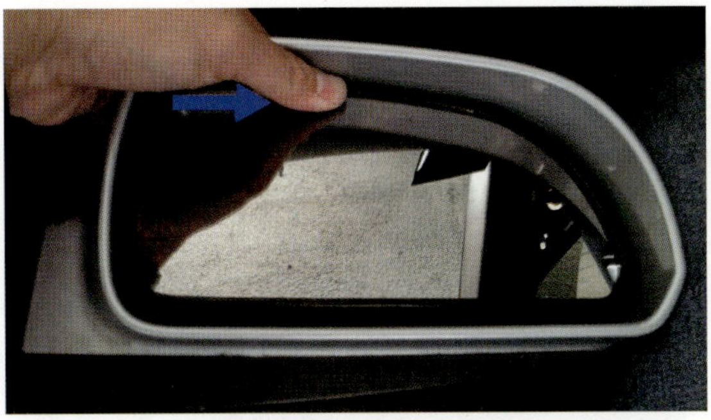

그림 6-36 공간 만들기

⑦ 손가락을 넣어 세게 잡아당겨 거울을 탈거한다.

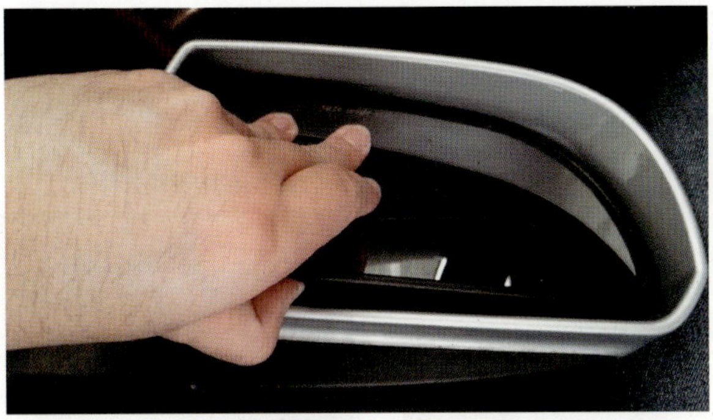

그림 6-37 거울 탈거

⑧ 미러에 연결된 열선을 탈거한다.

그림 6-38 열선 탈거

⑨ 모터 고정 나사를 풀어 모터를 탈거한다.

그림 6-39 **모터 탈거**

⑩ 1번 화살표 부위를 꾹 눌러준 상태에서 2번 화살표의 플라스틱 걸이를 하나씩 제거하고 밑에 커버를 탈거한다.

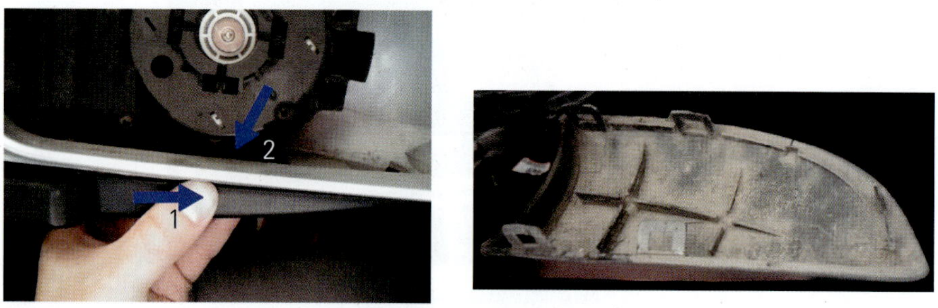

그림 6-40 **밑 커버 탈거**

[2] 사이드 미러 커버 랩핑

① 작업 전 사이드 미러 커버를 깨끗이 탈지하고 나이프 리스를 부착해 놓는다.

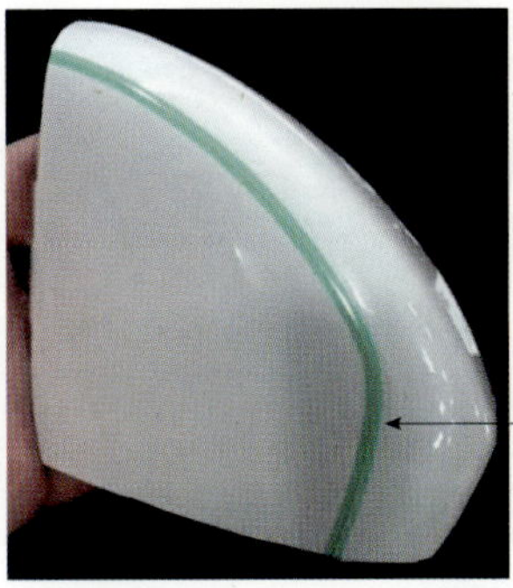

그림 6-41 **나이프 리스 부착**

② 필름은 사이드 미러 커버를 덮고도 남을 정도로 여유 있게 준비한다.

③ 필름의 이면지를 제거하고 준비된 필름에 히팅건으로 열을 준 후 안쪽부터 필름을 부착한다. 웬만하면 필름을 너무 늘려서 붙이지 않는 게 좋다. 필름을 늘린다는 것은 그만큼 필름이 또 수축할 수 있기 때문이고, 그러면 나중에 시간이 지났을 때 필름이 수축하려는 힘이 너무 세면 필름이 들뜬다.

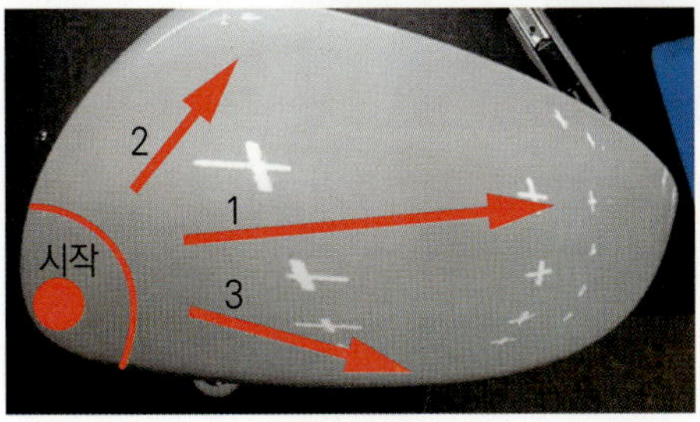

시작 : 고정점
1 : 가장 힘이 많이 들어가는 부분
2 : 1번보다 좀 약한 힘
3 : 아래쪽으로 면을 잡아야 되는 부분

(a) 작업 순서

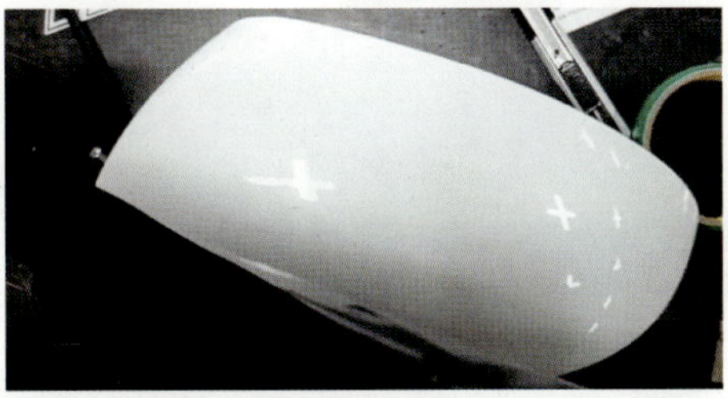

(b) 필름 부착

그림 6-42 **안쪽부터 필름 부착**

④ 히팅건으로 필름에 열을 주고 시작점(고정점)을 잡은 상태에서 필름을 1번 방향으로 당긴 상태에서 2번 방향으로 필름을 잡아당기며 커버를 감아준다.

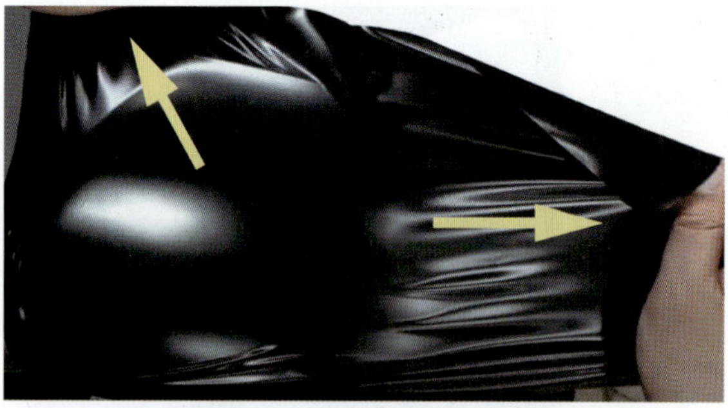

그림 6-43 2번 방향으로 감아주기

⑤ 히팅건으로 필름에 열을 주고 1번 방향으로 필름을 잡아당기며 커버를 감아준다.

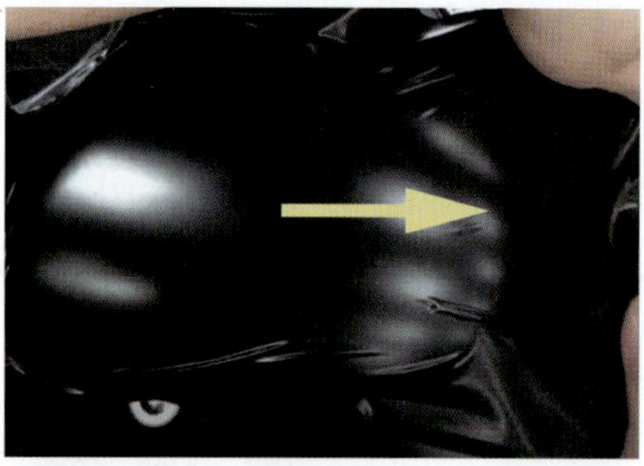

그림 6-44 1번 방향으로 감아주기

⑥ 히팅건으로 필름에 열을 주면서 3번 방향의 주름을 수축시키며 필름을 잡아당기며 커버를 감아준다.

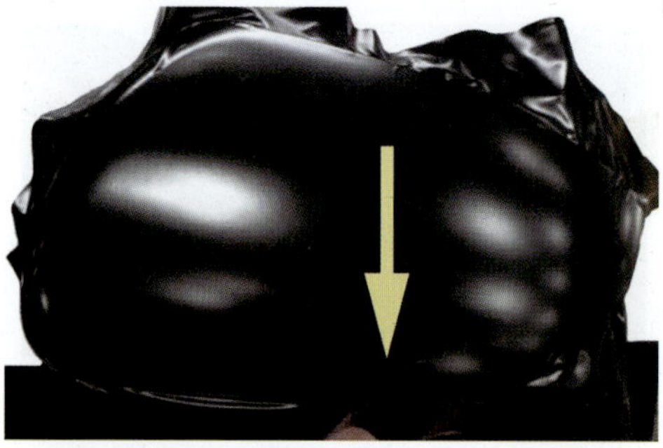

그림 6-45 3번 방향으로 감아주기

⑦ 꼭짓점은 당겨지지 않게 히팅건으로 필름에 열을 주면서 수축을 시키고, 안쪽으로 자리만 잡아준다.

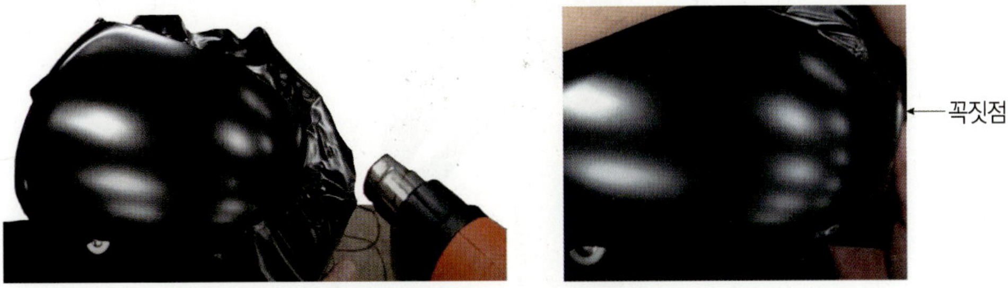

그림 6-46 **꼭짓점 자리 잡기**

⑧ 안쪽은 라인까지 필름이 넘어오면 되고 필름을 넘겨서 안쪽으로 감아 붙여준다.

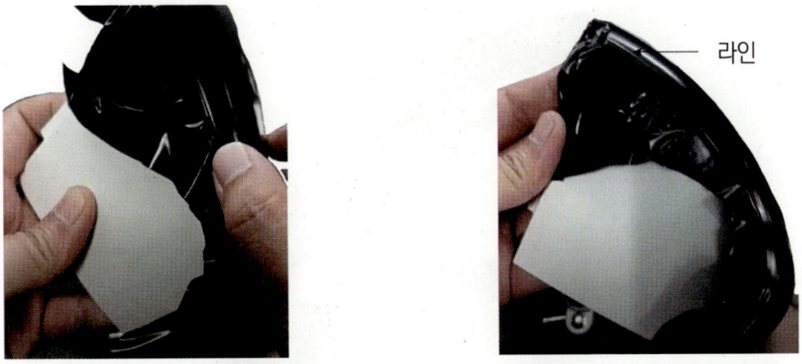

그림 6-47 **안쪽 필름 붙여주기**

⑨ 히팅건으로 필름에 열만 주면 모양이 잡힌다. 작업을 잘못하면 열을 주었을 때 필름에 주름이 올라온다.

그림 6-48 **열을 주어 모양 잡기**

⑩ 마감 길이를 크게 안 넣어도 되고 약간의 여유만 두고 커터칼로 커팅을 한다.

그림 6-49 **필름 마감 커팅**

⑪ 라인이 타고 들어가는 부분을 플라스틱 헤라를 이용하여 안쪽으로 넣어준다. 하단도 마감을 한다.

그림 6-50 **안쪽으로 넣어주기**

⑫ 나이프 리스를 당겨 필름을 잘라내고 필름을 제거한다. 나이프 리스를 설치하지 않았으면 라인 그대로 커터 칼로 커팅해야 한다.

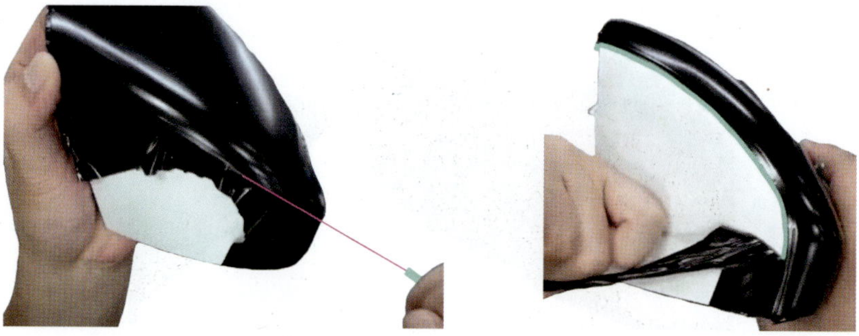

그림 6-51 **필름 절단 및 필름 제거**

⑬ 안쪽에 있는 나이프 리스 테이프를 제거한다.

그림 6-52 나이프 리스 테이프 제거

⑭ 나이프 리스를 필름 위에 붙인다. 나이프 리스를 붙일 때는 필름면에서 커팅면과 거의 일치하도록 붙여준다. 나이프 리스를 붙이지 않을 때는 커터 칼로 오버랩 부분을 커팅해야 한다.

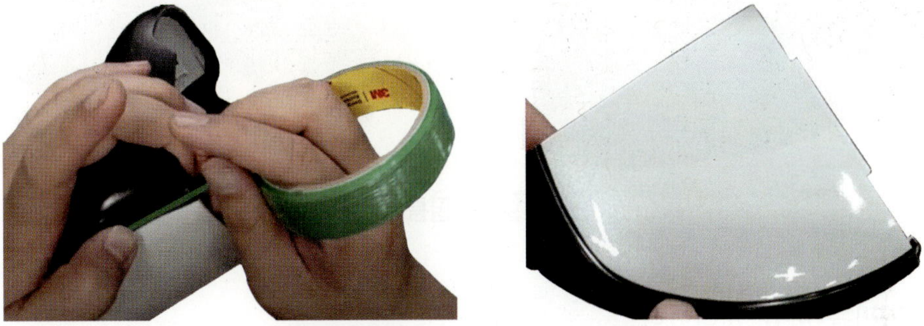

그림 6-53 나이프 리스 붙이기

⑮ 필름을 약간 당기면서 아래쪽으로 붙인다.

그림 6-54 필름 붙이기

⑯ 나머지 필름은 커터 칼로 커팅해 주고 나이프 리스를 당겨 필름을 잘라낸다.

그림 6-55 필름 커팅

⑰ 필름 마감 처리한다.

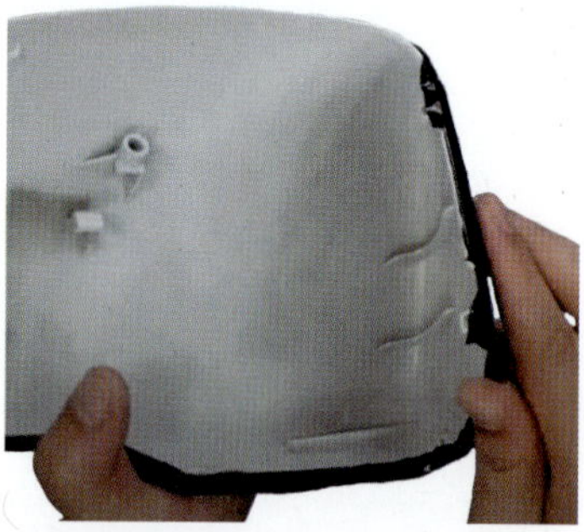

그림 6-56 필름 마감 처리

⑱ 랩핑이 끝난 사이드 미러 커버를 조립하고 사이드 미러를 차량에 조립한다.

그림 6-57 사이드 미러 조립

도어캐치

[1] 도어캐치 탈·부착

① 차량 문을 연다.

② 차량 문을 열면 도어캐치 옆으로 검은색 고무 도어캡이 있다.

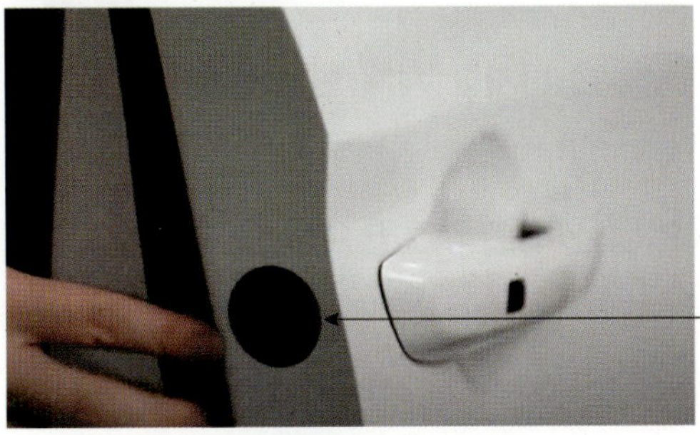

그림 6-58 도어캡

③ 뚜껑을 열면 안쪽에 나사가 보인다.

그림 6-59 **안쪽 나사**

④ 나사를 시계 반대 방향으로 돌려준다. 돌리다 보면 어느 순간 멈추는 구간이 있는데, 거기서 더 무리하게 돌리면 고장이 난다. 멈출 때까지만 돌려준다.

그림 6-60 **나사를 시계 반대 방향으로 돌린다.**

⑤ 바깥쪽의 작은 도어캡을 잡아당기면 빠지는 차량도 있지만, SM6 같은 차량은 도어캐치 탈거 시 드라이버에 힘을 줘서 안쪽으로 밀어 넣고 그대로 누른 상태에서 바깥쪽의 작은 도어캡을 잡아당기면 빠진다.

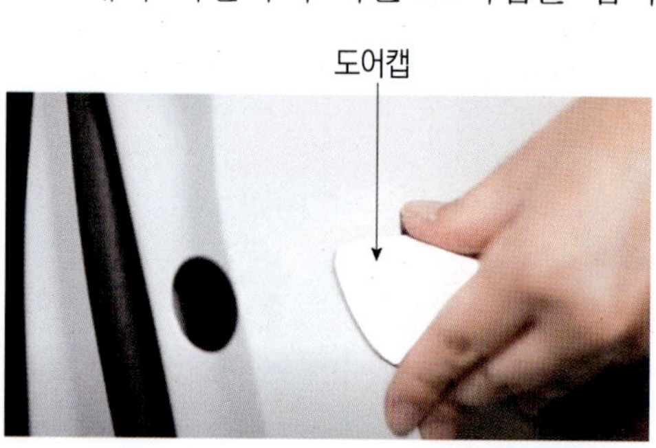

그림 6-61 **바깥쪽 도어캡 탈거**

⑥ 손잡이를 좌측으로 살살 밀어 당기면 빠진다.

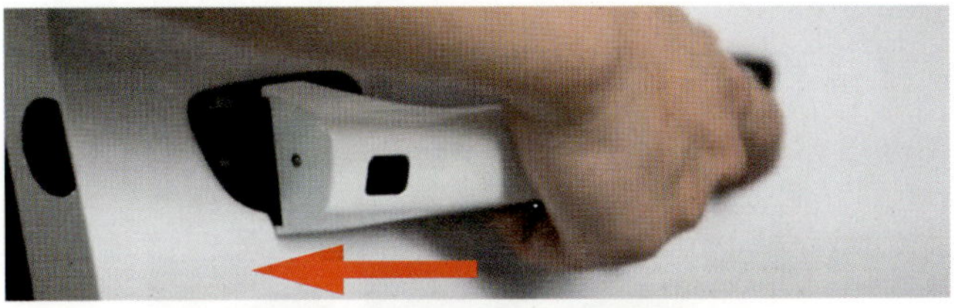

그림 6-62 **손잡이 탈거**

⑦ 도어캐치 커넥터를 탈거한다.

그림 6-63 **커넥터 탈거**

⑧ 조립은 탈거의 역순으로 한다.

[2] 도어캐치 랩핑

① IPA 이소프로필 알코올 등으로 뿌려준 후 탈지를 한다. 세척할 때 면도 중요하지만, 필름이 마감 부위 안쪽 면까지 깨끗하게 탈지해 준다.

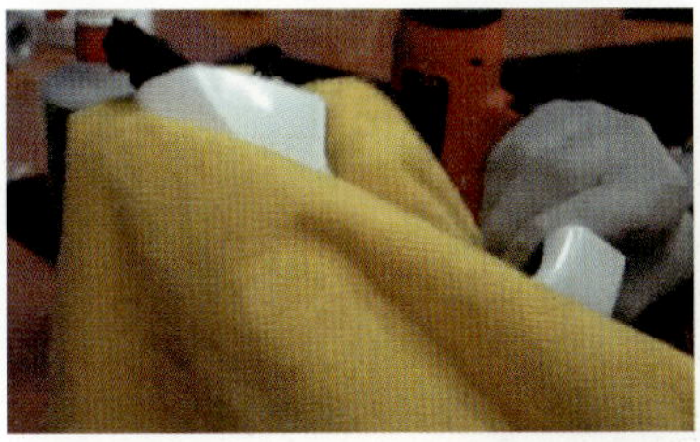

(a) 도어캐치 탈지

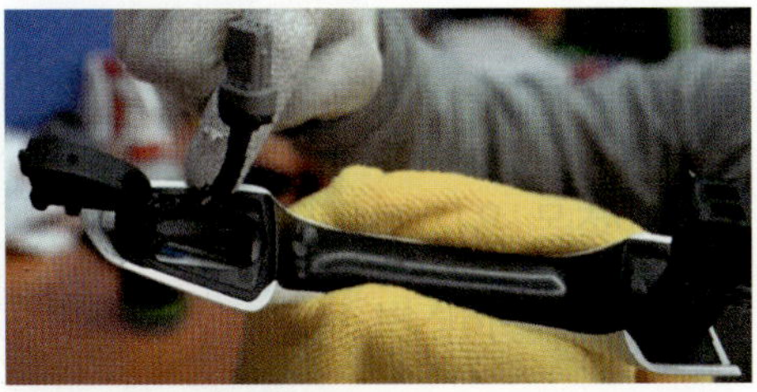

(b) 도어캐치 안쪽 면 탈지

그림 6-64 **세척**

② 세척이 완료되면 필름을 잘라준다. 필름을 자를 때 주름을 잡기 편하고 작업성을 좋게 하기 위해서 도어캐치보다 약 1.5배 정도 더 길게 자른다.

그림 6-65 필름 절단

③ 필름에 겉지와 후지를 제거한다.

그림 6-66 겉지 제거

④ 도어캐치를 필름 가운데 위치시킨다.

그림 6-67 도어캐치 필름 가운데 위치

⑤ 한쪽 끝을 잡고 시작점(고정점)을 설정한다.

그림 6-68 시작점 설정

⑥ 필름에 히팅건을 이용하여 필름에 골고루 열을 준다.

⑦ 필름을 시작점을 잡은 상태에서 당겨 늘려서 감아준다.

그림 6-69 늘려서 감아주기

⑧ 늘려준 면을 손가락에 힘을 주면서 밀어준다.

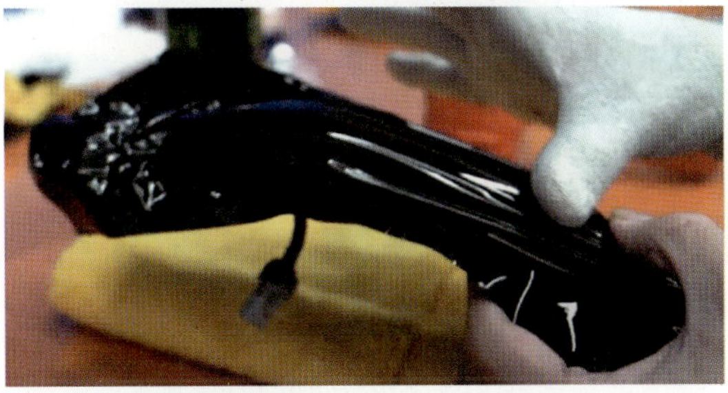

그림 6-70 늘린 면 밀어주기

⑨ 옆면도 필름을 히팅건으로 골고루 열을 준 후 모서리로 살짝 몰아준다.

(a) 모서리

(b) 모서리로 몰아준다.

그림 6-71 모서리로 몰아준다.

⑩ 주름이 진 부위까지 필름을 들어서 열을 준 다음에 모서리를 이용해서 필름을 감아준다. 반대편도 같은 방법으로 작업을 한다. 반대쪽에 필름이 서로 엉켜있는 경우가 있는데, 히팅건으로 열을 주고 필름이 물렁물렁할 때 살짝 잡아당긴다.

(a) 모서리

(b) 필름을 들어서 감아주기

(c) 필름 살짝 잡아당긴다.

그림 6-72 필름 감아주기

⑪ 2~3cm 정도 마감할 정도만 여유분의 필름을 남기고 커터 칼로 필름을 커팅해 준다.

그림 6-73 **필름 커팅**

⑫ 옆면 필름에 히팅건을 이용하여 열을 주고 필름을 다음 그림처럼 텐션을 줄이기 위해 안쪽으로 밀면서 텐션이 없는 것을 눈으로 확인한다. 또는 텐션이 있는지 없는지 손으로 만져본다. 텐션이 없는 상태에서 필름을 감아준다. 반대쪽도 같은 작업을 한다.

(a) 필름 밀기

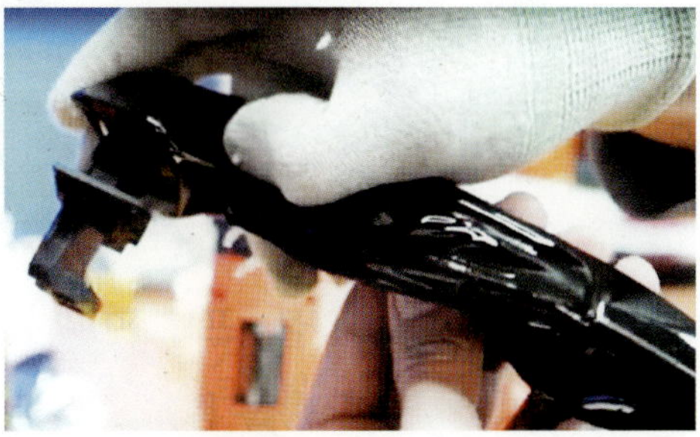

(b) 필름 감아 넣기

그림 6-74 **필름 밀면서 감아 넣기**

⑬ 텐션이 있는 곳에 가운데를 커터 칼로 커팅 후 필름에 열을 주면 필름이 벌어진다. 필름이 벌어진 상태에서 다음 그림처럼 필름을 눌러준다.

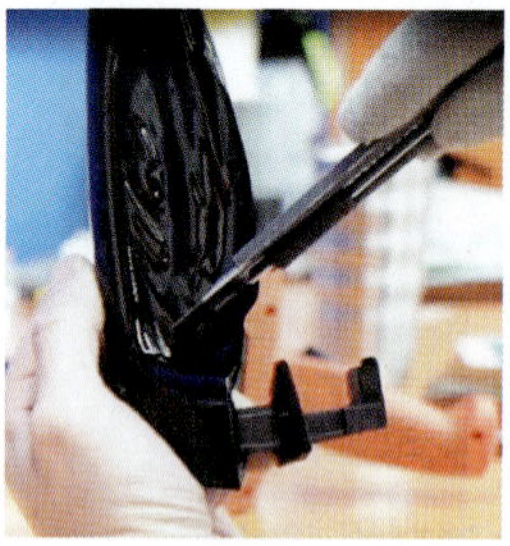

(a) 필름 커팅

(b) 필름 벌어짐

(c) 눌러준다.

그림 6-75 필름 눌러준다.

⑭ 필름을 텐션을 줄여서 안쪽을 넣어주었으면 필름의 오버랩 라인을 만들고 필름을 반 커팅한다. 필름 오버랩이란 필름을 서로 겹쳐서 시공하는 것이다.

(a) 필름 커팅

(b) 오버랩 라인

그림 6-76 필름 커팅과 오버랩 라인

⑮ 크로스 마감을 위해서 크로스 마감되는 필름을 살짝 들어 올려 준다.

그림 6-77 크로스 마감 들어 올린다.

⑯ 수축을 위해서 필름에 열을 주어 필름에 힘을 풀어준다.

그림 6-78 필름 수축

⑰ 필름을 각 부분을 손톱으로 각 안쪽으로 밀어 넣는다.

그림 6-79 안쪽으로 밀어 넣기

⑱ 필름을 들어서 마감해 준다. 주름이 시작되는 점(실점) 부위를 칼로 커팅해서 감아주어야 한다.

(a) 필름을 들어주기

(b) 주름 커팅

그림 6-80 **필름 마감**

⑲ 잘라서 갈라진 곳은 개별적으로 들어올린다.

그림 6-81 **필름 들어올리기**

⑳ 필름을 한장 한장씩 겹쳐서 안쪽으로 접어주어 포개준다. 다른 부분도 주름이 보이는 곳은 커팅하고 크로스 마감을 한다.

그림 6-82 **안쪽으로 접어 포개주기**

㉑ 마감된 부위는 후열처리를 진행해 준다. 크로스 마감을 한 상태에서 히팅건을 이용하여 필름을 살짝 녹여준다.

그림 6-83 **히팅건을 이용한 후열처리**

㉒ 오버랩 라인을 만들기 위한 세척을 한다.

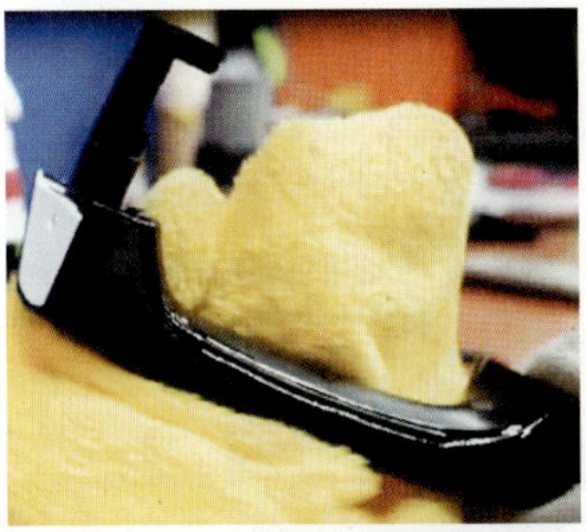

그림 6-84 **오버랩 라인을 위한 세척**

㉓ 안쪽부터 오버랩을 진행한다. 오버랩 필름을 붙여놓고 안쪽을 눌러준다.

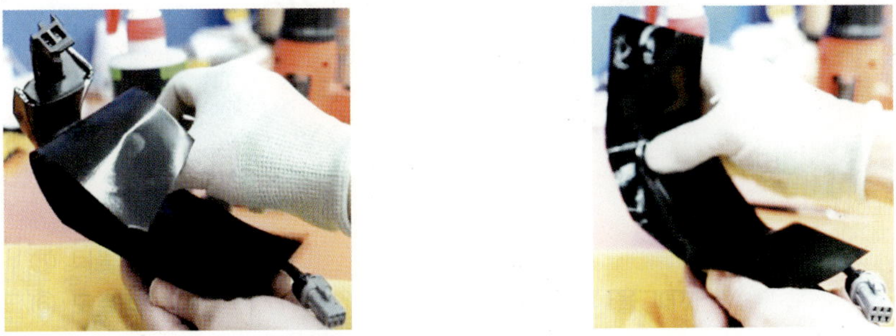

그림 6-85 **오버랩 진행**

㉔ 그냥 누르면 텐션이 생기는데, 텐션이 생기는 곳을 부채꼴 형식으로 밀면서 들어간다.

(a) 텐션이 있는 곳

(b) 부채꼴 형식으로 밀기

그림 6-86 오버랩 필름 붙이기

㉕ 그래도 텐션이 생기면 오버랩 라인 바깥쪽으로 커팅을 해주고, 부채꼴 방식으로 넣어준다. 남는 필름은 잘라낸다.

㉖ 오버랩 라인을 확인하고 필름을 커팅하고 후열처리를 한다.

(a) 필름 커팅

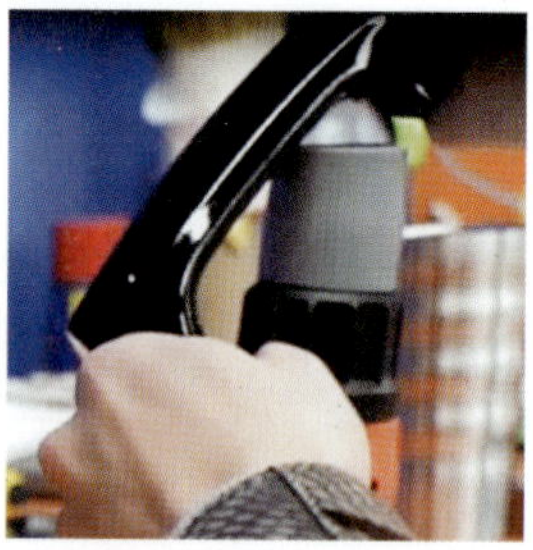

(b) 후열처리

그림 6-87 오버랩 라인 커팅

㉗ 뒤쪽 부분도 필름을 부착하고 부착 부위를 눌러준다. 그리고 히팅건을 이용하여 수축을 해준다.

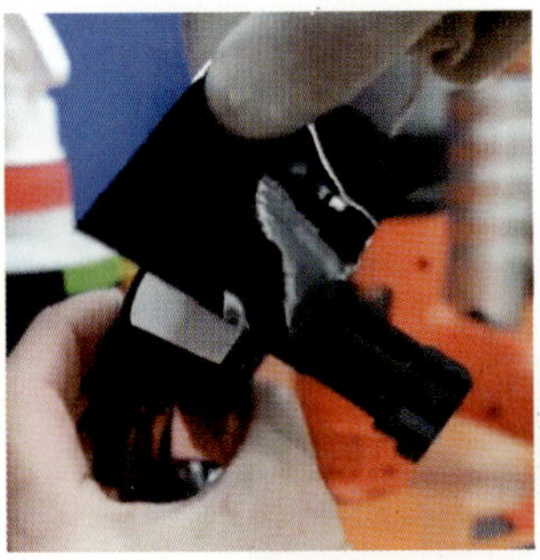

(a) 필름 부착

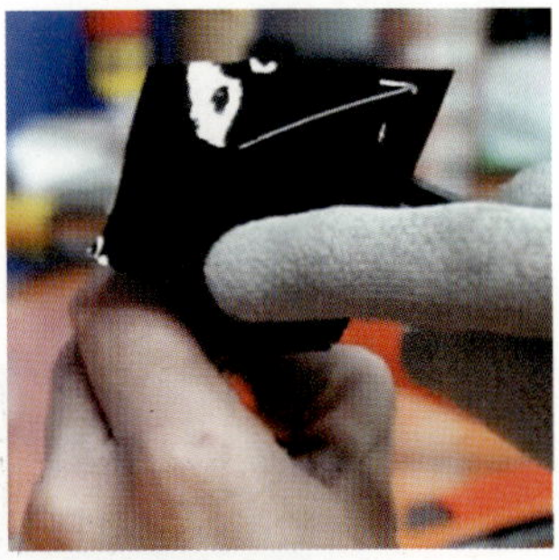

(b) 필름 눌러주기

그림 6-88 **뒤쪽 부분 필름 부착**

㉘ 오버랩 라인을 확인해서 오버랩 조금 윗부분을 커팅해 주고 나머지 필름은 잘라낸다.

(a) 오버랩 라인

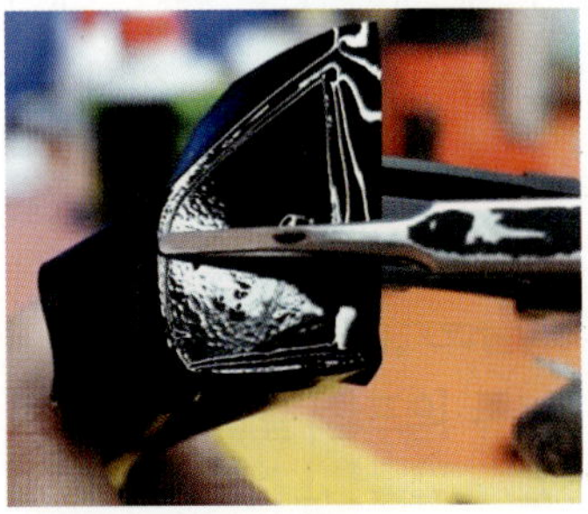

(b) 커팅 부위

그림 6-89 **필름 커팅**

샤크안테나

[1] 샤크안테나 탈·부착

① 탈거가 가능한 경우 뒷좌석 헤드레스트를 모두 탈거한다.

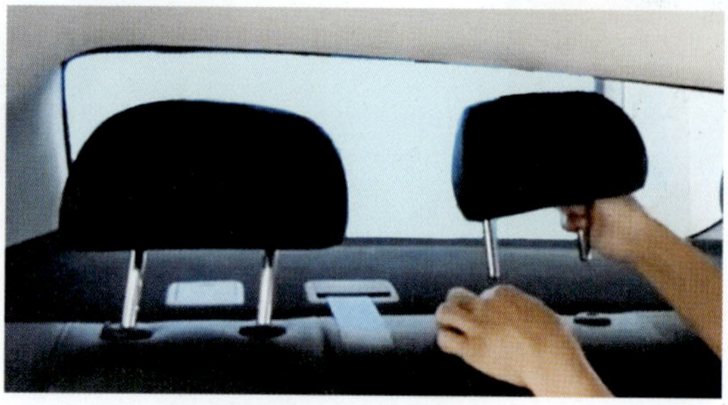

그림 6-90 헤드레스트 탈거

② 뒷좌석 쪽 내장재 안쪽에 핀이 장착되어 있는데, 내장재를 잡아당겨 좌측, 중앙, 우측 세 개의 핀을 모두 제거한다. 핀을 모두 제거하지 않는 경우 여유 공간이 부족해 내장재가 더 심하게 꺾이게 된다.

그림 6-91 내장재 핀 탈거

③ 스패너를 사용해 안테나 하단 너트를 탈거한다.

그림 6-92 너트 탈거

④ 샤크안테나 케이블은 커넥터에 표시된 부분을 눌러 탈거한다.

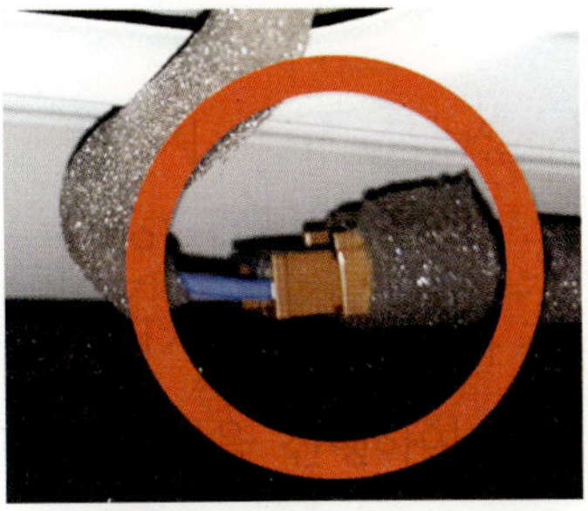

그림 6-93 커넥터 탈거

⑤ 샤크안테나를 탈거한다. BMW, 벤츠 같은 차량은 샤크안테나 접합부의 실리콘 마감을 제거해야 탈거된다.

그림 6-94 샤크안테나 탈거

⑥ 장착은 탈거의 역순으로 한다. 내장재는 핀이 끼워지도록 꾹꾹 눌러준다.

[2] 샤크안테나 랩핑

① 탈거한 샤크안테나 안쪽에 볼트를 전부 풀어 준다.

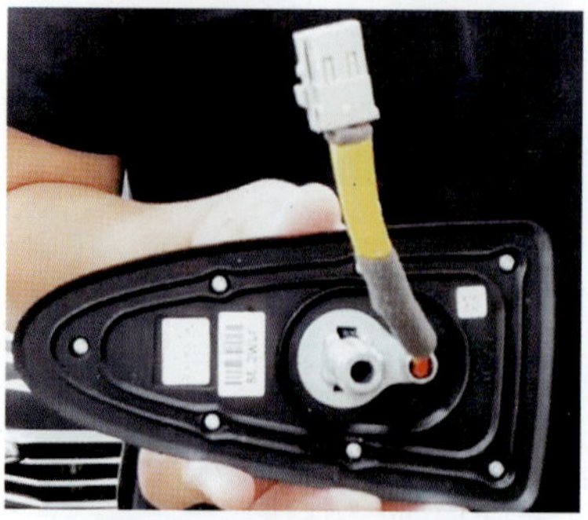

그림 6-95 볼트 탈거

② 샤크안테나 안쪽에 있는 고무를 분리한다.

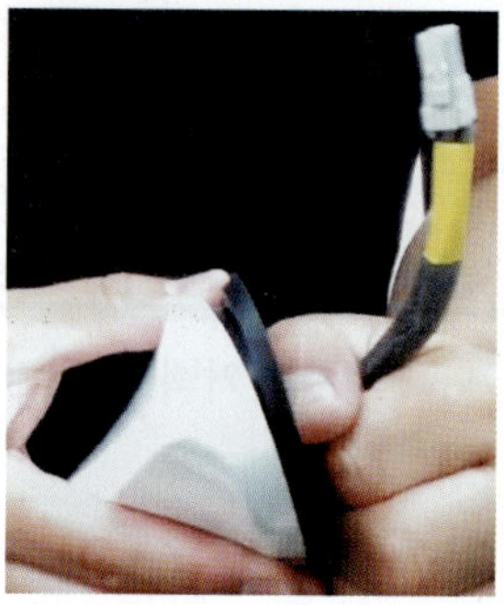

그림 6-96 고무 분리

③ 샤크안테나의 랩핑할 면을 깨끗이 탈지해 준다.

그림 6-97 샤크안테나 탈지

④ 필름에 이면지를 제거하고 필름을 올리게 되면 아래 부위부터 먼저 기준을 잡아서 눌러준다.

(a) 아래 부위

(b) 눌러주기

그림 6-98 **아래 부위 눌러주기**

⑤ 필름을 기준 잡은 만큼 뗀 다음에 꼭짓점 부분까지 필름을 위로 올려준다. 그러면 ㄴ자로 만들어진다. 그 다음부터 손으로 필름을 밀면서 붙이면서 공기를 빼준다.

(a) 꼭짓점 부분

(b) 위로 올려주기

(c) ㄴ자로 형성

(d) 필름 붙여주기

그림 6-99 **필름 부착**

⑥ 필름에 열을 주고 필름을 살짝 당겨서 아래쪽으로 당겨주면서 필름을 붙인다.

그림 6-100 **아래로 당겨주기**

⑦ 꼭짓점 부분에 살짝 열을 주고 필름을 너무 세게 당기지 말고 살짝 윗부분으로 당겨 필름을 붙여준다. 그러면 산이 생긴다. 그냥 산 쪽으로 필름을 늘려 붙이면 필름이 뜨게 된다.

(a) 꼭짓점 붙이기

(b) 산이 난 부분

그림 6-101 **필름 붙이기**

⑧ 산을 화살표 방향으로 옮겨 가면서 큰 산을 조그마하게 나눠 주어 분산을 시켜 조금씩 붙여준다.

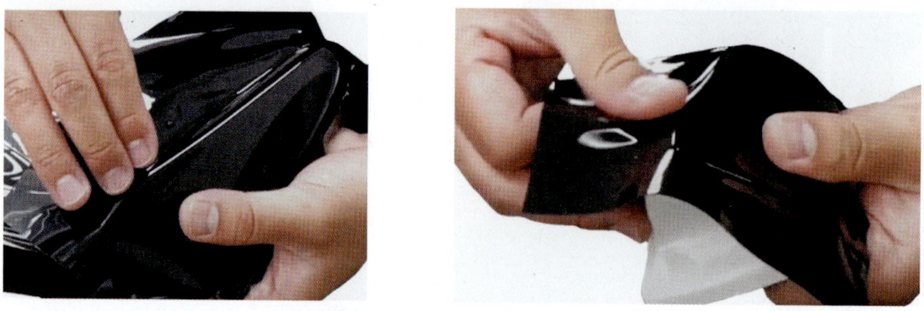

그림 6-102 **산 부위 필름 부착**

⑨ 커팅 라인이 산 부위에서 3분의 2 정도 칼날이 도장면에 닿지 않는 커팅 기법인 반커팅으로 반듯이 잘라준다.

그림 6-103 **필름 커팅**

⑩ 한 번에 최대한 늘려서 한 살로 시공하는데 너무 늘려버리면 필름의 두께가 반절 이상 얇아져 버리기 때문에 필름 수명이 짧아진다. 지금 이 부분에서 중요한 라인이 커팅 라인인데, 커팅 라인은 최대한 꺾인 부분에서 뒷부분도 3분의 2지점에 맞춰서 커팅한다. 필름에 열을 가하고 필름을 눌러준다.

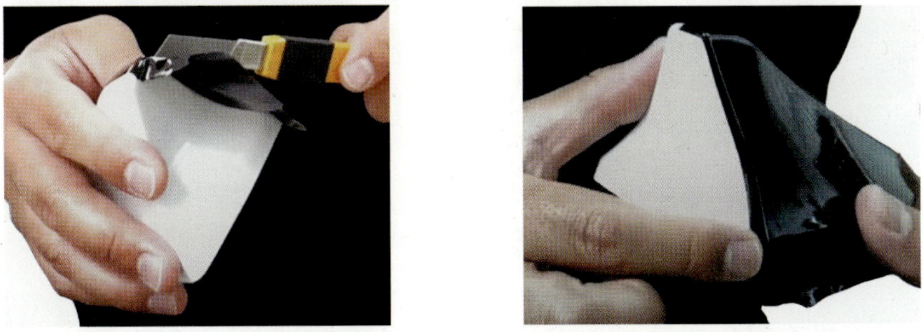

그림 6-104 **최대한 꺾인 부분에서 3분의 2지점에 맞춰서 커팅**

⑪ 아래 부분은 필요 없는 부위를 말아 넣을 정도로 적당하게 커팅하고, 필름을 안쪽으로 말아 넣는다. 너무 필름을 적게 말아 넣으면 뜰 수 있기 때문이다.

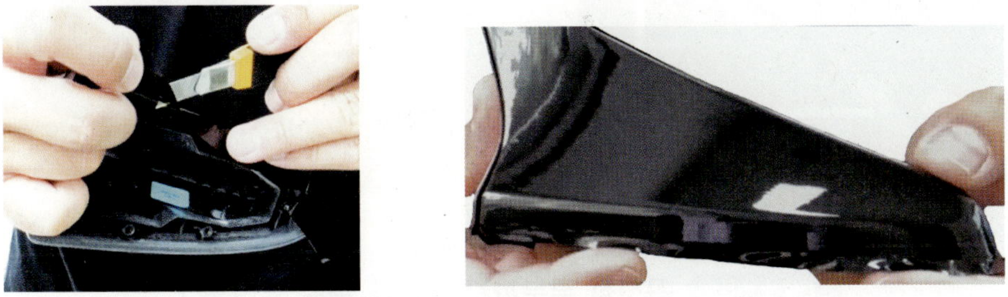

그림 6-105 **여유 있게 커팅**

⑫ 필름에 살짝 열을 주고 필름을 말아서 넣고 살짝 열을 주면서 필름을 눌러준다.

그림 6-106 **필름 말아 넣고 눌러주기**

⑬ 반대편도 필름에 올려주고 아랫면부터 기준을 잡아준다.

(a) 반대편 필름 올려주기

(b) 아랫면부터 기준 잡기

그림 6-107 **반대편 필름 작업**

⑭ 필름을 기준 잡은 만큼 뗀 다음에 꼭짓점 부분까지 필름을 위로 올려준다. 그러면 ㄴ자로 만들어진다. 그 다음부터 손으로 필름을 밀면서 붙이면서 공기를 빼준다.

(a) ㄴ자로 형성

(b) 필름 붙이기

그림 6-108 **꼭짓점 부분까지 필름을 위로 올려준다.**

⑮ 아래 부분을 필름에 열을 주고 필름을 살짝 당겨서 아래쪽으로 당겨 주면서 필름을 붙인다.

그림 6-109 아래로 당겨주기(1)

⑯ 앞 끝부분에 필름에 살짝 열을 주고 필름을 아래쪽으로 당겨준다.

그림 6-110 아래로 당겨주기(2)

⑰ 꼭짓점 부분에 살짝 열을 주고 필름을 너무 세게 당기지 말고 살짝 윗부분으로 당겨 필름을 붙여준다. 그러면 산이 생긴다. 그냥 산 쪽으로 늘려 붙이면 필름이 뜨게 돼 있다.

그림 6-111 꼭짓점으로 당기기

⑱ 산을 화살표 방향으로 옮겨 가면서 큰 산을 조그마하게 나눠주고 분산시켜 조금씩 붙여준다.

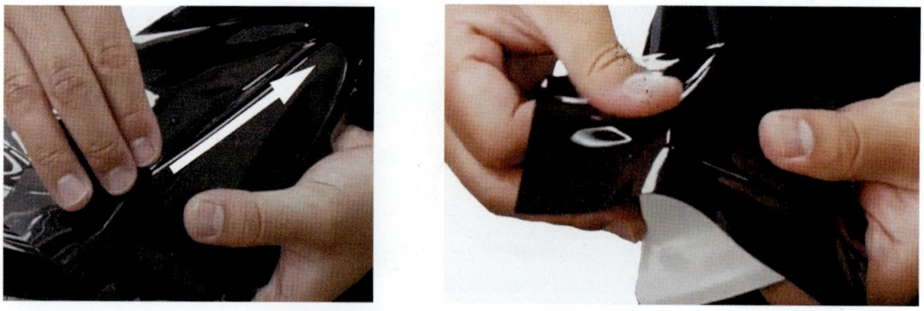

그림 6-112 산 부위 필름 부착

⑲ 필름 라인을 반커팅한다.

그림 6-113 필름 커팅

⑳ 뒷부분도 커팅 라인은 최대한 꺾인 부분에서 3분의 2지점에 맞춰서 반커팅한다. 필름에 열을 가하고 필름을 눌러준다.

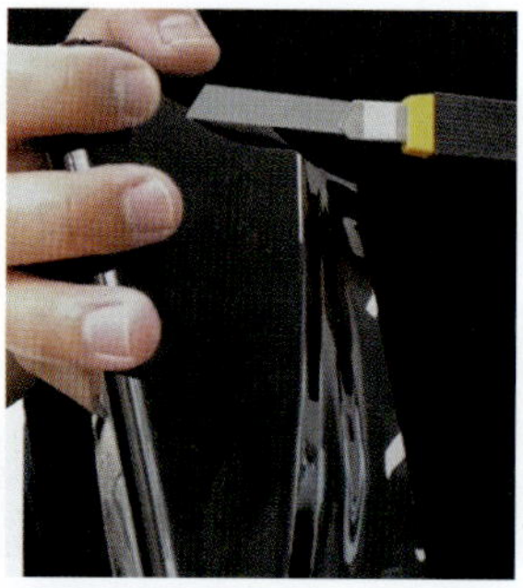

그림 6-114 뒷부분 필름 커팅

㉑ 아래 부분은 필요 없는 부위를 말아 넣을 정도로 적당하게 커팅하고 필름을 안쪽으로 말아 넣는다. 너무 필름을 적게 말아 넣으면 뜰 수 있기 때문이다.

그림 6-115 **여유 있게 커팅**

㉒ 필름에 살짝 열을 주고 필름을 말아서 넣고 살짝 열을 주면서 필름을 눌러준다.

그림 6-116 **필름 말아 넣고 눌러주기**

㉓ 뒷부분도 필름을 아래부터 눌러주고 기준을 잡는다.

(a) 아래 눌러 주기

(b) 기준 잡기

그림 6-117 **뒷부분 필름 기준 잡기**

㉔ 필름을 살짝 떼서 가운데부터 조금씩 밀면서 쭉 올려 붙여준다.

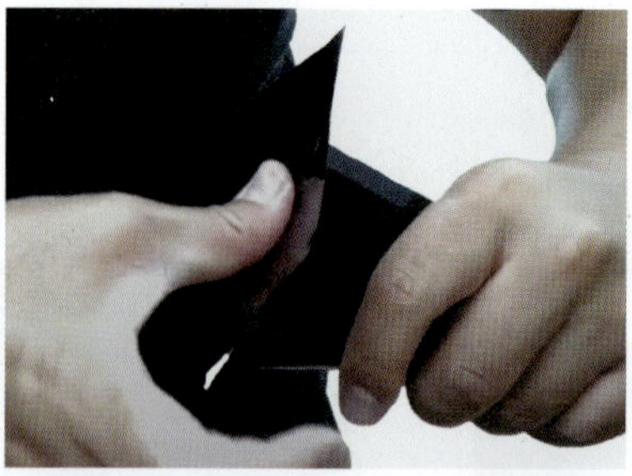

그림 6-118 밀면서 올려붙이기

㉕ 필름에 열을 살짝 주고 라인을 좀 더 깊숙하게 넣고 필름을 살짝 잡아당기면서 눌러준다.

그림 6-119 필름 당기며 눌러주기

㉖ 끝에 라인을 3분의 2 정도 잡아가지고 기존의 필름과 겹치게끔 하고 반커팅한다. 반대편도 마찬가지로 커팅한다.

그림 6-120 필름 커팅

㉗ 커팅하고 나면은 끝부분은 열을 가한 후 살짝 눌러준다.

그림 6-121 필름 눌러주기

㉘ 마찬가지로 밑에 라인에 열을 줘서 라인을 꺾어주고 살짝 눌러준다.

그림 6-122 라인 꺾어주기

㉙ 아래 부분은 필요 없는 부위를 말아 넣을 정도로 적당하게 커팅하고 필름을 안쪽으로 말아넣는다. 필름에 살짝 열을 주고 필름을 말아서 넣고 살짝 열을 주면서 필름을 눌러준다.

㉚ 조립은 탈거의 역순으로 한다.

보닛

① 보닛을 깨끗이 탈지한다.

② 일반적인 필름의 경우 한 뼘 정도 여유 있게 자른다. 크롬 또는 특수 필름의 경

우 더 남겨야 되는 경우도 있다.

③ 필름을 구겨지지 않게 보닛에 잘 펴준다.

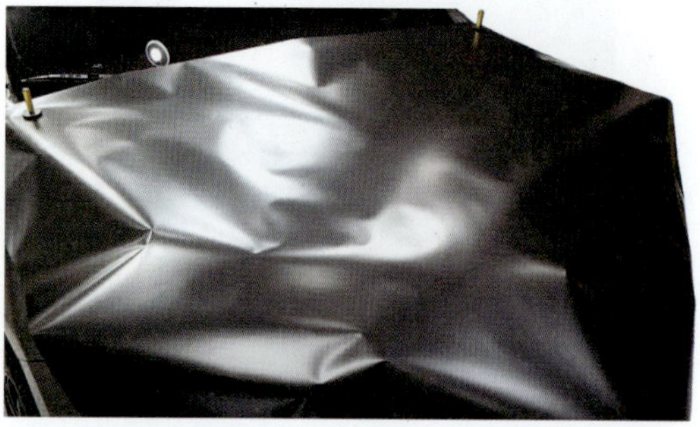

그림 6-123 필름을 잘 펴준다.

④ 와이퍼 부분을 커팅한다.

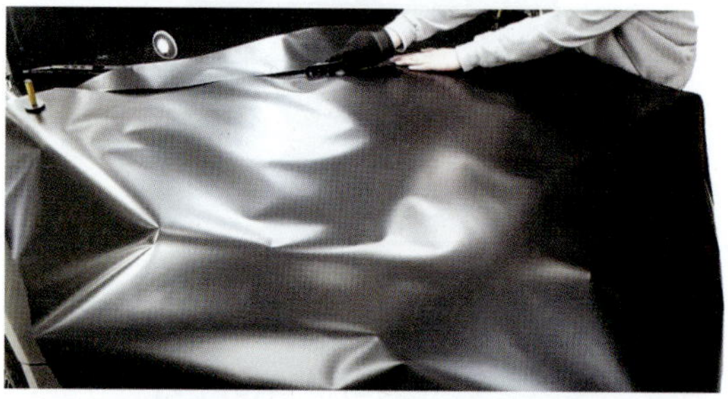

그림 6-124 와이퍼 부분 커팅

⑤ 프런트 부분도 필요가 없는 필름 부분은 커팅한다.

그림 6-125 필요 없는 필름 커팅

⑥ 보닛은 굴곡이 있는 편이기 때문에 굴곡을 보면서 필름을 안착시킨다.

⑦ 후지를 벗겨낼 때 후지가 접히지 않게 주의하면서 후지를 벗겨낸다.

그림 6-126 **후지 탈거**

⑧ 필름이 안착되어 올라가면 화살표 방향처럼 윗부분부터 필름을 잡아당기며 자리를 잡아준다.

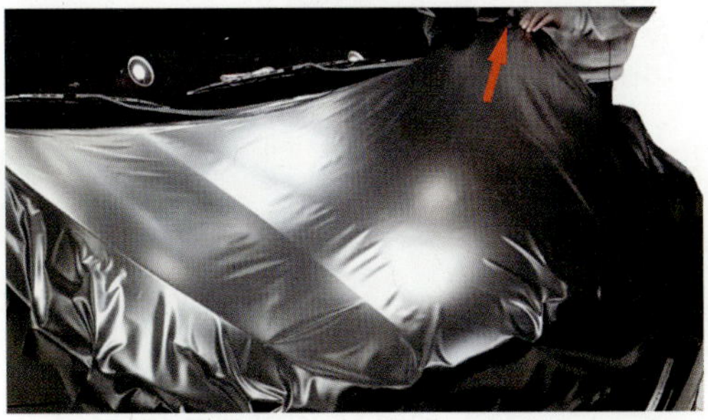

그림 6-127 **윗부분 자리 잡기**

⑨ 반대편도 윗부분부터 필름을 잡아당기며 자리를 잡아준다.

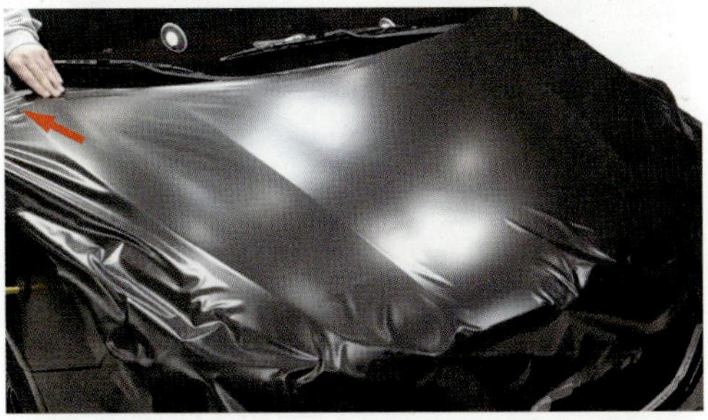

그림 6-128 **반대편 윗부분 자리 잡기**

⑩ 가운데 부분도 윗부분 필름을 잡아당기며 자리를 잡아준다.

그림 6-129 가운데 부분 자리 잡기

⑪ 4분할로 나누었을 때 대각선 방향으로 필름을 약간 들었다 당기면서 주름이 펴지는걸 보면서 필름을 안착시킨다. 필름을 당길 때는 될 수 있는 대로 넓은 면적을 잡고 당기는 것이 모양을 잡기 훨씬 쉽다.

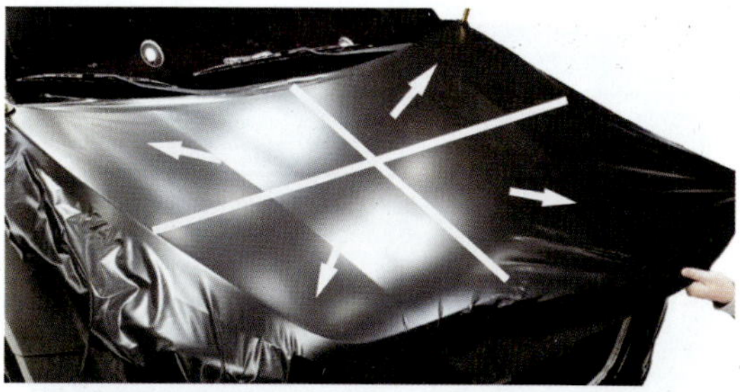

그림 6-130 대각선 방향으로 당기기

⑫ 중심을 먼저 잡는다.

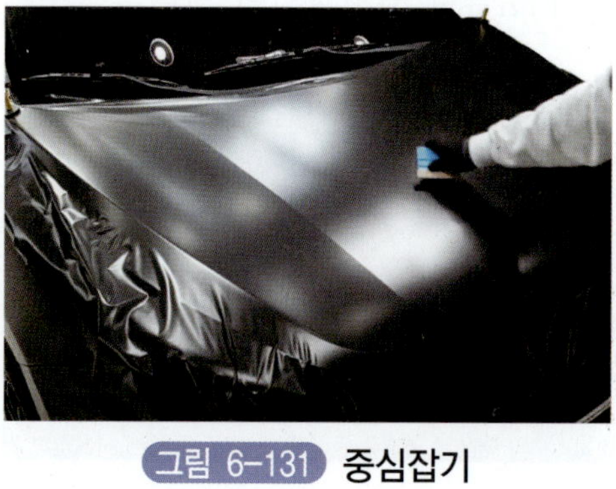

그림 6-131 중심잡기

⑬ 양옆으로 필름을 밀면서 공기를 빼주며 필름을 붙인다. 헤라는 끝에서 필름에 절반씩 걸쳐서 밀어주면서 덜 빠진 기포가 있는지 확인하면서 작업을 한다.

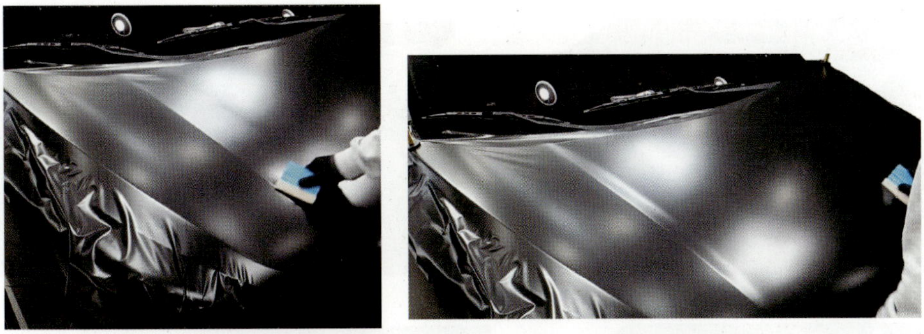

그림 6-132 양옆으로 공기 빼며 필름 붙여주기

⑭ 작업하기 적정 온도는 20~23℃ 정도이다. 절대로 보닛이 열 받은 상태에서 작업하면 필름이 들러붙어 안 된다.

⑮ 화살표 방향으로 공기를 빼주면서 작업을 한다.

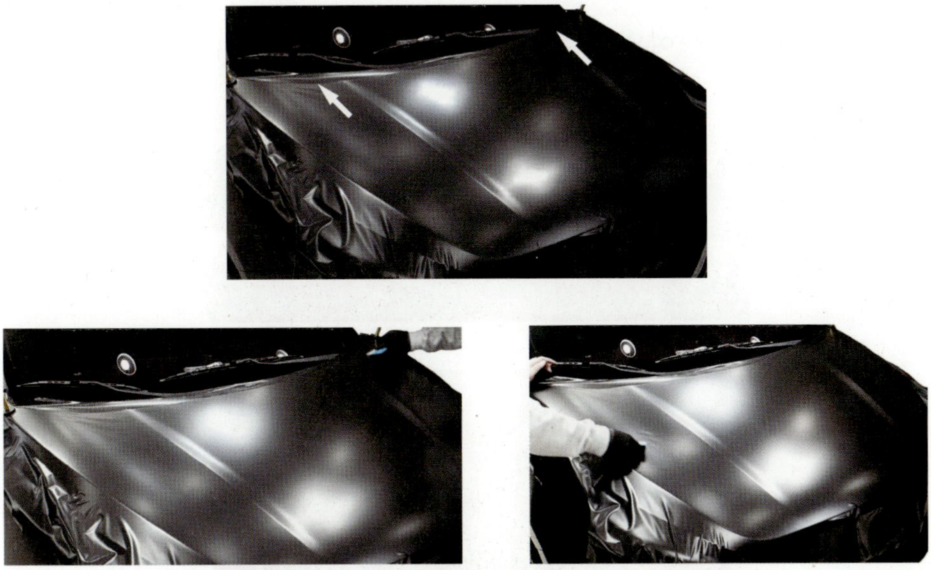

그림 6-133 공기 빼주는 방향 및 공기 빼주기

⑯ 절대 초보자들은 주름 있는 상태에서는 스퀴징하지 말아야 한다. 무턱대고 밀어 버리면 필름이 접히거나 기포가 되어 버린다.

⑰ 보닛 옆부분은 히팅건으로 필름에 열을 적당히 가하면서 살짝 잡아당기며 성형을 하면서 필름에 공기를 빼주며 자리를 잡는다. 반대편도 같은 작업을 한다.

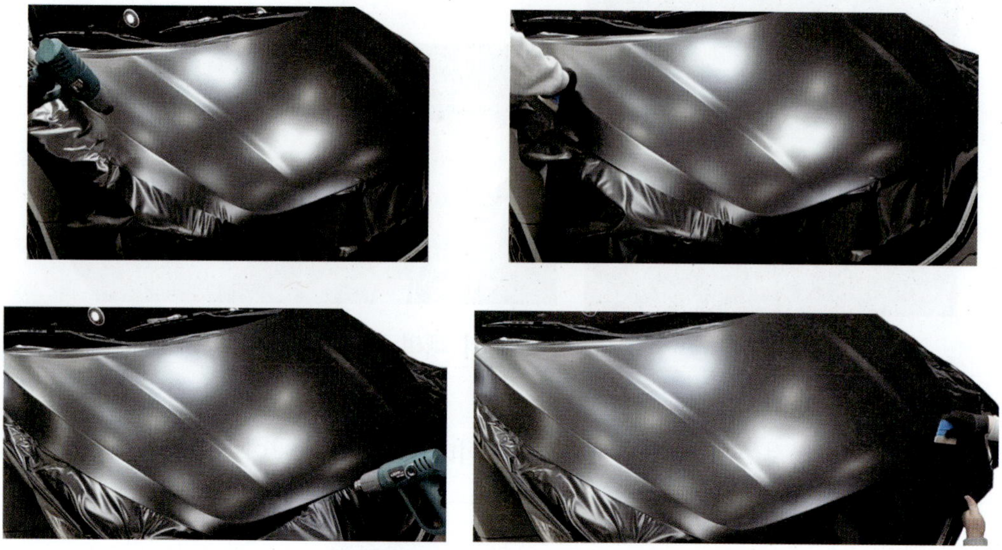

그림 6-134 필름 자리 잡기

⑱ 필요 없는 부분은 여유를 주고 필름을 커팅한다.

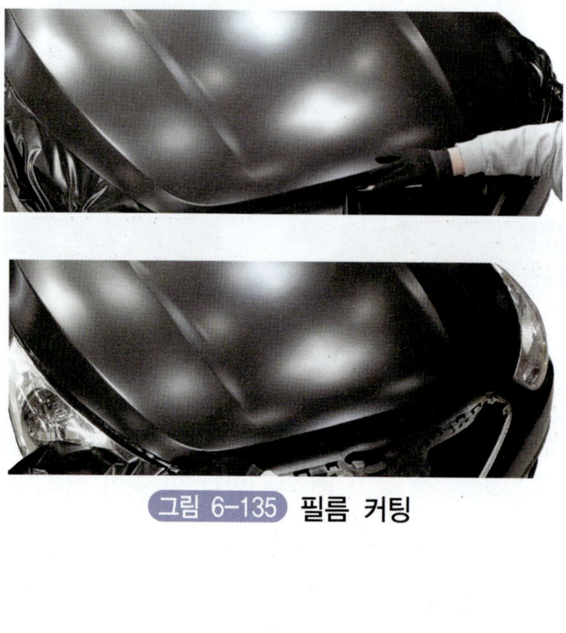

그림 6-135 필름 커팅

⑲ 마감 부위를 히팅건으로 열을 주면서 필름을 일정한 간격으로 말아서 마감한다.

그림 6-136 필름 마감 부위

도어

① 도어캐치 및 몰딩과 사이드 미러를 탈거하고 도어를 깨끗이 탈지한다.

② 후지를 살짝 벗겨내서 필름을 도어에 붙여서 고정시킨다. 겉지가 있는 필름은 겉지를 제거한다.

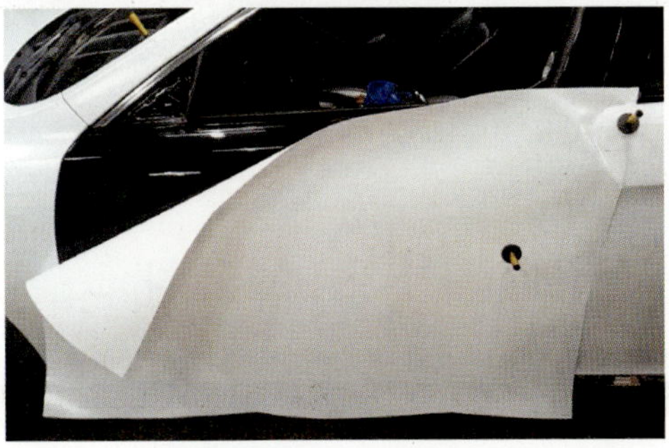

그림 6-137 필름 고정

③ 그림에 있는 선 있는 곳까지만 후지를 벗겨내고 필름을 가로로 당기며 붙이면서 위치를 잡는다. 위로 당기면 작업이 실패할 확률이 크다.

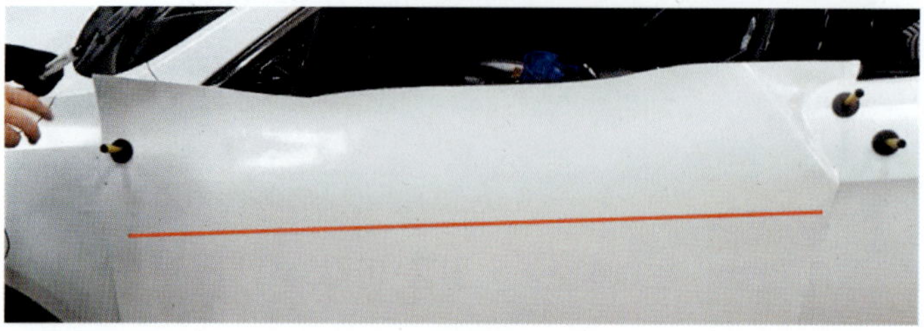

(a) 후지 벗겨내는 가상선

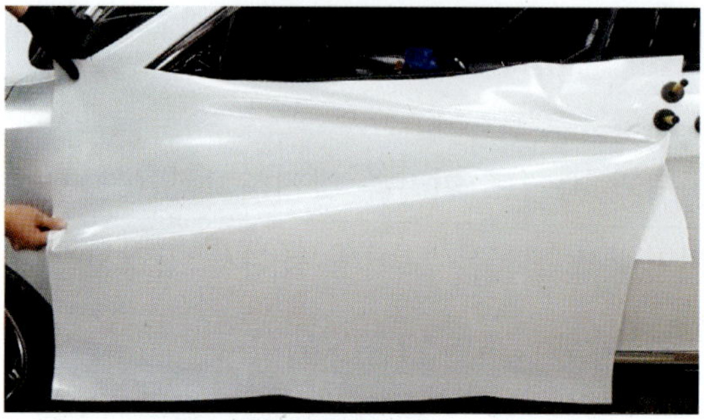

(b) 후지 벗겨내기

그림 6-138 **필름 위치 잡기(1)**

④ 반대쪽도 필름을 뜯어내어 다시 자리를 잡는다.

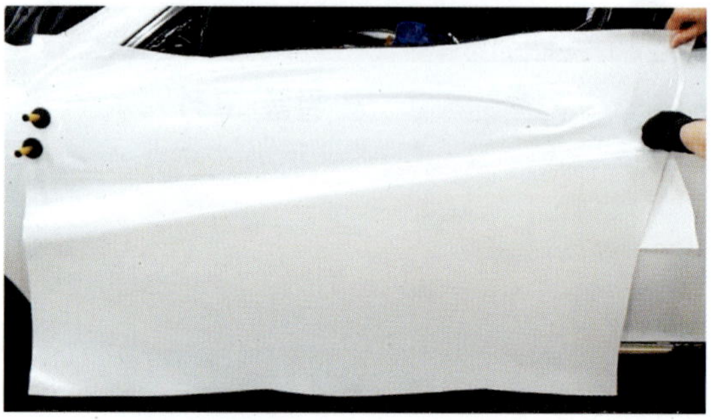

그림 6-139 **필름 위치 잡기(2)**

⑤ 헤라를 이용하여 후지를 벗겨낸 윗부분 필름을 밀면서 공기를 빼면서 고정시킨다.

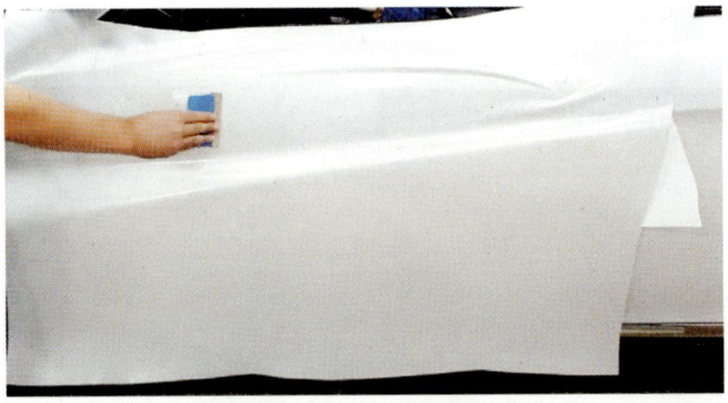

그림 6-140 공기빼기

⑥ 후지를 조금씩 벗겨내면서 작업을 한다. 주의할 점은 주름이 보이면 필름을 살짝 당기면서 작업을 한다.

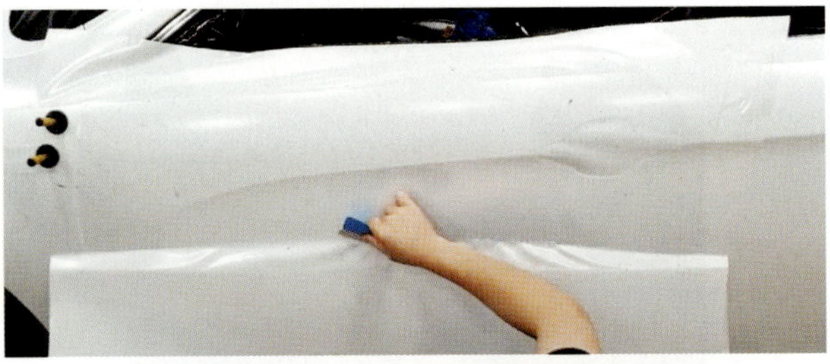

그림 6-141 필름을 살짝 당기며 작업

⑦ 필름에 주름이 안 잡히는 구간에는 히팅건을 이용하여 성형할 정도의 적당한 열을 주면서 주름을 잡는다.

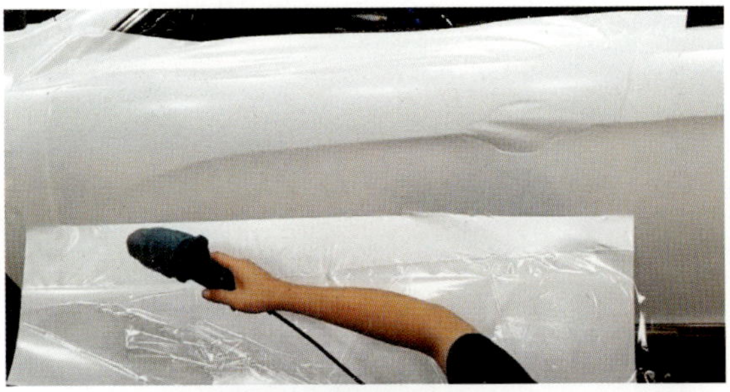

그림 6-142 주름 잡기

⑧ 주름이 잡히면 조금씩 밑으로 작업을 한다.

⑨ 끝단 마무리를 한다.

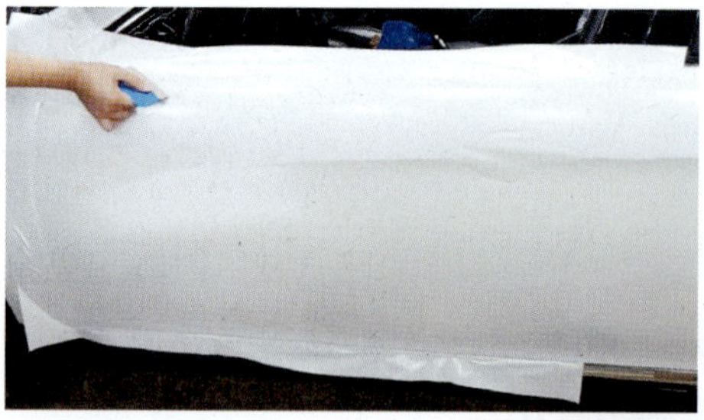

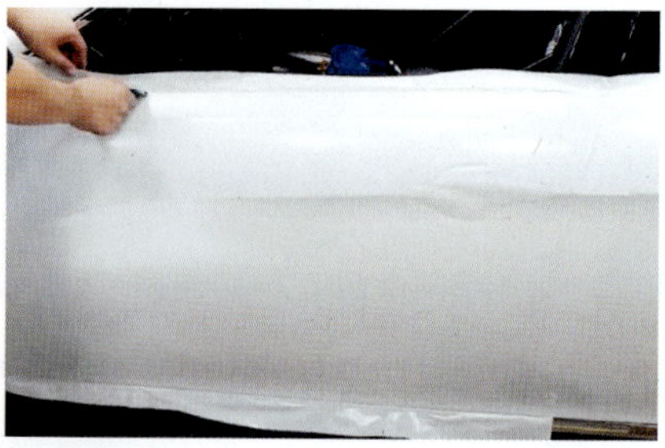

그림 6-143 끝단 마무리

⑩ 뒷문과 앞문 사이를 히팅건으로 열을 주어 필름의 텐션을 줄이고 라인을 봐야 되기 때문에 손으로 한 번 눌러준다.

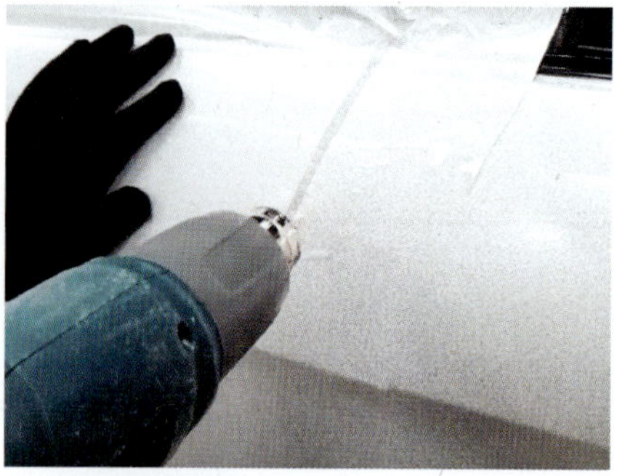

그림 6-144 필름 텐션 줄이기

⑪ 뒷문 라인에 칼을 대고 그대로 내려오면서 커팅하고, 필요 없는 부분의 필름을 제거한다. 칼날 쪽을 절대로 도장 쪽으로 대면 안 된다.

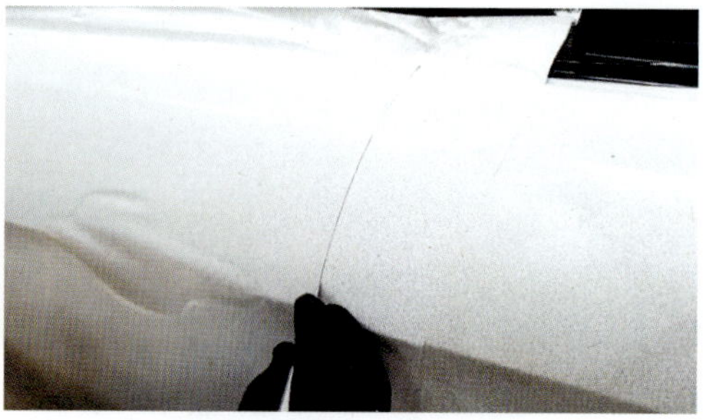

그림 6-145 필름 커팅

⑫ 앞쪽도 펜더 라인에 칼을 대고 커팅하고 필요 없는 부분의 필름을 제거한다.

⑬ 위쪽은 몰딩 안쪽으로 커팅하고 필요 없는 부분의 필름을 제거한다.

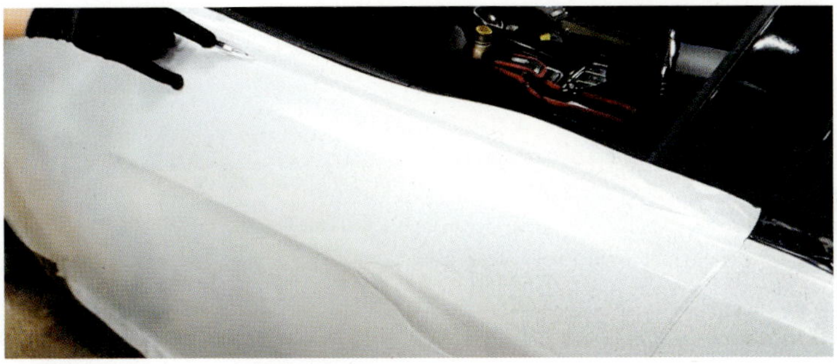

그림 6-146 윗부분 커팅

⑭ 도어캐치 부분을 히팅건을 이용하여 열을 적당히 주어 주름을 펴준다.

그림 6-147 주름 펴기

⑮ 도어캐치 중심을 잡아서 눌러준다.

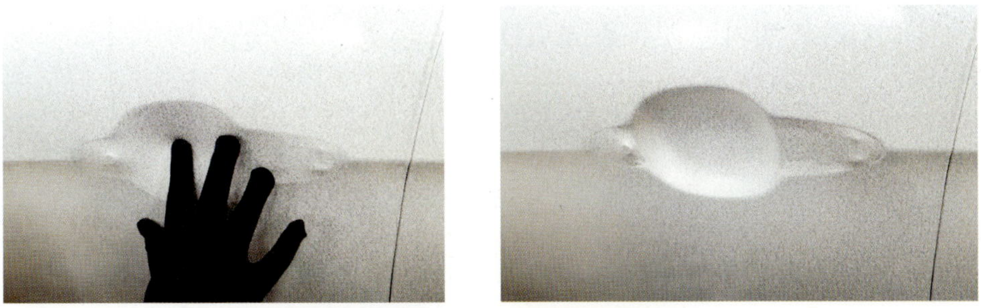

그림 6-148 도어캐치 눌러주기

⑯ 나사 들어가는 부분을 커팅해 주고 히팅건으로 적당히 열을 가하면 필름이 안으로 들어가며 손으로 눌러 붙여준다.

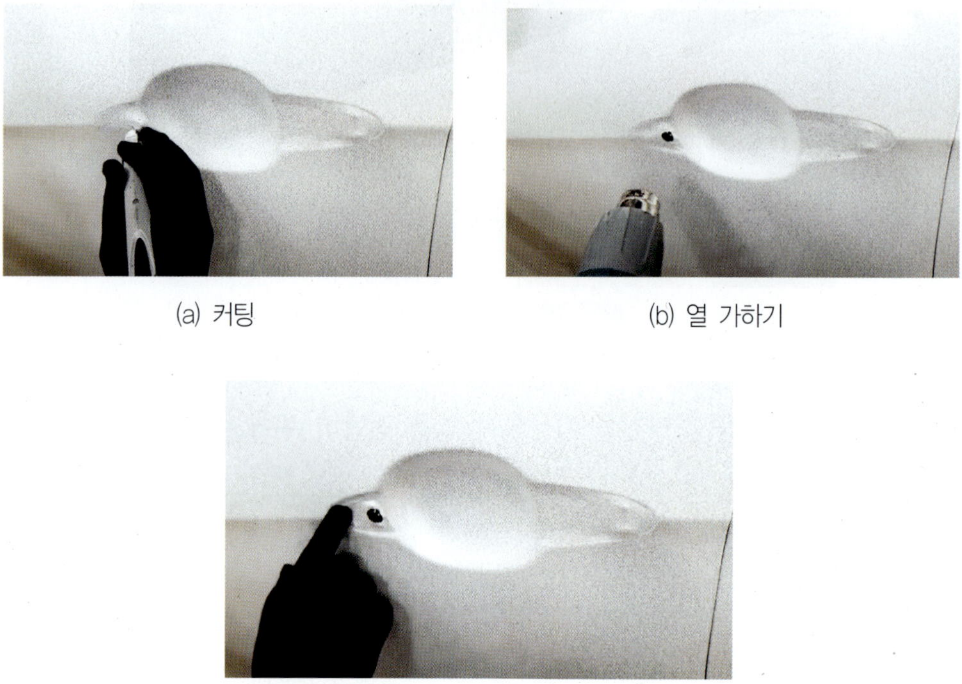

(a) 커팅 (b) 열 가하기

(c) 필름 붙이기

그림 6-149 나사 부위 커팅 및 필름 붙여주기

⑰ 아래 부분도 여유를 두고 필름을 커팅하고 히팅건으로 열을 주면서 필름을 일정한 간격으로 헤라 등을 이용하여 붙여서 마감한다.

⑱ 도어를 열고 마감 부위를 히팅건으로 열을 주면서 필름을 일정한 간격으로 붙여서 마감하고 탈거한 부품을 조립한다.

펜더

① 사이드 미러 등을 탈거하고 필름을 적당한 크기로 재단하고, 펜더를 깨끗이 탈지한다.

② 필름 고정용 자석을 이용하여 필름을 펜더에 고정시키고 필름 후지를 제거한다.

그림 6-150 **후지 제거**

③ 필름을 적당히 잡아당기며 자리를 잡으며 필름을 붙여 큰 면 자리를 잡아준다.

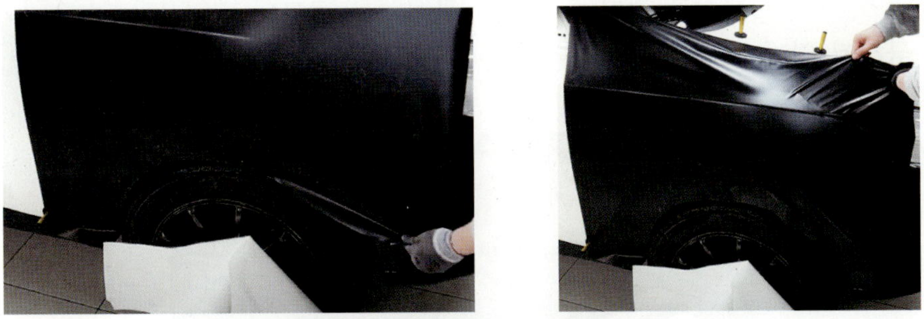

그림 6-151 **필름 자리 잡기**

④ 스퀴징은 헤라를 절반씩 걸쳐서 밀어준다. 될 수 있으면 헤라 각도를 조금 주면 좋고, 모서리 부분으로 필름을 당기면서 작업을 한다.

그림 6-152 **스퀴징**

⑤ 위쪽은 히팅건으로 열을 적당히 가하면서 필름을 잡아당겨 가면서 필름을 눌러 주어 자리를 잡는다.

그림 6-153 위쪽 작업

⑥ 보닛 마지막 라인을 따라 커팅하고 불필요한 필름은 제거한다. 도장에 칼날이 긁히지 않게 조심한다.

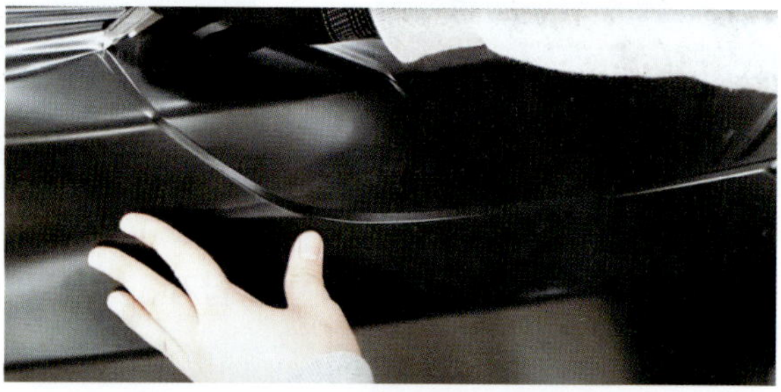

그림 6-154 보닛 라인 따라 커팅

⑦ 필러쪽 바깥 라인을 따라 커팅하고 불필요한 필름은 제거한다.

그림 6-155 필러 라인 따라 커팅

⑧ 도어 라인을 따라 커팅하고 불필요한 필름은 제거한다. 이 부분은 문을 열고 안쪽으로 필름을 붙여주면 된다.

그림 6-156 **도어 라인 따라 커팅**

⑨ 모서리는 히팅건으로 적당히 열을 주고 대각선 방향으로 살짝 잡아당기며 아래 방향으로 당겨준다. 하단 부위도 같은 방법으로 작업을 한다.

그림 6-157 **모서리 정리**

⑩ 나머지 부분은 히팅건으로 적당히 열을 주면서 성형을 고쳐주면 된다.

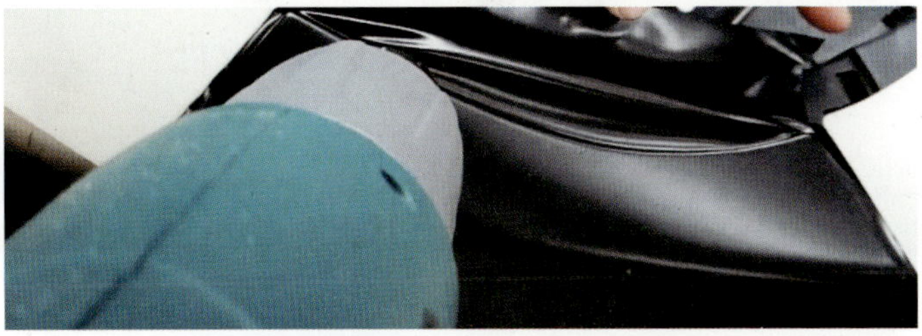

그림 6-158 **나머지 부분 성형**

⑪ 나머지 불필요한 필름을 히팅건으로 적당히 열을 가하고 나서 커팅한다. 얼마나 커팅해야 될지 감이 안 오면 시간이 걸리더라도 조금씩 잘라가면서 작업을 한다.

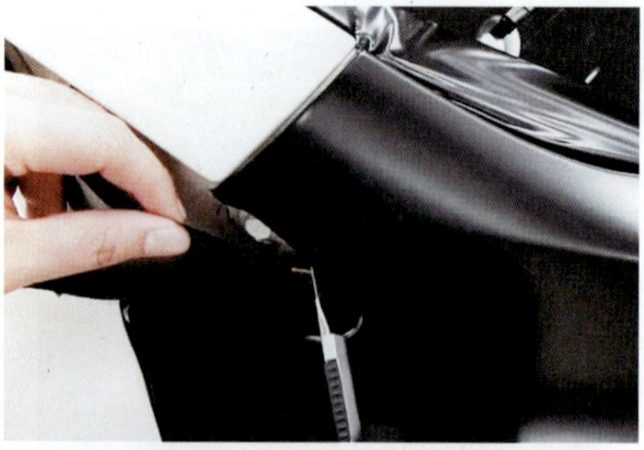

그림 6-159 불필요한 필름 커팅

⑫ 아래 부분도 여유를 주고 필름을 커팅하고 히팅건으로 열을 주면서 필름을 일정한 간격으로 헤라 등을 이용하여 붙여서 마감한다.

⑬ 마감 부위를 히팅건으로 열을 주면서 필름을 일정한 간격으로 헤라 등을 이용하여 붙여서 마감하고 탈거한 부품을 조립한다.

앞 범퍼

① 보닛을 열어놓고 범퍼에서 전조등, 안개등, 방향지시등, 라디에이터 그릴, 엠블럼 등 범퍼의 부착물을 탈거하거나 마스킹을 해 놓는다.

(a) 부품 탈거

(b) 마스킹 작업

그림 6-160 작업 전 준비

② 시공하기 전에 필름을 부착할 부위의 범퍼 표면을 이물질을 제거하고 깨끗하게 탈지한다. 작업할 주위에도 필름 부착 시 먼지가 들어가지 않게 청소도 해 준다.

③ 필름을 센터를 기준으로 양옆으로 여유가 있게 커팅하고 후지를 제거하면서 차량에 필름을 고정시킨다.

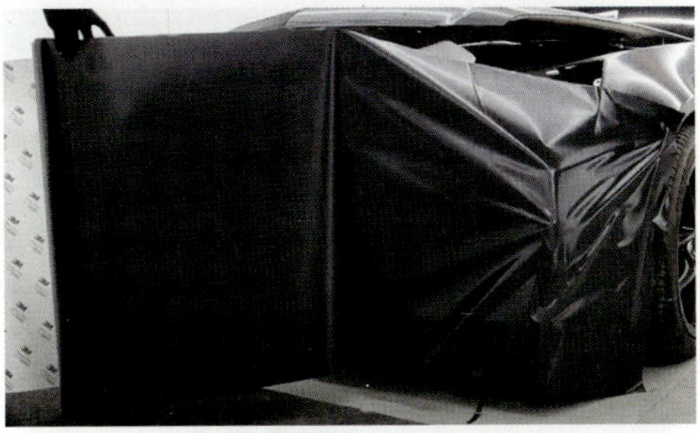

그림 6-161 필름 고정

④ 센터를 붙여놓고 필름에 히팅건으로 열을 적당히 가한 후 필름을 잡아당기면서 필름을 붙여준다.

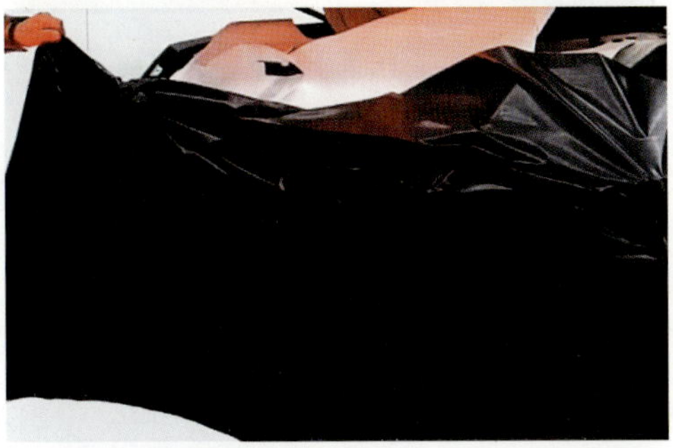

그림 6-162 필름 잡아당기며 붙이기

⑤ 코너 부분은 열을 충분히 주고 가로 방향으로 필름을 많이 늘려 붙여준다. 열을 주게 되면 가로 방향으로 늘렸기 때문에 주름이 없어지면서 수축을 하게 된다.

⑥ 반대편도 히팅건으로 열을 적당히 가한 후 필름을 잡아당기면서 필름을 붙여준다.

그림 6-163 반대쪽 작업

⑦ 히팅건으로 필름에 열을 대면서 디테일을 잡는다.

그림 6-164 디테일 잡기

⑧ 열을 대면서 항상 주름 방향을 확인해야 한다. 커팅할 방향과 주름이 일치하는가 항상 생각하고 확인을 한다.

⑨ 아래 부분이 끝나는 부위에 꼭짓점을 찍어주면 오버랩되는 부위의 힘 방향이 일단은 맞는다. 그래서 항상 꼭짓점으로 힘 방향을 맞춰서 작업해야 한다.

그림 6-165 꼭짓점 잡아주기

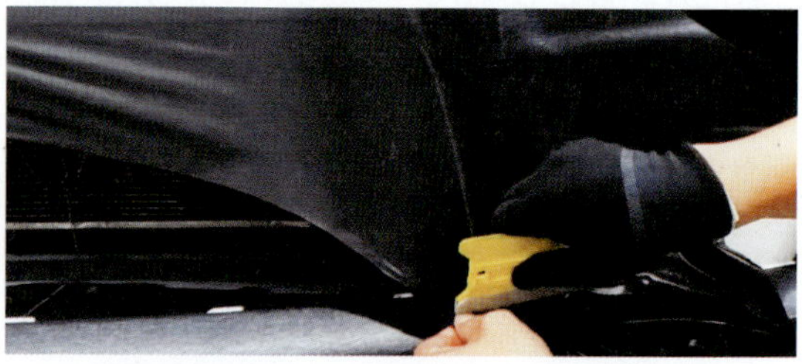

그림 6-166 힘 방향에 맞춰 작업

⑩ 안개등이 탈거된 자리의 필름에 히팅건으로 적당히 가한 후 커팅을 하기 전에 주름의 모양을 봐야 한다. 커팅 방향으로 주름이 져야 된다. 힘 방향과 커팅 방향은 항상 일치해야 한다.

⑪ 오버랩 라인을 본다. 커팅하기 전에 충분히 오버랩 라인이 보이면 그 오버랩 라인에 맞춰서 반 커팅을 한다.

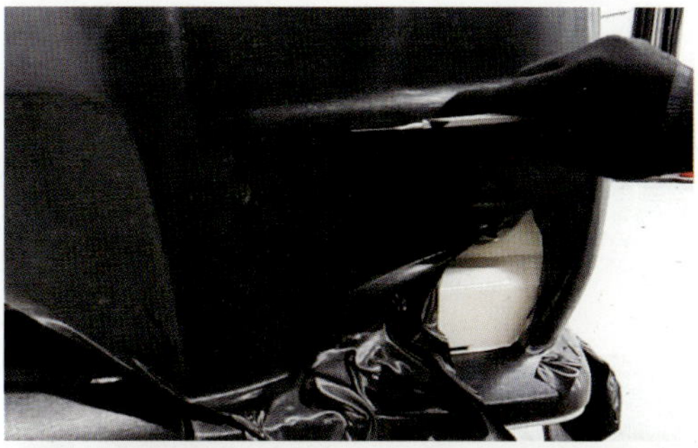

그림 6-167 오버랩 라인에 맞춰 커팅

⑫ 가로로 당겼기 때문에 세로로 주름이 진다. 그래서 여기도 모서리 부분으로 살짝 당기면서 전체적으로 열을 약하게 대고 모서리로 맞춰준다.

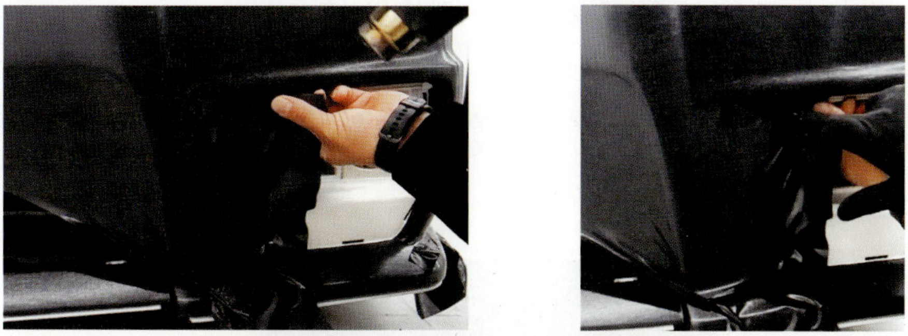

그림 6-168 모서리로 맞춰주기

⑬ 모서리는 너무 깊어서 아무리 넣어도 필름이 뜬다. 이렇게 뜨는 거는 뜨는 부위를 들고 뜨는 부위의 앞을 커팅해서 필름이 앞으로 나갈 수 있게 하면 뜨는 것이 없다. 그리고 히팅건으로 열을 대고 확인을 한다.

그림 6-169 뜨는 부위 앞을 커팅

⑭ 범퍼 아래 부분 오버랩 라인을 확인하고 커팅한다. 매 커팅마다 수축이 있는지 없는지, 힘 방향이 맞는지 확인하고 커팅하는 습관을 들여야 한다.

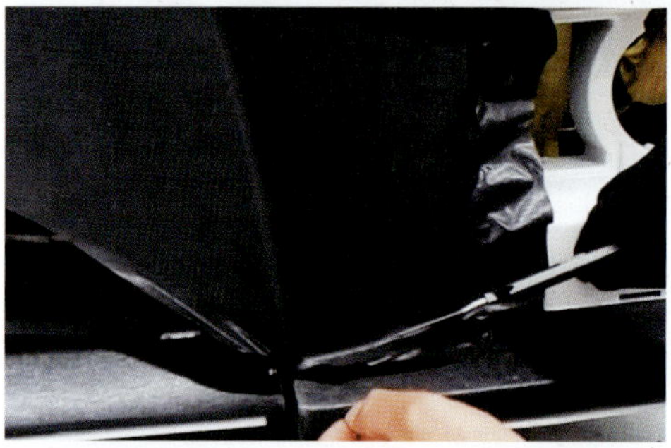

그림 6-170 오버랩 확인하고 커팅

⑮ 많이 잡아당긴 부분이라 필름이 벌어지는지 안 벌어지는지 확인하고 히팅건으로 열을 적당히 가해 확인한다.

그림 6-171 필름이 벌어지는지 안 벌어지는지 확인

⑯ 라디에이터 그릴의 오버랩 끝보다 살짝 앞에서 커팅을 해준다. 가로로 늘렸으니까 세로 커팅할 때만 힘 방향을 잘 맞춰주면 된다. 필름의 결을 다 생각해서 오버랩을 해놔야 한다. 그래야 오버랩을 했을 때도 표시가 많이 안 난다.

그림 6-172 오버랩 끝보다 살짝 앞에서 커팅

⑰ 커팅을 하기 전에 오버랩 라인의 힘 방향을 다시 한 번 확인해 준다.

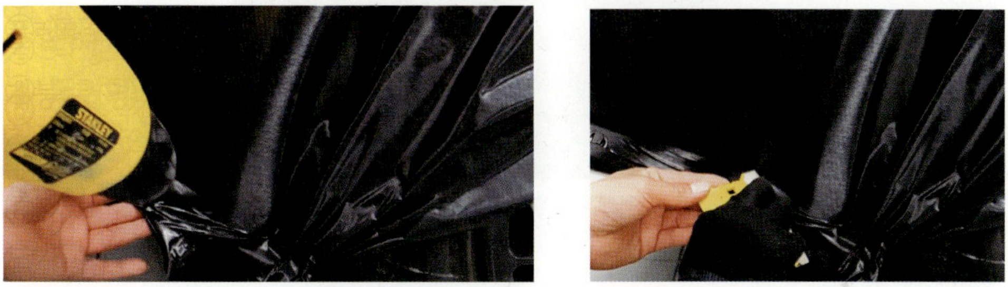

그림 6-173 오버랩 라인 확인

⑱ 오버랩 라인을 커팅을 한다.

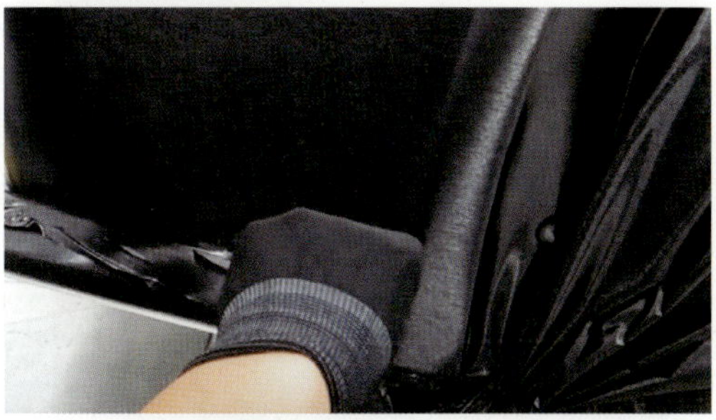

그림 6-174 오버랩 라인 커팅

⑲ 하이라이트라는 게 빛이 비치는 라인인데 범퍼 위쪽 하이라이트 라인에 오버랩을 할 때는 바깥쪽과 안쪽에서 잘라서 붙이는 게 가장 이상적인 오버랩이라고 할 수 있다.

⑳ 하이트라이트 라인을 커팅하고 필요 없는 부위의 필름을 조심스럽게 가 재단한다.

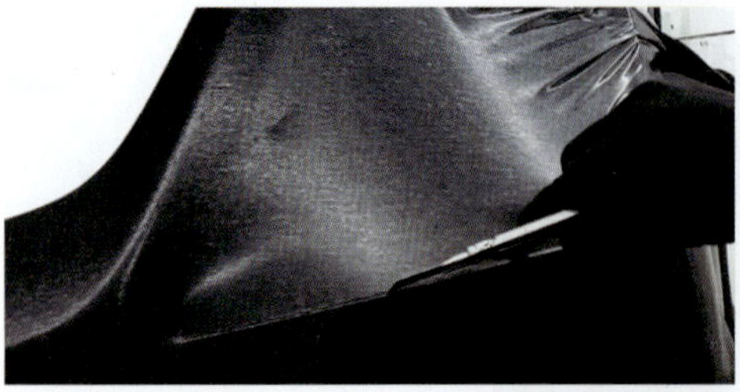

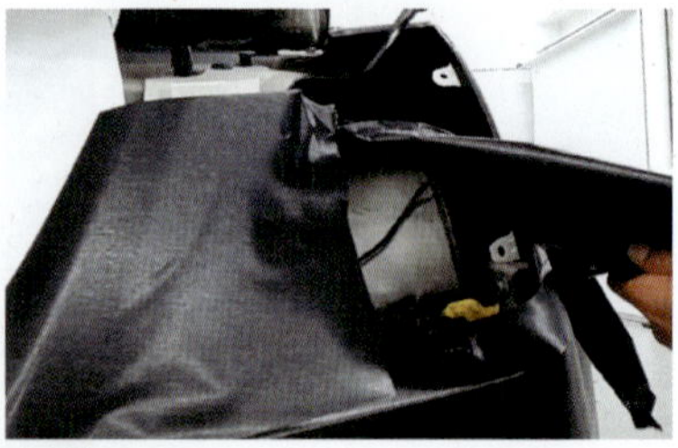

그림 6-175 **하이트라이트 라인 커팅**

㉑ 꼭짓점을 당기면 양쪽으로 늘어나면서 힘 방향이 다 맞는다.

그림 6-176 **꼭짓점 당기기**

㉒ 손으로 누르는 부분과 심하게 당기는 부분은 열을 안 가게 하는 것이 좋기 때문에 주변으로만 히팅건을 이용하여 열을 적당히 주고 필름을 당긴다. 주름이 있으면 열로 수축을 시킨다.

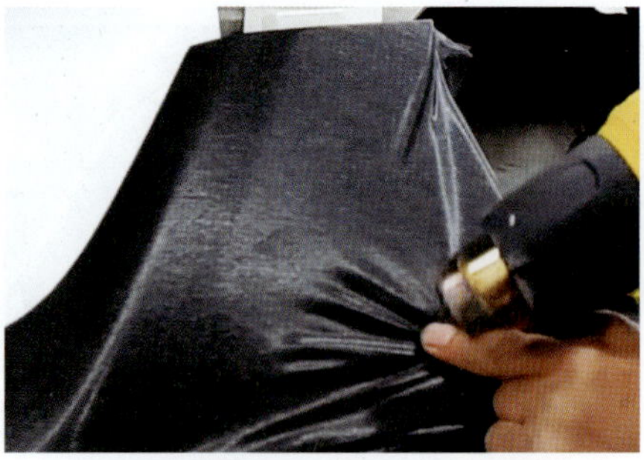

그림 6-177 **주변에 열 주기**

㉓ 헤라로 필름을 밀어준다.

그림 6-178 필름 밀어주기

㉔ 오버랩 라인을 잘 보면서 필름을 커팅하고 필름을 말아 넣는다.

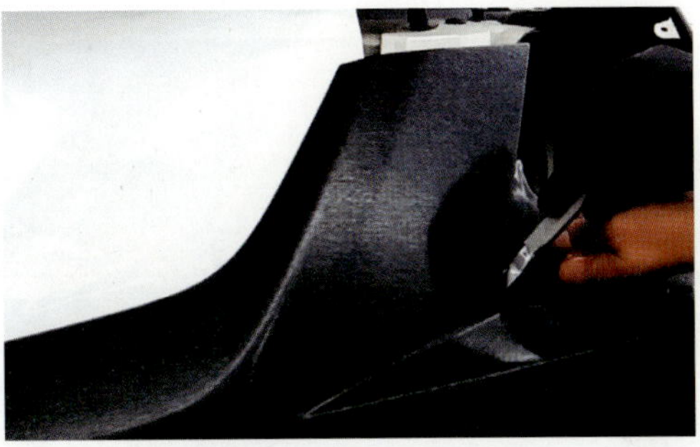

그림 6-179 필름 커팅

㉕ 반대편도 같은 방법으로 작업을 하고 마무리한다.

㉖ 탈거한 부품을 조립하고 마스킹을 한 것은 마스킹 테이프를 떼어낸다.

틴팅(선팅)

[1] 필름 설치

① 유리 틀에 맞춰 본을 떠서 필름을 재단 후 유리 굴곡에 맞게 상단 쉐이빙해 재단을 마친다.

② 시공하기 전에 필름을 부착할 부위의 유리 표면을 이물질을 제거하고 깨끗하게 닦아준다.

그림 6-180 유리 표면 청소

③ 세제 10% + 물 90% 정도 섞은 희석된 세제를 충분히 뿌려준다. 거품이 나야 필름이 잘 미끄러져서 시공이 쉽다.

그림 6-181 희석된 세제 뿌리기

④ 보호 필름을 필름에서 떼어준다. 테이프를 보호 필름에 붙여 필름에서 보호 필름을 떼면 더 잘 떨어진다.

그림 6-182 보호 필름 탈거

⑤ 창문을 약간 내린 상태에서 필름을 당기면서 창문 위쪽에 맞추고 고정면부터 살살 내려오면서 필름을 부착하고 유리창 틈새에 넣는다. 필름을 붙이면서 틈틈이 세제를 뿌려준다. 필름이 접히지 않게 하는 것이 중요하다.

(a) 필름 창문 위쪽에 맞추기

(b) 필름 안쪽으로 세제 뿌리기

그림 6-183 **필름 부착**

⑥ 헤라는 사포에 다듬어 면은 매끄럽고 끝은 둥글게 만들어 준다.

⑦ 헤라로 필름을 유리창 틈새에 꼼꼼하게 넣는다.

그림 6-184 유리창 틈새에 넣기

⑧ 고무 헤라로 상단부의 물기를 완전히 제거해야 나중에 하단 작업 시 필름이 내려오는 경우를 원천 차단한다. 필름에 히팅건으로 열을 적당히 가하면서 고무 헤라로 가운데부터 수분을 밀어내면서 밀착시킨다.

그림 6-185 상단부 물기 제거

⑨ 상단부 물기를 제거했으면 상단 필름을 약간 누른 상태에서 창문을 닫아 주고, 하단부에도 충분히 세제를 뿌리고 고무 헤라로 물기를 완전히 제거한다.

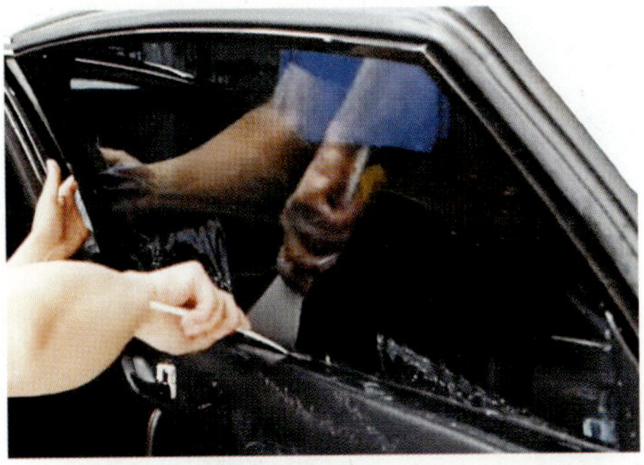

그림 6-186 하단부 물기 제거

⑩ 모서리부터 필름을 밀어서 넣는다. 틈새가 빡빡해도 외부에서 습식 성형을 해 물줄기가 올라오지 않고 밀착된다. 남은 물기까지 제거한다.

그림 6-187 하단부에 필름 밀어 넣기

⑪ 신문지나 이면지를 이용하여 문 틈새에 넣어주어 물기를 제거한다.

그림 6-188 문 틈새에 이면지 넣기

[2] 필름 제거

① 창문을 약 5cm 정도 내린다.

② 창문에 붙어있던 필름에 히팅건으로 열을 적당히 주면서 서서히 필름을 떼어 낸다.

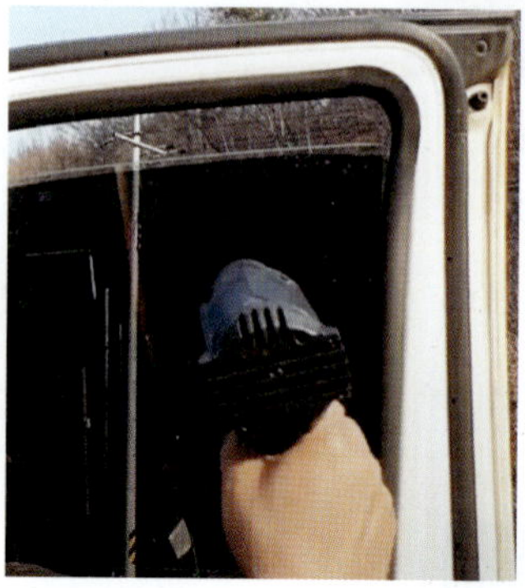

그림 6-189 **필름 탈거**

③ PB-1이나 스티커 제거 스프레이를 유리에 뿌려준다.

그림 6-190 **스티커 제거 스프레이 분무**

④ 스티커 제거 스프레이를 뿌려주고 약 2분 정도 있다가 칼로 긁어 주면서 스티커 자국을 제거한다.

그림 6-191 스티커 자국 제거

⑤ 스티커 자국이 제거되면 유리를 깨끗이 닦아준다.